全国工程专业学位研究生教育国家级规划教材

神经工程学

（上册）

明　东　主编

科学出版社

北　京

内 容 简 介

　　本书内容涵盖神经工程的各个方面，较为全面系统地介绍了这门交叉学科所涉及的重要内容。本书分上、下册，共20章，重点介绍神经工程的应用以及研究方向，如脑-机接口、功能性电刺激、神经成像等的基本理论知识及应用。本书遵循从微观到宏观，从基础到应用，再到未来展望的顺序进行编排。全书的材料来源于各个领域权威的书籍资料以及近年来神经工程学的新知识、新理论、新发展和新概念。适当引入国际神经工程学知识的新进展，并将基础知识与前沿成果有机融合，以适应培养高素质人才的要求。

　　本书主要适用于生物医学工程、计算机科学与技术、自动化、机器人、神经科学与临床等专业本科生、研究生课程的教学，也可作为从事该领域研究人员的参考书以及对该领域感兴趣的初学者的入门教材。

图书在版编目（CIP）数据

神经工程学（上册）/ 明东主编. —北京：科学出版社，2018.7

全国工程专业学位研究生教育国家级规划教材

ISBN 978-7-03-057601-9

Ⅰ.①神…　Ⅱ.①明…　Ⅲ.①人工神经网络–研究生–教材　Ⅳ.①TP183

中国版本图书馆 CIP 数据核字（2018）第 113121 号

责任编辑：赵艳春　王迎春 / 责任校对：王萌萌
责任印制：吴兆东 / 封面设计：迷底书装

科 学 出 版 社 出版
北京东黄城根北街 16 号
邮政编码：100717
http://www.sciencep.com

北京科印技术咨询服务有限公司数码印刷分部印刷
科学出版社发行　各地新华书店经销

*

2018 年 7 月第 一 版　开本：787×1092　1/16
2024 年 8 月第七次印刷　印张：21 1/4
字数：470 000

定价：128.00 元
（如有印装质量问题，我社负责调换）

前　言

神经工程学作为生物医学工程学科的重要主干分支,致力于融会贯通神经科学知识与工程学方法,用以揭示大脑中枢与周边神经系统感知、认知机理,剖析神经生理、心理和病理及相关功能变化机理,研究开发可实现认识、修复、增强或替代神经系统功能的最新方法与尖端技术。其研究范畴包括神经动力学、神经成像、神经网络、神经接口、神经假体、神经调控、神经增强、神经修复与再生及神经机器人等众多前沿热点方向。神经工程学作为新型交叉学科,其神经科学基础与实验神经科学、临床神经科学、计算神经科学等领域同频共振,其神经工程技术则同电子信息工程、计算机科学与技术、材料科学与工程、生物化学与组织工程、医学科学与工程等学科交织交融。神经工程学研究的目标是建立功能齐全、效用理想的人造神经系统,以便与人类自身神经系统完美对接,进而实现信息融合与功能协同,达到改善、补充乃至替代人类神经系统固有功能的应用效果。

自 2003 年电气和电子工程师协会(Institute of Electrical and Electronics Engineers, IEEE)主办首次国际神经工程会议以来,神经工程学发展迅速。特别是近年来在脑科学、计算机科学、人工智能等众多新兴学科的发展带动下,神经工程学得以迅猛发展,相关研究成果丰硕,并已应用于神经科学研究、智能工程革新、临床神经康复等重要领域,部分神经工程新技术已实现产业化并初具市场规模,展现出广阔前景。国内外开设生物医学工程专业的知名高等院校和资深科研院所几乎都设有神经工程教学或科研方向,并且随着脑科学的发展受到更多关注。

正如诺贝尔奖获得者沃森所言:21 世纪是脑的世纪。自 1997 年启动以美国为首,英、德、法、日等 19 个国家参与的人类脑计划以来,美、欧、日陆续推出了各自的"脑科学计划",脑科学已经成为世界各国抢占未来科技制高点的重要战略性研究开发领域。学界已有共识:唯有对大脑运作机制有更深刻的理解,才能推动各个相关学科的深入发展。脑科学的兴起深刻影响并推动了神经工程学的发展,神经工程学又催生出认识脑、保护脑的新型科学方法与工程技术,为脑科学研究开辟模拟脑、创造脑的转化应用新途径。近年来,融合脑科学前沿创新知识与人工智能颠覆技术的人机交互研发领域已经引起了国内外投资者的关注,美国 Facebook 和 Neuralink 等高科技公司纷纷在神经调控、脑-机接口等典型神经工程学研究方向开展战略性布局。

当前,我国正处于承前启后、继往开来,在新的历史条件下实现中华民族伟大复兴的重要时期。人民怀着对身心健康的期待和科技强国的梦想,作为与脑科学密切相关的学科领域,神经工程学将在改善民生和推动科技发展中发挥举足轻重的作用。从民族复兴、国家富强的角度看,抢占未来科技的制高点是我国科研战略的重中之重。近年来,我国已经在战略层面做了系列布局,陆续推出《"健康中国 2030"规划纲要》、《新一代人工智能发展规划》等,中国版"脑科学重大计划"正蓄势待发,对神经系统的全面、深入研究是实现这些计划的重要基础。神经工程学作为连接大脑与工程技术的桥梁，未来将在脑科学、人工智能、健康产业等领域发挥关键性纽带联合与引领催化作用。

但相对而言，神经工程学仍是一门年轻的学科。一方面因其发展史尚短，学科知识体系有待完善；另一方面人类对大脑仍所知甚少，限制了神经工程技术的发展和应用。神经工程学的发展仍任重而道远，其中传播学科知识体系和培养专业素质人才是发展学科的必由之路。编写出版本书正是基于这一思考，期望对我国神经工程学的发展尽绵薄之力。

本书力求全面涵盖目前神经工程学的重要内容，尽量把握该领域的最新发展动态，按照从微观到宏观，从基础到应用，进而展望未来的逻辑进行编排。本书将读者定位于生物医学工程、计算机科学与技术、神经科学与临床、医学工程与转化医学、自动化、机器人、人工智能等专业本科生、研究生以及所有对该领域感兴趣并有学习需求的科研与工程技术人员，将为他们提供入门的系统基础知识。

本书分上、下两册，共 20 章。上册共 8 章，分为神经工程学基础和神经传感与成像两部分，以介绍神经工程学入门必须了解的基本知识、理论和方法为主。下册共 12 章，分为神经接口与康复、神经刺激与调控、神经模拟与仿生、神经再生与修复和神经工程前沿技术及新应用五部分，以介绍神经工程学各具体研究方向的基本知识、理论、应用和最新发展动态为主。第一部分神经工程学基础共 4 章，包括绪论、神经生理与病理学基础、神经心理学和神经工效学基础，主要介绍神经工程发展历程、研究背景、研究内容，以及从事神经工程领域研究开发所必须了解的神经生理和心理学基础知识。第二部分神经传感与成像共 4 章，主要介绍神经模型与计算、神经电生理信号检测、神经电信号分析基础、神经成像与图像处理等神经工程研究中的基本方法。第三部分神经接口与康复共 3 章，主要介绍神经工程的重要应用—脑-机接口、植入式神经接口，以及神经接口应用于运动康复的重要理论依据—神经肌骨动力学。第四部分神经刺激与调控共 4 章，主要介绍功能性电刺激、经颅电、磁、声刺激与光遗传技术等神经系统调控技术及应用。第五部分神经模拟与仿生共 3 章，主要介绍人工神经网络、神经假体和神经机器人技术。第六部分神经再生与修复共 1 章，主要介绍神经再生的最新技术及其在神经损伤中的临床应用。第七部分神经工程前沿技术及新应用共 1 章，主要介绍近年来发展起来的典型神经工程技术及其在新学科领域中的应用和与传统领域结合而发展的新应用领域。

作者期望本书能帮助读者较深入地了解有关神经工程学方面的基本原理、概念、理论、方法及其前沿研究进展。限于作者水平，本书难免有不足之处，恳请读者批评指正，以求再版时予以修正和补充。

致　谢

　　本书是由全国工程专业学位研究生教育指导委员会组织编写，全国生物医学工程专业学位研究生教育协作组与教育部高等学校生物医学工程类专业教学指导委员会联合推荐的全国工程专业学位研究生教育国家级规划教材。本书的编写和出版受到了全国工程专业学位研究生教育重点研究课题、天津市自然科学学术著作出版资助项目、天津大学研究生创新人才培养项目等的共同支持，相关研究内容也得到了国家重点研发计划、国家自然科学基金、天津市科技支撑计划重点项目等多方帮助，特此致谢。

　　本书的编写得到了中国工程院顾晓松院士的大力支持,指导、参与本书编写工作的有：天津大学神经工程团队万柏坤、张力新、何峰、綦宏志、周鹏、赵欣、安兴伟、许敏鹏、杨佳佳、柯余峰、徐瑞、刘爽、韩莹等，江苏省神经再生重点实验室孙华林及南通大学附属医院倪隽、朱振杰、刘苏、孙丽、何林飞等，天津医科大学张希等。此外，天津大学神经工程团队的博士研究生汤佳贝、陈龙、陈元园、王坤、王仲朋、顾斌、肖晓琳、邱爽、奕伟波、尤佳、蒋晟龙、孟佳圆、马真、王玲、于海情等在本书编写过程中承担了大量的文献搜集与编辑工作，在此对以上同志的辛苦工作深表感谢。

明　东

2018 年 1 月

目　录

第二部分　神经传感与成像

第一部分　神经工程学基础

第1章 绪 论

1.1 概 述

神经工程（neural engineering 或 neuroengineering，NE）是生物医学工程（biomedical engineering，BME）的核心分支学科。生物医学工程是近代发展起来将生命科学与医学科学及工程学相结合，研究解决医学防病、治病以改善生命质量、拓展功能、服务医疗和增进人类健康的综合性交叉科学与技术。生物医学工程具有理、工、医多学科交叉与融合的鲜明特色，使它既不同于传统经典学科，也有别于生物医学和单纯的工程学科，在保障人类生命健康与疾病预防、诊断治疗、功能康复等方面起着巨大技术支撑及拓展作用。生物医学工程的基本任务是运用工程技术手段，研究和解决生物学与医学中的有关工程问题，其主要研究内容涵盖神经工程、组织工程、基因工程、制药工程、医学仪器和临床工程等多个领域。而神经工程学是近年来在生物医学工程领域备受关注的学科发展新方向，它运用神经科学知识和工程学的方法，致力于理解、修复、替代、增强、拓展或补充神经系统功能，同时运用神经科学知识仿生开发新的工程学技术，如图1-1所示。神经工程作为生物医学工程的核心分支学科，也是生物医学工程学科的新兴领域，已发展成为工程技术应用于生物医学、相互融合促进的典范。神经工程与传统神经科学（如神经生理学）的主要区别在于其强调神经系统研究中的工程学与定量分析方法，而神经科学与工程技术的整合则使它有别于人工神经网络等其他工程领域。

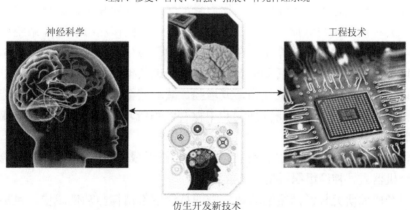

理解、修复、替代、增强、拓展、补充神经系统

神经科学　　　　　　　　　　　　　　　　工程技术

仿生开发新技术

图1-1　神经工程：神经科学与工程技术互相促进、互相提高

神经工程学领域知识体系丰富多样，它依托于实验神经科学、临床神经病学、计算神经科学、电子工程学和活体神经组织的信号检测与处理等领域，并且包含神经组织工程、

计算机工程、控制论、材料科学、纳米技术和机器人科学等领域的知识要素，结合细胞、分子、认知和行为神经科学，认识神经系统的生物学组织原则和潜在机制，研究自然界中神经系统的行为动力学和复杂性。神经工程学解决众多与神经功能障碍相关的理论基础和临床应用问题，包括感觉和运动信息表达、神经肌肉系统刺激以控制肌肉激活和运动，从单细胞到系统水平的多尺度复杂神经系统分析和可视化以认识其潜在机制，为实验探究开发新的电子或光子设备和技术，神经调控原理及其方法为重建、增强受损的感觉和运动系统功能而设计与开发人机接口系统、人工视觉传感器和神经假体。其主要目标是通过神经系统与人造设备间的直接交互来修复和增强人的功能。目前大多数研究聚焦于认识感觉与运动系统的信息编码和处理机制、神经系统疾病信息量化处理方法以及如何直接与脑-机接口、神经假体等人工智能设备进行信息交互与控制。

神经工程学研究和应用领域广泛，其研究内容从基础的神经电生理、神经模块控制、神经机械系统控制与神经再生原理探讨，到以神经科学为基础的神经接口、神经假体、神经影像和神经磁场感应等的原理与应用。因此，神经工程学是神经科学与生物医学电子学和光子学、组织工程以及信息处理等工程技术相结合的跨领域整合性学科。在应用层面，其主要研究目标是恢复或重建受损或失去的神经功能。因此，神经工程学的研究内容包含了设计、分析、测试神经细胞，神经系统再生与功能修复，以及神经系统与人造设备的功能性接口等。根据神经系统结构和神经工程应用特点，可将神经工程研究分为神经系统、神经组织及神经细胞三个层次。神经系统层次是以系统功能调节为主的神经体系或假体研究，神经组织层次是以神经束选择性刺激或感觉调控为主的神经接口研究，神经细胞层次则重点研究神经元的生理特性和信息发放、传递与接口方法。神经/神经元接口研究偏重于基础研究，神经假体研究利用神经接口研究成果设计取代因神经系统受损所引起的运动、知觉或认知等功能缺失的功能性人造设备。其基本原理是利用受损后残余的运动或感觉神经系统，结合传感器或可调控的外部刺激，以重建或增强感觉、运动或认知功能。

从大的方面说，神经工程学的研究内容包括神经功能机制、神经调控、神经再生与修复。神经功能机制是神经生物学、生物力学、感觉与感知和机器人技术的结合。该领域着眼于研究神经肌肉与骨骼系统的信息传递，以开发操作和组织这些系统相关的规则和功能，可以通过神经回路计算模型在虚拟世界中模拟生物体的功能。神经调控致力于通过能够增强或抑制神经系统活动的药物、电信号或其他形式刺激，在大脑中受损区域重建平衡以治疗神经系统疾病或损伤，或增强、减弱甚至改变大脑区域的功能。神经再生与修复则运用科学技术手段研究外周和中枢神经系统功能，寻找大脑损伤或机能失常等问题的临床解决方案。

更具体而言，神经工程学的研究内容主要包括神经成像、神经网络、神经接口、神经假体、神经机器人、神经组织再生和功能增强。

（1）神经成像研究神经网络活动和大脑的神经解剖结构与功能成像，包括结构与功能性磁共振成像、正电子发射断层成像、脑电图、脑磁图、功能性近红外光谱成像等神经工程研究的基本手段。

（2）科学家可以通过实验观察和理论计算模型建立神经网络以模拟神经系统的功能，并将该网络用于设计神经工程技术设备。大脑完成特定功能往往是多个脑区联合工作的结果,脑区、神经元之间在结构和功能层面的联系构成庞大而复杂的大脑网络。科学家一方面在不断认识大脑神经网络的结构和功能机制,另一方面也在努力模拟大脑神经网络,包括运用硬件芯片和软件算法模拟神经元之间的连接结构与功能,一些研究机构已经能够通过超级计算机和复杂人工神经网络模拟简单的人脑功能,这将是未来人工智能的首要发展方向。

(3)神经接口是研究神经系统和利用工程技术增强或替代神经功能的重要手段。科学家利用电极记录神经系统工作信息或刺激特定的神经组织以激活恢复其功能,其中微电极阵列可用于研究神经网络,利用光学神经接口的最新光遗传技术可以使神经元对光敏感,以实现对神经元的直接调控,近年来发展迅速的脑-机接口技术已有大量实际神经接口应用探索。

(4)神经假体是能够通过记录和刺激神经系统活动来补偿或替代该系统缺失功能的设备,其将记录神经放电的电极与假体设备结合,使之能传递所需的神经信息并完成相应系统功能。感觉神经假体、运动神经假体、功能性电刺激技术等都有在实际中非常成功的应用。神经假体技术与脑-机接口的不同之处在于其是将神经组织与所替代缺失的生物体功能设备连接。

(5)神经机器人技术结合神经科学、机器人学和人工智能,研究如何在机器设备中嵌入和仿真神经系统。对神经系统认识的深入必然促使人们产生制造人工大脑的冲动,人脑运转的高效率和低功耗特性令人造计算机相形见绌,在现代计算机设计中仍是巨大挑战。近年来不断有各种关于模仿人类大脑的神经机器人研究报道,这将是未来拟人计算机的重要发展方向,也是各大高科技公司争相投资的领域。

(6)神经组织再生寻求修复在外伤或疾病中受损的神经元功能。神经功能修复涉及连续神经通路的重建,例如,通过组织工程技术恢复受伤后的大脑或脊髓神经,创造适宜神经再生的环境,嫁接具有良好生物相容性的材料和提供神经细胞附着的物质,是目前临床神经损伤治疗的重要方法。

(7)采用工程技术增强神经系统功能被认为是未来几十年必然会迅速发展的主要神经工程应用。深部脑刺激已经在神经系统疾病的治疗中体现出增强记忆唤起的功能,脑刺激技术被认为能够塑造情感和人格、增强激活、降低抑制等,经颅磁刺激、经颅直流电刺激等技术已经在军事领域被证明能够提高认知工作能力。

神经工程学虽然是一门新兴交叉学科,但近年来在脑科学等快速发展的带动下发展迅速,与神经工程相关的国际性会议和期刊也正在发展壮大。第一次神经工程国际会议于2003年由 IEEE 生物医学工程学会(Engineering in Medicine and Biology Society, EMBS)举办,截至2017年总共举办了八届。神经工程领域最早的两个专门期刊《神经工程期刊》(*The Journal of Neural Engineering*)和《神经工程与康复期刊》(*The Journal of Neuro Engineering and Rehabilitation*)都创刊于2004年。目前国内外陆续成立了一些专门的神经工程学术组织,神经工程学领域学术活动主要由生物医学工程相关的学术组织主办。国内外设有生物医学工程专业的大学或研究所几乎都有神经工程研究方向,并且随着脑科学的兴起逐渐受到重视。国内众多知名高校均开展了神经工程学相关的研究,也均设立了神经工程研究中心。总之,神经工程学正引起国内外更广泛的重视。

1.2 神经工程发展历史

虽然"神经工程"仅在 21 世纪初（2003 年首届国际神经工程大会）才被正式定义，但其萌芽和发展与古人对脑神经疾病诊治、肢体功能康复的关注有紧密联系，尤其是近代神经科学和神经成像技术的迅速崛起更促进了神经工程的快速发展，本节简要梳理神经工程在 21 世纪前后的百年兴起与发展历史。

1.2.1 神经工程技术的起源

脑（篆文作"瑙"）为身体之首，"夫脑者，一身之灵也，百神之命窟，津液之山也，魂精之玉宝也"（《道枢·平都篇》）。即脑在人体中处于最高层级，掌握着全身的活动。可见我国自古以来就对脑的形态和作用有高度认识。中国古典小说《三国演义》中曹操请华佗医治头痛病的典故即说明我国自古以来就关注脑疾病诊治并有较深刻认识。中华文化在几千年前就有零散的脑功能注解，但缺乏深入系统的研究。例如，古代医书《黄帝内经》虽然解答了不少至今仍行之有效的脑精神疾病诊治方法，但更多地提到"心"（心主神明）而未明言"脑"（仅说脑为髓海）。总体来说，我国古代对脑疾病诊治十分重视，但神经功能概念欠清晰，未见神经系统的研究。

与中国古代文化类似，曾分布于北欧、北亚、北美寒带等地区的原始宗教文化——古代萨满文化也与脑神经或精神疾病诊治有一定联系。歌舞是萨满祭祀的重要组成部分，有时也被用来给患者治疗心理因素引起的精神抑郁症，有一定疗效，例如，安代舞是蒙古族萨满医治某种精神病症的一种方法。不列颠哥伦比亚大学精神病学系沃尔夫冈·G·吉莱克教授曾研究了印第安人萨满舞与精神病学的关系，发现歌舞对人脑的刺激可反映在脑电图的变化上，或许能说明人的意识状态改变。

另外，在古代西方同样出现了一些针对脑神经疾病的工程治疗方法，例如，早在古希腊罗马时代和中世纪，开颅手术就用于少部分癫痫患者的治疗。人们认为疾病是"恶魔"带来的，开颅可以让造成疾病的恶气或毒液跑掉。图 1-2 就表现了一位癫痫患者接受开颅和烧灼术的情景。虽然这种方式没有任何科学依据，但也从侧面反映了当时人们对于解决神经系统疾病的渴望和工程手段尝试。总之，虽然自古以来人们就十分关注脑神经疾病诊治，但由于对客观规律认识有限，人们所采用的手段仍比较简单，有些还带有迷信成分，难以真正造福于大众。

到了近现代，医学界出现了一批敢于尝试激进、有争议的医学实验的科学家，他们的实验正是今天常见的神经工程技术的雏形。早在 19 世纪末期，人们就开始在人类和其他灵长类动物的大脑开展手术，以治疗精神疾病。1935 年，耶鲁大学的约翰·富尔顿（John Fulton）和卡罗尔·雅克布森（Carlyle Jacobsen）在伦敦举行的第二届神经精神学会上发表报告，提到他们对两只暴躁、神经质的黑猩猩实行前额叶脑白质切除术可以让它们变得冷静、顺从。这引起了葡萄牙精神科医师安东尼奥·埃加斯·莫尼兹（António Egas Moniz）的注意，之后他开始在精神病患者身上开展脑白质切除术，并取得了"很好"的成果。

图 1-2　开颅和烧灼用于治疗癫痫

（图片来源：http://slideplayer.com.br/slide/363290/2/images/1/Epilepticus+sic+curabitur.jpg）

莫尼兹因此获得了 1949 年的诺贝尔生理学或医学奖，美国医生瓦尔特·弗里曼（Walter Freeman）进一步简化了手术过程，脑白质切除术逐渐成为广受欢迎的精神疾病治疗方法，1936 年到 20 世纪 50 年代美国大概开展了 4 万～5 万例这样的手术。然而由于当时缺少工程手段支持，对大脑实施的手术精准度很低，对术后效果的评价也没有客观可信的标准，患者术后往往表现出类似痴呆、弱智的迹象，1967 年，一位患者接受手术时死亡，这项手术的全盛时期就此戛然而止。

　　除了脑白质切除术这种破坏性较大的方法，科学家同时在尝试一些损伤更小的改变大脑功能或行为的方法。例如，20 世纪 20 年代，瑞士生理学家沃尔特·鲁道夫·赫斯（Walter Rudolf Hess）通过小电极刺激或破坏猫和狗的特定脑区，发现了延髓、间脑，特别是下丘脑在自主功能中的作用，并且证明了可以用电极刺激猫脑的特定区域引发它们诸如愤怒、饥饿和困倦等行为反应。赫斯于 1949 年因发现大脑某些部位对内脏器官功能的决定和协调作用而与莫尼兹分享诺贝尔生理学或医学奖。西班牙科学家何塞·德尔加多（Jose Delgado）进一步发展了脑刺激技术，他希望采用植入大脑的电极代替"非常可怕"的脑白质切除术，并设计了可以植入受试者体内的无线刺激器。1963 年，他向植入大脑的电极发送无线信号，让一头横冲直撞的公牛停了下来，此外，他还在狗、猫、猴子、黑猩猩（图 1-3）、长臂猿和人类体内植入了无线电极阵列，只要按动按钮，就能唤起这些动物和人的微笑、咆哮、狂喜、恐怖等各种反应。

图 1-3　黑猩猩被用于做植入式电刺激实验

（图片来源：https://io9.gizmodo.com/5871598/the-scientist-who-controlled-peoples-minds-with-fm-radio-frequencies）

20 世纪 70 年代，德尔加多将注意力转向了非侵入式脑刺激（non-invasive brain-stimulation）方法的研究，这比目前人们对经颅磁刺激（transcranial magnetic stimulation，TMS）等技术的探索都要早。德尔加多发明了一种能够向特定神经区域传递电磁脉冲的环状装置和头盔。他在动物和志愿者身上测试这些装置，发现可以诱发困倦、警觉和其他状态。此外，德尔加多和他的同事还成功治疗了帕金森综合征患者的痉挛。尽管德尔加多的实验受到了各种各样的非议，但他仍被认为是脑刺激研究的先驱。

就在德尔加多开展公牛实验的 1963 年，英国神经生理学家威廉·格雷·沃尔特（William Gray Walter）在英国实现了人类历史上第一次完整的脑-机接口技术实验。当时沃尔特正在为癫痫患者治疗，为了确定患者脑内病灶的精确位置，他在患者大脑内放置了电极。沃尔特利用他于 1960 年发现的关联性负变（contingent negative variation，CNV）效应，将患者在欣赏风景幻灯片时大脑皮层所产生的 CNV 信号转换成幻灯片播放的控制信号，患者每次打算换片时，在按下按钮之前，幻灯片已经自行切换。从意念的产生、传递，一直到通过外部设备准确表达，闭环完整，这是人类第一次在实验室中完全靠"意念"控制设备。

虽然这些先驱的实验条件十分简陋，在当时也存在种种争议，有些甚至还造成了负面影响，但必须指出的是，他们的思想超越了所处的时代，为后来神经工程技术的蓬勃发展打开了希望之门，值得后人铭记。

1.2.2　神经成像方法与神经工程发展

"工欲善其事，必先利其器"，神经工程的研究需要我们更好地认识大脑，这就离不开神经成像技术，没有该技术的支持，神经工程的发展就成了无源之水。前面提到的研究遭受非议的重要原因之一是缺乏先进的神经信息获取和解析手段，难以直接、精准地认识大脑，从而造成实验安全问题难以被大众接受。神经科学和神经成像方法不断出现，使客观定量地观察分析神经系统成为可能，神经工程由此也真正得到发展。

Hans Berger

脑电（electroencephalogram，EEG）是神经工程研究中最为常用的神经成像电生理信号。EEG 最初发现于 1924 年，德国精神学家 Hans Berger 通过大量实验首次发现并记录到人脑规律性自发脑电活动，并于 1929 年发表论文 *On the electroencephalogram of man*，这是脑电图临床应用的开端，奠定了脑电图学的基础。1931 年 Hans Berger 同时记录了头皮及皮质层表面的电活动，通过比较灰质与白质的电位，得出了脑电活动起源于大脑皮质的结论。伴随着电子技术的快速发展与计算机的问世，用于专门描记和记录 EEG 的脑电图机开始出现。20 世纪 80 年代以来，随着超大规模集成电路和微处理技术的迅猛发展，脑电图机进入一个崭新的制造阶段（表 1-1 列出了脑电图机的早期发展历程）。此后，EEG 作为一种简便的神经成像方式，以其高时间分辨率、易于观测的优势开始走出医院，进入工程技术人员的实验室，由此产生了脑-机接口。可以说，没有脑电技术就没有今天脑-机接口技术的迅猛发展。

表 1-1 脑电图机早期发展历程

时间	发展
1924 年	Hans Berger 首次发现并记录到人脑规律性自发脑电活动
1934 年	阿德里昂和马泰乌斯改进了传统脑电图技术，使其可以诊断部分特定类型的癫痫和脑瘤，并实现了对颅内病变的初步检测和区域定位
20 世纪 40 年代	脑电图在临床诊断中得到了广泛应用，随着电子技术的快速发展与计算机的问世，专门的脑电图机开始出现
1958 年	诱发电位累加器研制成功，人们可直接从头皮上记录到诱发电位（evoke potential，EP）
20 世纪 70 年代	集成电路和共模抑制技术代替了电子管放大器，并改用磁带记录器来录制脑电信号，脑电图机体积显著缩小
20 世纪 80 年代	脑电图机全晶体管化，不仅能用来记录脑电数据，还可记录其他生理信号

随着电极植入技术的不断发展，神经成像手段不再局限于头皮表面的脑电信号。人们把电极放置于大脑皮层表面，得到了皮层脑电图（electrocorticogram，ECoG），之后电极又进一步深入皮层内部，获取单个神经元放电活动——Spike，以及神经元集群电活动——局部场电位（local field potential，LFP）。这些成像技术具有更高的时间或空间分辨率，使得研究人员可以从不同角度深入认识大脑功能。

除了神经电生理信号，神经活动还会以其他形式呈现，如磁场变化、血氧水平依赖、水分子扩散行为等，由此脑磁图、功能近红外、功能磁共振成像等技术开始被应用于神经工程的研究。

19 世纪初，丹麦物理学家奥斯特发现了随着时间变化的电流周围会产生磁场，同样，生物电流周围也会产生磁场。人类首次记录到生物磁场是在 1963 年，美国的 Baule 和 Mcfee

测量了心脏产生的磁信号。5 年后，美国麻省理工学院的 Cohen 首次在磁屏蔽室内进行了脑磁图记录。随着电子技术的发展，脑磁图记录技术也得到了迅猛发展，全头型脑磁图设备只需经过一次测量即可采集到全脑的生物电磁信号，而且可与磁共振成像所获得的解剖结构资料进行叠加，形成磁源性影像。脑磁图（magnetoencephalogram，MEG）将解剖结构与功能变化相结合，准确地反映出大脑功能的实时变化，监测简便安全，灵敏度较高。但脑磁图设备较为庞大，且需要电磁屏蔽，这限制了其日常广泛应用，目前主要用于神经疾病的诊断及基础实验研究（图 1-4（a））。

(a)脑磁图设备　　　　　　　　　　　　　　　　(b)磁共振成像设备

图 1-4　脑磁图设备与磁共振成像设备

（图片来源：http://www.massgeneral.org/psychiatry/research/neuroimaging_equipment.aspx，https://www.srgmri.co.nz）

磁共振成像（magnetic resonance imaging，MRI）是神经工程中另外一种常用的神经成像方法。磁共振现象由斯坦福大学布洛赫（Bloch）研究小组和哈佛大学的伯塞尔（Purcell）研究小组于 1946 年第一次观察到，1973 年达马丹（Damadian）获得了第一幅MRI，1976 年，诺丁汉大学的 Mansfield 首次对活体进行了手指磁共振成像。1980 年第一台可以用于临床的全身 MRI 在 Fonar 公司诞生，1984 年第一台医用磁共振设备获得美国食品药品监督管理局认证。MRI 具有对软组织成像清晰度好的优点，不仅可获得解剖学信息，还可获得生理和生化等方面的深层次信息。在 MRI 的基础上又产生了基于血氧水平依赖（blood oxygenation level dependent，BOLD）的功能磁共振成像（functional MRI，fMRI），以及基于水分子扩散的扩散磁共振成像（diffusion MRI，dMRI）。由于MRI 对软组织成像具有极好的分辨力，可以对组织内部成像，且对人体无电离辐射，所以在神经科学和神经工程领域获得了广泛应用，大大扩展并加深了人们对大脑功能的认识，利用 MRI 开展的科学研究不断创新、发表的顶级论文层出不穷（表 1-2 列举了与磁共振及其成像研究相关的诺贝尔奖）。但 MRI 设备庞大，维护费用较高，这在一定程度上限制了它的应用范围。

表 1-2　与磁共振及其成像研究相关的诺贝尔奖

时间	人物	工作	成果
20 世纪 30 年代	Rabi	发现在磁场中的原子核会沿磁场方向呈正向或反向有序平行排列，而施加无线电波之后，原子核的自旋方向发生翻转。这是人类关于原子核与磁场以及外加射频场相互作用的最早认识	1944 年诺贝尔物理学奖
1946 年	Bloch、Purcell	发现将具有奇数个核子（包括质子和中子）的原子核置于磁场中，再施加以特定频率的射频场，就会发生原子核吸收射频场能量的现象，这就是人们对磁共振现象的认识	1952 年诺贝尔物理学奖
1975 年	Ernst	发明高分辨率磁共振分光法，为有机化合物的鉴定和结构精确测定提供了重要的实验手段	1991 年诺贝尔化学奖
20 世纪 80 年代	Wüthrich	发明利用磁共振测定溶液中生物大分子三维结构的方法	2002 年诺贝尔化学奖
1973 年	Lauterbur、Mansfield	Lauterbur 发现在静磁场中使用梯度场能够获得磁共振信号的位置，从而得到物体的二维图像；Mansfield 进一步发展了使用梯度场的方法，他发明的快速成像方法为医学磁共振成像临床诊断打下了基础	2003 年诺贝尔生理学或医学奖

与 MRI 相比，光学成像设备体积小、成本较低，是除脑电外另一种无创便捷并有可能大规模应用的神经成像手段。光学方法研究神经活动过程源于 Hill 和 Keynes 对海蟹巨轴突上动作电位与神经组织光学特性变化的观测。光学脑成像基于大脑功能活动会引起入射光的特性改变这一现象，现代光学成像技术可以在分子水平、细胞水平、神经网络、大脑皮层等各个层面研究神经系统的结构和功能。

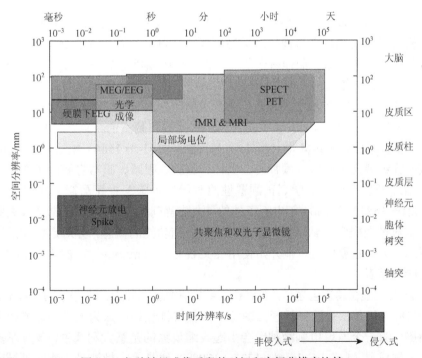

图 1-5　各种神经成像手段的时间和空间分辨率比较

（图片来源：Jaiswal M K. 2015. Toward a high-resolution neuroimaging biomarker for mild traumatic brain injury: From bench to bedside. Frontiers in neurology，6）

功能近红外成像（functional near-infrared imaging，fNIR）是 20 世纪 90 年代才出现的新型脑功能成像技术。fNIR 利用生物组织中与氧代谢密切相关的生色团，如氧合血红蛋白（HbO_2）、去氧血红蛋白（Hb）等具有不同吸收光谱的原理来测定脑组织中局部血氧浓度及血容量的变化。由于生物组织在 700~900nm 近红外波段具有低吸收、高散射的特性，处于该波段的近红外光可以穿过头皮和颅骨进入脑组织几厘米的深度，从而实现认知加工状态下大脑功能的动态检测。与脑电相比，fNIR 具有空间分辨率更高、对运动伪迹敏感性低、检测准备时间短（脑电检测需要导电媒质）等优势，是很有前景的神经成像手段，未来将在脑-机接口、脑认知状态检测等方面发挥巨大潜力。

图 1-5 比较了各种神经成像手段的时间和空间分辨率。由图可见，这些成像方法各有优势、互为补充，都对神经工程的发展起到重要作用。必须指出的是，目前没有任何一种完美的神经成像手段能够反映大脑的所有生理变化，而在未来，多种成像方法的融合是必然趋势并将拥有极大的发展空间。

1.2.3 神经科学发展与神经工程发展

有人曾感叹：人类最重要的是梦想。梦是对于美好的向往与追求，而想则是对神经系统运转机制的深入研究。只有将神经系统的结构和功能研究透彻，人类才能在一个新的高度认识自我，神经工程学的研究才能进入新的领域和阶段，因此，神经工程与神经科学一直是两个密不可分的话题。

神经科学的历史最早可追溯到公元前时代，但直到 16 世纪的文艺复兴后期才以真正的学术概念形式出现，它与神经病学的研究密不可分。早在古埃及时期，从文献中就能找到脑外伤手术的记录，鼎鼎有名的艾德温·史密斯纸草文稿（Edwin Smith papyrus，西元前 1600~1700 年完成）有关于神经系统损伤的记录，甚至还有关于脑膜、大脑表面和脑脊液的描述。在文艺复兴时期，由于木刻印刷的普及，神经解剖学得到了长足发展，德国 1499 年发行的木刻展示了硬脑膜、软脑膜和脑室的特点。1543 年，著名解剖学家兼医生安德雷亚斯·维萨里（Andreas Vesalius，1514—1564）编写了《人体的构造》一书，该书详细展现了脑室、颅神经、垂体、脑膜、眼睛、脑与脊髓的供血、周围神经的图像，由此开启神经解剖学真正颠覆性的时代。英国医生托马斯·威利斯（Thomas Willis，1621—1675）于 1664 年出版了他的《大脑解剖》，1667 年又出版了《大脑病理》，威利斯一生对神经病学贡献卓著，他提出了一些脑功能的概念，并对定位和反射提出了初步的概念，更为重要的是，他开始使用英文名词"neurology"，被认为是神经病学真正意义上的奠基者。

到了 16 世纪显微镜问世之后，神经微观结构研究正式开始。浦肯野（Purkinje，1787—1869）于 1837 年首次描述了神经元的特点，使得神经细胞成为人类在显微镜下认识的第一种细胞。第一个发现电刺激神经会引起收缩现象的是意大利医生、物理学家与哲学家路易吉·伽伐尼（Luigi Galvani，1737—1798），他是第一批涉足生物电领域研究的人物之一。

保尔·布罗卡

我们今天耳熟能详的运动性言语中枢 Broca 区，是由法国外科医生、神经病理学家、人类学家保尔·布罗卡（Paul Broca, 1824—1880）于 1861 年在一名偏瘫伴失语患者发现左脑额下回病变并进行解剖学定位。为了纪念他，大脑半球这一区域被命名为 Broca 区，习惯上这一事件也被作为神经心理学的历史起点。俄国科学家巴甫洛夫（Ivan Pavlov, 1849—1936）对神经反射的研究做出了杰出贡献，他发现基本的生理反射可通过更高级脑功能调节。到了 20 世纪 30 年代，英国科学家谢灵顿对神经反射功能的诸多观点进行了优化和整合，并因此获得了诺贝尔奖。

神经疾病的认识来自于对病理解剖的理解，1800～1850 年，神经解剖逐渐与神经病理融会贯通，Baillie 和 Cruveilher 分别于 1799 年和 1829 年描述了脑卒中的病灶。到 19 世纪末期，人们确立了脑卒中和偏瘫、外伤和截瘫的关系，并在精神病院的患者中发现了螺旋体和麻痹性痴呆的关系，这些都为神经解剖向临床实践转化奠定了基础。20 世纪 50 年代以后，神经科学进入了高速发展期，神经科学与工程的结合也更加密切。

神经科学的进步为神经工程学的发展提供了更为先进的理论依据。神经科学是神经工程学研究的重要组成部分，人类大脑拥有 1000 亿个神经元和 100 万亿个神经突触，包含着巨大奥秘。围绕大脑功能开展的神经生理与病理学、神经心理学、神经工效学、神经电生理信号检测与处理、神经网络及模型建立等都极大地丰富了神经工程学的内容，无论生物学家、神经网络专家，或是脑电技术专家、系统工程专家，还是哲学家和物理学家都能在神经科学的研究中获得启迪与灵感，从科学层面为神经工程设计和创新提供保障。

随着世界各科技强国相继开展人类脑计划，绘制人类大脑复杂的神经回路图，理解大脑的运转机制已经成为人类与科学面临的最大挑战之一。正如量子力学和相对论的建立使人类对物质世界的认识发生了根本性变革，遗传基因的发现将生命科学的发展推向了巅峰，揭示人类大脑的工作原理及思维的本质是多个领域科学家的共同梦想，是神经工程学研究的重要目标，其意义堪比构思相对论和创建量子力学。

神经科学研究的深入促进了神经工程相关仪器的设计与开发。神经工程学与神经科学最大的不同正在于"工程"二字，神经工程学更侧重于寻找理论研究成果与造福社会的工程产品设计相结合的契机。从目前进展情况来看，全球对于人脑的研究仅处在发展初期，人类脑计划的目标是利用现代化信息工具建立神经信息学数据库和有关神经系统所有数据的全球知识管理系统，绘制出脑功能、结构和神经网络图谱，从基因到行为各个水平加深人类对大脑的理解。

总之，从应用于大脑功能分析的成像系统到脑-机接口技术，从利用大脑特点设计的植入神经接口与微系统到神经肌骨动力学研究，从功能性电刺激到神经假体与仿生，任何神经科学研究的进展都需要相应神经工程学仪器的进步与发展，神经科学的需求从客观上推动了神经工程学的发展。

神经科学的发展拓宽了神经工程学的研究领域，给予研究人员更为广阔的视角和眼界。《科学》杂志在 2012 年 11 月曾刊登出一篇科学报告，证明宇宙的成长和结构与大脑细胞的生成过程和结构几乎一模一样（如图 1-6 所示，感兴趣的读者可以查阅参考文献 *Network Cosmology*）。大脑与宇宙网络的生长动力是相同的，并且大脑细胞的连接有着极高的组织性，就像是城市的布线网格，神经元遍及各个角落。此外，脑的记忆存储不单独局限于特定区域，这个特点又与宇宙的不可分性密切相关。惊人的相似令人叹为观止，同时拓宽了神经工程学研究人员的思路与视野，提示研究人员从更全面立体的角度，利用更具创新性的技术手段，更哲学更艺术地进行创新性研究。神经科学的发展对于神经法学、神经经济学等诸多神经工程学应用都具有推动作用，有效地使神经工程与哲学艺术相结合，向着更人文、更立体的方向发展。

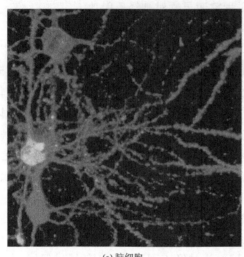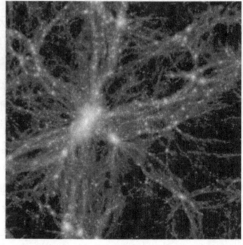

(a) 脑细胞　　　　　　　　　　　　　　　　　　(b) 宇宙

图 1-6　大脑细胞结构与宇宙结构

（图片来源：http://www.viralnovelty.net/physicists-find-proof-universe-giant-brain）

神经科学是当今研究的热点话题，是神经工程的重要源泉与组成部分。相信随着神经科学的完善和发展，神经工程也会得到更为长足和广阔的发展和进步。

1.3　脑科学与人工智能的兴起带来新机遇

正如 2000 年诺贝尔生理学或医学奖获得者 Edleman 所说："脑科学的知识将奠定未来新时代的基础。人类凭借脑科学的知识可以治疗大量疾病，建造模仿脑功能的新机器，并且深入认识人类自身的本质以及影响人类认识世界的方式。心智的生物学基础研究在 21 世纪的地位正相当于基因研究在 20 世纪的地位，这已是当前科学界的共识。"因此，脑科学被认为是 21 世纪的明星学科，也是当代科学研究最大的挑战之一。

国际上，自 20 世纪 90 年代以来，世界主要发达国家纷纷加大了对脑科学研究的投入。美国于 1989 年率先推出了全国性的脑科学研究计划，以保护脑和防治脑疾病为研究重点提出了很多脑科学要解决的问题，并将 20 世纪最后十年命名为"脑的十年"。这一举动得到了国际脑研究组织和许多国际学术组织的响应。紧接着，欧洲共同体于 1991 年制定了"欧共体脑十年计划"。1995 年日本学术振兴会设立了"脑科学和意识问题"特别委员会，1996 年日本科学技术厅提出了"科学时代——脑科学研究推进计划"，正式提出了"了解脑，保护脑，创造脑"的口号。1997 年美国正式启动人类脑计划，20 多所美国著名大学和研究所参与该计划。1999 年在美国与欧共体合作形成 USA-EC（the United Stated of America-European Community）神经信息学双边合作组织。2013 年 1 月，欧盟宣布投入 10 亿欧元开启"人类脑计划"（Human Brain Project），旨在用巨型计算机模拟整个人类大脑。同年 4 月，美国宣布投入 45 亿美元启动"大脑活动图谱计划"（Brain Activity Map Project，或称 Brain Initiative），即美国"脑计划"，着眼于研究大脑活动中的所有神经元，绘制详尽的神经回路图谱，探索神经元、神经回路与大脑功能间的关系。美国国立卫生研究院、国家科学基金会、国防部高级研究计划局、美国食品药品监督管理局、情报高级研究计划署等重要的联邦研究机构均参与了美国"脑计划"的资助，其他民间基金会、慈善组织也纷纷加入资助脑科学研究的行列。

我国对脑科学重视相对较晚。2001 年 7 月，大连理工大学唐一源教授作为特邀代表首次参加在日本理化研究所举行的"全球科学论坛神经信息学工作组"第三次会议，并在会议上向全世界 19 个国家代表介绍了中国在本领域的工作；此后他还应邀访问了美国几个重要的人类脑计划与神经信息学研究基地，与负责人广泛交流探讨，探索国际合作研究项目，参与人类脑计划。同年 9 月，为配合我国加入国际人类脑计划，"中国人民解放军总医院神经信息中心"成立，标志着我国人类脑计划和神经信息学工作的正式开始，使我国成为参与人类脑计划与神经信息学研究的第 20 个国家。2006 年制定的《国家中长期科学和技术发展规划纲要（2006—2020 年）》将脑科学与认知科学列为八大前沿问题之一，以研究脑功能的细胞和分子机理、脑重大疾病的发生发展机理、学习记忆和思维等脑高级认知功能的过程及其神经基础、人脑与计算机对话等为主要目标。从 2013 年 3 月开始，科技部、教育部、中国科学院等组织专家研讨会，着手为"中国脑计划"做准备。在 2014 年 3 月教育部科技司组织的专家研讨会上，专家明确提出认识脑、保护脑与发展脑并重的中国健康脑计划战略思想。2015 年，以复旦大学杨雄里院士为首的一些相关领域国际研究前沿学者正努力推动以"认识脑，保护脑，发展脑"为主要内容的"中国脑计划"，并且已牵头成立"脑科学协同创新中心"。2016 年，"脑科学与类脑研究"被"十三五"规划纲要确定为重大科技创新项目和工程之一，也被称为"中国脑计划"，主要有两个研究方向，分别是以探索大脑奥秘、攻克大脑疾病为导向的脑科学研究和以建立和发展人工智能技术为导向的类脑研究。截至 2017 年年末，"中国脑计划"的最终计划路线已基本确定，将围绕脑与认知、脑-机智能和脑的健康三个核心问题开展长期研究。

神经工程学致力于采用工程技术实现认识、补充、修复、拓展、增强，以至于替代神经系统功能，人脑是神经工程学最重要的研究对象，脑科学研究离不开神经成像、神经调控、神经接口等众多神经工程技术，神经工程学将脑科学研究获得的知识与工程技术相结合，实现脑疾病诊断与治疗、脑功能的增强、修复与替代。因此，神经工程学是脑科学的重要组成部分，为脑科学提供认识、改造，甚至创造大脑的工具，同时为脑科学研究成果应用于临床和日常工作生活提供重要工程学技术。正因如此，近年来神经成像、神经调控、神经接口等众多神经工程技术伴随着脑科学的兴起而迅速发展。随着脑科学研究的不断深入，神经工程技术必将发挥更大的作用，神经工程技术走向应用的进程也不断加快，同时对神经工程技术本身的发展提出了更高要求。

分别在 2016 年和 2017 年开展的两场围棋"人机大战"让"人工智能"这一专业名词

家喻户晓。在脑科学研究兴起的同时，人工智能近年来获得了突破性进展，并将有望在未来十年颠覆众多传统行业，开启新一代技术革命，尤其是 2013 年以来，全球掀起人工智能研发浪潮，世界主要发达国家纷纷从国家战略角度布局人工智能。2013 年 12 月，欧盟委员会与欧洲机器人协会合作完成了 SPARC 计划，资助机器人领域的创新，2015 年 12 月，SPARC 发布了机器人技术多年路线图。2013 年，英国将"机器人技术及自治化系统"列入了"八项伟大的科技计划"，宣布要力争成为第四次工业革命的全球领导者，2016 年 10 月，英国下议院的科学和技术委员会发布《机器人和人工智能》的报告，呼吁政府介入监管和建立领导体制，2017 年 1 月，英国政府宣布了"现代工业战略"，将人工智能和机器人技术作为重点支持的技术领域。2012 年，德国政府发布了 10 项未来高科技战略计划，以"智能工厂"为重心的工业 4.0 是其中的重要计划之一，重点支持人工智能和智能机器人技术的发展。2016 年 5 月，美国白宫成立了人工智能和机器学习委员会，协调全美各界在人工智能领域的行动，探讨制定人工智能相关政策和法律，同年 10 月，美国总统办公室发布了《为人工智能的未来做好准备》和《美国国家人工智能研究与发展策略规划》两份有关人工智能的重要报告，将人工智能上升到美国国家战略高度，为国家资助人工智能研究和发展划定策略，确定了美国在人工智能领域的七项长期战略，时任美国总统奥巴马表示政府将会提供大量投资来帮助研究人工智能。2016 年，日本政府计划扶持理化学研究所、丰田汽车、NEC 等 20 多家研究机构及企业联手研发应用于制造、医疗等领域的人工智能技术，2017 年 3 月，为了实现人工智能的产业化，日本政府的人工智能技术战略会议制定了人工智能产业化路线图，计划分 3 个阶段推进利用人工智能大幅提高制造业、物流、医疗和护理行业效率。

我国一系列科技公司和科研院所在人工智能技术研究中走在世界前列，具备良好的发展基础和人才储备，我国一些科技公司在部分人工智能技术的应用方面已经处于领先地位，近年来我国也已经将人工智能技术的发展提高到国家战略层面。2016 年 8 月 8 日，国务院发布了《"十三五"国家科技创新规划》，人工智能是整个规划中高频出现的关键词之一，并将其作为重点推动研发的方向之一。同时，人工智能成为以战略高技术建立保障国家安全和战略利益"深蓝"计划的核心。2017 年 7 月 8 日国务院发布的《新一代人工智能发展规划》提出了面向 2030 年我国新一代人工智能发展的指导思想、战略目标、重点任务和保障措施，部署构筑我国人工智能发展的先发优势，加快建设创新型国家和世界科技强国。到 2030 年，要实现我国人工智能理论、技术与应用总体达到世界领先水平，成为世界主要人工智能创新中心。

人工智能致力于研究、开发用于模拟、延伸和扩展人类智能的理论、方法、技术及应用系统。脑科学则涉及神经科学、神经工程、认知科学、神经生物学、神经心理学等众多基础学科，致力于研究大脑的结构和功能，探明大脑的运行机理，为脑疾病的诊断与治疗、认识大脑奥秘和开发类脑人工智能提供依据。可见，人工智能和脑科学关系密切，一方面，通过脑科学的研究认识大脑的工作原理，为开发人工智能技术提供指导，人工智能的终极目标就是创造具有与人脑相同甚至更高智能的人造机器；另一方面，人工智能技术能够为脑科学研究中的诸多难题提供解决方法，如借助人工智能技术从高维度空间解析人类大脑的结构和工作原理。近年来，深度神经网络、仿脑芯片等人工智能技术获得了突破性进展正是得益于人们对大脑结构和工作原理认识的不断深入。这也是包括我国在内的多个国家的脑计划和人工智能发展规划都将类脑人工智能作为重要研究内容的原因。

值得指出的是，我国人工智能发展规划特别提出发展"人在回路"的混合增强智能、人机智能共生的行为增强与脑-机协同等技术。而神经工程研究的重要目标之一正是通过神经系统和人造设备间的接口进行信息交互与功能整合，即通过搭建人脑智能与人工智能之间的信息桥梁，实现人机智能的高度融合。其典型技术就是脑-机接口（brain-computer interface，BCI）技术，虽然现有 BCI 技术主要是单向解读大脑信息，但其最重要的长远发展趋势将是从目前脑-机单向"接口"（interface）发展为脑-机双向"交互"（interaction），并最终实现脑-机"智能"（intelligence）融合，将生物智能的模糊决策、纠错和快速学习能力与人工智能的快速、高精度计算及大规模、快速、准确的记忆和检索能力结合，从而发展出更先进的人工智能技术，并组建由人脑与人脑、人脑与智能机器之间交互连接构成的新型生物人工智能网络，必将彻底改变人类与智能机器之间的关系，创造前所未有的智能信息时代。脑科学与人工智能的兴起使实现人机智能融合这一目标成为可能。

脑科学和人工智能将是 21 世纪驱动新一代技术革命的关键性科学技术，关乎国家安全和国家在未来技术革命中的地位，而神经工程学与脑科学和人工智能紧密相关，神经工程技术不但能架起脑科学与人工智能之间的桥梁，还能够为这两个领域的研究提供技术支撑。人类认识、保护和创造大脑的过程离不开各种工程技术，因此，脑科学和人工智能研究计划的开启带来了前所未有的机遇，为神经工程技术方法的发展和应用开拓了新的天地，神经工程学将在这些领域发挥不可替代的作用。

1.4 神经工程学研究的重要意义和产业前景

神经工程的主要目标是通过神经系统和人造设备间的沟通来修复和增强人体的功能。当前研究主要着眼于以下需求：探明感觉神经系统和运动神经系统编码与信息处理机制，掌握相关的神经调控途径；定量研究这些机制在病理（如癫痫、阿尔茨海默病）或异常环境（如宇航过程）下的变化规律；研究如何通过人机接口、神经修复等途径调控有关神经操控机制，恢复正常功能或突破潜力。可以看出，以上研究内容均针对国计民生的重大需求，相关成果可在脑科学研究、神经疾病防治、康复医学、运动医学、智能控制、航空航天、公安反恐等众多行业得到广泛应用，有着重要的科学与社会意义和广阔的发展前景。

神经工程研究不但可以揭开大脑高智能、高效率、低能耗之谜，对人工智能、基因学、细胞生物学、生理学、生物信息学、解剖学、行为科学、信息技术、纳米技术和营养学都有重要推动作用。面对"大脑"这一人类科学的高峰，谁能率先登顶，不但可以收获可观的经济和社会效益，而且有望在科学创新上独领风骚。在 2013 年年初的国情咨文中，时任美国总统奥巴马特别提到"脑计划"，并指出"现在是太空竞赛以来，美国的研发水平达到新高度的时候了"，一语道破美国出台"脑计划"的深层动机——抢占未来科学技术研究的战略制高点。而欧盟人脑工程的官方网站上则这样写道：如果欧洲想建立一个强有力的竞争地位，必须现在开始行动了。

神经工程学把神经科学和工程学有机结合起来，将研究发现转化为技术应用，为医学临床神经研究设计有效的实验工具，为提高患者康复水平提供可靠的诊治设备，为拓展人类信息交流渠道和自身功能潜力开辟新兴的技术手段。神经工程的产业前景十分广阔，"钱途"不可限量。20 世纪 90 年代初实施的信息高速公路计划刺激了美国整整十年的经济繁荣，经济学界一直希冀通过一场以科技带动的产业革命促使全球经济摆脱衰退，重新走入一个相对繁荣期，与神经工程紧密相关的人脑计划正被视为这样的发动引擎。奥巴马曾表示："在人类基因图谱的研究中，我们每投入 1 美元，就获得了 140 美元的回报。"美国联邦政府一项分析研究指出，美国人类基因计划耗资 38 亿美元，截至 2010 年美国已获得 8000 亿美元回报。因投资大致相同，奥巴马将美国的"脑计划"与人类基因组计划相比，并期待更高的回报。随着神经工程研究的深入，基于基础性研究而诞生的新学科和新产业将大量涌现，并将产生众多的就业机会。神经工程研究属于具有高科技附加值的领域，以此为基础的产业必将产生可观的经济效益。众多高科技公司也已经看到这一点，并纷纷开展了神经工程相关的技术研究和产业布局。例如，2017 年 3 月，特斯拉和 SpaceX 创始人埃隆马斯克宣布投资成立脑-机接口公司 Neuralink，2017 年 4 月，Facebook 宣布"意念打字"项目，扎克伯格投入大量资金及人才建立脑-机接口技术团队，据估计，脑-机接口的市场规模在 5 年内将达到数千亿美元。2017 年 11 月，我国科大讯飞公司在其产品发布会上成功演示了利用脑-机接口控制家电，并将脑-机接口作为未来人机交互的重要发展方向。

目前国内外神经调控技术的进展充分显示出了神经工程的潜力。一个成功的案例是深部脑刺激（deep brain stimulation，DBS），已被证明可有效治疗帕金森综合征以及其他神经系统疾病。美国美敦力（Medtronic）公司仅这一项产品每年就有超过 3 亿美元的收益。在国内，清华大学研发的国产脑起搏器经过大量技术攻关、动物实验研究和临床试验，已于 2013 年获得了产品注册证，随后使用寿命更长的可充电脑起搏器也于 2014 年获得了产品注册证。已有超过 5000 例次的清华脑起搏器在国内 100 个中心植入了患者体内，这标志着我国已经具有了深受临床欢迎的植入式神经调控医疗装备。脑起搏器的研制成功使我国成为继美国之后全球第二个能够生产制造脑起搏器并将其应用于临床的国家，将惠及众多患者，推动该医疗领域的进步、发展。这也意味着我国成为第二个能够建立神经调控产业的国家。目前神经调控每年的市场份额已超 40 亿美元，预测未来五年的年度增长率将超过 15%。神经工程的飞速进步和巨大潜力已经被世界各地的机构所认识，也获得了更多研究机构的资金支持。

根据世界卫生组织开展的各种大范围研究，大约全球成年人口的 1/3 遭受诸如抑郁、焦虑和精神分裂等精神疾病的困扰。综合考虑如痴呆、脑卒中等所有神经系统疾病，这些大脑疾病占全球疾病负担的 13%，这一数据高于心血管疾病的 5%和癌症的 10%。这些统计数据可能会令那些对大脑疾病无处不在缺乏普遍认识的人们感到惊讶，但这些惊人的数据足以为我们敲响警钟。医学研究已经发现了超过 1000 种神经系统疾病，包括从偏头痛到精神分裂症和阿尔茨海默病。在欧洲，约 1/3 的人口患上了与神经系统有关的疾病，这几乎影响到所有的欧洲家庭。近年来用于这方面的医疗费用每年高达 8000 亿欧元，随着社会老龄化程度的加深，这一数字还将上升。因此，加强神经工程研究将有助于帕金森综合征、阿尔茨海默病等脑神经疾病的诊断和治疗，提高人们的健康水平和生活质量，是保障人类身心健康的重大需要。

此外，近十几年来，脑卒中等疾病发病率上升，地震等重大自然灾害频发，导致大量的伤残或认知功能受损的患者亟待康复，我国以及世界主要发达国家老龄化问题已经成为阻碍社会经济发展的重要因素，伴随老龄化的阿尔茨海默病、脑卒中等神经系统疾病造成的社会压力日益严峻。发展新兴的神经接口、神经调控等神经工程技术是解决这些问题的必要途径。因此，国内亟须从现阶段开始加大相关方向的平台建设力度，培养具备这方面综合专业素质的紧缺工程人才。

2016 年 8 月，全国卫生与健康大会召开。习近平总书记在会上指出，要把人民健康放在优先发展的战略地位，以普及健康生活、优化健康服务、完善健康保障、建设健康环境、发展健康产业为重点，加快推进健康中国建设，为实现中国梦打下坚实健康基础。因此，无论从人类健康福祉、科学发展还是经济、社会效益的角度看，神经工程的研究都有重要意义。脑科学的兴起为神经工程带来了前所未有的发展机遇，脑科学的研究过程和研究成果的应用都离不开神经工程的技术手段。因此，作为新兴学科，神经工程将在 21 世纪发挥巨大作用。

思　考　题

1. 神经工程学知识内容主要包括哪些方面？研究应用涉及哪些方向？请根据自己的学习体会列举近些年神经工程学有哪些书中尚未提及的新拓展。

2. 神经科学与神经工程学有何区别和联系？

3. 还有哪些方法可以实现对神经系统的成像？

4. 我国古代如何认识脑？有什么局限性？

5. 请查阅资料，综述神经工程学在某一领域的应用成果。

6. 请谈谈我国脑计划与欧盟、美国的脑计划有什么区别。

7. 请思考自己的研究领域与神经工程有何联系。

参 考 文 献

北京品驰医疗设备有限公司. 2015. 脑深部刺激系统. http://www.pinsmedical.com/index.php?m=content&c= index&a=lists&catid=95.

费明钰, 陈骞. 2014. 人类脑计划: 21 世纪的重大挑战——主要国家和企业脑科学研究计划分析. 华东科技: 66-68.

傅延龄. 1987. 古代中国对脑与精神关系的认识. 中医药学报, 5: 1-2.

郭淑云. 2004. 萨满舞蹈的特征与功能. 黑龙江民族丛刊: 77-81.

国务院关于印发新一代人工智能发展规划的通知. 2017. http://www.gov.cn/zhengce/content/2017-07/20/ content_5211996.htm.

李今庸. 1999. 我国古代对"脑"的认识. 湖北中医学院学报, 1: 3-4.

曲六乙. 1997. 巫傩文化与萨满文化比较研究. 民族艺术: 79-92.

Adamantidis A R, Zhang F, De Lecea L, et al. 2014. Optogenetics: Opsins and optical interfaces in neuroscience. Cold Spring Harbor Protocols, (8): 815-822.

Berger H. 1929. Electroencephalogram in humans. Archiv FUR Psychiatrie UND Nervenkrankheiten, 87: 527-570.

Deisseroth K, Gradinaru V. 2014. Advances in neurotechniques: Methods that reveal the structure and function of the brain. Science, 345: 698.

Does Facebook want to read your thoughts? Secretive division may reveal "mind-reading devices" in April. Daily Mail. http://www.dailymail.co.uk/sciencetech/article-4339236/Zuckerberg-reveal-MIND-READING-brain-implants.html.

Eliasmith C, Anderson C H. 2004. Neural Engineering: Computation, Representation and Dynamics in Neurobiological Systems. Cambridge: MIT Press.

Elon musk creates Neuralink brain electrode firm. BBC News. http://www.bbc.com/news/technology-39416231.

He B. 2005. Neural Engineering. New York: Springer-Verlag.

Horgan J. 2017. Tribute to Jose Delgado, legendary and slightly scary pioneer of mind control. Scientific American. https://blogs.scientificamerican.com/cross-check/tribute-to-jose-delgado-legendary-and-slightly-scary-pioneer-of-mind-control.

Krioukov D, Kitsak M, Sinkovits R S, et al. 2012. Network cosmology. Scientific Reports, 2(20): 793.

Kuroski J. 2017. The twisted history of the widely misunderstood lobotomy. http://all-that-is-interesting.com/lobotomy-walter-freeman.

Mainen Z F, Pouget A. 2014. European commission: Put brain project back on course. Nature, 511: 534.

Sabouni A, Pouliot P, Shmuel A, et al. 2014. BRAIN initiative: Fast and parallel solver for real-time monitoring of the eddy current in the brain for TMS applications. Conf Proc IEEE Eng Med Biol Soc, 2014: 6250-6253.

Vidal J J. 1973. Toward direct brain-computer communication. Annual Review of Biophysics & Bioengineering, 2: 157.

第 2 章　神经生理与病理学基础

神经工程学的最终目标是运用工程学的方法和技术，达到更好地理解和修复人类神经系统功能的目的，它将神经科学和工程学有机地结合起来，并且以前者为基础。因此，只有了解了神经系统运作的生理基础及其病理改变的机制，才能设计并制造出能够有效改善失去或受损神经功能的人造设备，同时能够促进人们对神经功能的深入理解。本章分四节来介绍神经系统的生理和病理学基础。

2.1　神经系统的组成与结构

人类的神经系统可以分为中枢神经系统（central nervous system，CNS）和周围神经系统（peripheral nervous system，PNS），前者由位于颅腔内的脑和位于椎管内的脊髓组成，对整个机体发挥主导的调节作用，对外界信息进行分析、整合后并作出相应反应；而 PNS 是指除了中枢神经系统以外所有的神经组织，根据不同的分类方法，可以将 PNS 进行分类，见表 2-1。

表 2-1　周围神经系统的分类

分类方法	名称
与中枢连接部位不同	脑神经和脊神经
分布不同	躯体神经和内脏神经（自主神经或植物神经）
功能不同	传入神经（感觉神经）和传出神经（运动神经）

为了便于描述和理解，在神经系统的研究中常常定义一些概念。例如，在 CNS 中，将大量神经元胞体及其树突聚集的地方称为灰质（gray matter），如大脑皮质；将神经纤维聚集在一起的地方称为白质（white matter），这些颜色的概念是从大脑解剖后观察到的。在中枢的内部还有一些形态和功能类似的神经元胞体聚集形成的灰质团，称为神经核团（nucleus），如丘脑内含有大量的神经核团；而在 PNS 中，将这种结构称为神经节（ganglion），将神经纤维在周围的聚集称为神经（nerve），这些都是神经解剖学中的基本概念。

2.1.1　脑与脊髓的解剖结构与生理功能

1. 脑

脑（brain）位于颅腔内，成年人脑重量约为 1400g。脑可以分为端脑、间脑、中脑、脑桥、延髓和小脑 6 部分，如图 2-1 所示。其中将中脑、脑桥和延髓合称为脑干，主要负责调节心跳、呼吸和血压等人体最基本的生命活动。端脑和间脑主要调节人体多种生理活动，如感觉、运动以及高级生理功能。其中端脑俗称大脑（cerebrum），是占全脑比例最大的部分，也是脑的最高级部位，分为左右两个半球，由大脑纵裂分开，其底部是连接两个半球的纤维板，称为胼胝体。小脑负责运动的协调，维持身体平衡等。

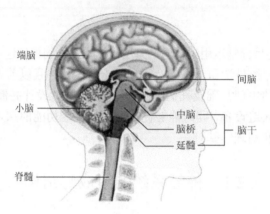

图 2-1　脑的组成矢状切面示意图

（图片来源：http://www.med66.com/web/yixuetuku/my1601218379.shtml）

从外形上看，人类的大脑表面布满了大量的褶皱，这样大大增加了大脑皮质的表面积，实际上大脑皮质的总面积约为 2200cm^2，大约是一张全版报纸的大小。这些凹凸不平的褶皱称为大脑的沟（sulci）和回（gyri），其中有三条重要的大脑沟，即中央沟、外侧沟和顶枕沟；将每侧大脑分为 5 个叶，分别是额叶（frontal lobe）、颞叶（temporal lobe）、枕叶（occipital lobe）、顶叶（parietal lobe）和岛叶（insula）。有意思的是，虽然大部分人的沟与回的分布形式相同，但没有两个脑是一模一样的。如图 2-2 所示为大脑主要的沟、回以及分叶示意图。

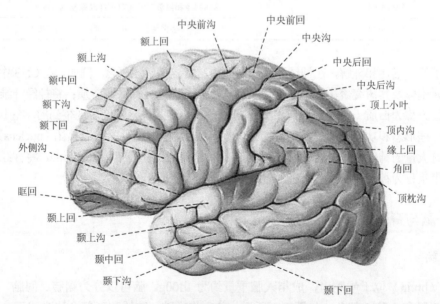

图 2-2　大脑半球外侧面的沟、回及分叶

（图片来源：http://www.med66.com/new/37a175aaa2011/2011110zhangf141941.shtml?1455549309761）

额叶位于中央沟的前方，与推理、计算、某些语言与运动、情绪以及问题的解决有关。顶叶位于中央沟之后、顶枕沟之前，与触觉、压力、温度以及疼痛有关。颞叶位于大脑外侧裂以下，与知觉、听觉刺激辨识以及记忆有关。枕叶位于大脑后侧，顶枕沟之后较小的部分，与视觉有关。而岛叶位于外侧沟的深部，被部分额叶、顶叶覆盖，呈三角形，负责躯体和内脏的感觉。另外关于大脑的分区，目前应用最广泛的是 Brodmann 分区，1909 年 Brodmann 根据细胞的形态、密度和排列方式不同，把大脑皮质分成了 52 个区（图 2-3）。

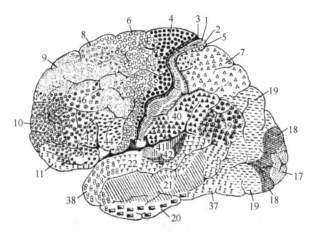

图 2-3　Brodmann 大脑皮层分区示意

（图片来源：http://www.medecine.unige.ch/enseignement/apprentissage/module3/pec/apprentissage/neuroana/1/1.2/1211.htm）

2. 脊髓

脊髓（spinal cord）是中枢神经系统中另一主要成员，但属于低级成分，它与脑的各部分之间都有着广泛的联系，并受到脑的控制。其结构上的特点是具有节段性，并与 31 对脊神经相连。

脊髓位于脊椎的椎管内，并与脊柱保持同样的弯曲，呈一个前后稍扁的圆柱形。脊髓从外形上看并没有明显的节段，但根据其相连的 31 对脊神经根，将脊髓分成 31 个节段。其中颈段 8 节，胸段 12 节，腰段 5 节，骶段 5 节，尾段 1 节，如图 2-4 所示。了解脊髓节段与椎骨的对应关系，在临床上对疾病的诊断和治疗具有十分重要的意义。从图 2-4 也可以发现，脊髓节段的位置高于相应的椎骨，这是由于在发育过程中，椎管的发育速度比脊髓快，而脊髓上端因与脑连接被固定，成年之后，脊神经根距离各自的椎间孔越来越远，自上而下发生倾斜，最后腰骶部的神经根几乎垂直下行，这些下行的腰、骶和尾神经根形成束状，称为马尾。临床上进行的腰椎穿刺通常在第 3、4 或第 4、5 腰椎间进行，这是由于脊髓结束于第 1 腰椎，穿刺时不会损伤脊髓。

脊髓同脑一样，也由灰质和白质构成。脊髓的中心有一细小的中央管（central canal），它是一个细长的管道，内含脑脊液，向上通第四脑室，向下在脊髓圆锥内扩大形成终室。围绕在中央管周围的是呈"H"形的灰质，灰质以外就是白质。需要注意的是，在脊髓的不同部位，灰质、白质的形态、比例各不相同。

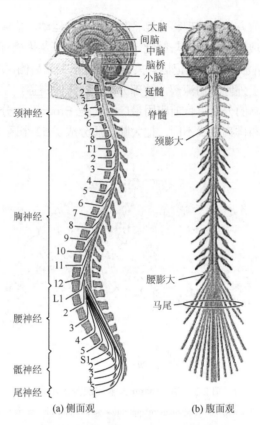

图 2-4　脊髓节段与椎骨的对应关系

（图片来源：http://humananatomychart.us/page/15）

　　脊髓是神经系统的低级中枢，发挥基本的功能，主要表现为传导和反射功能。传导功能是指将躯干、四肢的深、浅感觉和大部分内脏感觉，通过白质中的纤维束传到脑；同时，脑的信息通过下行纤维束传导到脊髓灰质，从而调控躯干、四肢和内脏的活动。脊髓的反射功能是指脊髓固有的一些反射，其反射弧并不经过脑，包括躯体反射和内脏反射。前者又可以分为牵张反射、反牵张反射和屈曲反射。牵张反射又分为腱反射（如膝跳反射）和肌紧张，在临床上常通过检查腱反射来了解脊髓的功能。内脏反射，如立毛反射、皮肤血管反射、膀胱排尿反射、直肠排便反射和性反射等都是由脊髓中枢控制的本能反射。

2.1.2　周围神经系统的解剖生理

　　周围神经系统包括中枢神经系统以外的神经组织，主要由神经（神经纤维束）和神经节（神经元胞体聚集）构成。它们都与脑和脊髓相连并分布在全身各处，据此可以将其分为脑神经和脊神经；根据分布和功能不同，可分为躯体神经和内脏神经。

1. 脑神经

脑神经是指与脑相连的周围神经，共有 12 对，分别是嗅神经、视神经、动眼神经、滑车神经、三叉神经、展神经、面神经、前庭蜗神经、舌咽神经、迷走神经、副神经、舌下神经。下面将这 12 对脑神经的性质、分类及功能进行总结，见表 2-2。

表 2-2　脑神经名称、性质及功能总结

名称	性质	连接脑部	功能
嗅神经	感觉性	端脑	终于嗅球，传导嗅觉
视神经	感觉性	间脑	视网膜节细胞轴突聚集而成，传导视觉
动眼神经	运动性	中脑	支配除上斜肌以外的眼球外肌、上睑提肌、瞳孔括约肌、睫状肌，参与瞳孔对光的反射和调节反射
滑车神经	运动性	中脑	支配上斜肌
三叉神经	混合性	脑桥	支配咀嚼肌等并传导头面部皮肤、眼、口腔、鼻腔黏膜等的本体感觉
展神经	运动性	脑桥	支配外直肌
面神经	混合性	脑桥	支配面部表情肌等，控制泪腺、下颌下腺、舌下腺等腺体分泌并传导耳部皮肤的躯体感觉和舌前味觉
前庭蜗神经	感觉性	脑桥	传导平衡觉、听觉等
舌咽神经	混合性	延髓	控制腮腺分泌，支配茎突咽肌，咽、鼓室、咽鼓管等的一般内脏感觉和舌后 1/3 味觉及参与血压、呼吸的反射性调节
迷走神经	混合性	延髓	传导内脏、咽喉黏膜、硬脑膜、耳甲及外耳道皮肤感觉及支配心肌、内脏平滑肌、咽喉肌以及内脏的活动
副神经	运动性	延髓	支配咽喉肌、胸锁乳突肌和斜方肌
舌下神经	运动性	延髓	支配舌内肌和部分舌外肌

2. 脊神经

脊神经是指与脊髓连接的周围神经，共 31 对，每对脊神经都与一个脊髓节段相连，由前根和后根组成，后根在椎间孔处形成椭圆形的脊神经节，含有大量的感觉神经元。前根由运动性神经构成，连于脊髓前外侧沟；后根由感觉性神经构成，连于脊髓后外侧沟。

根据脊神经与脊髓连接的关系可以将其分为 5 部分，即颈神经（8 对）、胸神经（12对）、腰神经（5 对）、骶神经（5 对）、尾神经（1 对）。脊神经干出椎间孔后可以分为 4支，即前支、后支、脊膜支和交通支，其中除胸神经的前支保持明显的节段性外，其余的前支相互交织组成颈丛、臂丛、腰丛和骶丛，再由各丛分支分布于相应的区域，这里不作详细介绍。

3. 自主神经系统

自主神经系统也称为内脏神经系统或植物神经系统，它的主要作用是调控内脏器官的活动，可以分为中枢和外周两部分。

1）内脏运动神经

内脏运动神经的效应器一般是指平滑肌、心肌和腺体。其与躯体运动神经在结构、功能上有很大的差别，主要体现为以下四方面。

（1）支配器官不同，以上介绍了内脏运动神经的支配对象，一般不受意志控制；而躯体运动神经支配的则是骨骼肌，一般受意志控制。

（2）所需神经元不同，躯体运动神经自低级中枢至骨骼肌只有一个神经元，而内脏运动神经到达效应器需要经过两个神经元，称为节前神经元和节后神经元，且节后神经元数目多，一个节前神经元可与多个节后神经元形成突触。

（3）纤维成分和粗细不同，躯体运动神经只有一种纤维成分，一般是较粗的有髓纤维；而内脏运动神经有交感和副交感两种成分，其纤维较细，分为薄髓（节前）和无髓（节后）。

（4）与效应器连接方式不同，躯体运动神经元与效应器以经典的化学性突触的方式进行一一对应的调控；而内脏运动神经的节后纤维以纤细神经丛的形式分布于效应器的周围，递质以扩散的方式作用于邻近的效应器，因此，内脏痛觉往往是弥散的，定位不准确。

2）内脏感觉神经

各内脏器官除了接受交感和副交感神经的支配外，也有感觉神经的分布，感觉神经元的胞体位于脑神经节和脊神经节内。这些感觉神经将感受器产生的神经冲动传向中枢。在中枢内，内脏感觉纤维一方面直接或间接与内脏运动神经元联系，完成内脏-内脏反射；或与躯体运动神经元联系，完成内脏-躯体反射。另一方面可以将冲动传导到大脑皮质，产生内脏感觉。

2.1.3　神经系统的传导通路

在神经系统中存在两大类传导通路，即感觉传导通路和运动传导通路。前者是将感受器接收到的各种内外刺激以神经冲动的形式传递至中枢神经系统，形成感觉；后者则是将大脑皮质对这些感觉信息进行分析整合后发出的指令再次以神经冲动的形式传递到效应器，产生效应。它们又分别称为上行传导通路和下行传导通路。

1. 感觉传导通路

这里介绍的感觉传导通路主要指的是躯体感觉的传导，主要可以分为以下 5 类，即深感觉传导通路、浅感觉传导通路、视觉传导通路、听觉传导通路以及平衡觉传导通路，下面主要介绍前四种。

1）深感觉传导通路

深感觉又称本体感觉，是指肌、腱、关节等运动器官在运动或静止时产生的感觉，包括位置觉、运动觉和震动觉。其传导通路同时传导皮肤的精细触觉（如辨别两点距离和物体纹理的粗细）。在这里主要介绍躯干和四肢的意识性本体感觉及精细触觉传导通路。该通路由 3 级神经元组成（图 2-5），即通过该 3 级神经元的投射，深感觉最终到达高级感觉中枢。如图 2-5 所示，第 1 级神经元为脊神经节细胞，第 2 级神经元位于薄束核和楔束核，第 3 级神经元位于背侧丘脑的腹后外侧核，若此通路中的内侧丘系交叉上方损伤，则患者在闭眼时不能确定损伤对侧关节的位置和运动的方向及两点间的距离；若交叉下方损伤，则患者闭眼时不能确定损伤同侧关节的位置、运动方向及两点间的距离。

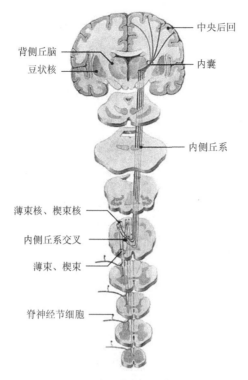

图 2-5　躯干和四肢意识性深感觉传导通路

（图片来源：http://www.sohu.com/a/162070718_757370）

2）浅感觉传导通路

浅感觉是指粗触觉、痛觉、温度觉以及压觉，其传导通路由 3 级神经元组成。不同身体部位其传导通路不同，可分为两类：躯干和四肢以及头面部的浅感觉传导通路。图 2-6 所示为浅感觉传导通路，第 1 级神经元为脊神经节细胞，周围突分布于躯干和四肢皮肤的感受器内，中枢突经脊神经后根进入脊髓。其中，传导痛觉、温度觉的纤维经脊髓背外侧束终止于第 2 级神经元；传导粗触觉和压觉的纤维进入脊髓后索上行终止于第 2 级神经元。第 3 级神经元位于背侧丘脑的腹后外侧核。

3）视觉传导通路

由 3 级神经元组成（图 2-7），在视网膜神经部有 3 层细胞，最外层为视锥细胞和视杆细胞，它们能够感受光的刺激并转换成神经冲动；中层神经元为双极细胞，是第 1 级神经元，即接收由光感受器视锥细胞和视杆细胞传来的视觉冲动；最内层的细胞为节细胞，是第 2 级神经元，其发出的轴突在视神经盘处形成视神经，其中来自两眼鼻侧视网膜的纤维交叉形成视交叉，而来自颞侧视网膜的纤维则不交叉。第 3 级神经元位于右侧丘脑的外侧膝状体，在此进行更换，其发出的纤维组成视辐射经内囊投射到同侧的初级视觉皮层（17 区），产生视觉。当视觉传导通路的不同部位受损时，可引起不同的视野缺损。

4）听觉传导通路

该通路由 4 级神经元组成，见图 2-8。听觉中枢具有较强的反馈作用，可以发出下行纤维，经听觉通路上的各级神经元中继来影响内耳螺旋器的感受功能，形成抑制性反馈调节。

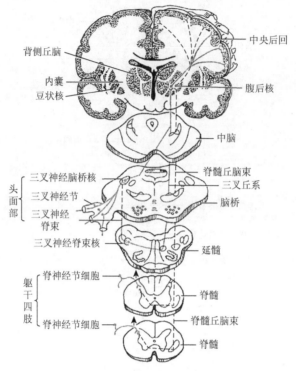

图 2-6 浅感觉传导通路

（图片来源：http://humananatomychart.us）

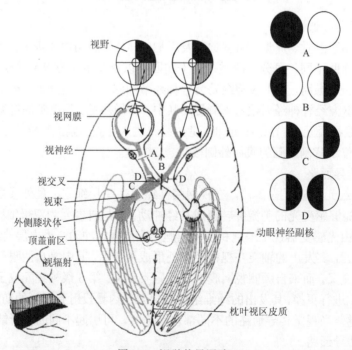

图 2-7 视觉传导通路

（图片来源：http://humananatomychart.us）

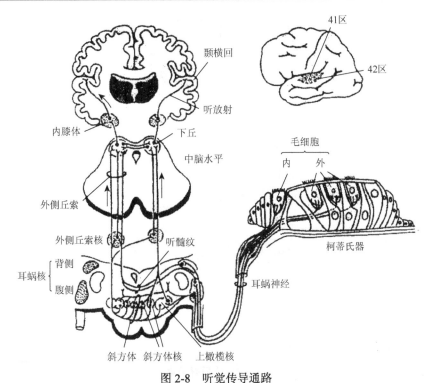

图 2-8　听觉传导通路

（图片来源：http://humananatomychart.us）

2. 运动传导通路

运动传导通路包括躯体运动传导通路和内脏运动传导通路（详见"自主神经系统"部分）。躯体运动传导通路是指从大脑皮质到躯体的运动效应器（骨骼肌或横纹肌）的神经通路，即下行传导通路。

1）皮质脊髓束

皮质脊髓束是人类脊髓中最大的下行纤维束（图 2-9），由大脑皮层的中央前回、中央旁小叶等处的锥体细胞发出轴突集合后下行经内囊后肢、大脑脚底、脑桥基底部到达延髓锥体。在锥体下端，75%~90%的纤维会交叉至对侧，形成锥体交叉，后继续于对侧脊髓侧索内下行，称为皮质脊髓侧束，最后终止于脊髓各节段内的前角运动神经元，主要支配四肢肌；剩余的皮质脊髓束纤维未交叉，继续于同侧脊髓前索内下行，称为皮质脊髓前束，仅到达上胸髓节段，并经白质前连合逐节交叉至对侧，止于前角运动神经元，支配躯干和四肢骨骼肌。但皮质脊髓前束中有一部分纤维始终不交叉并最终止于同侧的前角运动神经元，支配骨骼肌。因此，四肢肌只受对侧中枢支配，而躯干肌则受两侧大脑皮层支配。一侧皮质脊髓束在锥体交叉前受损，可致对侧肢体瘫痪，躯干肌不受影响；在锥体交叉后受损，可致同侧肢体瘫痪。

2）皮质脑干束

皮质脑干束中，第 1 级神经元胞体位于中央前回下部，这些锥体细胞发出的轴突集合后，下行经内囊膝至大脑脚底内侧部，并由此向下分支，大部分纤维终止于双侧脑神经运

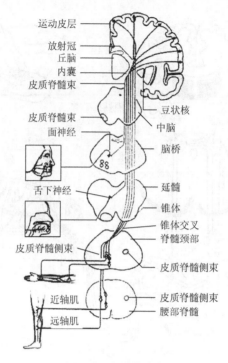

运动皮层
放射冠
丘脑
内囊
皮质脊髓束

皮质脊髓束
面神经

舌下神经

皮质脊髓侧束

近轴肌
远轴肌

豆状核
中脑
脑桥
延髓
锥体
锥体交叉
脊髓颈部
皮质脊髓侧束

皮质脊髓侧束
腰部脊髓

图 2-9　皮质脊髓束

（图片来源：http://humananatomychart.us）

动核（包括动眼神经核、滑车神经核、三叉神经运动核、展神经核、面神经核支配上部面肌的细胞群、疑核和副神经核），然后由其发出纤维支配相应的面部肌肉；小部分纤维则交叉至对侧，止于面神经核支配面下部肌的细胞群和舌下神经核，其发出的纤维支配对侧面下部表情肌和舌肌。

2.2　神经系统的细胞生物学

　　人类的神经系统是其在感知外界、形成记忆、进行决策判断以及指导行为时发挥作用的生理系统。由于它运作的原理极其精密和复杂，即使在生命科学和医学高度发达的今天，人们仍然对它知之甚少，是人体中最为神秘和未知的，并充满着无限魅力的系统。2014 年，美国总统奥巴马提出了著名的"脑计划"，该项目旨在绘制活体人脑图谱，这无疑将推动神经系统科学产生巨大的发展。其中重点资助领域包括"统计大脑细胞类型"，2.1 节从解剖学的角度介绍了神经系统的组成和结构，本节将从细胞生物学的角度介绍神经系统的组成和功能。

2.2.1　神经元与胶质细胞

　　神经元最早是由意大利生物学家高尔基观察到的，他发现了著名的高尔基染色法，使人们第一次看到了完整的神经元形态。但关于神经元彼此之间的连接状态引起了极大的争论。最终，西班牙神经组织学、解剖学家拉蒙·伊·卡哈尔（Ramn y Cajal，1852—1934）观察到，尽管神经元之间紧密相连，但它们之间存在很小的缝隙隔离。

神经系统的细胞构成包括两类：神经细胞和神经胶质细胞。一般将神经细胞称为神经元（neuron），它被认为是神经系统行使功能、信息处理最基本的单位。而神经胶质细胞则主要起支持、营养和保护的作用，但随着人们积累知识的增加，逐渐发现神经胶质细胞也能够行使一些特殊的生理功能。

1. 神经元和神经纤维

1）神经元的结构、功能和分类

在人类的中枢神经系统中约含有 10^{11} 个神经元，其种类很多，大小、形态以及功能相差很大，但它们具有一些共性，如突起。我们以运动神经元为例介绍神经元的典型结构，如图 2-10 所示。与一般的细胞一样，神经元也是由细胞膜、细胞核、细胞质组成的胞体（cell body）和一些突起（neurite）构成的。胞体为代谢和营养中心，直径大小在微米级别。除胞体外，与神经元行使功能密切相关的结构是各种各样的特异性突起，也称为神经纤维。其中自胞体一侧发出、较细长的圆柱形突起为轴突（axon），每个运动神经元一般只有一个轴突，其功能是信息的输出通道，代表着神经元的输出端；还可以借助轴浆进行物质的运输，主要包括由胞体合成的神经递质、激素以及内源性的神经营养物质，这种运输称为轴浆运输。轴突从胞体发出的部位呈椎状隆起，称为轴丘（axon hillock），并逐渐变细形成轴突的起始段（initial segment），这一部分的功能极其重要，它是神经元产生冲动的起始部位，并随后继续沿着轴突向外传导。轴突通常被髓鞘（myelin）包裹，但并非完全将其包裹，而是分段包裹，髓鞘之间裸露的地方为郎飞结（node of Ranvier），其上含有大量的电压门控钠离子通道。轴

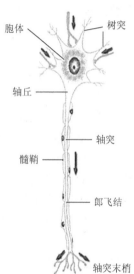

图 2-10　神经元的一般结构

突末梢（aoxn terminal）膨大的部分称为突触小体（synaptic knob），这是信息在某个神经元传递的终点，它能与另一个神经元或者效应器细胞相接触，并通过突触结构（synapse）进行信息的传递。

神经元中另一类重要的突起为树突（dendritic），一般是从胞体向外发散和延伸构成，数量较多，由于与树枝的分布类似而得名，是神经元进行信息接收的部位。树突表面长出的一些小的突起称为树突棘（dendritic spine），数目不等，它们的大小、形态、数量与神经元发育和功能有关。当神经元活动较为频繁时，树突棘的数量和形状会发生相应的变化，是神经元可塑性研究的重要方面。轴突和树突的作用反映了功能两极分化的基本原理。

按照不同的分类方法可以将神经元进行如下分类。

（1）根据细胞形态分类。

神经元形态的多样性令人印象深刻，根据树突和轴突相对于彼此或胞体的方向形态进

行分类，神经元可分为单极神经元、双极神经元和多极神经元。形态学相似的神经元倾向于集中在神经系统的某一特定区域，并具有相似的功能。

一般而言，单极神经元只有一个远离胞体的突起，此突起能分支成树突和轴突末梢，常见于无脊椎动物的神经系统。双极神经元主要参与感觉信息加工，例如，在听觉、视觉和嗅觉系统中负责传递信息的一般为双极神经元。它们一般具有两个突起：一个树突和一个轴突。也就是说，它可以被看作原型神经元：通过树突接收来自某一端的信息，然后通过轴突将信息传递至另一端，例如，视网膜中的双极神经元，它们只局限在视网膜内进行信息的加工，不向外投射。假单极神经元，顾名思义，是因为它们看起来像单极神经元，实际上是双极感觉神经元树突和轴突的融合，常见于脊髓背根神经节，属于躯体感觉神经元，将四肢的感觉信息传递至中枢神经系统。最后，多极神经元存在于神经系统的多个区域，参与运动和感觉信息的加工，如锥体细胞。多数情况下，脑内神经元指的就是多极神经元。

（2）根据细胞位置分类。

根据其所处的位置不同，首先将神经元分为中枢神经元和外周神经元两类，另外中枢神经元按照所处脑区不同又称为脊髓神经元、皮层神经元、海马神经元、丘脑神经元等。

（3）根据细胞功能分类。

可以分为感觉神经元、运动神经元以及中间神经元三类。

（4）根据神经递质分类。

早期生物学家认为某一个神经元只能分泌一种神经递质，因此根据其分泌递质将神经元分为 GABA 能神经元、谷氨酸能神经元、胆碱能神经元、多巴胺能神经元等。虽然现在人们发现一个神经元中可以有多种神经递质共存，但这种分类方法仍然被保留下来。

2）神经元的电生理特征

我们知道，人体中所有的细胞在进行生命活动时都伴随有电的现象，这是由细胞内外的带电离子（如 Na^+、K^+、Ca^{2+}）跨膜流动产生的。同样，在神经元中也存在生物电，并且是神经元行使功能所必不可少的关键因素。在临床上，这种生物电现象已经用于疾病的诊断，如脑电图、心电图、肌电图等。下面主要介绍神经元的电生理特征及其在神经元行使功能时发挥的作用。

（1）静息电位。

神经元在未接受外界刺激时，即在静息状态，膜两侧存在电位差（外正内负）称为静息电位（resting potential，RP）。一般神经元的静息电位在 –70mV 左右，这种存在静息电位的状态称为极化（polarization）。如果膜电位负值增大，称为超极化（hyperpolarization），而负值减小称为去极化（depolarization），去极化超过 0mV 的部分称为超射（overshoot），细胞先发生去极化后恢复极化状态的过程称为复极化（repolarization）。

静息电位产生的原理是：神经元在静息状态下，细胞膜对 K^+ 具有较高的通透性，而对 Na^+ 等的通透性很低，并且胞内 K^+ 的浓度要远远高于胞外，因此在浓度差的驱动下，K^+ 从胞内流向胞外，而由于 K^+ 带有 1 个正电荷的电量，所以随着 K^+ 的流动，膜两侧会形成一个逐渐增大的电位差，这个电位差会阻止 K^+ 进一步进行跨膜扩散。当促进 K^+ 向外流动的浓度差与阻止 K^+ 向外流动的电位差相等时，离子的净移动就会停止，这时跨膜的电位差称为 K⁺的平衡电位（equilibrium potential），可以根据能斯特（Nernst）方程计算出 K⁺的平衡电位

$$E_K = \frac{RT}{ZF} \ln \frac{[K]_o}{[K]_i}$$

式中，E_K 为 K⁺的平衡电位；R 为气体常数；T 为绝对温度；Z 为离子价数；F 为法拉第常数；$[K]_o$ 和 $[K]_i$ 分别为钾离子在胞外和胞内的浓度。我们将上述参数的值代入后可以计算出 K⁺的平衡电位为–75mV，而同样也可以计算出 Na⁺的平衡电位为+55mV。根据能斯特理论，1902 年提出了静息电位产生机制的"膜假说"，尽管多数人接受这一理论，但一直未能得到证实。直到 1939 年，生物学家 Hodgkin 和 Huxley 从枪乌贼的巨大神经轴突中第一次精确记录到了静息电位，结果为–60mV，与计算推测的 K⁺的平衡电位接近，证实了"膜假说"的可靠性。但实际的静息电位 E_m 并不完全等于 E_K，而是介于 E_K 和 E_{Na} 之间。这说明静息电位的形成主要是 K⁺跨膜流动形成的，但 Na⁺的流动也参与其中。

（2）动作电位。

神经元最基本的电生理特征是具有可兴奋性（excitability），即对外界刺激发生反应的能力，而其主要的表现形式就是产生动作电位，因此动作电位是神经细胞之间以及与其他细胞之间进行通信和交流的必要条件。当神经元所处的环境因素发生任何改变时，都可以看作刺激的产生，但并不是任何刺激都可以引起神经元的兴奋，只有达到一定的强度，即阈强度才能够引发神经元产生动作电位。因此，刺激的阈强度可以用来衡量神经元兴奋性的大小，即阈强度越大，神经元的兴奋性越低，反之阈强度越小，兴奋性越高。

动作电位（action potential，AP）的定义就是当神经元收到一个阈上刺激时，细胞膜将在静息电位的基础上发生一次快速而短暂并可向远端传播的电位波动。图 2-11 所示为神经元产生动作电位的模式图。神经元的动作电位波形主要包括一个快速上升的去极化成分和快速下降的复极化成分，二者形成的尖峰状快速电位波动称为峰电位（spike potential），被认为是动作电位的标志。另外，在膜电位恢复到静息电位以前，还要经历一些微小而缓慢的波动，分为负后电位（after depolarization potential，ADP）和正后电位（after hyperpolarization potential，AHP）。神经纤维的动作电位时程为 0.5~2.0ms，峰电位约在 1ms。值得一提的是，不同细胞的动作电位具有不同的形态和持续时间，例如，心肌细胞的动作电位就与神经元的波形和时间具有显著差异，其在复极化时具有一个平台，时程长达几百毫秒。动作电位都具有一些共同的特点。

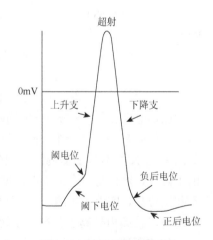

图 2-11　神经细胞动作电位

①"全或无"特征。对于单一的神经元，动作电位的"全或无"（all or none）特性指的是只有当刺激的强度达到一定程度（阈强度）时才会爆发动作电位，而当刺激超过阈强度时，动作电位的大小和波形不会发生改变。

②可传播性。动作电位一旦产生，会迅速沿着神经纤维进行传播，直到整个细胞都产

生一次动作电位，并且这种传播在同一细胞上是不衰减的，不会随着传导距离的变化而改变，这也是动作电位区别于局部电位的一个标志。

③具有不应期性。动作电位的不应期指的是当动作电位发生时，不论给予多大的刺激强度，也不能重新开始动作电位的时相，只有每个动作电位之后的一段时间后，才会重新爆发动作电位，即动作电位的发生是不会融合的，相邻的动作电位之间都有一定的间隔。不应期又分为绝对不应期和相对不应期，绝对不应期的时间大致与峰电位的时程相当。而相对不应期的时间相当于动作电位中负后电位的前半段。

在理解了静息电位产生的机制之后，进一步探讨动作电位的机制。我们知道，电位的变化归根到底就是膜两侧的离子快速跨膜流动的结果。经过近 20 年的时间，随着实验技术特别是电压钳、膜片钳（patch clamp）等技术的发展，生物学家通过不断的实验研究才逐渐明确了动作电位的产生机制。动作电位的去极化相是由带正电荷的离子从胞外向胞内移动（如 Na^+ 和 Ca^{2+} 的内流）产生的，称为内向电流（inward current），相反动作电位的复极化相是由带正电荷的离子（K^+）从胞内向胞外移动产生的，称为外向电流（outward current）。但外向电流也可以由带负电荷的离子从胞外流向胞内形成，如 Cl^-，那么介导动作电位生成的离子成分是什么？它们是如何被准确控制进行流动的？

最早由 Hodgkin 和 Huxley 提出了"钠学说"，由于他们记录到动作电位的峰值达到+50mV，非常接近 Na^+ 的平衡电位，因此他们认为在动作电位爆发时，Na^+ 的一过性内流使得膜电位出现快速、短暂的去极化。而后又设计了一系列支持性的实验证明了动作电位期间 Na^+ 的通透性发生了改变，最后他们使用电压钳技术成功直接地测定了动作电位期间的膜电流，揭示了动作电位期间离子流动的情况。我们知道在静息状态下，静息电位与 Na^+ 的平衡电位相差甚远，因此 Na^+ 受到一个很强的内流驱动力 $E_m-E_{Na}=-70mV-(+60mV)=-130mV$，但此时细胞膜对 Na^+ 几乎没有通透性，因而 Na^+ 不能发生流动。当神经元受到一个阈上刺激时，膜电位会发生初始去极化达到阈电位，这时细胞膜上的电压门控 Na^+ 通道就会大量开放，使得胞外大量的 Na^+ 快速内流，而这种正向电流又会使得膜电位发生更大程度的去极化，进一步促使更多的 Na^+ 通道开放，这是一个正反馈过程，其结果是膜电位会迅速去极化，直至达到 Na^+ 的平衡电位，Na^+ 的净流动终止，构成了动作电位的上升支。

在膜电位发生快速去极化的同时，神经元上另外一种重要的电压门控通道 K^+ 通道被延迟激活，并且 K^+ 受到了一个外向的强大驱动力的影响 $E_m-E_K=+30mV-(-90mV)=+120mV$，其结果是 K^+ 大量地由胞内流向胞外，从而使得膜电位迅速恢复到复极，形成了动作电位的下降支，这也是一个正反馈的过程，直到膜电位恢复到接近静息电位的水平。最后，在动作电位后，胞内大量的 Na^+ 被细胞膜上的 Na^+ 泵迅速泵出胞外，同时，外流的 K^+ 则被泵回胞内，使膜内外离子分布恢复静息状态的水平。

如前所述，动作电位的特征之一是可传播性，即一个神经元一旦在轴丘部位爆发了动作电位，就会沿着神经纤维进行不衰减的传导，最后使得整个细胞都产生一次兴奋过程，其机制可以用"局部电流"解释。在动作电位产生的部位，膜两侧的电位差由外正内负转变为外负内正，这就与附近未兴奋部分之间形成电位差，从而产生了局部电流。局部电流以电紧张的形式传播，其实质是使得未兴奋的细胞膜首先去极化达到阈电位，引起 Na^+ 通道的大量开放产生新的动作电位的过程。因此，动作电位的传播其实就是沿着细胞膜不断产生新的动作电位，以便能够保持原有的波形和大小不发生衰减。那么已兴奋过的部位能否再次产生局部兴奋而爆发第二次动作电位？实际上这是不会发生的，因为已兴奋的膜在兴奋后具有不应期，故不会产生第二次动作电位。

在脊椎动物的神经系统中，大的纤维都是有髓鞘的。在周围神经系统，髓鞘由施万细胞形成，而在中枢神经系统中则由少突胶质细胞形成。有髓神经纤维上的传导本质上与无髓神经纤维是一样的，但是由于其被髓鞘包围的部分绝缘，所以局部电流只能在郎飞结处产生，并引发动作电位，这种传导方式称为"跳跃式传导"，就好像动作电位在神经纤维上进行跳跃，这种传导方式更加快速，并且节省能量，是人类的神经系统中最主要的传导方式，传导速度从每秒几米到 100 多米，并且与纤维的直径成比例。总而言之，兴奋在同一神经元上的传导具有以下特点：依赖于细胞的完整性，如果细胞的结构发生损伤或者某种药物阻断局部电流，那么兴奋的传导会被阻断；双向传导，即在神经纤维，局部电流可以产生于兴奋部位的两侧，并很快传遍整个细胞；不衰减性，即动作电位不会随着传导距离的增加而衰减，这也是动作电位与我们下面即将提到的局部电位最大的区别。

（3）局部电位。

动作电位产生的必要条件是接收到一个阈上刺激，从而膜电位的去极化达到阈电位水平。那么如果神经元仅受到阈下刺激的影响，会发生什么样的变化呢？这就是我们将要介绍的局部电位，也可以称为"局部反应"或"局部兴奋"。这种去极化的局部电位产生的机制是阈下刺激使得局部细胞膜上少量的 Na^+ 通道打开，引起少量 Na^+ 内流，使得局部膜电位出现一个较小程度的去极化，虽然这种去极化不能引发动作电位，但可以使膜电位的水平接近阈电位水平，即兴奋性提高。此时，如果神经元再接受一个另外适当的刺激，就有可能爆发动作电位。值得注意的是，局部电位也包括超极化反应，并且随着刺激强度的增加，超级化电位的幅度仍然保持均匀增加，这与去极化局部电位是不同的。图 2-12 就记录了一组这样的实验曲线，说明在阈下刺激的范围内，刺激强度越高，引起膜的去极化或超级化局部兴奋的幅度越大，只有当去极化的局部兴奋幅度大到足以引发再生性循环的水平时，膜的去极化速度才突然加大，这样局部兴奋就发展成为动作电位。

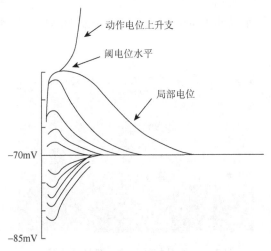

图 2-12　局部兴奋的实验结果示意图

局部电位有明显不同于动作电位的几个特征：①幅度大小可变性，与动作电位的"全或无"特征相对应，局部电位的幅度大小是随着刺激强度的变化而变化的；②兴奋的传导可衰减，这也是与动作电位的传导特征不同的，局部电位在同一细胞上的传导是随着距离和时间的变化而逐渐衰减的，仅存在局部效应；③总和效应，我们知道，动作电位之间是不可以发生融合的，而局部电位则可以互相叠加，分为空间总和和时间总和。例如，在神经元的相邻部位同时给予刺激或者在同一部位先后给予刺激，这两种局部电位能够发生叠加或者总和，而神经元最终将表现出总和之后的电位变化。

（4）膜电位记录技术简介。

上述内容介绍了神经元基本的电生理学特性，包括其静息电位、动作电位以及局部电位的产生机制，这些问题的研究都应用到了一项非常重要的实验技术——膜电位记录技术。主要包括电压钳和膜片钳技术，下面我们将通过举例来介绍这些技术在研究神经元的电生理学特性和功能中的具体应用。

电压钳技术（voltage clamp）的原理是利用反馈电路人为地将细胞膜电位"钳制"在一定的水平，然后通过电流检测装置来记录注入细胞内的电流，这个电流就相当于离子电流的反向电流，以此来测定不同膜电位时的离子电流。而膜片钳技术（patch clamp）则是一种特殊的电压钳技术，是 1976 年由德国著名的马普生物物理化学研究所的 Neher 和 Sakmann 教授创建的，二人因此获得了 20 世纪 90 年代的诺贝尔奖。其基本原理是利用反馈电路将微电极尖端所吸附的细胞膜电位"钳制"在一个指令电压水平上，可以记录这一小块"膜片"上离子通道或者是电流的变化。其技术实现的关键是采用尖端经过处理的玻璃微电极与细胞膜发生紧密接触，使这块膜在电学上与其他细胞膜分离，这样就能大大降低背景噪声，使得这块膜上微弱的电流可以分辨出来，另外还需要连接能够放大信号的膜片钳放大器。下面举例介绍使用膜片钳技术进行动作电位和离子通道电流的记录。

以大鼠海马 CA1 区锥体神经元的全细胞记录为例，在红外微分干涉显微镜下找到神经元后，使用玻璃微电极与胞体膜接触，形成全细胞记录模式（图 2-13），从而记录神经元的动作电位。如图 2-14 所示，在电流钳的模式下，给予细胞刺激长度 500ms，刺激强度 50pA，这时引出一连串动作电位的发放，这种诱发的动作电位频率明显比自发放电的频率要高。

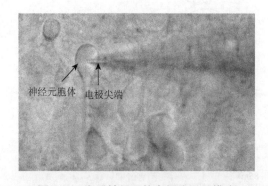

图 2-13　海马神经元的全细胞记录模式

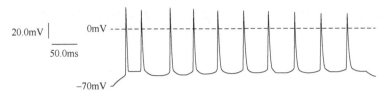

图 2-14　电流钳模式下记录诱发动作电位

以海马 CA1 神经元电压门控 K^+ 通道为例，在 CA1 神经元上，主要包括两种电压门控的 K^+ 通道，瞬时外向钾电流（transient outward potassium current，I_A）和延迟整流钾通道电流（delayed rectifier potassium current，I_K）。它们都有各自的特征并且发挥着不同的作用。I_A 是一种激活和失活都非常迅速的电流，是动作电位复极化早期外向电流的主要成分，其作用主要是参与调节膜兴奋性，减慢去极化速度，减缓动作电位的产生，降低动作电位的发放频率；而 I_K 的激活在 I_A 之后，并且失活缓慢，因此与动作电位的复极化维持密切相关。

记录通道电流需要使用电压钳模式。通过药理学方法将 I_A 和 I_K 分离出来，在一定的刺激参数下记录到的电流波形见图 2-15（a），可以看出 I_A 具有快速激活并迅速失活的特点。而 I_K 缓慢激活并经过一段时间才能缓慢失活甚至不失活（图 2-15（b））。

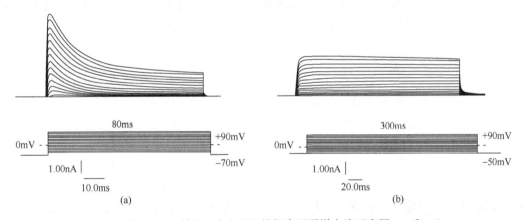

图 2-15　海马 CA1 神经元上电压门控钾离子通道电流示意图（I_A 和 I_K）

最后介绍突触电流的记录。离体脑片的膜片钳记录除了用于研究神经元的兴奋性、离子通道的特征以外，还可以用于研究突触传递的变化，并有着广泛的用途。由于在突触前和突触后两个神经元上同时作膜片钳记录比较困难，所以常用其他方法来诱发突触前动作电位的方法，较常用的是利用金属电极来刺激突触前纤维。另外还可以通过突触前双脉冲刺激引起的突触后效应的记录来研究神经递质释放的改变，以及与突触可塑性学习、记忆相关的长时程增强 LTP 或者长时程抑制 LTD 等。在海马 CA1 神经元，还可以记录自发的突触活动，将膜电位钳制在 −70mV 时，可以记录到自发兴奋性突触后电流，如图 2-16 所示。通过记录自发的突触后电流，可以观察到突触传递活动的变化。

图 2-16　海马 CA1 神经元自发的突触后电流示意图

2. 神经胶质细胞

在神经系统中，神经胶质细胞广泛存在，其数量是神经元的 $10\sim50$ 倍，并且可以再生。过去人们认为胶质细胞主要起支持和营养作用，然而最近几年的研究却发现它在一些疾病的病理过程中发挥了关键性作用。胶质细胞与神经元相比，在形态和功能上有很大的差异，例如，其具有分裂增殖的能力。

胶质细胞的类型多种多样，在中枢神经系统中，主要有星形胶质细胞（astrocyte）、少突胶质细胞（oligodendrocyte）以及小胶质细胞（microglia）等；而周围神经系统中则主要分布着施万细胞（Schwann cell）和卫星细胞（satellite cell）。这些不同胶质细胞的功能各不相同，它们的大部分共同功能包括：支持作用、屏障和绝缘作用、修复和再生、稳定细胞外的 K^+ 浓度、营养作用。

除了以上功能，星形胶质细胞还有一些特殊的功能，例如，在神经系统发生感染时会参与免疫应答。还能够参与某些递质及活性物质的代谢，例如，能够摄取神经递质谷氨酸和 γ-氨基丁酸，消除神经递质对神经元的持续作用，并为其合成递质提供原料。

2.2.2　神经元之间的信息传递

前面我们介绍了电信号或信息是如何在单独神经元中产生并传导的。那么在神经元之间，信息是如何传递和整合的呢？人们就想到神经元之间，神经元与效应器之间必然按照一定的方式建立起一定联系。那么它们之间是怎么联系的呢？过去科学家认为神经元之间是直接通过神经纤维连接在一起的，就像树枝一样形成了我们的大脑网络系统。但是 1889年，科学家 Golgi 通过高尔基染色最先发现，每个神经元都是独立存在的。于是，Sherrington 第一次提出了"突触"的概念。突触（synapse）就是神经元与神经元之间或神经元与效应器之间相互接触并传递信息的结构。但是限于当时的技术手段，Sherrington 并没有真正观察到突触结构，直到 20 世纪 50 年代，电子显微镜出现，人们才亲眼见到了传说中的突触。除了对突触结构的争议，对于其功能的看法也包含了各种观点，其中最主要的是电突触和化学突触之间的争论。生理学家认为突触之间是电传递，即电流直接从一个神经元流到另一个神经元。而药理学家认为突触之间通过某种化学物质进行信息传递，如乙酰胆碱。但随着技术的成熟，人们最终发现，这两种突触实际上都存在，只不过由于物种的不同而有不同分布。下面我们分别介绍这两种突触的概念及其功能。

1. 电突触

电突触（electrical synapse）是普遍存在于无脊椎动物和脊椎动物的神经系统中的一种直接通过电信号进行细胞间信息传递的突触，在动物的逃避反射中发挥着重要作用。在哺乳动物的神经系统中也存在着电突触，如大鼠脑核团中的感觉神经元间、海马锥体神经元间等需要高度同步化的神经元群之间。其结构基础为缝隙连接（gap junction），这种传递的特点是可以双向进行，并且迅速，耗时耗能少。但是电突触的连接子通道并非持续开放，它受胞质中 pH 或 Ca^{2+} 浓度的调节，因为这些因素会对细胞造成伤害。

2. 化学性突触传递

在中枢神经系统中，大多数突触传递都是化学性的，是历来被研究最多、最详细和最重要的突触。图 2-17 所示为化学性突触的电镜图，可以明显地观察到突触部位的膜厚度增大。我们将发出信号的神经元称为突触前神经元，而接收信号的神经元称为突触后神经元，两者之间的狭窄区间称为突触间隙。

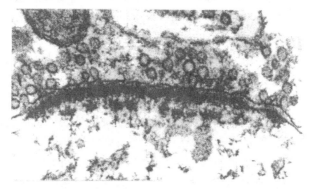

图 2-17　电镜下的突触结构

（图片来源：神经生物学——从神经元到脑. 杨雄里，等译）

1）定向突触传递

根据突触前、后神经元之间是否存在紧密解剖学关系，又可以将化学性突触分为定向突触（directed synapse）和非定向突触（non-directed synapse）。其中定向突触被认为是经典的化学性突触。定向突触的结构成分包括突触前膜、突触间隙和突触后膜三部分。下面我们主要介绍这种类型的突触。

如图 2-18 所示，突触前神经元末端膨大形成突触小体（synaptic knob），其轴浆内含有大量的线粒体和突触囊泡（synaptic vesicle），还有负责轴浆运输的微管和微丝。

从图 2-18 也可以看出，在突触前膜内侧存在类似栅栏的结构，这是突触囊泡排放神经递质的位置，又称为活化区（active zone）。突触间隙的

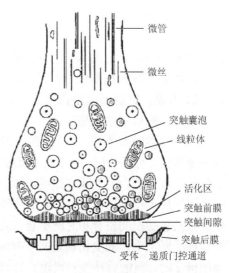

图 2-18　化学性突触结构模式图

宽度为 30~40nm，其中充满了细胞外液以及一些蛋白基质。突触后膜也有增厚的现象，这是由于一些受体蛋白聚集在膜下方，形成突触后致密区（postsynaptic density），另外后膜上还存在一些能够分解递质的酶类。

（1）突触传递过程。

了解了突触基本结构后，下面介绍突触传递的过程。经典的突触传递过程是将电信号转化成化学信号再进一步转化成电信号的过程，主要步骤可以总结如下。

①突触前细胞中的神经冲动到达突触前末端。

②突触前膜去极化，打开电压门控 Ca^{2+} 通道，Ca^{2+} 内流进入突触前末端。

③在 Ca^{2+} 的作用下，突触囊泡迅速与突触前膜融合，释放神经递质。

④递质分子扩散通过突触间隙与后膜上的特异性受体结合。

⑤突触后膜上的特异性受体或通道激活，某些带电离子进出后膜，使后膜发生一定程度的去极化或超级化，称为突触后电位（postsynaptic potential）。

在突触传递过程中有几个应该注意的要点。首先是 Ca^{2+} 的作用，它是触发囊泡释放的关键因子，具体机制非常复杂，包括囊泡的动员、摆渡、锚靠、融合最后出胞。值得一提的是，获得 2014 年诺贝尔生理学或医学奖的三位科学家中，托马斯就是由于发现钙离子在这一过程中的作用而获奖的。第二个要点是囊泡释放的位点，在介绍结构时我们提到，突触囊泡在活化区进行释放，其释放的方式是呈量子式释放，量子指的是单个囊泡内所含的递质总量，即每个囊泡释放时就将所有递质释放到间隙中，像动作电位的爆发一样，全或无，称为量子式释放。第三个要点是递质的去向，即神经递质在发挥效应后，如何终止其效应来保证突触传递的高度灵活性。大部分没有结合受体的递质都被突触前膜重摄取利用，通过胞吞作用进入突触前膜等待下一次释放；而与受体结合的递质能够被后膜上的酯酶分解清除；另外，递质还能够被吸收入血液。最后一个要点是突触后膜在与受体结合后的反应，也就是产生了突触后电位。这种突触后电位属于局部电位，分为兴奋性突触后电位（excitatory post-synaptic potential，EPSP）和抑制性突触后电位（inhibitory post-synaptic potential，IPSP）两种，这两者产生的区别在于释放的递质不同，产生 EPSP 时突触前膜释放的是兴奋性神经递质，如谷氨酸，与其受体结合后，打开的是突触后膜上的 Na^+ 通道，钠离子内流，导致细胞膜去极化。而 IPSP 的产生则是由于突触前膜释放抑制性神经递质，如 γ-氨基丁酸，与其受体结合后，导致 Cl^- 通道打开，Cl^- 内流，突触后膜超极化。

（2）突触后电位的整合。

在中枢神经系统中，一个神经元通常与多个（最多可达 10000 个）其他神经元末梢构成突触结构，也就是说，一个神经元能够同时接受多种信息的输入，那么神经元是如何将这些信息进行整合的？我们知道，所有的信息都以突触后电位的形式到达突触后神经元，由于突触后电位是局部电位，依据局部电位的特性，EPSP 和 IPSP 是可以进行整合的，其整合方式包括空间整合和时间整合。因此，突触后神经元的胞体可以看作一个整合器，突触后神经元上电位的变化就是同一时间产生的所有 EPSP 和 IPSP 的代数和，当总的结果为超极化时，突触后神经元表现为抑制；当总的结果为去极化，并达到阈电位时，突触后神经元就会在轴丘部分爆发动作电位。

（3）突触传递的特征。

通过以上对突触传递过程的介绍可以总结出突触传递的几个特征。

①单向性。即信号只能从突触前神经元向突触后神经元传递，这是由其解剖学结构决定的，例如，神经递质只存在于突触前膜内，而受体只存在于突触后膜上。

②突触延搁。神经冲动从突触前神经元传递到突触后神经元，需要经过几个步骤才能完成，而这都是需要时间的，即神经冲动的传递具有延迟性，研究发现，神经冲动通过一个突触的时间为 0.3～0.5ms。

③总和效应。即突触后神经元的反应需要整合所有突触前神经元末梢传来的冲动，突触后电位是经过整合之后的反应。

④易疲劳。在突触前膜内之所以含有大量的线粒体，是因为突触传递的过程是需要能量的。另外，神经递质的耗竭也是突触容易疲劳的原因。

⑤对内环境的变化敏感。缺氧、pH、离子浓度变化等均可改变突触的传递效能。

⑥对某些药物和毒物敏感。有许多药物和毒物都是通过作用在突触部位，影响突触传递效能来发挥作用的。例如，咖啡碱可以提高突触后膜对兴奋性递质的敏感性。

那么突触传递的效率能够被哪些因素改变？

①递质释放量的变化。递质释放量主要与进入突触前膜的 Ca^{2+} 量有关。凡是能够影响突触前末端 Ca^{2+} 内流的因素都能改变递质释放量。例如，到达突触末梢动作电位的频率增加，会导致 Ca^{2+} 内流增多，那么突触后膜上的反应就会增强。

②影响已释放递质清除的因素。由于递质失活主要有三种方式，包括突触前膜的重摄取、被酶类分解以及吸收入血。其中任何一项发生改变都会对突触传递过程产生影响。例如，有机磷农药可以通过抑制胆碱酯酶的活性，延长乙酰胆碱发挥作用的时间，从而影响正常的突触传递过程。

③突触后膜上受体功能的变化。受体功能的上调或者下调都会影响突触后神经元的反应。例如，重症肌无力患者神经肌肉接头处突触后膜上乙酰胆碱受体的数目减少，导致肌肉活动时疲劳无力。

2）突触可塑性

在经典的突触传递过程中，我们提到突触传递的效能可以被多种因素影响。这种突触传递效能发生改变（增强或者减弱）的特征或现象称为突触可塑性（synaptic plasticity）。其最主要表现形式为长时程增强（long-term potentiation，LTP）和长时程抑制（long-term depression，LTD），并已被公认为学习记忆活动的细胞学基础，因此对突触可塑性的研究一直是神经科学最重要，也是取得成果最大的领域之一。一般来说，广义的突触可塑性包括多个方面：传递可塑性、形态可塑性以及发育可塑性。按照突触后电位改变时间的长短又可以将其分为短时程突触可塑性和长时程突触可塑性。

（1）短时程突触可塑性。

在日常生活中，神经系统的突触并非由单个动作电位激活，一般是一串规律或者不规律的动作电位到达突触。当突触前神经末梢受到一串刺激后，突触后电位的大小（称为突触强度）可在短时间内（数十毫秒至数十分钟）发生变化（增强或者减弱）的现象，即短时程突触可塑性。其表现形式主要包括：突触易化（synaptic facilitation）、强直后增强

（post-tentanic potentiation，PTP）以及突触抑制（synaptic depression）。它们都是短暂修饰突触传递的方式，不能提供个体长时间的记忆和行为改变的基础。易化发生在刺激期间，时间较短，一般持续数十至数百毫秒；而增强和抑制一般都能持续几秒钟，发生在刺激结束之后。

以上介绍了在突触微观层面的短时程改变，那么在宏观的行为层面上，短时程的变化还可以体现在习惯化（habituation）和敏感化（sensitization）上。它们都被认为是学习的简单形式，这两种现象最早是在无脊椎动物海兔上发现的。习惯化是指在反复进行平和刺激（对机体无伤害性的刺激）时，开始表现出一定的反应，但随着刺激的重复，反应逐渐减弱甚至消失的现象。而敏感化是指在进行一次或者多次伤害性的刺激之后，会增强原来的平和刺激的反应。这两种现象在动物的生存过程中都发挥着重要作用，例如，长时间在一个充满轻微异味的房间，会逐渐失去对该味道的嗅觉。而敏感化则对动物在危险环境中的自我保护具有重要意义。

（2）长时程突触可塑性。

除了短时程突触传递效能的改变，在有些突触，重复的活动或者刺激还可以产生长达数小时甚至数天的突触效能的变化，在多个脑区都存在该现象并且是神经系统进行学习和记忆的基础。包括两类现象：长时程增强和长时程抑制。这两种现象具有 Hebb 所假设的对联合学习必需的特性，因此能够产生这两种现象的突触称为 Hebb 型突触。LTP 最早是在 1973 年由 Bilss 和 Lomo 在麻醉兔海马突触中发现并描述的。他们对海马齿状回细胞的输入通路（前穿质通路）给予高频刺激（high frequency stimulation，HFS），可以记录到突触后的 EPSP 显著增强，并且这种效应可以持续数天甚至数周。

虽然 LTP 在中枢神经系统的各个脑区都存在，但最为深入的研究主要集中在海马上，这是由于海马被认为是与学习记忆最密切相关的脑区，并且其特殊的结构有利于进行 LTP 机制的研究。将大脑进行冠状切片，可以清晰地观察到海马脑片的片层结构，海马区的锥体神经元分为四个区域 CA1、CA2、CA3 和 DG 区，不同区域间由各种纤维形成联系。

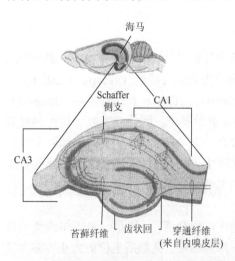

图 2-19　海马脑片结构及三突触通路示意图
（图片来源：孙久荣. 脑科学导论）

海马的传入纤维主要来自于内嗅皮层（entorhinal cortex，EC），由内嗅皮层发出的纤维通过穿通纤维（perforating fiber，PP）主要投射到齿状回（dentate gyms，DG），而 CA3 和 CA1 区顶树突也得到少量投射。齿状回上颗粒细胞层通过轴突苔藓纤维（mossy fiber）投射至 CA3 区，而后 CA3 区锥体神经元经 Schaffer 侧支投射至 CA1 区。同时 CA1 区发出轴突出海马传回至内嗅皮层，这条通路是神经信息流进入海马并在海马内传播的主要路径，即海马的经典三突触回路，如图 2-19 所示。海马的三突触回路对学习和记忆过程有着重要的作用，是目前神经科学领域研究的重点之一。而离体海马脑片这种较为规则的分层结构以及完整的神经环路，使其成为神经科学领域的重要模型。

海马的三级突触中都存在 LTP 现象，但其机制各不相同，其中研究最为透彻的要数 Schaffer 侧支-CA1 通路上 NMDA（N-甲基-D-天冬氨酸）依赖的 LTP。电刺激 Schaffer 侧支会在 CA1 神经元中记录到兴奋性突触后电位 EPSP。若给予一串高频刺激，则 EPSP 的幅值会增大并且持续较长时间，而这种持续增强的 EPSP 是由于突触后膜内 Ca^{2+} 浓度提高造成的。那么 Ca^{2+} 浓度是如何升高的？我们知道，兴奋性突触传递是由谷氨酸介导的，这条通路上的 LTP 主要依赖于突触后的离子型谷氨酸 AMPA 受体和 NMDA 受体。其中 NMDA 受体是一种电压门控 Ca^{2+}，在静息状态下 NMDA 受体通道因 Mg^{2+} 阻塞通道不能开放，只有在膜去极化时，并与谷氨酸结合后，NMDA 受体才能通透 Ca^{2+}。

目前较为公认的 LTP 产生分子机制如下，当低频刺激 Schaffer 侧支时，突触前末梢释放少量谷氨酸与 CA1 上的 AMPA 受体结合，通道开放，Na^+ 内流，从而产生 EPSP。而当诱导 LTP 给予高频刺激时，突触前末梢会释放大量谷氨酸，突触后膜会产生较大程度的 EPSP，细胞膜去极化程度增加，此时 NMDA 受体感受到膜电位的变化，构象发生改变，Mg^{2+} 移出，使其通道开放，Na^+ 和 Ca^{2+} 进入突触后神经元，而 Ca^{2+} 作为细胞内的第二信使可以激活 Ca^{2+}-CaM 依赖的蛋白激酶Ⅱ，并进一步发生两方面的变化来维持 EPSP 的长时间增强：①蛋白激酶Ⅱ能够磷酸化 AMPA 受体通道使其电导增加；②它能够促进胞质中 AMPA 受体向膜上迁移，从而增加了膜上 AMPA 受体通道的数量。也就是说，AMPA 受体反应性的提高是形成 LTP 的主要机制，新增加的 AMPA 受体能显著提高突触后细胞对谷氨酸的反应，增强突触传递效能并延长 LTP 的时程。

在发现 LTP 后不久，另一种突触可塑性的形式 LTD 也在 Schaffer 侧支到 CA1 神经元突触上被发现。有趣的是，它与 LTP 发生同属一条传递通路，也就是说，中枢神经系统对于 CA1 区突触传递效能的修饰是双向的，这能够防止突触反应强度的持续增加，有助于处理和储存更多的信息。

LTD 的诱导方式及产生机制与 LTP 不同，LTP 的产生需要短的高频刺激，而 LTD 则需要长时间低频的长串脉冲刺激，通过谷氨酸的释放来激活突触后的 NMDA 受体，引起胞外 Ca^{2+} 缓慢而持久地内流。同样是 Ca^{2+} 为何既能触发 LTP，也能触发 LTD 呢？这是由其浓度来控制的，胞内大量 Ca^{2+} 激活的是蛋白激酶，从而诱发 LTP；而轻度升高的 Ca^{2+} 则激活蛋白磷酸酶，它与蛋白激酶的作用正好相反，能将蛋白去磷酸化，从而导致 AMPA 受体发生内吞，突触后反应减弱。另外 LTD 的形式也是多样的，并且不同部位的 LTD 具有不同的机制，有的并不依赖于 NMDA 受体，反而依赖于代谢型谷氨酸受体（mGluR）或者是大麻素（cannabinoid）受体的激活。

除了海马，LTP 和 LTD 也存在于新皮质，因此被认为参与了陈述性记忆的形成。那么如何证明它们与记忆是相关的呢？最简单的方法就是通过直接阻断 LTP 来观察学习记忆能力是否消失。在实验室中有一种经典的方法来研究大鼠的学习和记忆功能——Morris 水迷宫（图 2-20），它能够有效检测海马空间学习及参考记忆能力。

通过水迷宫实验，Morris 及其同事发现，经过训练学习的大鼠注射 NMDA 受体拮抗剂之后，怎么也记不住平台的位置，这说明空间位置的学习记忆需要海马的 NMDA 受体，而这也是 LTP 和 LTD 所必需的。进一步实验发现，将 NMDA 受体亚基的基因敲除后，海马 LTP 的诱导失败，同样记不住平台的位置。相反，如果将 NMDA 受体过表达，则会

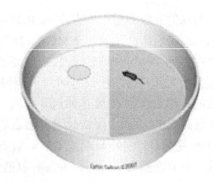

图 2-20　水迷宫系统示意图

促进海马 LTP 的诱导，大鼠的学习记忆能力变强。这些实验都证明了海马的 LTP 对于学习记忆是至关重要的。

（3）突触形态的可塑性。

突触可塑性按照时间可分为短时和长时突触性，而后者又是长时间记忆的基础，长时记忆的分子机制往往包含蛋白的表达、修饰的变化，甚至涉及基因的改变，从而能够将记忆长时间保存。这些基因、分子、蛋白层面的变化最终会导致突触的形态发生改变，由于神经元的数量是一定的，突触形态的变化主要体现在树突棘上，因此树突棘的动态变化就是形态可塑性的基本形式。在成熟树突棘中，其头部通过一个狭窄的颈部与树突干连接，从而形成了一个突触后反应的生化小室，防止生化信号从棘头中扩散进入树突的其余部分。在诱导 LTP 时，树突棘的宽度会相应地增加，也会形成新的树突棘。当阻断 NMDA 受体后，这种变化也会消失，说明这种变化是与突触活动相偶联的。介导树突棘形态变化的蛋白质主要存在于突触后致密带（post synaptic density，PSD）中，而 PSD-95 是其中主要的支架蛋白。我们前面提到 LTP 的机制主要是 AMPA 受体反应性的提高，AMPA 受体在突触后的嵌入和迁出都需要 PSD-95。

2.2.3　神经递质和受体系统

在各类化学性突触中，都是以神经递质为传递信息的介质，并且需要其与相应的受体结合后来完成信息传递，因此，神经递质和受体是化学性突触传递的物质基础。

1. 神经递质及受体

目前已经发现的神经递质有 100 多种，主要分为以下几大类，见表 2-3。

表 2-3　哺乳动物神经递质的分类

分类	主要成员
胆碱类	乙酰胆碱（Ach）
单胺类	多巴胺（DA）、5-羟色胺（5-HT）、去甲肾上腺素（NE）
氨基酸类	谷氨酸（Glu）、γ-氨基丁酸（GABA）、天冬氨酸（Asp）、甘氨酸（Gly）

续表

分类	主要成员
嘌呤类	三磷酸腺苷（ATP）、腺苷（adenosine）
神经肽类	P 物质、阿片肽、血管加压素、神经肽 Y 等
脂类	前列腺素、神经活性类固醇等
气体信号分子	NO、CO、H_2S

表 2-3 的分类是根据其组成和化学性质进行的，还可以根据生理功能分为兴奋性和抑制性神经递质；或按照分布位置可以分为中枢和外周神经递质。

在中枢神经系统中最主要的兴奋性和抑制性的神经递质都属于氨基酸类。谷氨酸和天冬氨酸属于兴奋性递质，谷氨酸受体在 CNS 中广泛分布，可分为离子型受体和代谢型受体两类。离子型受体又可以分为海人藻酸受体（KA）、AMPA 受体和 NMDA 受体，每种受体都有多种亚型。抑制类氨基酸递质则包括 GABA 和甘氨酸。GABA 的受体有三种类型：$GABA_A$、$GABA_B$、$GABA_C$。前两种主要分布于中枢神经系统，而第三种在视网膜和视觉通路中存在。$GABA_A$ 属于离子型受体，敏感性高，激活后能够开放 Cl^- 通道，引起突触后膜超极化产生 IPSP；而 $GABA_B$ 属于代谢型受体，激活后通过 G 蛋白偶联的信号通路增加 K^+ 外流而使递质的释放减少。

2. 胆碱能系统

在外周以及中枢神经系统中，分布最为广泛的就是胆碱能递质系统。我们将能合成并释放 Ach 的神经元称为胆碱能神经元（cholinergic neuron），其轴突称为胆碱能纤维。例如，外周神经系统中所有的自主神经节前纤维、大多数副交感神经节后纤维（除少数纤维释放肽类外）、少数交感节后纤维（引起汗腺分泌和骨骼肌血管舒张的舒血管纤维）以及支配骨骼肌的纤维；在中枢神经系统中称为胆碱能神经元，如脊髓前角运动神经元等。

胆碱能受体包括两种：毒蕈碱受体（muscarinic receptor，M 受体）和烟碱受体（nicotine receptor，N 受体），前者分为 M1、M2、M3、M4、M5 五种亚型，后者分为 N1、N2 两种亚型。这两种受体及其亚型在中枢和外周神经系统中都有广泛的分布，激活后会参与多种神经系统的功能，如学习和记忆、睡眠与觉醒、感觉与运动以及情绪等。

2.3　神经系统的生理功能

2.3.1　感觉分析功能

感觉和运动功能是神经系统的两大基本功能。感觉是客观世界在人主观上的反映，人和动物只有通过感觉功能才能适应环境的变化，并及时、准确地做出调整维持机体的稳态。产生感觉的过程是：特定的感受器感受到各种体内外环境的变化，然后将这种刺激信息转变为神经冲动，并通过特定的神经通路传向高级中枢——大脑皮层的特定区域进行分析处理，就产生了相应的感觉。但有些刺激仅仅使得机体发生适当调节而不到达大脑皮层，因此并不是所有的刺激都一定会引起主观感觉。

1. 感受器及其特征

感受器（sensory receptor）是感觉系统最重要的成分之一，实际上它是一种生物换能装置，能将不同形式的刺激能（如机械能、热能、光能、电磁能、化学能等）转化为神经元的电信号，主要分布在体表或是在组织内部的一些专门感受机体内外环境变化的结构，例如，皮肤中的痛觉感受器是一些游离的神经末梢；而听觉感受器则是在结构和功能上都高度分化的细胞，如耳蜗和前庭器官中的毛细胞等。感受器可以按照不同的方式进行分类，见表2-4。

表2-4　感受器分类

分类方式	分类及举例
按结构	游离神经末梢（痛觉感受器） 有结缔组织包被的神经末梢（肌梭） 功能高度分化的感受器细胞（视锥细胞、视杆细胞、内耳毛细胞）
按分布部位	外感受器（感受机体外的变化，如视觉、听觉和接触感受器） 内感受器（感受机体内的变化，如本体感受器和内脏感受器）
按接受刺激性质	包括光感受器、机械感受器、化学感受器、温度感受器等

感受器的特征如下。

1）感受器的适宜刺激

感受器的适宜刺激是指感受器最为敏感的某种特定形式的刺激，例如，视网膜感光细胞的适宜刺激是一定波长的电磁波；皮肤压觉感受器的适宜刺激是一定强度的机械力。但适宜刺激并不是唯一的有效刺激，其他种类的刺激也可以引起感受器的反应，但一般需要比适宜刺激大得多的刺激，例如，电刺激对大多数感受器来说都是一种有效刺激；而压迫眼球可以刺激感光细胞产生光感。

2）感受器的换能作用

这是感受器的本质功能，将各种形式的刺激都转换成神经冲动即动作电位。在换能过程中，刺激首先在感受器细胞被转换成局部电位，称为感受器电位或发生器电位，它们具有局部兴奋的基本特征，因此可以通过幅度、持续时间和波动方向的变化来反映外界刺激所携带的信息。但刺激感受器的功能并没有完成，只有当这些局部电位到达感觉神经的轴突始段或第一个郎飞结，并达到阈值电位水平时，动作电位才会爆发并向远处传导，此时就标志着感受器的作用完成。

3）感受器的编码功能

感受器将不同的外界刺激能量转换为神经冲动时，不仅发生了能量的转换，而且将其所包含的环境变化信息以动作电位的频率和序列形式发生了转移，称为感受器的编码功能。某一感受器上产生不同感觉主要是通过不同刺激强度和持续时间来获得的，如强度越大，动作电位的频率增加，感受到的刺激感觉也就越强烈。

而不同性质的外界刺激不是通过某种特异的动作电位波形或序列来产生不同感觉，这是由于传入冲动在波形和产生原理上没有太大的差别，而是取决于传入冲动所到达高级中枢的部位，即某种信号所使用的特定传导通路，例如，光感受器的信息传递至视皮层，嗅觉感受器的信息传递至边缘叶的前底部。因此在自然状态下，由于感受器细胞在进化过程中高度分化的特性，使其对某种刺激十分敏感，而由此产生的传入信号又只能沿着特定的途径到达特定的大脑皮层，从而引起特定的感觉。

除了感受器的编码功能，信息在传向中枢的过程中都会进行重新编码，这使得来自某一感受器的感觉有可能受到其他信息的影响，信息会进行处理和整合，最后到达大脑皮质形成综合感觉。

4）感受器的适应现象

感受器的适应性是指当某一恒定强度的刺激持续作用于其感受器时，对这一刺激的感觉会逐渐减弱或者消失，这是由于神经上动作电位的频率会随着刺激时间的延长而降低。适应性的大小在不同感受器中有所差异，适应发生快的感受器称为快感受器，反之称为慢感受器。两种适应性的感受器能够满足不同的生理需要，快感受器对于刺激的变化十分灵敏，适用于传递快速变化的信息，有利于机体接收新的信息，如触觉小体和温度感受器等；而慢感受器有利于机体对某些功能状态，特别是某些基础生命状态的长时间持续性检测，例如，痛觉感受器的慢适应性是为了维持机体的报警系统，因为痛觉通常由伤害性刺激引起。

2. 躯体感觉

躯体感觉包括深感觉（位置觉和运动觉）和浅感觉（触-压觉、温度觉和痛觉），其传入通路为 3 级神经元传入。深感觉传导通路为薄束和楔束；浅感觉传导通路为脊髓丘脑束。头面部的痛觉、温度觉和触觉信息分别由三叉神经脊束核和三叉神经脑桥核中继，再经三叉丘系传到丘脑，这些传入通路已简要介绍过。

大脑皮质中的躯体感觉代表区是感觉系统的最高级中枢，可分为体表感觉区和本体感觉区。高等动物的本体感觉区是中央前回 4 区，也称为运动区。

体表感觉区分为第 1 和第 2 感觉区。其中以第 1 感觉区较为重要，它位于中央后回，相当于 Brodmann 分区的 3-1-2 区。感觉柱是皮层中最基本的功能单位，同一个柱内的神经元对同一感受野的同一类感觉刺激有反应，是一个传入-传出信息整合处理单位。此外，感觉皮层具有可塑性，当机体的某一感受器缺失时，会引起相邻感受器的皮层代表区增加，例如，当某个手指缺失时，那么皮层中该手指的代表区会逐渐被临近手指的代表区占据。即通过不断的学习和训练，皮层代表区的大小会发生变化，这种可塑性也发生在其他感觉皮层和运动皮层，这表明大脑具有良好的适应能力。

高等动物的第 2 感觉区位于大脑外侧沟的上壁，由中央后回底部延伸到脑岛的区域，其面积较小，其投射特征是双侧的，且正立，但感觉定位功能较差，只作粗糙的感觉分析，但与痛觉有密切关系。

3. 视觉

视觉是人从外界获得信息的最主要来源，人从外界获得的信息大约有 70%来自视觉。与其他结构简单的感受器相比，眼睛是高度特异化的外周视觉器官，其适宜刺激是波长为 380～760nm 可见光谱内的电磁波。视觉系统由眼、视觉传导通路及视觉中枢共同构成，通过双眼我们可以获取的外界视觉信息包括：物体的亮度、形状、颜色、运动状态以及远近等。

1）视网膜的结构及特征

视觉的光感受器是视网膜（retina），其基本功能是感受光刺激后，将其转换成神经纤维上的电信号，并进行初步的加工处理。

视网膜是位于眼球壁最内层的神经组织，厚度仅有 0.1～0.5mm，但结构非常复杂，含有 6 种神经元，其中视杆细胞和视锥细胞是感光细胞，另外还有双极细胞、神经节细胞、水平细胞和无长突细胞。按照细胞层次划分，从外向内依次是：色素细胞层、光感受细胞层、双极细胞层和神经节细胞层，如图 2-21 所示。同时，视网膜的神经网络也极其复杂，其突触联系分为两个层次，即内网状层和外网状层，后者中的感光细胞（视锥细胞和视杆细胞）与集中类型的双极细胞间建立突触联系，同时与水平细胞存在突触联系。此外，感光细胞之间、水平细胞之间还存在电突触联系。这种复杂的多层次的网络结构与脑相似，因而俗称"外周脑"。

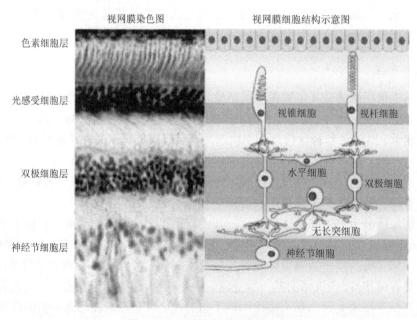

图 2-21　视网膜中的细胞及分层

（图片来源：Hartong D T，et al. Lancet 2006，368：1795-1809）

2）感光换能系统

（1）光感受器。

视网膜有两种光感受细胞——视杆细胞和视锥细胞，它们都属于特殊分化的神经上皮细胞。视杆细胞呈杆状，其中只有一种视色素分子——视紫红质，因此无色觉；视锥细胞呈锥状，含有三种不同的视色素，因此又可分为红锥、绿锥和蓝锥。正因为所含视色素不同，两种感光细胞在功能上存在明显差异。视杆细胞对光敏感度较高，能在暗环境中感受弱光的刺激引起视觉，但无色觉；而视锥细胞对光的敏感度较低，在较强的光下才能被激活，但可以辨别颜色，且对物体细微结构的分辨能力较高。

（2）换能机制。

两种细胞的感光作用都是通过视色素来完成的，视色素是对光敏感的物质。一般情况下，细胞在受到刺激时会发生去极化反应，而视杆细胞相反，它的静息电位为 $-30\sim$ -40mV，处于一种去极化状态，这是由于视杆细胞的外段膜上存在特异性的 cGMP 门控的 Na^+ 通道，在静息状态下，这种 Na^+ 通道在细胞内 cGMP 的作用下处于开放状态，Na^+ 会持续内流，称为暗电流。这种电流造成视杆细胞的去极化，并在其轴突末梢持续释放兴奋性递质——谷氨酸。当光照时，外段膜膜盘上的视紫红质发生光化学反应，最终导致胞内的 cGMP 浓度降低，Na^+ 通道关闭，Na^+ 内流减少，细胞膜发生超极化反应，因此视杆细胞的感受器电位是超极化电位。在这种光-电转导的过程中，信号被显著放大了，1 个视紫红质分子激活，能够分解 2000 个 cGMP，从而引起大量的 Na^+ 通道关闭产生超极化电位，这也是视杆细胞在暗视觉中发挥重要作用的原因。同样，视锥细胞在换能时也是通过类似的过程产生超极化感受器电位。

3）视觉信息处理

（1）视网膜的信息处理。

视网膜具有对视觉信息的初步处理功能，视觉信息的直接传递通路是从感光细胞到双极细胞，再到神经节细胞。感光细胞产生感受器电位后，通过影响自身的递质释放，引起下游的双极细胞发生超极化或去极化等级电位，水平细胞发生超极化电位。这些细胞的等级电位具有局部电位的特征，直到传递至神经节细胞，使其电位去极化至阈电位水平时产生动作电位。这些动作电位作为视网膜的输出信号进一步向中枢传递。

（2）视觉的中枢机制。

如前所述，神经节细胞将产生的动作电位向中枢传递，其传导通路之前已经介绍。在此介绍视觉信息传递时进行第 3 级换元的地点——外侧膝状体。已知灵长类动物的外侧膝状体可分为 6 个细胞层，其中腹侧的 1～2 层为大细胞层，而背侧的 3～6 层为小细胞层，其中的每一层与视网膜都有点对点的投射关系。神经节细胞轴突在外侧膝状体的投射具有一定的空间分布规律，如 2、3、5 层接受同侧视网膜的纤维投射；而 1、4、6 层接受对侧视网膜的投射。但外侧膝状体接受的纤维投射并不全部来自视网膜，甚至可以说是非常少的一部分（10%～20%），其余大部分则主要来自视皮层和其他脑区，与视觉信号的反馈有关。

大脑中初级视皮层是最重要的视觉中枢，与外侧膝状体一样，也可以分为 6 层结构，并且它与外侧膝状体之间也具有点对点的投射关系。视皮层内的细胞与躯体感觉皮层一样，以功能柱的形式排列，即具有相似视觉功能的细胞形成一个功能柱，如方位柱、颜色柱等。但近年来的研究指出，视皮层的范围并不局限于枕叶，还扩展到顶叶、颞叶和部分额叶等新皮层，占到大脑新皮层总面积的 55%，来自初级视皮层的视觉信息是通过平行通路到达上述区域的。

4. 听觉

除了视觉以外，人类还有一种非常重要的感官对于认识自然有着重要的意义，特别是在使用语言交流的过程中，这就是听觉。听觉系统由听觉器官、听神经核各级听觉中枢组成。耳是听觉的外周特化器官，主要由外耳、中耳和内耳（耳蜗）组成，如图 2-22 所示。其中前二者是耳的传音系统，耳蜗是感音换能系统，其适宜刺激是频率在 20～20000Hz 的声波。

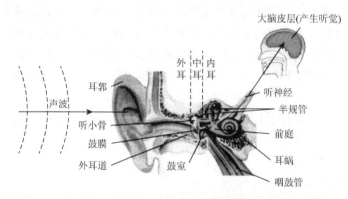

图 2-22　人耳的结构模式图

（图片来源：http://csztv.com/wldst/etpd/redian/2014/3/3/1586823.shtml）

1）耳的结构

（1）外耳。

外耳包括耳郭和外耳道。前者的作用是集音，还能够进行声源定位；外耳道是一个半封闭的管道，起于耳郭，止于鼓膜，是声波传导的通道。外耳道的复杂外形提供了一个对高频率声音有影响的共振腔。这些共振会产生方向性的过滤效应：根据声音来源的方向来明显增加或者降低一个复杂声音中的部分频率成分的幅值。外耳的传输增益在 2～4kHz 的频率范围内较高，这是为何人类听力在该频率范围内比较敏感的一个重要原因。

（2）中耳。

中耳由鼓膜、听小骨、鼓室和咽鼓管构成，其功能是将外耳传入的能量进行优化然后传输至耳蜗。中耳的另一个功能就是反射作用，由于高强度的低频声音会损害内耳，中耳镫骨的反射作用能削减低频声音向耳蜗的传输。

（3）内耳。

内耳又称迷路，由耳蜗和前庭器官组成。前庭器官与平衡感觉有关，在这里我们主要介绍与听觉有关的耳蜗。耳蜗的主要功能是感音换能，即将声波的振动转换成听觉神经冲动。另外，它还能够分析频率，形成更完善的声音感觉。

2）耳蜗的感音换能作用

当声波到达中耳，被转换成内耳淋巴液的振动后，会引起耳蜗内基底膜的振动，并使得位于它上面的毛细胞发生弯曲。毛细胞的静息电位为–70～–80mV，其顶部有机械门控的 K^+ 通道。近年来利用细胞电压钳和膜片钳手段对毛细胞的感受器电位进行研究发现，这种通道对于机械力非常敏感，当毛细胞向一侧发生弯曲时，弹性细丝拉长导致张力增加，该通道就会开放，K^+ 内流增加，细胞出现去极化的感受器电位。当纤毛朝反方向弯曲时，弹性细丝张力释放，K^+ 通道关闭，内流停止，出现外向离子流，膜发生超极化。如此，毛细胞就产生了去极化和超极化的双相反应，然后引起与之相连的神经纤维发生动作电位。

3）听觉的信息处理

（1）声音的编码。

如前所述，耳蜗将声波刺激转变成听神经的动作电位，然而在这个过程中，耳蜗还能够通过动作电位对声音刺激进行编码。我们之前提到，动作电位具有"全或无"的特征，因此其振幅和波形并不能反映声音的特性，只能依据神经冲动的节律、冲动的间隔时间以及冲动的起源部位来传递不同形式的信息。我们知道声音的三要素是声强、音调和音色，那么听觉系统是如何对这三要素进行编码的呢？首先，声音的强度是通过神经元的放电频率和激活神经元的数量两种方式进行表达的，即声音越大，毛细胞的去极化感受器电位也就越大，那么神经纤维会以更高的频率发放动作电位。而音调是由频率决定的，听觉系统通过音调拓扑和神经元发放的锁相两种方式对声音频率进行编码。而音色则是通过声波中的谐音来引起基底膜相应部位的振动和毛细胞的反应，并通过中枢的分析和处理之后产生的。

人类感知语音是复杂生理、心理过程，耳蜗为听觉系统外周感受器，其任务是将传入的声波振动力学信号转化为听神经纤维感知并赋予言语编码信息的神经电脉冲信号。耳蜗因其特殊生理组织结构而对声音具有频率选择特性，其所含基底膜、毛细胞及听觉神经纤维分工合作得以完成上述对声音进行言语编码的任务。耳蜗对声波的频率选择特性得益于基底膜对声振动的响应特性，低频声振会引发位于耳蜗顶部基底膜最大振动位移，而高频声振只引起位于耳蜗底端基底膜最大振动位移。这种沿基底膜纵向不同位置具有不同声波振动响应的特性使耳蜗具有声波的频率编码功能，即产生所谓的"位置编码"规则。而分布在基底膜附近的毛细胞有大量的成束神经纤维，随时感受着不同频率声波振动在基底膜纵向不同位置所发出的冲击作用并将其转化为神经电脉冲。这些电脉冲记录着声波作用于基底膜不同起始时刻（对应基底膜不同位置）与强弱，因而也使耳蜗具有声波的频率编码功能，即形成所谓的"时间编码"规则。如此，耳蜗的听觉神经纤维束最终可将传入声波信号的频率特征（频谱）互通为两种编码信息：①位置编码（按基底膜各点响应位置分离声音频率）；②时间编码（据基底膜各点响应时间合成声音波形）。人工耳蜗言语处理方案即要参照上述声音编码规则来设计植入耳蜗系统的相应功能单元。

（2）听觉传导通路。

听觉中枢由多个核团组成，包括耳蜗核、上橄榄复核、外侧丘系、下丘、内侧膝状体以及初级听皮层。每个核团中具有不同形态和功能的神经元，各个核团之间还存在着非常复杂的连接，使得听觉中枢能够进行复杂的信息处理。上行听觉通路的途径我们已经介绍过，在此不再赘述。

2.3.2 运动控制功能

运动是人和动物生存和活动的基本功能之一。运动系统对人体具有支持、保护和运动的功能，包括骨、骨连接和骨骼肌，其中运动的功能主要由骨骼肌来实现，而骨骼肌又是在各级神经系统的精确调节下发挥其运动功能的。

与感觉一样，运动也可以分为不同的类型：反射运动、随意运动和节律性运动。反射运动是最简单和最基本的运动形式，一般由特定的感觉刺激引起，产生的运动有固定的轨迹，基本不受意识的影响且发生迅速，如食物进入口腔引起的吞咽反射、喷嚏反射等。随意运动则是为了达到某种目的而进行的运动，具有很强的目的性，如写字、开车、跳舞等。节律性运动是一类具有规则表现形式的运动，有高度的稳定性和自适应性，如跑步、游泳、咀嚼等。然而即便是完成一个十分简单的动作，也需要多个神经水平的活动，使得各肌肉群的活动相互协调和配合来实现。下面分别介绍各级神经水平对运动的调控。

1. 脊髓对躯体运动的调节

脊髓能够完成一些简单的姿势反射，人体的运动是在身体保持一定姿势的前提下进行的，而肌紧张是维持姿势反射的基础，脊髓控制的这些姿势反射功能是维持姿势和身体的平衡，包括屈肌反射和对侧伸肌反射、牵张反射、节间反射。牵张反射又可以分为腱反射和肌紧张两种类型。另外，脊髓还存在一些病理性反射，如脊休克，是指当脊髓与脑中枢突然离断后，断面以下的脊髓会暂时丧失反射活动能力进入无反应状态，表现为骨骼肌紧张性下降、外周血管扩张、粪尿潴留等。

2. 脑干对姿势和运动的调节

脑干的生理功能是维持基本的生命活动，如呼吸、体温调节以及睡眠觉醒规律等，同时其对运动的调节主要体现在对肌紧张和姿势的调节。脑干的网状结构中存在着抑制和易化肌紧张的区域，称为抑制区和易化区。前者的范围较小，位于延髓网状结构的腹内侧部，参与抑制腱反射和肌肉运动；而易化区的范围较广，包括延髓网状结构背外侧部、脑桥背盖和中脑中央灰质等，能够加强伸肌的紧张和肌肉运动，并易化神经元的自发活动。在肌紧张的调节中，易化区略占优势。另外，除了脑干以外在其他高位中枢也存在着易化与抑制系统。脑干参与调节的姿势反射主要包括状态反射和翻正反射。状态反射是指当头部的空间位置发生改变或者头部与躯干的相对位置发生改变时，会引起躯体肌肉的紧张性发生改变，包括迷路紧张反射和颈紧张反射。翻正反射是指当正常站立的动物推倒或者将其四足朝天从空中抛下时，动物能够迅速地翻正为正常站立姿势。这一反射过程较为复杂，由几个反射共同组合而成，并且前庭器官和视觉器官也在其中发挥了重要作用。

3. 小脑对躯体运动的调节

小脑是皮层下运动调节的中枢之一，主要功能是维持躯体平衡、调节肌肉张力和协调随意运动。小脑可以分为前庭小脑（古小脑）、脊髓小脑（旧小脑）和皮质小脑（新小脑）。下面分别介绍这三部分在运动调节中发挥的作用。

前庭小脑主要参与躯体的平衡以及眼球的运动。脊髓小脑包括蚓部和半球中间部，其功能是参与随意运动的协调和肌紧张的调节。脊髓小脑受损的患者会出现小脑性共济失调的运动障碍，这是由于他们不能通过其有效利用来自大脑皮层和外周感觉的反馈信息。另外还会出现肌张力减退、四肢乏力的症状，这是由于人类小脑对于肌紧张主要表现为易化作用。皮质小脑是指小脑半球的外侧部，其功能是参与随意运动的设计和运动程序的编码，即承担更为复杂的动作设计任务。小脑的神经元环路使得小脑具有运动学习的功能。例如，在进行某一项精巧运动并不断熟练的过程中，大脑皮层与小脑之间不断进行联合活动，同时脊髓小脑不断接受感觉信息输入，逐步纠正运动和大脑指令之间的偏差，使得运动逐渐协调。当反复进行多次以后，整个运动的程序会被储存在皮质小脑中。因此，小脑除了调节躯体运动功能以外，还参与了机体的运动学习过程。

4. 基底神经节对躯体运动的调节

基底神经节是皮质下神经核团的总称，是大脑最古老的区域之一，基底核也是运动系统中皮质下调节的部位之一，但它并不直接发起或执行运动，而是具有整合、优化和精确调节的作用。另外，除运动调节功能外，在学习、认知、情感等方面也发挥着重要作用。基底神经节的运动调节功能主要体现在对运动的设计和稳定、肌紧张的调节以及本体感受传入信息的处理方面，将一个抽象的设计转换成一个随意运动。

基底神经节损伤可以产生两类运动障碍性疾病，一类是肌紧张过强导致运动过少，如帕金森综合征；另一类是肌紧张不全而运动过多，如亨廷顿病与手足徐动症。帕金森综合征又称震颤麻痹，其病变的部位在中脑黑质，黑质病变之后导致黑质-纹状体多巴胺能系统受损，引起直接通路活动减弱而间接通路活性增强，于是运动皮层活动减少。亨廷顿病也称舞蹈病，表现为不随意的上肢和头部的舞蹈样动作及肌张力降低，其病因是新纹状体内的 GABA 能神经元功能降低，从而对苍白球外侧部的抑制作用减弱，引起间接通路活动减弱而直接通路活动增强，使大脑运动皮层的活动增强，肢体运动行为过多。

5. 大脑皮层对躯体运动的调节

大脑皮层中的运动皮层（中央前回）和运动前区是主要的运动皮层，它们的功能是接受本体感觉的冲动，并发出指令控制和调整全身的运动，是控制躯体运动最重要的区域。运动皮层最重要的功能是发动随意运动，其基本的功能单位被称为运动柱，一个运动柱可以控制同一团结的几块肌肉活动。皮层的传出通路是运动传导通路，包括锥体系和锥体外系，在此不再赘述。

2.3.3　脑的高级功能

1. 大脑皮层的电活动

前面介绍过神经元的电学特征，可以应用膜片钳的方法记录到单个神经元或某个神经元集群的活动。那么在大脑皮层我们同样可以记录到大量神经元电活动的总和，称为脑电活动。记录并分析这种电活动具有重要的研究意义和临床价值，在这里我们主要介绍利用电极从大脑皮层表面记录到的脑电活动。这些脑电活动根据发生的条件不同可以分为两种，即自发脑电活动和皮层诱发电位。前者是指静息状态、无刺激的情况下记录到的大脑皮层自发的节律性电位变化；后者则是在受到刺激，即有一定感觉传入脑某部位后在大脑皮层的相应部位记录到的变化。

自发脑电活动可以通过导电胶紧贴在头皮表面的银·氯化银（Ag·AgCl）电极记录得到所在头皮点的电位变化波形，称为自发脑电；多个导联电极（如国际标准 10～20 导联）记录所得多导脑电波形组合或在全头皮绘成等电位地形图，称为脑电图，所用脑电信

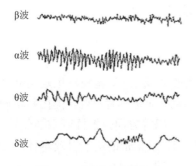

图 2-23　四种脑电图波形

（图片来源：https://www.scientificamerican.com/article/what-is-the-function-of-t-1997-12-22）

号检测、波形记录与等电位地形图描记装置称为脑电图描记器。脑电波出现于胚胎发生的第 8 周并存在于人的一生。如图 2-23 所示，根据其频率不同，可以分成基本的四种，即 α 波、β 波、θ 波和 δ 波，这四种波形代表了机体所处的不同状态。它们都来源于各脑叶并有明确的振动频率。成人 α 波的频率为 10～12Hz，8 岁以下儿童 4～7Hz 为正常，波幅在 20～100μV，呈现一种规律性的梭形，因此又称为 α 节律。一般是在人清醒、安静且不进行思考、闭眼的情况下出现的波形，当受试者睁开眼睛或进行思考时，就会立即消失，并被频率较快的 β 波代替，称为 α 波阻断。β 波或 β 节律的频率为 13～25Hz，波幅为 5～20μV，其在额叶和顶叶较为显著，因为这是新皮层活动的主要区域。θ 波是一种较慢的波，在新生儿中常见，频率只有 5～8Hz，波幅为 100～150μV，是困倦时主要的脑电活动，主要在颞叶和顶叶记录到。最后还有一种最慢的 δ 波，是婴儿期、成人入睡或处于极度疲劳、麻醉或有脑损伤者的状态下会出现的，在颞叶和枕叶明显，频率只有 1～5Hz，幅度为 20～200μV。

一般正常情况下认为，当脑电波由慢波转化为快波时，代表着皮层兴奋性的升高，慢波是一种神经元同步化活动的反应，而快波则是一种去同步化现象。那么其产生的机制是什么？研究表明，脑电波的形成主要是皮层大量神经元同步活动的结果，但并不是神经元爆发动作电位的活动，而是神经元突触后电位变化造成的，包括胞体和树突的电位变化，大量神经元产生的 EPSP 和 IPSP 的总和，另外，神经元的静息电位本身也存在一定的波动，这些电位变化最终形成了脑电波。

当人体感觉器官感受到外界信息时，外周的感觉传入大脑皮层，使其受到刺激，在相应的感觉区会记录到皮层诱发电位（evoked potential，EP）。例如，当人看电视时，会在

枕叶记录到视觉诱发电位（visual evoked potential，VEP）；类似地，当人耳受声音刺激时会产生听觉诱发电位（auditory evoked potential，AEP）；若人体皮肤触觉到外力刺激则会产生触觉或体感诱发电位（somatosensory evoked potential，SSEP/SEP）。当人在感受外部信息刺激并执行某种认知事件任务时，会产生与认知事件密切相关的皮层诱发电位，称为事件相关电位（event related potential，ERP）。皮层诱发电位可以分为三部分，主反应、次反应和后发放（图 2-24）。主反应为先正（向下）后负（向上）的电位变化，其潜伏

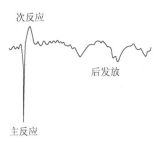

图 2-24　皮层感觉区诱发电位

（图片来源：http://www.a-hospital.com/w/生理学/脑电图和脑诱发电位）

期的长短与刺激部位和皮层的距离、神经纤维的传导速度以及传递的突触数目等因素有关。次反应是主反应之后的续发反应，而后发放则是在主反应和次反应之后较长时间的一系列周期性电位波动。

临床上常常应用一些诱发电位来辅助诊断疾病，常见的有体感诱发电位、视觉诱发电位和听觉诱发电位。关于脑电图的记录以及脑电数据的分析将在后面的章节进行详细介绍。

2. 睡眠与觉醒

前面介绍了脑电活动的基本知识，而脑电最早的应用之一就是有关睡眠的研究。睡眠是高等动物进行正常生理活动所必需的，生命中大约 1/3 的时间被用于睡眠。睡眠和觉醒是机体对立而统一的两种不同的功能状态。在觉醒的状态下，人体才能进行各种活动；睡眠时，各种感觉功能以及自主神经活动功能减弱，以对精力和体力进行恢复。因此，维持正常的睡眠-觉醒节律是维持机体内环境稳态的重要前提之一。

1）睡眠-觉醒周期的昼夜节律

高等动物的睡眠-觉醒周期具有明显的昼夜节律，即与自然环境的光-暗交替节律基本一致，但这并不能说明它依赖于外界的光照信号，这种节律是自觉运动的，是一种内在的生物节律。那么神经系统是如何调节这种节律的？研究表明，下丘脑的视交叉上核发挥了重要作用，但其分子机制尚未最终确定。

2）睡眠的时相及特征

根据睡眠时脑电波的变化可以将睡眠分为不同的时相，即慢波睡眠和快波睡眠。前者的脑电图呈现高波幅的慢波，而后者的脑电波与清醒时的脑电波类似，表现为低幅快波，同时伴随着周期性的快速眼动运动，因此又称为快速动眼睡眠（rapid eye movement，REM）。

慢波睡眠又可以分为四个阶段，阶段 1 是入睡期，α 波逐渐减少，出现 β 波和 θ 波，并很快过渡到阶段 2 浅睡期，这时脑电会出现睡眠梭形波。阶段 3 是中度睡眠期，脑电波中出现波幅较大的 δ 波，占 20%～50%。当 δ 波比例占到 50% 以上时，就进入阶段 4 的深度睡眠期。对人类睡眠而言，只将这两个时期的睡眠称为慢波睡眠，这一阶段的脑电波逐渐减慢，波幅增高，表现出同步化趋势，因此又将其称为同步化睡眠。在慢波睡眠阶段，感觉功能减弱，自主神经功能下降，但腺垂体生长激素大量分泌，因此慢波睡眠有利于促进生长和体力恢复。

在慢波睡眠之后，脑电图出现与觉醒状态相似的不规则的 β 波，说明皮层神经元的去

同步化增强。在这一阶段，机体的各种感觉功能进一步减退，肌紧张减弱，交感神经活动进一步减弱。其快速动眼的特征及其呼吸循环活动的增强表明与梦境的产生有关。在快波睡眠期间，脑内蛋白质合成加快，脑的耗氧量增加，说明快波睡眠能够促进学习、记忆和精力的恢复。

人的睡眠过程是上述两种睡眠状态不断发生周期性交替的过程，入睡后，首先进入慢波睡眠，持续 20～120min，进入快波睡眠并持续 20～30min 后，又进入慢波睡眠。可以进行 4～5 次交替，在睡眠的后期，快波睡眠的比例逐渐增加，并且两种睡眠状态都可以直接转为觉醒状态。

3）睡眠与觉醒的机制

关于睡眠与觉醒的机制及其神经系统的中枢机制，一直是人们关心的问题。过去人们一直认为睡眠只是大脑疲劳后进入的一种被迫关闭和休息状态，但直到 20 世纪 30～40 年代，人们发现了一系列证据，说明睡眠是中枢系统主动活动的结果，而非抑制。其中位于脑干尾端的延髓网状结构为脑干睡眠诱导区，称为上行抑制系统。另外，腹外侧视前区在睡眠中的作用已经引起人们的关注，它能够促进觉醒向睡眠状态转化。而诱导产生快波睡眠的关键部位在脑桥网状结构及其邻近区，它们通过向前脑的投射引起脑电的去同步化活动。

觉醒与脑干网状结构有关，脑干网状结构又称为网状上行激活系统，能够维持觉醒。另外还有基底前脑、下丘脑等都参与了觉醒的维持，其中还涉及多种神经递质系统，如谷氨酸能、胆碱能、5-羟色胺能、多巴胺能、组胺能等。

3. 学习与记忆

学习与记忆是大脑较为复杂的高级功能，人和动物都具有学习和记忆的功能，只是人类的更为复杂和多样。学习是指机体通过神经系统不断接收外界的变化信息而获得新的行为习惯或经验的过程；而记忆是指神经系统将所获得的信息加以保留和读出的过程。学习与记忆之间是紧密联系在一起的。

记忆代表着一个人对过去活动、感受和经验的印象累积。按照信息的存储方式不同，可以将记忆分为陈述性记忆和非陈述性记忆。前者也称为外显性记忆，是指在意识状态下，能够具体地用语言描述清楚的记忆，又可以分为情景记忆（与个人有关的事件和经历的记忆）以及语义记忆（对语言、文字等的记忆）。非陈述性记忆又称内隐性记忆或程序性记忆，是指不在意识的参与下，就能存储各个事件之间的相互关系，但只有通过顺序性操作才能体现，很难用语言表达，如一些运动的技巧和技术性动作等，属于无意识的操作。但二者之间可以相互转化，例如，从开始学习开车到学会开车就是从陈述性记忆向非陈述性记忆转化的过程。

按照记忆时间的长短可以将其分为短时记忆和长时记忆。短时记忆一般持续数秒到数分钟，而长时记忆则能保持数天、数年，甚至终生难忘。二者之间也是可以相互转化的，根据时间又可再进行细分。如图 2-25 所示，短时记忆可再分为感觉性记忆（短于 1s）和第一级记忆（数秒）；长时记忆分为第二级记忆（数分钟至数年）和第三级记忆（数年，甚至更长）。这也体现了记忆在不同阶段间的转化过程。

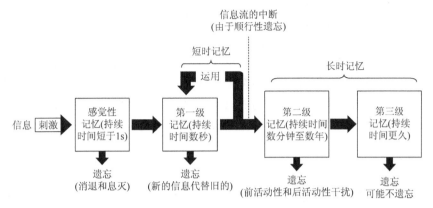

图 2-25　记忆不同阶段间的信息流

1）遗忘

遗忘是与记忆相对应的，指部分或完全失去回忆的能力。这对机体具有保护意义，可以及时遗忘一些不必要的信息来学习和存储新的信息。这种遗忘称为生理性遗忘，而某些疾病或损伤会造成记忆的严重丧失，称为病理性遗忘。在临床上可以将这种记忆障碍分为顺行性遗忘和逆行性遗忘。前者是指不能保留新近获得的信息，即第一级记忆不能转变为第二级记忆；后者是指将之前的一段时期内的记忆丧失。

2）学习与记忆的神经生物学机制

过去科学家认为记忆不是独立的脑功能，它依附于感觉、语言或运动，不能研究，不定位于脑内。而就在 20 世纪 50 年代，H.M.事件打开了记忆研究的大门。H.M.是一个人名的简称，他被称为一个没有记忆的人，实际上他一直只有短时间的记忆，从 27 岁开始，他为科学家做了不计其数的实验，目前科学界关于记忆的知识有很大一部分来自于他。

目前已知多个脑区与学习记忆有着密切的关系，包括大脑皮层联络区、海马及其临近结构、杏仁核、丘脑以及脑干网状结构等。其中皮层联络区是指感觉区和运动区以外的区域，是记忆的最后存储区域，若受损后会产生各种选择性遗忘。例如，额叶联合区与工作记忆相关，工作记忆是指从一个瞬间到另一个瞬间的联想记忆，即从先前的记忆中提取出类似事件的能力。海马及其邻近结构是最早发现与学习记忆相关的结构，它是存储陈述性记忆的重要结构，同时它与空间位置的学习记忆有关。其中有两条重要的回路与记忆有关，即 Papez 回路和三突触回路，Papez 回路是 20 世纪 30 年代就认识到的边缘系统主要回路，在该回路中，海马及其周围的联络区形成一个记忆的环路结构，即海马→穹窿→乳头体→乳头丘脑束→丘脑前核→扣带回→海马。在此回路中，海马是中心环节，Papez 回路被认为是激发和调节情绪、行为的重要结构，是激发认知功能的核心。在此回路中任何一个环节受到损坏均会导致近期记忆丧失。三突触回路在 2.2 节已经介绍过。

除了海马外，纹状体边缘区（marginal division of the striatum，MrD）在学习记忆机制中也得到了关注。MrD 是舒斯云教授于 1988 年在大鼠脑内新纹状体尾侧发现的由一条梭形细胞带组成的新月形区域，动物实验和人的活体 fMRI 检测都证明 MrD 具有学习记忆功能。认知神经科学研究表明，MrD 参与了健康人的听觉数字工作记忆、中文词语联想学习记忆、数字计算及空间记忆的脑功能活动。其他脑区（如杏仁体）是将直观感觉转化为记忆的关键部位，同时与情绪记忆有关。

如前所述，突触可塑性是学习和记忆的神经生理基础，包括习惯化、敏感化、长时程增强以及长时程抑制等形式。它们发生在中枢神经系统的许多部位。而从神经生物化学的角度来看，较长时间的记忆一定与脑内的物质代谢有关，涉及脑内蛋白质的合成以及神经递质系统的改变。已有研究证明，乙酰胆碱是加强学习记忆的重要递质。

4. 语言功能

语言是人类特有的高级功能，其中枢位于左半球大脑皮层，涉及多个脑区及它们之间的相互联系，其中有两个重要的语言中枢：一个位于左额下回的后部，与说话有关；另一个是与听觉、视觉信息的理解相关的部位，它们之间通过弓状束发生联系，在语言的加工过程中发挥作用。随着技术和研究的发展，人们发现了更多的语言中枢（图 2-26）。

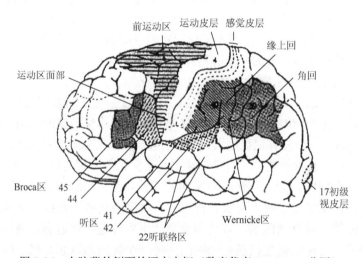

图 2-26　大脑背外侧面的语言中枢（数字代表 Brodmann 分区）

（1）运动性语言中枢，即 Broca 区，或称说话中枢，位于额下回三角部和盖部。主要功能是计划和说话，受损后会造成口语表达障碍。即患者能看懂文字，听懂谈话，但是说不出来。

（2）视运动性语言中枢，或称书写中枢，位于额中回后部。损伤后出现失写症，即患者可以听懂别人说话，看懂文字并能讲话，但不会书写。

（3）听性语言中枢，或称听话中枢，位于颞上回后部，即 Wernicke 区。损伤后出现感觉性失语症，即患者可以说话、书写、阅读，但不能理解别人的话。

（4）视性语言中枢，或称阅读中枢，位于大脑外侧裂后方，顶、颞叶交界处的角回，参与对文字符号的识别。损伤后出现失读症，即患者不能阅读，看不懂文字的含义。

以上是几个重要的语言中枢，脑的其他部位也存在一些语言中枢，其语言功能受到脑组织中复杂的神经网络的控制, 具有特定的功能定位。另外, 语言具有一侧优势的现象, 这是指对于大多数右利手的人来说, 语言活动功能主要集中在大脑的左半球, 而右侧半球的优势是对非语言的认知功能上占优势, 如对空间的辨认等。而左利手的人, 其优势半球可在右侧或左侧大脑半球。这种现象的产生与遗传有关, 但主要是在后天的学习实践中逐步形成的。

2.4 神经系统常见疾病的病理学基础

当今, 随着社会老龄化程度的不断加剧, 神经系统疾病已经成为导致人类死亡和残疾的主要原因之一。回顾过去几十年, 相关科学技术的迅猛发展使多种神经系统疾病的诊断、治疗以及康复取得了前所未有的进步, 特别是神经工程学技术的发展, 使疾病诊断的准确性、便利性以及对疾病的康复治疗有了很大的提高, 这不仅为患者带来了希望, 而且把神经病学带入了新的境界。然而, 由于认识水平和研究水平的限制, 许多神经系统疾病的病因和确切发病机制还不清楚, 这极大地影响了诊断和治疗。本节主要从病理学的角度对几种作为神经工程学主要研究对象的神经系统疾病进行介绍。

2.4.1 脑梗死

脑梗死 (cerebral infarction) 又称缺血性卒中, 是脑卒中最常见的类型, 占 70%~80%, 是一类由各种原因导致的脑部血液供应障碍, 使得脑组织出现不同程度的缺血、缺氧性坏死, 并最终导致相应的神经功能缺损的临床综合征。根据局部脑组织发生缺血坏死的机制可以将脑梗死分为三种主要的病理生理学类型: 脑血栓形成 (cerebral thrombosis)、脑栓塞 (cerebral embolism) 和血流动力学所致的脑梗死。其中前两种都是由于脑供血动脉急性闭塞或者严重狭窄导致的, 占脑梗死的 80%~90%。下面将以脑血栓形成为重点介绍脑梗死的相关问题。

1. 病因及发病机制

脑血栓形成的病因 90%以上是在动脉粥样硬化的基础上发生的, 即由于各种原因的血管病变导致动脉粥样硬化发生后, 血栓形成、阻塞动脉、血压下降、血流缓慢、脱水等进一步使得血液黏稠度增加, 致供血减少而出现急性缺血症状。脑动脉粥样硬化常伴随高血压、糖尿病、高脂血症等高危因素, 并互为因果, 加速其进程。另外, 某些血液成分的改变, 如真性红细胞增多症、血小板增多等都可导致血栓的形成。还存在药源性的血栓形成, 如可卡因、安非他命等。

2. 病理生理特征

脑梗死在颈内动脉系统的发生率约占 80%, 而在椎-基底动脉系统约占 20%。从血管的闭塞好发程度来看, 依次为颈内动脉、大脑中动脉、大脑后动脉、大脑前动脉以及椎-基底动脉。闭塞后血管内可见动脉粥样硬化及血栓的形成。其病理分期如下。

（1）超早期（1~6h）：病变脑组织变化不明显，可见部分血管内皮细胞、神经元及胶质细胞肿胀，线粒体肿胀空化。

（2）急性期（6~24h）：缺血脑组织苍白并伴有轻度肿胀，血管内皮细胞、神经元及胶质细胞可见显著缺血改变。

（3）坏死期（24~48h）：大量神经元脱失，胶质细胞坏死，中性粒细胞、淋巴细胞以及巨噬细胞浸润，脑组织发生水肿。

（4）软化期（3日~3周）：缺血脑组织液化变软。

（5）恢复期（3~4周后）：液化坏死脑组织被清除，脑组织萎缩，小病灶形成胶质瘢痕，大病灶形成中风囊。

临床上将局部脑缺血区分为中心坏死区及周围缺血半暗带（ischemic penumbra）。坏死区中的脑细胞已经死亡，而缺血半暗带由于存在侧支循环，尚存在大量存活神经元。如果能在短时间内迅速恢复半暗带的血流，则可以促进其中神经元的存活并恢复脑功能。因此，挽救缺血半暗带是治疗急性脑梗死的主要治疗途径。缺血半暗带具有一个动态变化的病理生理学过程，随着缺血时间的延长和严重程度的增加，中心坏死区逐渐增大，而缺血半暗带则越来越小，其存活时间仅有数小时。因此，将有效挽救缺血半暗带脑组织的治疗时间称为治疗时间窗。目前的研究表明，急性缺血脑卒中溶栓治疗的时间窗一般不超过发病后的6h。如果治疗方法超过这个时间窗，则不能有效挽救缺血脑组织，甚至可能因再灌注和继发脑出血而加重脑损伤。

目前已经明确能够在脑缺血后导致神经细胞损伤的生物化学和分子生物学机制包括胞内钙超载、兴奋性氨基酸的兴奋毒性、自由基过量导致的氧化应激损伤以及再灌注损伤等，并且已经针对这些机制设计了多种神经保护药物应用于临床治疗。

3. 临床表现及诊断治疗

由动脉粥样硬化导致的脑梗死多见于中老年，而动脉炎性导致的脑梗死多见于中青年。一般在安静或睡眠时发病，患者一般意识清楚，发病后出现肢体麻木、无力等症状，当发生大面积脑梗死时，可出现意识障碍，甚至危及生命。

其辅助检查手段多样，首先是血液和心电图检查，进行血常规、血流变以及血生化特征的分析，能够发现脑梗死的危险因素，应用于鉴别诊断；其次是神经影像学检查，优点是能够直观地显示出脑梗死的范围、部位、血管分布、有无出血以及病灶的新旧等，包括头颅CT、头颅MRI以及通过血管造影观察血管狭窄、闭塞和其他血管病变的情况。最后还可进行腰穿和超声心动图等辅助检查。

对于急性脑梗死的治疗原则主要有以下几方面。第一，在早期治疗中，要做到争分夺秒选用最佳治疗方案来挽救缺血半暗带；第二，要根据患者的年龄、脑卒中类型、严重程度以及基础疾病等采取个性化的治疗方案；第三，在进行治疗的同时，要进行早期康复治疗对脑卒中危险因素及时采取预防性干预。其中，在康复治疗过程中，应遵循尽早以及个体化的原则，指定短期和长期治疗计划，分阶段、因地制宜地选择治疗方法，在发病一年内持续进行康复治疗，对患者进行体能和技能训练，降低致残率，促进神经功能的恢复，提高生活质量，使患者能够早日重返社会。

2.4.2 阿尔茨海默病

阿尔茨海默病（Alzheimer disease，AD）是发生于中老年、以渐进性的认知功能障碍和行为损害为特征的一种神经系统退行性病变。它是老年期痴呆最常见的类型，约占 50%，65 岁以上老人约有 5%患有 AD，并且随着年龄的增加患病率升高，85 岁以上老人可达 20%或者更高。女性患者多于男性。我国目前有 AD 患者 600 万～800 万人。70～89 岁的老人中 10%～11%患有痴呆，每年其中 10%的患者痴呆症状不同程度地加重，而其他慢性疾病的患者伴有轻度认知障碍的大约有 15%。全球预计到 2025 年将有 2200 万名 AD 患者。其发病的危险因素有低教育程度、膳食因素、吸烟、女性雌激素水平、高血糖等。

1. 病因及发病机制

AD 的病因至今尚未明确，目前已经提出以下几种相关因素。

（1）遗传因素。按照是否与遗传有关将 AD 分为家族性 AD 和散发性 AD。家族性 AD 为染色体显性遗传，于 65 岁前起病，只占 AD 患者的 5%。

（2）β-淀粉样蛋白（β-amyloid，Aβ）瀑布假说。这一假说的影响较为广泛，认为 Aβ 的生成与消除失衡是神经元变性和痴呆发生的原因，进一步诱导 tau 蛋白的功能异常以及炎症反应等一系列病理过程。

（3）tau 蛋白假说。这也是 AD 发病机制的另一重要假说，认为过度磷酸化的 tau 蛋白影响了神经元骨架微管蛋白的稳定性，从而导致神经原纤维缠结（neurofibriuarytangles，NFT）形成，进而破坏了神经元及突触的正常功能。

另外还有学者提出了神经血管假说，认为脑血管功能的异常导致了神经元功能障碍，清除 Aβ 能力下降，从而导致认知功能损害。除此之外，还有炎性机制、线粒体功能障碍、神经递质系统障碍等假说。但以上这些假说都不能完全解释 AD 的所有临床表现，目前唯一已经确认的 AD 危险因素是高龄。

在 2014 年，科学家提出了 AD 的新模型，与之前的 β-淀粉样蛋白模型（认为 β-淀粉样蛋白是主要致病因子）截然不同。这是由于淀粉样蛋白影响研究发现了 β-淀粉样蛋白变性并非 AD 的主要原因，并证实了认知正常和认知损害的受试者脑内都出现了高度的 β-淀粉样蛋白变性。这就说明 β-淀粉样蛋白变性是导致认知损害的必要非充分条件。痴呆开始后，实际上 β-淀粉样蛋白的水平处于一个平台期的状态。新模型认为与 β-淀粉样蛋白变性相比，神经退行性变和认知功能的关系更为密切。来自临床观察和实验室动物实验的最新观点认为，神经退行性变一旦达到某一关键水平，就会自我扩大。因此，抗淀粉样蛋白治疗现在已变成二级预防性研究，而治疗症状性 AD 需要基于延迟或阻止神经退行性变的策略。

2. 病理生理特征

严重 AD 患者大脑的主要病理表现为脑体积缩小，重量减轻，脑沟加深变宽，脑回萎缩，颞叶特别是海马萎缩。在组织病理学上的典型表现主要有三种，首先是神经炎性斑

（neuritic plaques，NP），它主要是由嗜银神经轴索突起包绕 Aβ 而形成的，以 Aβ 的沉积为中心，周边是更多的 Aβ 和各种细胞成分。在 AD 患者的大脑皮层、海马以及某些皮质下神经核（如杏仁核、前脑基底神经核和丘脑）都存在着大量的 NP。还有一种非常重要的病理特征是神经原纤维缠结，是含有多磷酸化 tau 蛋白和泛素的细胞内沉积物，是异常细胞骨架造成的神经元内结构。它们大量存在于大脑皮层和海马，主要在神经元胞体内产生，并可扩展到近端树突干。在杏仁核、前脑基底核、某些下丘脑神经核、脑干的中缝核和脑桥的蓝斑也常见 NFT。但在轻度 AD 患者脑中，NFT 可能存在于内嗅皮层和海马。含有 NFT 的神经元大多已经呈退行性变化（图 2-27）。第三种主要的病理学改变为神经元的缺失以及胶质细胞的增生。

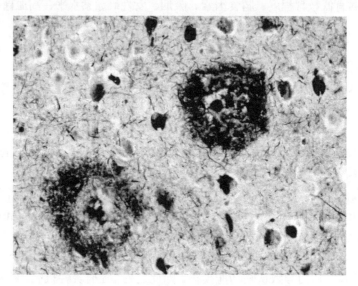

图 2-27　阿尔茨海默病患者脑组织病理学观察

（图片来源：http://neuropathology-web.org/chapter9/chapter9bAD）

3. 临床表现及诊断治疗

AD 通常隐匿起病，持续进行性发展，主要表现为认知功能减退和非认知性精神症状。按照最新的分期，AD 包括两个阶段：痴呆前阶段和痴呆阶段。在痴呆前阶段，又可根据认知功能障碍的程度分为认知功能障碍发生前期（pre-MCI）和轻度认知功能障碍期（mild cognitive impairment，MCI）。前者几乎没有任何认知障碍的临床表现，而后者表现为记忆力的轻度受损，学习和保存新知识的能力下降，但不影响基本日常生活能力，达不到痴呆的程度。

而传统意义上的 AD 指的是痴呆阶段的 AD，此阶段患者的认知功能损害影响到了日常生活水平，根据认知损害程度大致可以分为轻度、中度、重度。

（1）轻度：主要表现为记忆障碍。常常将日常所做的事和常用的物品遗忘。部分患者出现视空间障碍，外出后找不到回家的路，不能临摹立体图。还包括人格方面的障碍，如不爱清洁、不修边幅、情绪暴躁。

（2）中度：除记忆障碍继续加重外，出现逻辑思维、综合分析能力减退，特别是已掌握的知识和技巧出现衰退。明显的视空间障碍，有些患者还会出现癫痫、强直等。同时患者还伴有较为明显的行为和精神异常，人格也发生明显的改变，甚至做出一些丧失羞耻感的行为。

（3）重度：此期的患者除上述各项症状逐渐加重外，还表现出明显的精神异常，如哭笑无常、情感淡漠等。语言能力丧失，且不能完成日常简单的生活事项，如穿衣、进食等。此期患者常会并发全身系统疾病的症状，最终患者会因并发症而死亡。

对于 AD 的临床检查方法包含几方面。首先通过脑脊液检查（cerebrospinal fluid, CSF）可发现 $A\beta_{42}$ 水平降低，总 tau 蛋白和磷酸化 tau 蛋白增高。对于其早期诊断可记录分析其脑电图，AD 的早期改变主要是波幅降低和 α 节律减慢甚至完全消失，随着病情的发展，可出现较广泛的 θ-活动。神经影像学中的 CT 检查以及头颅 MRI 检查对于确诊 AD 也发挥着重要的作用，可观察到双侧颞叶、海马萎缩。另外，配合 PET 成像技术可见脑内的 Aβ 沉积。为评估 AD 患者的认知功能还应对其进行神经心理学检查，包括记忆功能、语言功能、注意力、知觉等领域。

随着近年来对老年神经、生理、生化、药理等方面研究的不断深入，有关阿尔茨海默病的治疗药物也不断取得进展。目前用于改善认知功能的药物主要是胆碱能制剂，而控制精神症状可给予抗抑郁药和抗精神病药物。在 2014 年新发布的治疗指南中向中、重度 AD 患者推荐胆碱酯酶抑制剂（ChEIs）与美金刚联合使用，尤其对出现明显行为症状的重度 AD 患者，更是强烈推荐。目前这些药物对于治疗 AD 患者的认知功能减退都没有较好的效果，针对不同发病机制的治疗药物的开发都处于试验阶段，因此，可尽量通过非药物治疗和生活护理来减轻病情发展。下面列举几种非药物治疗的方法。

（1）智力训练。有研究显示，常用脑，常做有趣的事，可保持头脑灵敏，锻炼脑细胞反应敏捷度，刺激神经细胞活力，整日无所事事的人患 AD 的比例更高。

（2）精神调养。注意保持乐观情绪，并维持良好的人际关系，避免长期陷入忧郁的情绪及患上忧郁症，避免精神刺激，以防止大脑组织功能的损害。

（3）体育锻炼。众所周知，运动可降低脑卒中概率。实践证明，运动可促进神经生长，预防大脑退化，有利于大脑抑制功能的解除，提高中枢神经系统的活动水平。

（4）饮食调理。老年人应尽量保证饮食起居的规律性。在膳食上，一般要注意以下几点：定时、定量、定质，高蛋白、高不饱和脂肪酸、高维生素，低脂肪、低热量、低盐和戒烟、戒酒。避免使用铝制饮具。多补充有益的矿物质。

2.4.3　脊髓损伤

脊髓损伤（spinal cord injury, SCI）是指由于不同原因导致脊髓结构和功能的损害，造成损伤水平以下脊髓神经功能（运动、感觉、括约肌及植物神经功能）障碍。由于脊髓联络大脑与其支配的身体其他部分，所以 SCI 会部分或完全阻断大脑与其他身体器官的联系，往往会造成不同程度的四肢瘫或者截瘫，是一种严重致残性创伤，严重影响患者的生活自理能力和参与社会活动的能力。

脊髓损伤是青壮年常见的损伤，损伤时的平均年龄是 29.7 岁。男性占绝大多数（82%），发达国家急性脊髓损伤的年发病率为每百万人 15～40 例。美国创伤性脊髓损伤年发病率是每百万人 50 例，根据这一比例，美国每年大约新增 1 万例脊髓损伤患者。据估计到 2005 年全世界每年新发生脊髓损伤的患者约有 50 万人，而脊髓损伤的截瘫患者总计达到 250 万人。

1. 病因及发病机制

SCI 通常包括原发性损害和继发性损害，原发性损害是指发生在急性脊髓损伤的当时，由直接作用于脊髓的机械暴力，造成神经元、胶质细胞或血管结构即刻死亡。在原发性损伤之后数分钟会引起一系列瀑布式的生物化学反应，导致继发性细胞死亡，这一过程持续数天至数周，将导致损伤平面以下不同程度的截瘫。

SCI 发生最常见的病因是交通事故，占 40%～50%，工作意外占 10%～25%，暴力损伤占 10%～25%，运动和娱乐意外损伤占 10%～25%，坠落损伤占 20%。随着社会的发展，工作条件改善，工作损伤逐渐减少，而运动和娱乐造成的损伤逐年增加（如跳伞、冲浪及攀岩等）。坠落伤常发生于老年人。

2. 病理生理特征

原发性脊髓损伤在形态学上表现为脊髓中心灰质出血、神经元凋亡或坏死较周围组织严重。在撞击后几小时内就会出现局部微血管出血，电解质从受损神经元中溢出，神经元发生变性、坏死。这些损伤都局限在损伤处，而继发性脊髓损伤会激发一系列的反应，扩大损伤范围，加重损伤程度，是其难以治愈的关键，因此目前的研究焦点主要关注于继发性脊髓损伤，从功能到形态，从细胞到分子甚至基因水平。目前认为继发性脊髓损伤的病理改变是多种因素共同作用的结果，大致可以分为三类：组织缺血损伤、内环境失衡以及细胞凋亡与坏死。

1）组织缺血损伤

由于机械力撞击硬脊膜，可使作用部位的血管损伤、出血，继而周围组织出现血管痉挛，形成血栓，造成微循环障碍。同时可引起微血管内皮细胞损伤，使其大量表达炎性物质和生物活性物质，并抑制保护性物质的表达。有研究显示，血液中的某种缩血管物质能够引起血管痉挛，继而产生血管栓塞是引起缺血的主要原因。其中一种有强烈而持久缩血管作用的内皮素，它可能在急性脊髓损伤的继发性损伤中起重要作用。

2）内环境失衡

内环境稳态的失衡在继发性损伤中也占据重要地位，许多重要的物质也参与了脊髓损伤后发生的病理变化，如自由基、炎性因子以及兴奋性氨基酸物质的稳态改变都会导致继发性的损伤。首先，脊髓损伤后，氧自由基系统的平衡遭到破坏，造成过量氧自由基生成，它们可以使膜蛋白、离子通道等发生改变，从而改变膜的流动性和通透性，破坏细胞内外的离子平衡，造成钙超载。此外，氧自由基还可以使染色体发生畸变、DNA 断裂等。这些损伤都会引起细胞代谢障碍、细胞毒性水肿。其次，在脊髓损伤后，也会与身体的其他部位一样，发生一定的炎症反应，但由于血脑屏障的存在，与其他器官组织稍有不同。另外，人们发现在机械力撞击脊髓后，损伤区域的细胞膜电位发生去极化扩布，并会触发兴奋性中毒，主要是由于兴奋性氨基酸谷氨酸大量释放。

3）细胞凋亡与坏死

众所周知，中枢神经系统中神经元是不可再生的。因此，脊髓损伤后神经元的缺失是导致其功能产生障碍的根本原因。要想及时有效地阻止神经元的死亡从而治疗脊髓损伤，就要首先了解神经元凋亡与坏死的机制。多种因素都能够最终导致细胞的凋亡与坏死，如长时间缺血、短时间缺血再灌注、氧自由基脂质过氧化、炎症反应及兴奋性毒性等。

3. 临床表现及诊断治疗

虽然脊髓的横截面积很小，但其内有很多重要的神经传导束，因此损伤后，受损水平以下的运动、感觉、反射和自主神经功能均发生障碍。根据受伤部位不同临床上一般分为四肢瘫和截瘫。四肢瘫是由于椎管的颈段脊髓神经受损，表现为四肢和躯干不同程度的瘫痪；而截瘫是由于脊髓胸段、腰段或者骶段椎管内损伤，上肢功能不受影响而躯干和下肢会产生不同程度的瘫痪。另外，除了瘫痪以外，脊髓损伤还会引发多种并发症，如泌尿系统感染、痉挛、骨质疏松、下肢静脉血栓以及自主神经反射亢进等，这些并发症往往会延长患者的住院时间，增加医疗费用，影响康复治疗效果，严重的可导致患者死亡。因此，正确的康复治疗和护理在 SCI 并发症的防治中具有重要意义。

目前 SCI 的分类诊断依据是脊髓损伤神经功能分类国际标准 ASIA（American Spinal Injury Association），主要包括五个方面：感觉评分、运动评分、神经平面的确定、损伤程度与部分保留带、ASIA 残损分级。

随着对 SCI 损伤机制以及病理改变的研究进展，其治疗方法层出不穷，为脊髓损伤患者带来福音。其中细胞移植是近年来治疗脊髓损伤的研究热点。移植的细胞可以在损伤部位存活并整合入宿主组织中，进一步分化为神经元和胶质细胞，并与宿主细胞之间形成突触样结构，部分缓解 SCI 造成的神经元和胶质细胞的缺失，从而达到部分恢复神经功能的目的。可用于移植的细胞主要包括神经干细胞、间充质干细胞、胚胎干细胞、肌源性干细胞以及施万细胞等。而目前临床上较为传统的治疗方法仍然是药物治疗，包括甲基强的松龙和神经节苷脂以及米诺环素等。目前，许多生物学者开始运用基因技术来观察基因疗法对脊髓损伤后功能恢复的作用，尚处于实验摸索阶段。

值得一提的是，对于大多数的瘫痪患者而言，康复治疗是最现实、最根本的治疗方法，主要包括物理疗法、作业疗法、性康复治疗以及心理治疗等，而康复工程技术的介入大大提高了 SCI 患者的康复效果，例如，截瘫步行矫形器可帮助患者独立行走，纳米组织工程支架的植入可对脊髓功能恢复有持续的促进作用以及应用点刺激的方法来诱导或体内神经轴突的生长等。还包括应用一些脑-机接口、神经接口技术以及功能性的电刺激手段来刺激神经系统缺失功能的恢复。

2.4.4　肌萎缩脊髓侧索硬化症

肌萎缩脊髓侧索硬化症（amyotrophic lateral sclerosis，ALS），俗称渐冻人症，是一种渐进和致命的神经退行性运动神经元疾病。此病为人们所熟知是由于著名的物理学家霍金患有此病。患者一般在 40 岁后发病，全身肌肉逐渐萎缩，吞咽和呼吸困难并逐渐丧失自理能力，被称为清醒的"植物人"，通常存活 2~5 年，最终因呼吸衰竭而死。其发病率为 1.5~2.5/10 万人。该病距首次报道已有 147 年，但直到近 20 年其研究才取得了重大进步。

1. 病因及发病机制

关于 ALS 的病因，目前比较肯定的是遗传因素，大约占 10%，称为家族性肌萎缩脊髓侧索硬化症，与 21 号染色体上铜锌超氧化物酶基因突变有关，多为常染色体显性遗传。但大多数的 ALS 是散发性的，与遗传无关。

其发病机制尚未清楚，主要包括以下五个学说：病毒感染学说、自身免疫学说、兴奋性氨基酸中毒学说、基因突变学说以及高代谢学说。但其中任何一种都不能很好地解释 ALS 的发病特点，可能是集中因素的综合作用，同时不能排除其他因素。2013 年，霍普金斯的科学家发现了一种中枢神经元少突胶质细胞而不是运动神经元在 ALS 的发病机制中发挥着重要作用。因此，进一步明确 ALS 的致病机制仍然是一个待解决的重大课题。

2. 病理生理特征

ALS 患者的颈髓是早期最常受累的部位，脊髓其他部位以及脑干运动神经核也受侵蚀，MRI 可见脊髓空洞及 Chiari 畸形。表现为前角细胞皱缩、硬化，数目减少，变性显著，前根与后根相比相应减小。同时脑干内运动神经核发生变性，可见深染固缩，胞浆内脂褐质沉积，并有星形胶质细胞增生。受累运动神经元脊髓前根和脑干运动神经轴突发生变性和继发性脱髓鞘，导致去神经支配和肌纤维萎缩。皮质运动神经元丢失导致皮质脊髓束和皮质延髓束变细。而肌肉的病理特点是在正常肌纤维之间存在成簇的萎缩肌纤维。

3. 临床表现及诊断治疗

ALS 的临床表现可以分为 4 个亚型：进行性球麻痹、假性球麻痹、进行性脊肌萎缩以及原发性侧索硬化症。其中 40% 以上首发在上肢，如手无力、肌萎缩等，还有 40% 在下肢首发，如易跌倒、跨越困难等，几个月后出现肌萎缩还有肉跳等症状，痛性痉挛多在小腿及足上。20% 的患者为头部首发，如说话、吞咽困难、流涎、面部麻痹等。

目前的诊断标准是根据世界神经病学联盟对 ALS 的诊断标准，主要依据患者的临床表现，同时结合一些辅助检查手段进行，包括电生理、影像学、脑脊液及血清等的检测。其最主要的辅助检查手段是电生理学检查，如肌电图，它可以在患者的四肢、躯干等处的肌肉发现广泛的失神经电位。另外还有影像学手段，包括磁共振成像（MRI）、三重经颅磁刺激（triple stimulation technique，TST）、磁共振弥散张量成像（diffusion tensor imaging，DTI）以及磁共振波谱（MR spectroscopy，MRS）技术等。

对于 ALS 的治疗临床上并无有效方法，主要依赖药物治疗，仅能缓解病情。利鲁唑是唯一经过美国 FDA 批准用于治疗 ALS 的药物，能够延长患者的生存期。它是一种谷氨酸拮抗剂，其机制可能是通过直接或间接抑制兴奋性氨基酸毒性作用。其他的治疗方法还包括神经营养因子治疗，如胰岛素样生长因子-1。除药物治疗以外，免疫治疗、干细胞治疗和基因治疗也有了飞跃式发展，但都处在实验动物阶段或者临床前预研阶段，离实际应用还有很大的距离。

2.5　本　章　小　结

几百年来，脑的解剖结构与其对应功能的关系一直令人们着迷和关注。目前认为关于神经系统的基本生物学知识主要始于 19 世纪下半叶，神经科学在过去 100 年的发展为理解人的脑细胞和神经环路如何决定行为奠定了基础。尽管关于生物事件决定行为的准确方式理解仅仅处于初始阶段，但目前的研究已经积累了大量神经元水平的生物学知识，其中一些发现可以帮助我们很好地理解脑科学的基本原则。在本章中，我们首先回顾了神经系统的整体解剖知识，描述了脑的主要解剖结构。同时进一步介绍了神经元的细胞解剖学和生理学知识，特别是神经信号、突触传递、神经环路等基本概念。然后对大脑的主要生理功能作了介绍。最后通过一些常见的具体神经系统疾病，对大脑在疾病状态下的病理学变化及临床上的应对措施进行了简单的总结。总之，本章的目标是为后面将要涉及的学习内容提供神经生理与病理学预备知识，并介绍一些重要的神经解剖学和神经生理病理学术语，以便在后面章节学习中遇到神经系统结构和功能相关问题时，可以参照本章内容，从而得到更好的理解。

思　考　题

1. 简述神经系统的组成。

2. 名词解释：白质、灰质、神经核、神经、Brodmann 分区、皮质柱、内囊、脑干网状结构、牵张反射、Willis 环、血-脑屏障、本体感觉、运动传导通路、锥体系。

3. 简述脑的分叶及其组成。

4. 简述 12 对脑神经及其性质功能。

5. 简述皮质脊髓束的传导通路及常见病理表现。

6. 简述海马锥体神经元的形态和结构。

7. 名词解释：静息电位、动作电位、跳跃式传导、局部电位、膜片钳、突触、兴奋性突触后电位、突触延搁、突触可塑性、LTP、神经递质。

8. 简述神经胶质细胞的分类及其依据。

9. 简述静息电位、动作电位及其形成的离子基础。

10. 简述局部电位的特点。

11. 简述化学性突触传递的主要过程。

12. 简述 LTP 产生的分子机制。

13. 简述感受器的生理特征。

14. 简述视觉和听觉感受器的换能过程。

15. 脊髓控制的反射有哪些？请分类简述。

16. 请举例说明学习和记忆的分类。

17. 简述脑梗死的临床表现及治疗。

18. 简述 AD 的病理学特征。

19. 简述 AD 发病 Aβ 学说，并查阅文献了解相关抗 AD 新药的研发现状。

20. 简述脊髓损伤的病理学机制。

参 考 文 献

柏树令. 2010. 系统解剖学. 北京: 人民卫生出版社.

陈生弟. 2006. 神经变性性疾病. 北京: 人民军医出版社.

丁斐. 2007. 神经生物学. 北京: 科学出版社.

关兵才, 张海林, 李之望. 2013. 细胞电生理学基本原理与膜片钳技术. 北京: 科学出版社.

贾建平. 2013. 神经病学. 7 版. 北京: 人民卫生出版社.

蒋文华. 2002. 神经解剖学. 上海: 复旦大学出版社.

康华光, 等. 2003. 膜片钳技术及其应用. 北京: 科学出版社.

尼克尔斯, 马丁, 华莱士, 等. 2003. 神经生物学——从神经元到脑. 杨雄里, 等译. 北京: 科学出版社.

饶明俐. 2007. 中国脑血管病防治指南. 北京: 人民卫生出版社.

孙久荣. 2001. 脑科学导论. 北京: 北京大学出版社.

王维治. 2004. 神经病学. 北京: 人民卫生出版社.

姚泰. 2010. 生理学. 北京: 人民卫生出版社.

于龙川. 2012. 神经生物学. 北京: 北京大学出版社.

岳利民, 崔慧先. 2011. 人体解剖生理学. 北京: 人民卫生出版社.

Carrillo M C, Blackwell A, Hampel H, et al. 2009. Early risk assessment for Alzheimer's disease. Alzheimer's & Dementia, 5(2): 182-196.

Ow S Y, Dunstan D E. 2014. A brief overview of amyloids and Alzheimer's disease. Protein Science, 23(10): 1315-1331.

Padurariu M, Ciobica A, Lefter R, et al. 2013. The oxidative stress hypothesis in Alzheimer's disease. Psychiatria Danub, 25(4): 401-409.

第 3 章　神经心理学

3.1　神经心理学的基本概念

3.1.1　定义

神经心理学（neuropsychology）是研究与心理特定过程和行为相关的大脑结构与功能的一门学科，是神经科学与心理学相结合的交叉学科。它从神经解剖、生理、生化的角度研究脑组织与语言、记忆、睡眠、情绪等心理现象的关系，涉及精神活动的物质基础和心理活动的神经学机制两方面内容。1929 年，美国哈佛大学著名的心理学教授 Boring 首次提出了"神经心理学"的概念。一切心理历程都必须依存神经结构与脑功能而运作，所以对于神经心理学的研究，可以让我们更加科学、更加深刻地认识精神和物质的关系。

3.1.2　研究内容

神经心理学不像神经生理学那样单纯地研究和说明大脑本身的活动，也不像心理学那样单纯地分析行为和心理活动，而是把脑当作心理活动的物质本体，综合研究二者的关系。神经心理学从神经学和心理学的领域出发来研究、评估、理解和治疗与大脑认知功能相关的心理活动或者行为障碍。总体来说，神经心理学以大脑与心理以及行为之间的关系为研究对象，通过各种技术手段，综合认知神经心理学、实验神经心理学、临床神经心理学等研究成果，从神经科学的角度来研究心理学的问题。神经心理学的主要研究内容分为以下几部分。

（1）大脑各部分结构的心理功能，包括各脑叶与大脑边缘系统在心理过程中所起的作用。

（2）大脑功能的偏侧化，左右半球在不同心理活动中所起的不同作用以及如何协同。

（3）心理过程的脑机制和对应的大脑认知功能，如感知觉、注意、记忆、情绪、睡眠等之间的关系。

（4）脑损伤可能造成的行为学障碍以及康复手段或这些心理过程的神经功效。

3.1.3　发展历史

在当代心理学领域，神经心理学是一门相对较新的分支学科，然而它的历史可以追溯到古埃及的第三王朝或者更早的年代。在古代漫长的几个早期世纪，大脑被视为没有用的器官，经常在葬礼或者尸检过程中被丢弃。最初由于宗教思想的盛行，人们认为由神指挥着身体做出各种行为。随着医学的发展，人类对解剖学和生理学的认识也逐渐深入，人们开始思考人类的身体是如何运转的，并出现了许多不同的理论。但是在当时人们并不像现在这样把大脑作为"指挥中心"。此后，人类经历了几百年来了解大脑的结构及其生理学意义。根据古希腊历史的记载，在公元前 4 世纪，希腊人已经认识到脑组织和心理功能的关系。希腊医学之父 Hippocrates 建立了大脑和行为之间的联系，并且提出"大脑是人类最高的控制中心"。公元 2 世纪，Galen 通过研究动物的大脑组织，对脑结构有较详尽的描述，并且提出了精神活动的气体学说。后来的学者又基于此，把人的心理过程与大脑的某一部位（脑室）联系起来，即形成了脑室定位学说。直到 16 世纪中叶，著名解剖学家 Vasalius 于 1543 年发表了著名的解剖著作《人体构造》和《节录》，用精确的大脑解剖知识修正了前人统治学术界上千年的脑室学说，这才促进了 17 世纪和 18 世纪的一些学者从脑实体中其他部位寻找对应于高级心理活动的大脑部位。典型的代表人物是法国的哲学家笛卡儿，他认为人类的智慧活动受到松果体的指挥，并且提出了神经回路的概念。Spurzheim 则把颅骨外表特征与心理功能对应起来，这一研究被称为颅像学。该学说虽然风行一时，但由于其不能建立起颅骨特征与大脑皮质之间的相应关系，很快被湮没在时间的长河里。

进入 19 世纪后，随着科学技术的发展，研究者开始使用更加精确的手段来进行实验研究和临床观察，以探讨大脑结构和心理活动的关系。Boring 于 1929 年首次提出"神经心理学"的概念，标志着大脑与心理之间关系的研究进入了系统地考察分析脑的高级心理机能与脑组织结构和纤维通路关系的新时期。从脑损伤患者的临床表现、脑外科手术时电刺激皮层各部位、切除或破坏脑的某一部分或通过埋藏电极刺激来观察脑和心理活动之间的关系。在此过程中神经病理学家做出了很大的贡献，如法国神经科医生布洛卡、德国医生威尼克发现了大脑的语言功能区，加拿大神经外科医生潘菲尔德在外科手术中使用弱电流刺激患者大脑皮质的各部位，通过观察患者的反应确定皮质运动区、感觉区、听觉区和视觉区等精确的脑功能区定位。美国神经心理学家斯佩里对现代神经心理学的发展做出了巨大贡献，他通过割裂脑的手术，解释了大脑左右半球的功能偏侧化现象，并获得了诺贝尔生理学或医学奖。认知神经心理学在 20 世纪 70 年代兴起，旨在解释人类高级心理认知活动的脑机制，被认为是 21 世纪最具发展前景的自然科学研究领域。随着对神经心理学研究的不断深入，该领域的研究成果可以对制定认知障碍患者脑功能康复方案起到更具针对性的指导作用。

3.1.4　分支

神经心理学包括三大分支：认知神经心理学、实验神经心理学和临床神经心理学。认知神经心理学和实验神经心理学都属于基础科学范畴，而临床神经心理学则更注重把基础科学的研究成果应用于临床，如某些疾病的临床诊断等。

1. 认知神经心理学

认知神经心理学（cognitive neuropsychology）是近年来兴起的一门交叉分支学科，属于心理学、认知科学、神经科学的交叉领域。认知神经心理学从信息加工的角度来了解与具体认知心理活动相关的大脑结构和功能。它是在传统认知心理学和神经心理学基础上逐渐发展起来的。认知心理学的目的在于探究大脑认知能力的思维过程，如产生和存储新的记忆，进行语言交流、识别面孔与物体以及推理和解决问题等，同时了解认知障碍或相关精神疾病的发病机制，以达到预防和治疗相应精神疾病的目的。特别是通过研究机能脑损伤或者神经系统疾病对认知功能的影响来构建正常认知功能的模型。具有较强选择性认知功能障碍的患者为认知神经心理学研究特定认知功能提供了理想的研究对象。认知神经心理学一方面从认知心理学中吸收了心理学的理论模式来探讨脑损伤患者的认知功能变化规律，另一方面需应用在神经心理学与认知神经科学中经常使用的技术手段，如神经影像技术、电生理技术和神经心理测试等，来检测与识别大脑功能区在执行特定认知任务时的状态。认知神经心理学相较于认知神经科学，更加注重研究心理认知过程的神经机制，探究心理过程的规律。

2. 实验神经心理学

实验神经心理学（experimental neuropsychology）通过对动物或人进行心理实验来研究脑的机能和脑与行为关系的基本原理。实验神经心理学的大部分工作是在实验室通过检测设备来研究健康人类的心理活动的脑机制，也有少部分的研究人员以动物为对象，通过动物实验来解释人的行为。但是人脑远比动物的大脑发达，并且心理活动更加复杂，故动物实验并不能完全用于解释人类的行为。相对于脑损伤患者的案例，实验神经心理学的方法可以严格控制实验条件，使得分析结果更加精确。20 世纪 50 年代，美国心理学家斯佩里把猫、猴子和猩猩的胼胝体和视神经交叉切断，使大脑的左右半球完全分离来研究胼胝体的心理功能，借此对感觉、记忆等神经心理活动进行研究，为实验神经心理学做出了重要的贡献。实验神经心理学家设计巧妙的实验，如双听技术，分别在左右两耳同时呈现不同的听觉材料，要求受试者只复述其中的一条信息，来观察受试者大脑功能的偏侧化倾向；使用速示器分别在左右视野显示视觉材料，观察受试者接受不同心理刺激的反应和速度；通过双作业法讨论大脑功能的偏侧化和选择注意的历程。

3. 临床神经心理学

临床神经心理学（clinical neuropsychology）在研究脑功能与心理行为的关系时，以脑损伤患者为主要研究对象，特别是由于心理因素导致的大脑疾病或者损伤，利用各种神经心理量表来评估待诊患者或已经确诊的大脑损伤患者智力、感觉运功动能、语言、记忆和性格等。临床神经心理学除了可以对脑和心理行为之间的关系做出评估，还可以在实践中客观反映出脑疾患在各个阶段上局部或者弥散性神经损害对高级心理功能的影响，为神经系统疾病的临床诊断和治疗提供方法与依据，为康复和治疗措施提供参考性意见。

3.2　神经心理学的研究方法

3.2.1　概述

在神经科学和心理学领域，神经心理学是最近 30 年来逐渐发展成熟的新兴交叉分支学科。人们需要了解人脑如何反映外界环境中的事物，如何反映社会现象，如何产生心理活动以及心理活动与大脑的生理活动究竟是怎样的关系。科学家通过不同的研究方法在人的感知、记忆、语言、情绪、睡眠和大脑结构之间建立了对应关系，用标志大脑机能结构的解剖学、生理学等术语来解释心理现象或行为。对于神经心理学的研究，随着研究手段的不断发展与完善，综合了神经解剖学、神经生理学、神经病理学、神经化学和实验心理学及临床心理学等研究成果，采用独特的研究方法，使得该领域的研究不断地深入。

神经心理学的研究方法根据其发展时间可以分为传统神经心理学方法和现代神经心理学方法。传统神经心理学方法又包括：实验神经心理学方法、行为神经病学方法和临床神经心理学方法。这三个领域的研究都涉及脑和心理与行为关系的问题，只是它们的研究对象和方法各有不同。现代神经心理学方法总体来说可以归结为无创脑功能成像技术，包括脑电图、脑磁图、功能核磁等手段。

3.2.2　实验神经心理学方法

目前已开展的实验神经心理学研究主要以动物大脑为实验对象，偶尔也会用到人的大脑做实验。常用的经典实验方法包括：脑损毁法、脑皮层直接刺激法、裂脑人法、速示器半边视野刺激法、双听技术等。脑损毁法是指损毁或切除动物的一部分脑，观察其大脑受损后心理行为的变化。通过这种实验方法已经证明，动物的进化程度越高，大脑皮层功能的分化程度越精细，其行为受到皮层调节的程度也就越大。脑皮层直接刺激法即对动物或者开颅手术患者的大脑皮层不同位置用电的、机械的或者化学的方法刺激，观察其行为的变化。或者可以使用微电极，植入大脑皮层，能更加精确地记录到随时间变化的实验数据，缺点是有创损，近年来仅局限于动物实验。裂脑人法即通过外科手术将连接两个大脑半球的胼胝体、前连合和海马连合以及视交叉纤维切断，使两个半球独立地接受外加刺激并发挥各自的功能。该方法可以用于治疗癫痫，也证实了大脑半球功能的偏侧化。速示器半边视野刺激法是运用速示器来研究人类视觉不对称的一种心理学实验技术，可在无创的条件下研究正常人或者患者的大脑功能偏侧化现象，操作简单。双听技术是同时为人的两耳呈现不同声音刺激，根据受试者的反应速度和顺序来研究大脑左右半球不同认知功能的实验方法，其特点是无创简单、结果可靠。

3.2.3　临床神经心理学方法

临床神经心理学方法的研究对象通常为大脑高级功能障碍患者，通过各种心理学测试来检验已经确诊或待确诊大脑损伤患者的智力、性格、感觉运动能力并对病灶进行诊断和治疗。主要研究方法有：智力测验、记忆测验、单项或成套神经心理测验、评价量表等。临床神经心理学的研究方法一般采用统计学分析处理所得数据，如单因素方差分析、多因素分析、回归分析等，使研究结果更加科学可信。

3.2.4　行为神经病学方法

行为神经病学方法的研究对象为脑损伤患者或神经系统疾病患者，主要采用专门设计的神经心理测验，对患者异常的心理活动进行分析，以说明大脑不同部位病变时会引起哪些行为的变化。与临床神经心理学方法的不同之处是行为神经病学方法更注重对出现这种行为的大脑进行源定位，而前者则更加注重对行为的量化分析。

3.3　大脑结构与心理功能

第 2 章介绍了脑的解剖结构和生理功能，下面主要介绍大脑各部分结构与心理功能。

3.3.1　额叶的心理功能

额叶是大脑发育中最高级的部分，随着多种脑成像技术的发展，除了关注额叶在感觉和运动中发挥的作用，更多的还注重探究额叶的高级认知心理功能，如注意、学习、记忆、语言、推理、计划执行等。

前额叶又分为眶部、背部、内侧部和外侧部，与大脑的其他区域有着广泛的神经联系，如纹状体、杏仁核、颞叶、枕叶等脑区，与所有的感觉区都有往返的纤维联系，故前额叶与多种感觉信息的加工、记忆、思维及情绪等脑的高级心理功能有关。此外，前额叶可以加强某一部分脑区的兴奋性，使得与之相关的刺激受到注意，而抑制其他脑区，因而可以实现管理注意力，集中和保持高度注意力的作用。所以前额叶受损的患者保持注意力困难，不能把注意力集中到任何动作或者思维，如多动症患者。日常生活中人们要通过语言来进行交流，额叶在语言表达上也有重要的功能。

额叶还与人格行为有关系。最为典型的案例就是铁路工人 Gage 在前额叶皮质严重受损后，没有出现感觉和运动功能障碍，但是人格发生了巨大的改变。他原来是一个友善的、善于合作的人，手术后却变得专横、傲慢、无理。此外，医学史上风行一时的脑白质切除术也验证了额叶与人格的关系。该手术能够抑制患者的冲动性和侵犯性，却导致患者变得生活态度消极、漫无目的、社会生活能力下降，因此，该手术最终被禁止。

3.3.2　顶叶的心理功能

顶叶的中央后回是躯体感觉的初级和次级皮质区。肢体部位与初级感觉运动皮层有明显的投影关系，按不同部位所对应大脑皮质区大小重建人体图，已非正常人肢体比例，但十分形象，被戏称为潘菲尔德侏儒，并且除了头面上部联系为双侧性外，其他部位都是对侧性的。次级躯体感觉区位于中央后回的下端到外侧裂的底部，不同于初级感觉皮层，与肢体的对应关系具有对侧性，故损伤后会引起对侧身体的感觉辨别功能障碍。次级感觉运动皮层对于感觉能做出粗糙的分析，形成相对较复杂的、有意义的知觉，如受损会导致知觉障碍。顶叶后部为高级联合皮质区，整合来自视觉、听觉、触觉的信息，其中顶上小叶和顶下小叶是处理身体空间信息的脑区。顶叶中的部分区域在语言处理上同样有着重要的作用。

顶叶后皮质与运动前皮质以及额前皮质之间有许多重要的纤维连接，这些连接构成感觉和视觉控制运动的解剖学物质基础。由皮肤接收的触觉、温度、痛觉等感觉信息通过丘脑传递到顶叶。后顶叶区域被认为是视觉信息的背侧通路（相对于颞叶的腹侧通路），它将接收到的躯体感觉或者视觉信息传递给运动控制皮层，从而控制手臂以及眼球等身体不同部位的运动。

顶叶是多个感觉信息汇合的高级皮质区，在整合由身体不同区域传来的感觉信息、数字之间的关系以及符号操作能力过程中扮演着重要的角色。顶叶可进行多种感觉信息和语言的整合，从而形成更高级的认知。这个区域损伤会损害感觉通道之间的配合，如不能凭借视觉来辨认出已经由触觉感知到的物体。

顶叶与空间行为的关系较为直接，源于枕叶的背侧通道在顶叶范围内，故顶叶的一项重要功能就是空间定向，负责物体在空间中朝向某一目标运动。因此，顶叶损伤还有可能造成空间定向障碍，如认路困难，不能描述周围环境中物体的空间等。

3.3.3　颞叶的心理功能

颞叶内部有高度密集的神经纤维，不仅有连通枕叶的视觉腹侧通路，而且与海马、基底节及边缘系统有联络神经纤维。所以颞叶皮层有视觉和听觉的信息加工能力，而且参与了物体细节辨认、面孔识别、记忆、语言和情绪等复杂的认知过程。

颞叶在感觉输入信息处理中起到了重要的作用。初级听觉皮层区位于颞上回背内侧的颞横回前部，次级听觉皮层区位于颞横回的后部。左颞叶分布有听觉性语言中枢，即Wernicke区，故左颞叶的功能不仅限于低层次感知功能，还包括理解、语言记忆等高级心理认知过程。颞叶虽然不是处理视觉信息的直接皮层区域，却参与了视觉信息与来自其他感觉通路的信息整合、加工过程。腹侧颞叶后部存在物体认知的视觉通路，由此人类大脑可以辨认出不同的物体，如识别面孔等。

另外，颞叶在记忆功能中发挥着不可替代的作用，例如，与之有密切联系的海马在由杏仁核调节的长时记忆中起到重要作用。颞叶内侧参与了情景记忆编码、存储和提取信息的过程。左颞叶参与了词语信息的保持、再认和回忆的过程。从初级视觉皮层到次级视觉皮层到颞中回和颞叶内侧，颞叶与枕叶视觉皮层以及海马之间有丰富的神经联系，故颞下回与视觉信息的记忆有关。

颞叶除了保持信息，还赋予了信息情绪的意义，这就涉及颞叶在情绪加工过程中的作用。颞叶的情绪功能体现在颞叶皮层的内侧和杏仁体。颞叶负责整合各个感觉通道的信息，颞叶内侧的边缘系统赋予信息情绪色彩。颞叶具有对外界情绪刺激进行评价，产生自我情绪体验，以及对情感体验进行调节的功能，同时参与自主神经反应和情感反应等活动。

3.3.4　枕叶的心理功能

枕叶是大脑视觉处理中心。初级视觉皮层（V1）接收外侧膝状体的输入，并且只能对视觉信息进行简单的处理。次级视觉皮层 V2、V3 区围绕着 V1 区，接收 V1 区传出的信息，并对其进行加工和整合。V2 区除了对定位、空间频率以及颜色等信息作简单的处理外，对一定背景下图形的轮廓也有感知功能。V3 区与 V3 辅助区 V3a 位于 V2 区的前方，属于运动加工区。V4 区由四个独立的区域组成，即左右半球的 V4d 和 V4v。V4 区主要负责颜色知觉功能，是人脑颜色处理的中心，也直接参与物体形状的识别。V5 区主要负责加工处理复杂的视觉运动，可以把局部视觉信号整合到物体复杂的整体运动中。目前研究表明，视觉信息通路有两条：背侧视觉通路和腹侧视觉通路。背侧视觉通路起始于V1 区，通过 V2 区，进入背内侧区和中颞区（medial temporal，MT，也称为 V5 区），然后抵达顶下小叶。背侧视觉通路常被称为"空间通路"，参与处理物体的空间位置信息以及相关运动控制，如伸手取物体的方向和姿势。腹侧视觉通路起始于 V1 区，依次通过V2 区和 V4 区，进入颞叶下部。该通路常被称为"内容通路"，参与物体形状结构的识别和颜色知觉等较为复杂的信息处理，如面孔识别。此外，该通路还与长期记忆有关。

3.3.5　边缘系统的心理功能

边缘系统参与人类的多种心理活动，如情绪调控、长时记忆、动机、学习等心理历程。尤其是在支配最基础的情绪行为和记忆形成过程中发挥了重要的作用。边缘系统的功能也会涉及一些人类的本能行为，如下丘脑与杏仁核调控的摄食行为，基底前脑中核团调控的睡眠行为等。

边缘系统在情绪调控中起着关键作用。下丘脑是最早被认定与情绪有关的脑结构。杏仁核对带有情绪的面孔或声音有认知加工作用，会引发身体的不同部位做出反应，如心跳加速、肌肉颤抖等。海马在情绪学习方面起到了一定的作用。扣带回是一个整合自主神经、注意和情绪信息加工的重要脑区，同时是自我情绪体验的关键结构。前扣带回主要负责情感加工，后扣带回主要负责认知加工。下丘脑与位于腹侧纹状体的伏隔核以及杏仁核参与了人类奖赏的加工过程。

边缘系统也是记忆存储、巩固和提取的重要脑区。杏仁核与前额叶以及颞叶内侧在情绪记忆的巩固和提取中起着关键性作用。海马对于长久、外显性记忆的存储起到了非常关键的作用。海马和海马旁回及其邻近结构还参与了最新记忆的存储功能。下丘脑、乳头体和丘脑的背内侧部分属于间脑的记忆系统，主要负责存储近期记忆。

3.3.6　大脑功能的偏侧化

人类的大脑被纵裂分离为两个不同大脑半球，两个半球由胼胝体连接。两个半球从解剖结构上体现出了明显的不对称性，细胞水平与神经递质水平也体现出了这种不对称性。

大脑半球结构上的差异性导致大脑功能的偏侧化。其具体表现就是某一特定的认知功能或感知功能位于大脑的某一半球上。这体现了左、右脑分工不同。因此，认识大脑的偏侧性有助于了解左右脑如何各司其职协同活动。大脑偏侧化的过程是一个随着个体成长而逐渐成熟的演变过程。

左、右利手是大脑功能偏侧化的一个明显例子。实验结果显示 95%右利手的人通过左半球支配语言，18.8%左利手的人通过右半球支配语言功能。此外，19.8%左利手的人有双侧语言功能。性别也是导致大脑半球功能偏侧化的重要因素，男性的大脑更多地表现出单侧化，而女性的大脑多是双侧化。这可能是由于女性的胼胝体比男性大，而胼胝体负责大脑两个半球之间的信息传递，胼胝体大可以减少大脑两个半球之间的差异性。

个体的认知方式受到遗传基因以及后天环境的共同影响，个体偏好的认知加工方式会影响到大脑功能偏侧化的倾向。总体来讲，大脑右半球在视觉和听觉的处理过程、空间的操作、面部的识别和艺术的才能（音乐、绘画）方面显示出偏侧化优势。而左半球则在语言功能方面显示出优势。抑郁症与右半球的过度活动以及左半球活动的衰减有关，右半球参与了消极情绪的处理过程，容易产生悲观情绪。而左半球更多地参与处理愉快情绪的过程，并且参与决策、唤醒警觉度以及自我反省的过程。左右半球在信息加工方式上风格迥异，左半球加工信息的方式被描述为序列性、分析性和有逻辑性；而右半球加工信息的方式被描述为平行性、整体性和直觉性。

左右脑虽然有功能上的分工，但是更为重要的是两个大脑半球的协同配合。例如，数值计算、逻辑推理等过程都依赖左右大脑半球共同发挥作用；日常生活中需要说出带有情感的语言，需要主要处理语言功能的左半球和参与情绪加工的右半球共同发挥作用。如果两个半球的协同配合遭到损害，会导致一系列的认知障碍。例如，计算障碍是一种由于左颞叶和顶叶的交界区域受到损害而导致的神经系统综合征。这种综合征表现为，很差的数字运用能力和心算能力以及无法理解和运用数学概念。并且，如果大脑的某个特定区域甚至整个半球受到损伤或破坏，该区域的功能有时可以通过在同侧半球的相邻区域或对侧半球的相应区域得到恢复与重建。例如，脑卒中患者的康复，现有的康复手段即调用未受损害脑区的神经元积极主动参与动作意图神经通路的信息传递，并以补充或加强其他神经通路的辅助方法来促进受损脑区功能恢复或者重建神经通路。

3.4　心理过程与脑机制

3.4.1　感觉和知觉

1. 概述

前面介绍了神经系统的感觉功能（2.3.1 节），下面根据适宜刺激物性质和刺激物所作用的感受器类型，对人类的感觉进行简单总结，如表 3-1 所示。

表 3-1　感觉类型及其属性

感觉类型	适宜刺激	感受器	反映属性
视觉	波长在 400～760nm 的电磁波	视网膜上的视锥细胞和视杆细胞	颜色
听觉	16～20000Hz 的声波	耳蜗上的毛细胞	声音
味觉	溶于水、带有味道的化学物质	味蕾上的味觉细胞	甜、酸、苦、咸等味道
嗅觉	有气味的挥发性物质	鼻腔黏膜上的嗅觉细胞	气味
触觉	物体的机械作用	皮肤和黏膜上的触点	压、触
温度觉	物体的温度作用	皮肤和黏膜上的冷点、温点	冷、温
痛觉	物体的伤害性刺激	皮肤和黏膜上的触点	痛
运动觉	肌肉收缩，身体各部分位置变化	肌肉、筋腱、韧带、关节中的神经末梢	身体运动状态、位置变化
平衡觉	身体位置、方向的变化	内耳、前庭和半规管的毛细胞	身体位置变化
机体觉	内脏器官活动变化时的物理化学刺激	内脏器官壁上的神经末梢	身体疲劳、饥、渴和内脏器官活动不正常

　　然而在实际生活中，人脑对外界客观事物的反映不仅仅是对事物个别属性的反映，而是对事物整体属性的反映。例如，当我们看见一个球时，并非孤立地获取它的形状、颜色和大小等视觉信息，而是通过对这些感觉信息的综合、辨别和解释，从整体上获知这是一个球。上述过程就是知觉（perception）过程。根据知觉过程中主导感觉形式不同，可以把知觉分为视知觉、听知觉、味知觉、嗅知觉和触知觉等。当几种感觉形式同时起主导作用时，如看电影，可以形成视-听知觉。

　　2. 感觉和知觉的关系

　　感觉和知觉是两种比较简单但是非常重要的认知过程。它们都是人脑对直接作用于感受器的客观事物反映。不同的是，感觉是人脑对客观事物个别属性的反映，而知觉是人脑对客观事物整体属性的反映。感觉是构成知觉的基础，没有感觉就不可能有知觉，而知觉则是感觉的深入和发展。对于某个事物，感觉越丰富越精确，知觉就越完整越正确。但是，知觉并非是感觉的机械相加，它需要对感觉信息进行综合、辨别以及解释。当人感知一个熟悉的对象时，只要感觉到它的部分属性或特征，就能够凭经验从整体上把握其他特征和属性。如果对象是不熟悉的，那么知觉会更多地依赖于感觉，并以感知对象的特点为转移，把它知觉为具有一定结构的整体。

　　在现实生活中，人一般都是以知觉的形式来反映客观事物的。感觉只是作为知觉的一个组成部分而存在于知觉活动之中，即"感知觉"。很少有纯粹的感觉以孤立的形式存在。但感觉和知觉又是两个不同的心理过程。感觉是介于生理和心理之间的神经活动，它的形成依赖于客观刺激以及相应感觉器官的生理活动，相同的客观刺激会引起相同的感觉效果。而知觉则是纯粹的心理活动，它是在感觉的基础上，对物体的各种属性进行综合、辨别以及解释。因此，知觉过程表现出了人的主观参与性。从感觉到知觉反映出了一个主观选择的心理过程，即从感觉到的各种属性中选取一部分属性加以综合和解释。这在很大程度上受其他一些心理成分影响，如经验、倾向、兴趣、动机和情绪等。因此，知觉的形成是"自下而上"与"自上而下"相互作用的结果。对同样一个对象，不同的人会有不同的反应，如采药人视麦冬为药材，而普通人则视之为野草。

3. 联觉

联觉（synesthesia）是一种特殊的感觉形式，它是指一种感官刺激在引起该感官体验的同时，自发地、非随意地引起其他感官体验的心理过程。具有联觉感受的人通常被称为联觉者，引发联觉的刺激被称为诱发刺激，由诱发刺激引起的感觉称为伴随体验。联觉类型有很多种，包括：字符→颜色联觉、声音→颜色联觉、空间→顺序联觉、听觉→触觉联觉、语言→味觉联觉。

字符→颜色联觉是最常见的一种联觉类型。联觉者看见字母或数字会产生仿佛有颜色的感觉。字符与颜色之间的对应关系因人而异，但是也有相似之处，如联觉者看到的字符 A 往往是红色的。声音→颜色联觉是指联觉者在听到某些声音的同时，能够在眼前仿佛看到某种颜色。对于该类型联觉者而言，诱发刺激可以是开门声、鸣笛声、说话声等日常声音，也可以是某个特定音符或者音调。空间→顺序联觉者看见数字往往具有特定的空间位置感觉。例如，他们看见数字 1 时，往往觉得数字 1 距离他们很远，但是当看见数字 2 时，又觉得数字 2 距离他们很近。研究发现，具有空间→顺序联觉的人比普通人有更好的记忆力。听觉→触觉联觉和语言→味觉联觉较为少见。听觉→触觉联觉者在听到某些声音的同时会引起身体感觉。而语言→味觉联觉者在听到或者看到某些词汇时会引起味觉体验。

大脑的不同区域有着不同的功能，而各个区域之间的过度联系可能是产生联觉的主要原因。例如，与字符识别相关的脑区跟与颜色辨别相关的脑区（V4 区）相互毗邻，如果字符识别区域的激活引起颜色辨别区域的同时激活，那么字符→颜色联觉者就能够在看见字符的同时感受到颜色。因为两个区域的相互激活没有涉及高级认知过程。所以，当字符刺激出现在联觉者的周边视野时，即使联觉者还没有识别出字符的形状，也能够看到相应的颜色。

对联觉效应的另外一种解释是神经反馈通路中抑制功效的缺失。正常情况下，神经回路中的兴奋性传导与抑制性传导相互制约并保持平衡状态。但是，如果正常反馈过程中的抑制性传导消失，那么大脑无法在早期阶段抑制那些与适宜刺激无关的感觉皮层活动，从而造成一种刺激能够激活多种感觉皮层的现象。

4. 知觉的基本特征

知觉具有以下几个基本特征。

1）选择性

知觉的选择性是指在知觉过程中把少数事物从背景事物中区分出来，从而对它们作出更加清晰的反映。我们在日常生活中接触到的客观世界是丰富多彩的，大脑接收到的感觉信息复杂多样。但是为了能够清晰地感知某一事物或者对象，大脑总是有选择地把少数事物当作知觉对象，而把其他事物当作知觉背景。知觉对象和知觉背景是互相依存的，并且可以适时地互相转化。例如，我们在看书的时候，就把书本上的文字当作知觉对象，而把周围环境中的其他东西当成了知觉背景。当我们从注视书本上的文字转移到笔记时，笔记便成了清晰的知觉对象，而书本文字则成了知觉背景。知觉对象与知觉背景的互相转化在双关图形中表现出更为清楚的形象。如图 3-1 所示，当我们把白色部分作为知觉对象，黑色部分作为知觉背景时，我们看到的是一个花瓶；而当黑色部分成为知觉对象，白色部分变成知觉背景时，我们看见的是两张相对的脸。

图 3-1　知觉的选择性

　　知觉的选择性效果受主观和客观两方面因素影响。就主观方面而言，知觉任务的目的性、已有的知识经验、个人兴趣爱好与情绪状态等因素都会影响知觉对象的选择。从客观方面来说，主要的影响因素包括：①知觉对象与知觉背景之间的差异程度，两者差别越大，越容易感知；反之，则越困难，例如，做笔记时，用彩色笔画出重点，会比较明显。②对象是否活动，活动的对象比较容易被观察到而成为知觉对象，静止的事物则相对更容易成为知觉背景。③刺激物的新颖性，外界刺激越新颖越容易引起人们的注意，从而更容易成为知觉对象。

　　2）整体性

　　知觉的对象往往是由多个不同的部分和属性共同组成的。但是，我们在感知过程中，总是把它们看成一个有组织的整体，而不是多个孤立的部分。知觉的这种特性被称为知觉的整体性或者组织性。

　　知觉的整体性是一种纯粹的心理现象。即使是零散的外界刺激，有时也能够引起完整有序的知觉体验。如图 3-2 所示，从客观刺激来讲，这幅图像由三个黑色的钝角扇形和六条黑色的等长线段组成。但是从我们的主观感受来讲，这幅图像是由两个重叠的三角形和三个被部分覆盖的黑色圆形所构成的。我们甚至还发现，居于图中间第一层的三角形居然没有实际的边缘和轮廓。但是，它在知觉体验上却是边缘最清楚、轮廓最明确的图形。像这种只有在知觉体验上才有的轮廓称为主观轮廓（subjective contour）。

图 3-2　知觉的整体性

　　知觉的整体性与知觉对象本身的特性及其各个部分间的构成关系有关。格式塔学派对知觉的整体性进行了研究，并提出知觉的整体性主要有以下几个组织定律。

　　相似律：物理特征（如大小、形状、颜色等）相似的客体倾向于被知觉为一个整体。

　　接近律：空间、时间上接近的客体倾向于被知觉为一个整体。如图 3-3 所示，同样是 20 个圆点的方阵，图 3-3（a）容易被看成 4 列，而图 3-3（b）则倾向于 4 行。

　　连续律：具有连续性或共同运动方向等特点的客体倾向于被知觉为同一整体。如图 3-4 所示，人们总是将它看成一条直线与一条曲线，而不是多个弧形与多条线段。

　　封闭律：在知觉一个熟悉或者连贯性的模式时，如果其中某个部分没有了，我们的知觉会自动把它补上去，并以最简单和最好的形式知觉它。如图 3-5 所示，我们倾向于把它知觉为一个正方体和 8 个圆形。

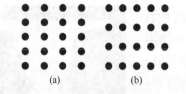

(a)　　　　　　　(b)

图 3-3　知觉的接近律

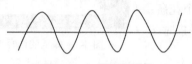

图 3-4　知觉的连续律　　　　　　　　　　　图 3-5　知觉的封闭律

3）理解性

对于知觉对象，人们总是以自己过去的经验对其进行解释，并用词语来标识它，知觉的这一特性称为知觉的理解性。知觉的理解是人把对当前事物的直接感知纳入已有的知识体系当中，从而把该事物知觉成某种熟悉的类别或确定对象的过程。如图 3-6 所示，我们可以根据已有经验把这幅斑点图知觉为一只海螺。

图 3-6　知觉的理解性

图 3-7　词语对知觉理解的帮助

词语对知觉的理解性有指导作用，并可以帮助加快理解。如图 3-7 所示，如果你看不出来图中画有什么，那么给你一个提示：画着一条狗。你可能就会看出它是一只低头觅食的狗。此外，个人的动机与期望、情绪与兴趣爱好以及定势等因素也会影响知觉理解性。

4）恒常性

知觉的恒常性是指当知觉对象所处的客观条件在一定范围内变化时，知觉的映像仍然相对保持不变的特性。知觉的恒常性主要表现为以下几种。

大小恒常性：对物体大小的知觉，不因物体距离远近造成的视网膜影像大小而发生变化的特性。

例如，同样的一个人分别站在离我们 5 米、10 米和 15 米处，他在我们视网膜上的成像因距离不同而发生变化，但是，在我们的知觉里，这个人的大小是不变的。

形状恒常性：当我们从不同角度观察同一物体时，物体在视网膜上的投影是变化的，但是我们对该物体形状的知觉并没有发生很大的变化。例如，对于同一扇门，无论它是敞开着还是关闭着，我们对它的感知都是一个长方体。

亮度恒常性：知觉对象所处环境的照明条件发生变化时，人知觉到的物体的相对明度保持不变的特性称为亮度恒常性。只要从物体反射出光强和从背景反射出光强的比例保持不变，就可保证物体的亮度恒常性不变。同一个物体，不管是在阳光下还是在阴影中，对光的反射比例始终保持不变。因此，我们对它的亮度知觉也就保持了恒常性。

颜色恒常性：尽管知觉对象的照明颜色发生了改变，我们仍把它知觉为原先的颜色，这种特性称为颜色恒常性。例如，不论在白光照射下还是在绿光照射下，我们总是把一面中国国旗知觉为红色。

5. 多稳态知觉的神经学基础

目前，对于知觉的神经学机制研究主要集中在多稳态知觉现象上。多稳态知觉现象是指当输入的感觉信息存在多种不相容的解释时，大脑在两个或多个知觉状态之间交替变化的过程。如图 3-1 所示，我们的知觉状态总是在人脸和花瓶之间不自主地变化，而且这种变化每隔几秒就发生一次。在整个过程中，外界的感觉刺激是恒定不变的，但是知觉在不同的状态之间转换。这一现象反映了外界感觉刺激和内部知觉活动的分离性。另外，在多稳态知觉现象中，只有部分感觉信息能够产生知觉体验，而另外一部分则无法到达知觉层面。这与现实生活中的知觉体验一致，对于大脑接收到的外界信息，人只能知觉到一部分，而剩下的大部分是不能被知觉到的。因此，多稳态知觉现象为研究知觉的神经学机制提供了一条有效的途径。

传统观点认为，多稳态知觉现象是由于感觉系统中存在拮抗机制，感觉信息的表达存在竞争关系。当某种表达处于主导地位时，其他表达将被抑制。但是，最新的研究发现，多稳态知觉的形成不仅仅是通过"自下而上"的竞争过程，而且需要"自上而下"的调制过程。大脑内部通过层次化的构架将各组成部分联系在一起。因此，相互联系的两部分神经组织存在上下级的关系。在认知过程中，"自下而上"是指下级神经组织向上级神经组织传递神经信号的过程，该过程反映的是感觉信息的输入，因此也称为前馈过程；而"自上而下"是指上级神经组织向下级神经组织传递神经信号的过程，该过程反映的是内源性活动（如注意、情绪、预期等）对感觉信息的调制或运动功能的控制，因此也称为反馈过程。

下面重点介绍基于视觉通路的多稳态知觉现象，其常用的诱发手段包括双关图（图 3-1）、双稳态视运动（图 3-8）和双眼竞争（图 3-9）等。双稳态视运动与双关图较为相似，只是双关图是静态图片，而双稳态视运动是动态变化的，大脑的知觉状态会在两种运动模式之间交替变化。双关图和双稳态视运动属于双模式竞争现象。双眼竞争是指当双眼分别看到的图像不一致而无法形成单一、稳定的知觉时，大脑知觉动态交替变化的现象。在某个时刻，左眼的图像能够形成清晰的知觉，而右眼的视觉刺激则被抑制；下一个时刻则相反。来自双眼的视觉刺激均力争处于知觉主导地位，因此，双眼竞争不仅存在着左右眼之间的竞争，还存在着双模式之间的竞争。

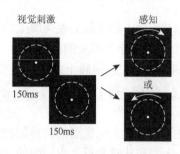

图 3-8　双稳态视运动

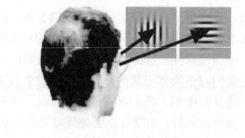

图 3-9　双眼竞争

视知觉信息的加工需要经过 3 个阶段：早期加工主要发生在外侧膝状体核（lateral geniculate nucleus，LGN）和初级视觉皮层（V1）；中期加工在纹外侧视觉皮层（extrastriate visual cortex）；而晚期加工集中在顶叶和前额叶。

传统观点认为 LGN 和 V1 的活动是对外界刺激的真实反映，人的意识状态与该区域无直接关系。但是也有研究发现，视觉信息的早期加工与知觉状态有一定的关系。例如，LGN 和 V1 区的血氧水平依赖程度与双眼竞争时的知觉状态相对应；V1 区的脑磁图能够反映双模式竞争现象；利用经颅磁刺激干扰 V1 区的信息加工能够引起知觉状态的改变。此外还发现，当大脑的意识状态与输入的视觉信息不相容时，V1 区的活动会受到抑制。因此，该阶段所反映的知觉状态可能源自高级认知活动的反馈控制。

视知觉信息的中期加工与知觉状态的关系更加紧密，纹外侧视觉皮层的活动密切地反映了大脑的视知觉状态。但是，该区域的信息加工仍然包含着那些受知觉状态抑制的视觉信息。虽然这些抑制信息不被表达成最后的知觉状态，但是它们仍然会影响纹外侧视觉皮层的活动，甚至影响其他非视觉通路的神经活动。例如，表达受抑制的带情绪色彩图片也会引起杏仁体和颞上沟的相关情绪活动。此外，视知觉的状态转变也能够在纹外侧视觉皮层上清晰地反映出来。例如，对物体内容形式的知觉改变能够在腹侧通路上反映出来；对物体运动方式的知觉改变能够在 V5/MT 区反映出来。另外，研究表明，纹外侧视觉皮层具备短暂的知觉记忆功能。在多稳态视知觉过程中，如果突然给予一个短暂的视觉刺激消失时期，那么在视觉刺激重现时，大脑倾向于恢复刺激消失前的知觉状态。但是，即使没有可供检索的知觉记忆，大脑在多稳态知觉过程中，其知觉状态的选择也会受到纹外侧视觉皮层活动的影响。例如，在人脸-花瓶双关图刺激之前，如果与人脸加工相关的 FFA 区域较为活跃，那么刺激之后的知觉状态倾向于看到人脸。这说明在视觉刺激到来之前，大脑的内部活动已经在一定程度上对知觉状态的形成做出了选择。

视知觉信息的晚期加工最能够反映知觉状态。在多稳态知觉过程中，知觉状态的转变伴随着顶叶和前额叶的强烈激活。利用功能性磁共振发现，该区域的激活要先于纹外侧视觉皮层的活动。脑电研究也证实了，大脑在人脸-花瓶知觉状态转变时，右顶叶的神经活动最先激活。通过对前额叶和顶叶有创伤的患者进行观察，发现他们转变知觉状态要比正常人慢。因此，我们可以认为"自上而下"的调制是知觉形成过程中一个重要的组成部分。此外，前额叶和顶叶中的某些区域在维持知觉稳定性方面有着重要作用，而且这些区域与工作记忆和注意选择等心理过程的相关区域高度一致。

3.4.2 注意

注意（attention）是心理学的重要研究课题。早期心理学家就对注意的现象、本质和组成过程进行了研究。James 等现代心理学家认为注意是人类经验的一个基本方面。然而，注意的特性很难理解且不能被归纳为一个统一的过程。因此，在 20 世纪初，心理学家回避对注意概念的解释，且在 20 世纪 60 年代之前关于注意的实验研究很少。但是从 20 世纪 70 年代开始，随着认知逐渐成为科学研究的一个热门话题、计算机科学的快速发展和信息时代的到来，越来越多的认知科学家采用信息处理理论来解释认知现象，例如，人们是怎样选择性地注意某些信息的。显然，人们不能同时处理无限数量的信息。因此必然存在负责减少信息量的认知过程。该认知过程能够选择特定的信息并作出相应的响应。过去人们并没有很好地理解这些认知过程中注意的神经功效和认知模型。然而随着当代科学技术的进步，人们对注意的神经功效和认知模型的理解进入了一个新的高度。

1. 概念

"注意"是我们日常生活中经常使用的词语。老师经常希望学生能够集中注意力；没能发挥出最好水平的运动员可能会懊悔比赛过程中注意力不够集中。因此，"注意"可以被用来解释许多行为现象。

因为注意可以被用来描述许多不同的主观心理经验，所以一些行为科学家认为注意很难被归纳为一个统一的概念。注意究竟是否是一个统一的认知过程？这个问题一直没有受到广泛的关注。直到神经心理学领域出现，它才成为一个研究热点。

注意是一种不容易被描述的认知经验。它指的是大脑内部资源和意识状态的一种集中。从现象上说，所有神志清醒、意识警觉且具有一定程度反思能力的人都会有注意的经验。著名的哲学家和心理学家 James 在他的心理学原理中提出了关于注意的现象描述：每个人都有关于注意的经验。注意使人们能够明确地从一些同时存在的竞争选项或者思维序列中选择出一个……这就意味着大脑必须从某些事务上收回注意资源，以便更有效地处理另一些事务。

James 在描述注意特性时强调了注意现象的许多基本元素：①当人们去注意的时候，他们所关注的物体处在他们意识的最前端；②被注意聚焦到的事物和信息在主观上表现得更清楚、更鲜明；③整个注意过程就是一个多选一的过程；④当注意力高度集中的时候，其他不相关的刺激就会处在意识之外，并且在注意对象发生转移之前注意的聚焦点是保持不变的。但是，该描述只是强调了注意的经验特性。

注意过程在多个方面都有助于认知和行为表现，因为它能够使大脑从大量信息中选择出少量的有用信息，从而给予额外关注和持续处理。人们不断地面临来自人体内部和外部环境的大量信息。注意根据人们处理信息的能力来调整输入信息量的大小，就像是照相机的光圈和镜头系统。它通过改变区域的大小和焦点位置使人们将自身状态调整到最适合外部事件和内部操作的状态，从而有助于显著信息的选择和认知资源的分配。因此，注意是大脑中信息流的门控。

由于注意是在一系列认知过程中产生的，所以注意的神经心理学研究要求我们首先研究注意的行为特征。只有注意的行为认知过程被确定之后才能进一步理解注意的神经学基础。目前，心理学研究的注意类型包括集中注意、选择注意、分散注意、持续注意、施力注意和随意注意等。

2. 类型

从现象学的角度研究注意最为简单，即研究在当前文化和生活经验中注意的表现形式，如注意的聚焦、分散、选择性等。大部分人能够很容易地识别注意的经验、表现形式及其影响因素。注意既依赖于外部环境又依赖于人们的内部状态。人们在特定环境、特定时间的行为、认知和身体状态都受到注意的影响。因此，很有必要从注意的表现形式及其发生的行为环境角度来研究注意。

1）集中注意（focused attention）

集中注意是注意的一个基本方面，它指的是将认知资源以定向方式进行分配的过程。当某些任务需要认知资源以一种定向方式参与时，集中注意就会发挥作用。这种情况通常出现在复杂问题的求解过程中或者为了达到预期效果而需要对行为进行控制的时候。例如，当我们尝试求解一个复杂的数学方程式时，我们会把注意力集中到各种解决方案上。一个象棋参赛者能够想出有效招式也依赖于集中注意这种能力。

2）选择注意（selective attention）

选择注意指的是在面对相互竞争的刺激时，有意识地对非注意刺激进行抑制的能力。选择过程使得一些信息的优先权高于其他信息。而且，选择无时无刻都会发生。当我们使用收音机收听某首特定的歌曲时，就会用到选择注意。但是，当我们不进行选择时，我们的注意就会受到环境中事件的控制。例如，在开车过程中，当远处出现警车闪烁的指示灯时，我们的注意力很有可能被吸引到指示灯的位置。

3）分散注意（divided attention）

分散注意指同时应对多个任务或者多种任务要求的能力。在现实生活中，注意总是被众多的事件和刺激分割。例如，一个学生可以利用分散注意一边写作业一边看电视。但是，对于人们是否能够同时注意多个信息源的问题仍然存在争议。因为竞争刺激之间产生的相互干扰会导致分散注意很难实现。尽管有些证据表明人们具有分散注意的能力，但是这种能力是相当有限的。随着需要同时注意的信息源数量的增加，注意表现明显下降。当多个任务同时发生时，表现的好坏依赖于完成任务的自动程度。例如，一些打字员能够在打字的同时与他人交谈或者参与其他活动。这是因为对于打字员来说打字能力已经变得非常自动化，也就意味着打字员能够在占用很少认知资源的情况下完成打字任务。

4）持续注意（sustained attention）

持续注意是任务表现随着任务的时间特征而变化的一种注意。当在相对较长的一段时间里要求注意保持在某个任务上时，我们就说这个任务需要持续注意。持续注意要求人们保持较高的警惕。例如，一栋楼的守卫可能需要整晚的持续注意来提防陌生人进入，尽管可能没有陌生人出现。在这个过程中，守卫面临着大量与时间有关的影响因素，如疲劳和厌倦等。

5）施力注意（effortful attention）

施力注意要求人们在注意过程中付出较大的努力。通常情况下，那些需要对处理过程进行控制的任务要求人们进行施力注意。施力注意会影响人们执行多重任务的效果。这种现象在体力不支的情况下会表现得非常明显。一边散步一边听收音机是一件非常轻松的事情。但是，在体力大量耗损的情况下，这件事情就会变得困难些。因为此时人们对自身发出信号（如剧烈的心跳）的注意程度越来越大，而对其他信息（收音机播放的内容）的注意能力就变得越来越弱。

6）随意注意（voluntary attention）和非随意注意（involuntary attention）

随意注意指的是认知资源的分配受自身意识控制的一种注意。非随意注意指的是认知资源的分配受外部环境控制的一种注意。随意注意是由目标驱动的一种自上而下的主动注意，非随意注意是由刺激驱动的一种自下而上的被动注意。

3. 注意的认知加工效果

研究学者分别针对注意在神经元层面、神经元集群层面和皮层区域层面上的神经生理学效果进行了相关的研究。

在神经元层面上：注意会调制神经元的响应特性曲线。通过电生理方法可以获得神经元的响应特性曲线。皮层区域的神经元会根据被试者注意状态的改变来调整它们的放电速度。皮层区域越高级，注意对该区域神经元放电的影响就越大，例如，从 V1 区到中部颞叶区域，再到中部颞上区域（medial superior temporal，MST），注意的影响越来越大。注意以乘法调制的方式影响神经元的响应特性曲线。例如，Treue 等利用一致运动的随机点范式记录了两个猕猴 MT 区的神经元响应。实验过程中有两组一致运动的随机点分别位于左右视野，利用空间提示将注意随机地吸引到两个刺激中的某个刺激上，结果发现：与不被注意时相比，某个刺激被注意时，其在 MT 区域诱发的响应特性曲线以乘法的方式被放大 10%~20%。之后的研究结果进一步证实，当使用一种特征（如空间位置或运动方向）被注意时，神经元调谐曲线以乘法的方式放大 10%~20%。Reynolds 等将一个或两个刺激分别呈现在猴子的 V2 区和 V4 区某个神经元的感受野，记录了一个或两个刺激在相同感受野诱发的神经响应，结果发现：在不去注意的情况下，处于相同感受野的刺激之间互相抑制彼此的神经活动；当注意力被集中到某一目标刺激时，刺激之间的相互抑制作用会减弱，同时该目标刺激诱发的神经响应被放大，而忽略刺激诱发的神经响应被抑制。

在神经元集群层面上：注意会影响神经元集群活动的能量、潜伏期和同步性。事件相关电位（event-related potential，ERP）研究表明，对某个刺激的注意会使该刺激诱发的 ERP 振幅增加，潜伏期缩短。这种效果似乎是刺激锁定的，它精确地随着人们对刺激注意的调用和收回而变化。然而，在这个层面上注意增强神经响应的方式仍然不清楚。有研究表明，对某个刺激的注意会引起脑电信号 γ 频带放电同步性的增强。γ 频带的同步性增强也可能是由于注意激活了突触后中间神经元（postsynaptic interneurons），该神经元能够抑制干扰刺激的处理。但是，这些都是推测。另外有研究发现，注意不仅能够增强刺激的处理，而且能抑制刺激的处理。大脑对忽略刺激的处理会引起脑电信号 α 频带的同步性增强，而 α 频带活动的增强通常与大脑信息抑制过程有关。

在皮层区域层面上：注意会影响大脑皮层的常规激活和基线变化。

在皮层区域层面的大部分研究成果都是通过功能性磁共振成像（fMRI）研究得到的。

在 fMRI 研究中，很有必要对节点（sites，信息处理被注意影响的区域）和源（在节点中控制和引导这些注意效果的区域）进行区分。从空间位置的分布看，源处于较前的位置而节点处于较后的位置。在注意过程中，节点区域只有在进行信息处理的时候才会处于激活状态（例如，在视觉任务中的视觉区域或者在听觉任务中的听觉区域），而源区域在整个过程中都会一直处于激活状态，且不依赖于特定的注意任务。目前的研究表明，节点区域的活动基线会受到注意的影响而发生偏移。当注意被引导到某一特定刺激上时，相应节点区域的活动基线就会向上偏移，从而变得更容易激活。

以上三个层面的研究结果是使用不同的方法在不同层面上获得的。因此，在以后的研究工作中，我们有必要探讨这些不同层面上的生理活动是否具有一致性，它们是否反映了相同的注意效果以及注意在这些层面上的影响是否有差异。

4. 注意的认知模型

目前，研究学者已经提出了许多关于注意的认知模型。这些模型之间存在的差异主要是由于研究的立足点不同引起的。在这里，我们从系统运作的角度，并结合视觉通路的神经结构介绍几种注意的认知模型。

图 3-10（a）是视觉通路中的核心回路，由腹侧视觉通路（V1，V2，V4，TEO，TE）、上丘脑（superior colliculus，SC）和腹侧枕核（ventral pulvinar，VP）等组成的。在这个回路中，自上而下的影响起源于前额皮层、顶叶和额叶眼动区（parietal and frontal eye field，PEF 和 FEF）。PEF 和 FEF 之间存在着相互联系。需要注意的是，PEF 和 FEF 共同作用于 SC，也共同接收来自低级皮层的信息，如 V2、V4 和 TEO。另外一个平行的神经回路包括 PEF/FEF、SC 以及丘脑的背侧枕核（dorsal pulvinar，DP）和内侧背核（mediodorsal nucleus，MD）。

Koch 和 Ullman 提出了一种强调"自下而上"影响的注意模型（图 3-10（b）），在这个模型中首次提出了"显著图"（saliency map）的概念。显著图的特征是：它在整合不同水平的特征图时保留了刺激特征的空间分布特性。这个模型指出空间竞争在每个单独的特征图中都存在，一直保持到最后整合的显著图中。显著图中的内容以"胜者通吃"（winner takes all，WTA）的方式进行竞争以确定出最显著的位置，注意力将被集中到该位置。这个模型的一个必要环节是返回抑制（inhibition of return，IOR），它是指对原先注意过的物体或位置进行反应时所表现出的滞后现象。它减少了注意返回原来物体或位置的可能性，这有利于对新物体或新位置的搜索，从而提高了注意选择的效率。

图 3-10（c）～图 3-10（e）的三个注意模型在图 3-10（b）的基础上加入了"自上而下"的影响。图 3-10（c）是 Treisman 提出的注意特征整合理论模型。这个模型描述了从位置图到特征图的"自上而下"的影响如何引导空间搜索。在这个模型中，位置图将空间位置信息作用到特征图中，选取特征图中与其相对应的空间位置信息，抑制其他空间位置信息。因此，只有被选择空间位置的刺激特征才能进入下一阶段的信息处理。

图 3-10（d）是 Wolfe 提出的注意引导搜索模型（Wolfe's guided search model，GS 2.0）。在这个模型中，特征图内部的空间竞争除了会受到"自下而上"的刺激影响之外，还会受到"自上而下"的命令影响，这些特征图的输出被合并到激活图中，这里的激活图类似于图 3-10（b）的显著图。因此，显著性的高低是由"自上而下"和"自下而上"的机制共

同决定的。在 GS 2.0 模型中，注意的发生可以是多维的，例如，当颜色（红色）和形状（圆形）被同时作为注意目标时，注意搜索将被引导到红色的圆形目标上。

图 3-10（e）是 Deco 提出的注意模型，他将视觉搜索看作一个完全平行的过程。在这个模型中，有两种形式的"自上而下"同时对特征图产生影响。一种是源于下颞叶皮层的特征偏置信号，另一种是来源于后顶叶皮层（posterior parietal，PP）的空间位置显著图。因此，特征图的形成是有"自下而上"的视觉信息输入与"自上而下"的偏置信号的共同作用，并受到后顶叶皮层的空间位置显著图的调节。Deco 模型模糊了前注意和注意认知阶段的界限。

2003 年，Muller-Plath 等提出了选择性注意识别模型（图 3-10（f））。这个模型是由内容网络、选择网络和常识网络组成的。这个模型中没有各自的特征图，但是可以将"内容网络"看作某种特征的位置分布图。空间竞争只发生在"选择网络"中，选定的显著位置影响了从内容网络到注意焦点的传输。"常识网络"能够识别某些简单的物体并且为选择网络选择目标物体的位置做好准备。

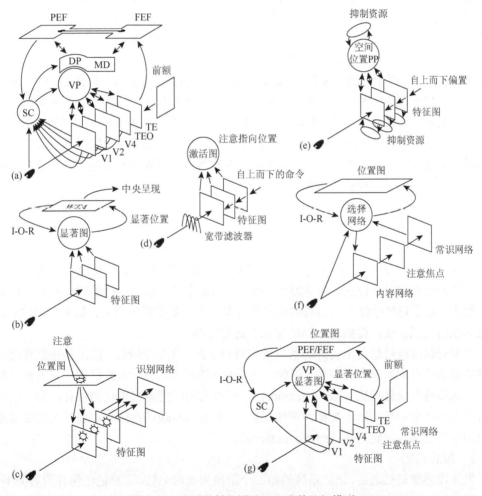

图 3-10　大脑的神经回路及注意的认知模型

（图片来源：Shipp S. 2004. The brain circuitry of attention. Trends in Cognitive Sciences，8(5)：223-230）

图 3-10（g）是 Shipp 提出的注意模型，他将图 3-10（a）的神经结构与图 3-10（b）～图 3-10（f）中的神经功能相结合。在这个模型中，丘脑枕核起到了关键性作用，它参与协调皮层间的活动，并且在显著图计算中结合了"自上而下"与"自下而上"的影响。另外，FEF、PEF 和 SC 也参与了注意过程的调控。因为枕核、FEF 和 SC 空间分辨率较高而特征分辨率较低，所以该模型描述的是空间注意而不是特征注意。

3.4.3　记忆

1. 概述

记忆（memory），从信息加工的角度看，是对信息进行编码、存储、提取或检索的历程。编码的过程即外部信息刺激通过感觉器官进入大脑，并加以处理和组合。外部信息经编码后进入大脑的存储系统，在不断刺激作用下，信息得以巩固，并被永久性记录，此过程即为记忆的存储过程。信息经过存储后，根据需要可以有意识地对其进行检索，并根据线索对一些已发生的事件进行回忆。记忆功能的好坏取决于神经系统对过往经验存储能力的强弱。所以，关于记忆的研究属于心理学和神经科学的范畴。

本节将按照记忆信息存储时间的划分方式，分别介绍感觉记忆、短时记忆及长时记忆的概念以及神经心理学机制。基于短时记忆系统特性的研究，Baddeley 和 Hitch 于 1974 年提出了工作记忆的概念，本节也将重点介绍。记忆可以使心理活动的各个方面成为相互联系的整体。例如，可以通过回忆以往的经历，积累经验；通过联想体验过的情绪，促进个性的形成；通过思考记忆中的问题，促进心理由低级向高级发展等。记忆联系着人们心理活动的过去和现在，是人们学习、工作和生活的基本机能。所以如何巩固记忆，建立良好的记忆习惯，是人们长期探索的问题。

2. 记忆的分类

1）感觉记忆

感觉记忆是记忆系统的开始阶段，是人脑对外界刺激下意识的反应或者说感觉性登记。感觉记忆存储时间很短，为 0.25～2 秒。虽然信息在大脑中保持的时间很短，信息容量却很大。感觉记忆中保存的信息如果没有受到注意，就会很快消失；如果受到注意，就会进入短时记忆系统，得到进一步的加工，进行保存。

感觉记忆阶段好像是来自外部信息的临时停靠站。在这个阶段，信息是根据接收它的感觉通道和信息的状态来存储的。例如，对于输入的视觉信息，大脑保持住它的视觉性形象，因此被称为映像记忆（iconic memory）；通过人的听觉器官接收的信息，传入的信息保持了它的听觉形象，因而被称为声像记忆（echoic memory）；同理，通过人的触觉器官接收的信息被称为触觉记忆（haptic memory）。

2）短时记忆

发生在感觉记忆之后，记忆系统的第二个阶段为短时记忆。短时记忆保存的时间不长，在人脑的记忆系统中只能存留较短的时间。最典型的例子是当听到一个电话号码时，我们可以立刻复述出来。但是再过一段时间，如果不是刻意地记忆，我们就会忘记。研究人员通过实验发现，短时记忆的时间历程为 5 秒～2 分钟。短时记忆的记忆容量也很有限，为 7 ± 2 个信息单元。短时记忆中的信息经过复述会变成长时记忆。大部分短时记忆依赖声音编码存储，少部分依赖于视觉编码。

短时记忆相当于信息存储的中继站，需要记忆的内容可以有意识地暂时保存在这里，并为长时记忆做好准备。工作记忆是一种重要的短时记忆类型。在信息存储的同时，工作记忆的过程是对信息进行处理或者操作，从而使信息能够以适宜的方式存储在永久性的长时记忆中。工作记忆将在后面介绍。

短时记忆的过程反映了短暂时间内神经回路活跃的历程。脑部的神经回路密布，回路中的神经突触相互联系。神经回路的活动由感觉刺激引起，并且在刺激消失后会持续短暂的时间。这个短暂活动视为回路的回响。短时记忆即为神经回路短暂的回响过程，此回响通路是皮质神经元组成的一个无终端的闭合线路，一旦受到刺激，就产生环绕此封闭线路的回响，并持续 20～30s。新材料的刺激会中断旧材料刺激引发的回响过程。若回路的神经突触多次受到同一刺激，则回响回路活动会持续较长的时间，神经回路的功能和结构也会发生改变，巩固突触之间的联系，从而形成长时记忆。

3）长时记忆

相对于感觉记忆和短时记忆，长时记忆指的是信息保存时间在 1 分钟以上的记忆过程。所以长时记忆和短时记忆是有相互重叠时刻的。一旦短时记忆中存储的信息经过复述、编码，与个体经验之间建立了丰富而牢固的意义联系，信息就转入了长时记忆系统中。长时记忆的容量极大，包括人所记住的一切经验。长时记忆中的信息是以网络的方式被保存的。长时记忆按照信息的内容进行分类编码，类型包括类别群集、联想群集、主观组织、意义编码。编码中介以自然语言为主，有时也用视觉表象作为编码中介。这些信息在个体需要时会被检索并提取出来，从而得到再现。检索时，需要根据编码系统对信息内容进行回忆。当需要再现时，网络的相关部分被激活，相关信息被提取转入短时记忆系统，从而得到再现。

根据记忆时是否处在有意识的状态，记忆可以分为外显记忆和内隐记忆。外显记忆是一种有意识的记忆。它包含进入了人的意识系统并且可以用语言表达或描述的内容，体现的是对过去经验或当前活动的一种可以表达出来的影响，如经历过的事件、学习过的知识、简单的经典条件反射和非联想性学习等。内隐记忆是一种无意识的记忆。它包含了人在无意识状态下形成的对一些动作或操作程序的记忆，体现为过去的经验对个体当前活动的一种自动的没有意识参与的影响，如人在无意识状态下对某种技巧的掌握、某种习惯的形成。外显记忆是注意记忆信息的过程，而内隐记忆是材料驱动的过程。在编码记忆信息时，如果更加注重有意义的概念加工，则外显记忆的效果会提高，而内隐记忆则不受影响。但是在编码记忆信息时，如果更注重知觉过程的匹配程度，则内隐记忆的效果会增强，而外显记忆不受影响。

4）工作记忆

高级的认知活动如推理、解决问题等通常需要相关信息在处理过程中有序组合，以得到一个最佳的解决方案或正确的结果。Miller 和 Galanter 于 1960 年首次提出了工作记忆的概念。工作记忆是记忆活动中的暂时性存储与加工过程，其作用是对信息处理的过程进行优化选择，防止受其他信息的干扰。它是传统短时记忆的一种信息加工形式。这种形式对于各种认知活动十分重要，如推理、语言表达和理解、计算等。

3. 常见的记忆模型

1968 年，Atkinson 和 Shiffrin 提出了 Atkinson-Shiffrin 记忆模型（图 3-11）。在这个模型中认为人的记忆包括三个独立的部分：感觉登记、短时存储和长时存储。该模型提出后得到了广泛的关注，并由于各种原因备受争议，但是对此后记忆的研究仍起到了重要的作用。

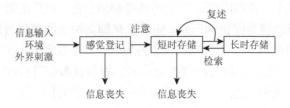

图 3-11　Atkinson-Shiffrin 记忆模型

该模型解释了信息在转化为记忆的过程中经过了哪些处理加工过程。外界刺激按不同的感觉通道进入大脑转化为感觉记忆后，没有受到注意的信息会衰退，受到注意的信息会得到进一步的存储转化为短时记忆。由感觉记忆传入到短时记忆的信息经过变换或者编码，具有不同于原来的感觉形式。编码的形式有听觉的、视觉的和语义的形式。短时记忆是感觉记忆和长时记忆的缓冲器或者中继器，对信息暂时进行保存并且作简单的加工处理，对信息最终转化为长时记忆起到了一定的作用。被复述的信息可以由短时记忆进入长时记忆中存储。在长时记忆中，信息按照语义进行编码，其中有的信息可以长久地保持并在需要的时候被提取出来再进入短时记忆中，有的信息由于受到干扰后逐渐消退最终不能被提取。Atkinson-Shiffrin 记忆模型的结构强调了短时记忆和长时记忆的分离及其各自的功能。

此后，他们又对最初的记忆系统模型进行了扩充，特别是扩展了控制过程及其对三种存储过程的作用（图 3-12）。与之前的模型比较，长时记忆可以看成一种"自寻址记忆"的模式，进入到长时记忆中的信息不会消失，信息存放在不消退的自寻址库里，通过"自寻址"而被提取。三个存储过程都与控制过程相连，其活动均受到控制，并且三个存储过程都与反应发生器相连，这意味着每一个存储过程都可引起反应，输出信息。记忆模型中三个子系统又存在显著的区别：刺激信息的加工处理与保持时间不同；信息存储的容量有一定的限制；刺激信息的输入与信息转移有一定的方向；对刺激信息的认知编码方式不同；记忆机制不同。

1974 年，Baddeley 和 Hitch 建立了最初的工作记忆模型。他们认为工作记忆是由一个中心处理器（中央执行系统）和两个临时内存缓冲区（语音回路和视觉回路）组成的。语音回路又称为语音缓冲器，负责以声音为基础的信息存储与控制；视觉回路主要处理视觉空间信息、视觉客体信息和视觉空间信息的工作记忆可以激活各自独立的脑区；中央执行系统是工作记忆的核心，协调不同区域的处理过程，主动调节认知资源的分配。Baddeley

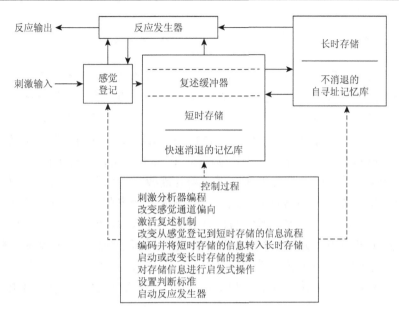

图 3-12 改进后的 Atkinson-Shiffrin 记忆模型

（图片来源：周爱保. 2013. 认知心理学. 北京：人民卫生出版社）

也对最初的工作记忆模型进行了修改与补充。除了早期工作记忆的三个部分，他又提出了辅助中央执行系统的第四个组成部分"情景缓冲区"，暂时存储并整合信息（如视觉、听觉、嗅觉等信息），不同种类的信息可以在这里进行多维编码，同时负责长时记忆和工作记忆之间的联系。新模型如图 3-13 所示，分为三个层次，自上而下依次为：中央执行系统，负责高级控制过程；暂时加工系统，包括视觉回路、情景缓冲器和听觉回路，对不同信息进行加工；长时记忆系统，包括视觉语义、情景长时记忆和语言记忆加工过程。工作记忆涉及更加高级的感觉、注意和记忆功能，并且对应不同的脑功能区。对于其他干扰信息的处理机制需要在当前工作记忆模型扩展新的执行控制功能。

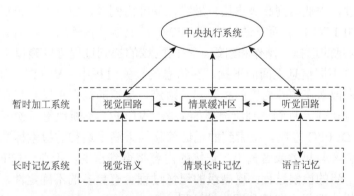

图 3-13 修正的工作记忆模型

（图片来源：Baddeley A D. 2010. Primer：Working memory. Current Biology，20(4)：136-140）

4. 记忆的神经机制

　　和记忆相关的脑区主要有海马、额叶和颞叶。从解剖结构来看，海马与其他脑区有着广泛的神经联系。因此，海马的显著功能是记忆信息的接收，并将这些信息传递到相关脑区长时存储。海马左右单侧损伤所造成的记忆障碍有显著的差异，右海马损伤破坏非语文材料的记忆、视觉及触觉的学习，也损害面孔再认及空间位置的记忆；左海马损伤则影响语文材料、无意义音节、数学的记忆。前额叶与记忆过程中信息的选择、监控、抑制等过程相关。前额叶皮质腹侧区负责处理耗能较少的信息加工过程，前额叶皮质的背侧区负责处理耗能较大的信息加工过程。外侧前额叶皮质负责空间工作记忆，而腹侧额叶皮质负责非空间工作记忆。颞叶与信息的编码存储和检索有关。颞叶内侧参与情节记忆编码、存储和提取信息的过程。左颞叶参与词语信息的保持、再认和回忆过程。右颞叶参与视觉空间记忆等非语言性的记忆过程。总体来说，颞叶损伤对长时记忆会有所损害，无论信息以何种方式（视觉、听觉）呈现，都会有显著性的记忆衰退，并且有明显的偏侧倾向。

　　记忆的过程并不是单一脑区独立发挥作用，更是多个脑区相互作用。前额叶皮层（prefrontal cortex，PFC）可以分为前侧（anterior prefrontal cortex，APFC）、背外侧（dorsolateral prefrontal cortex，DLPFC）、腹外侧（ventrolateral prefrontal cortex，VLPFC）和内侧（medial prefrontal cortex，MPFC）四个区域。颞叶内侧包括海马、穿窿、杏仁核及其周围的内嗅边缘和海马旁神经区域。从解剖结构看，前额叶皮层与颞叶内侧区域彼此远离，故在很大程度上认为这两个区域相互独立发挥各自的功能，很少有研究人员关注这两个区域的相互作用。近些年来随着功能神经影像学的发展，跨区域机能障碍（crossed-lesion）神经心理学和计算模型显示了前额叶和颞叶内侧的交互作用对于记忆过程起到了不可忽视的作用。前额叶与颞叶内侧的相互作用可能是长时记忆最核心的神经生理机制。相互作用可以是信息在不同脑区之间的相互传播或者单向传播，也可以是在某一区域的活动影响了另外一个区域的处理过程。图 3-14 提供了前额叶和颞叶内侧的轮廓图，显示了记忆在编码和检索的认知过程中前额叶和颞叶内侧的交互作用。在编码过程中，感觉信息在皮层区域分层处理，由低级到高级皮层，最终在颞叶内侧经过整合留下记忆的痕迹。编码过程的控制是由 PFC 自上而下进行的，VLPFC 控制颞叶内侧对语音语义信息的处理，DLPFC 控制信息的选择、操作和组织。不同区域的控制过程可以确保不同记忆痕迹的分离，从而减少不同信息之间的干扰。在信息的检索过程中，VLPFC 确定检索线索以及检索策略，来搜索在颞叶内侧的相关记忆痕迹。检索的线索将反复和存放在颞叶内侧的记忆表征进行比较，直到得到所需要的记忆。VLPFC 不断地更新检索信息，监控和验证过程则由 DLPFC 控制。检索到的记忆信息如果满足最初的检索标准，则存放在大脑中的信息将会参与思考或者输出，记忆的内容将得到重现，否则 VLPFC 会改变检索标准，尝试进一步的检索过程。更高级的记忆过程会有更多的不确定性，由 APFC 参与负责信息的组织、选择、监控和评估等过程。

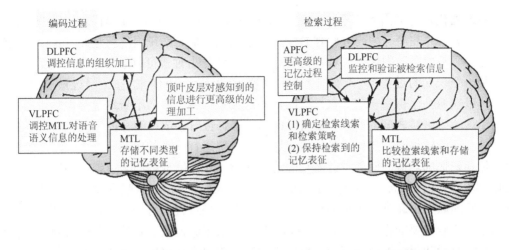

图 3-14　前额叶和颞叶内侧在记忆过程中的相互作用示意图

（图片来源：Simons J S，Spiers H J. 2003. Prefrontal and medial temporal lobe interactions in long-term memory. Nature Reviews. Neuroscience，4(8)：637）

工作记忆是记忆加工的一种重要方式，是一个复杂的认知系统，涉及两个主要的神经回路：由前额叶皮质、顶叶后部皮质、扣带回和海马组成的皮质——皮质回路；由前额叶皮质、纹状体、苍白球和黑质等组成的皮质——皮质下回路。因此，需要多个脑区的配合与参与。前额叶负责信息的协调和控制。右顶叶后部区域有空间信息的缓冲区，负责空间信息存储。空间复述加工过程由包括前运动区的额顶回路实现，并且具有右半球单侧化的特点。左顶叶后部负责工作记忆中词语的存储，左布洛卡区、前运动区和辅助运动区负责语言的复述控制。客体信息通过左侧颞叶下部和顶叶后部区域进行存储和复述。皮下结构也参与工作记忆的过程。

5. 记忆固化

我们不仅能够记起发生在遥远过去的事情，而且能回忆起事情的细节，这说明我们有稳定的神经系统能获得和存储记忆。记忆固化（memory consolidation）是使最初获得的记忆痕迹可以长期地保存在大脑中的一个稳定过程。记忆固化主要包括两个过程：突触固化（synaptic consolidation），通过几小时来完成；系统固化（systems consolidation），通过几周或者几年的时间来完成。近些年来，记忆固化过程除了上述两个过程外出现了一种新的记忆固化过程，即重新固化（reconsolidation）。在这个过程中，过去已经被固化的记忆内容会变得不稳定。

突触固化是所有物种在长时记忆任务中一种记忆巩固的形式。在突触固化背景下的长时记忆至少可保持 24 小时，其生理机制就是突触可塑性。研究表明，在记忆编码和学习上，突触固化在数小时甚至数分钟内就可以完成。经过 6 小时的训练，记忆将不会受到其他信息干扰的影响。在长时记忆的固化过程中需要激活记忆蛋白质的合成。分布式学习可以提供充分的时间间隔允许激活记忆蛋白质的合成，以增强突触的连接性，从而加强长期记忆。因此，分布式学习知识的遗忘率要低于集中式学习。

系统固化是记忆固化的第二种方式。Squire 和 Alvarez 于 1995 年提出了系统固化的模型。记忆首先在海马编码并转移到新皮层永久地存储，系统固化就是此过程中的记忆重组过程。不像突触固化的过程仅需要几分钟或者几小时就可以形成稳定的记忆，系统固化是一个长期的过程，在人类的大脑中需要 10 年或者 20 年来完成。经过最初的学习，记忆可以在海马区保存一周。在系统固化的过程中，由于海马不断地激活大脑皮层从而增强了这两个区域之间的联系，随着时间的推移，暂时存放在海马的记忆也将不再依赖于海马，逐渐转移至新皮层，最终将记忆在新皮层进行永久的保存。因此，海马起到了暂时保存记忆的功能。如果没有海马的这种功能，外界信息刺激会引起神经突触的迅速变化，从而新的记忆会很快覆盖旧的记忆。研究表明，REM 睡眠在建立起海马区和新皮层之间的联系中起到了重要的作用。这是由于睡眠过程中可增强突触的可塑性，在巩固记忆中有着重要的作用。另外，Squire 和 Alvarez 认为除了海马，颞叶内侧以及杏仁体也是涉及最初记忆编码的皮层区域，在新皮层的记忆固化中起到了重要的作用。颞叶内侧可以作为大脑对外界刺激信息记忆的中继站，将发生的事件先在这里存储，随后将信息送入大脑新皮层进行永久记忆；而杏仁体与感觉系统的皮质有直接联系，可以把感觉信息汇聚起来的神经冲动传递到与情绪活动有关的丘脑。杏仁体损伤会破坏与情绪相关的长时记忆。

重新固化是将先前已经固化的记忆痕迹召回，并重新巩固的过程。此过程用来保持、加强或者修改已经存储在长时记忆中的记忆。一旦记忆通过了前面提到的两种记忆固化的过程，将变为长时记忆的一部分，并且通常被认为是稳定的。然而，在检索长时记忆中的记忆痕迹的过程中会导致这些记忆处于一个不稳定阶段。因此，需要一个重新固化的过程来确保检索过程中记忆的稳定性和正确性。

以上介绍了记忆固化的三种方式。每个人都希望自己有一个好的记忆，在日常生活中引入记忆练习，养成良好的用脑习惯，是改善认知功能和大脑效率的一种有效途径。

3.4.4　情绪

1. 概述

众所周知，情绪（emotion）会对我们的认知与行为方式造成深刻的影响。激动的情绪经常会使我们做出一些出格的举动。那么，我们到底为什么会产生情绪呢？是什么因素让我们产生不同情绪？针对这一系列问题，学者提出了许多不同的观点和学说，但目前还没有形成统一的情绪理论。

心理学研究通常将情绪定义为一种复杂的主观感觉状态，它能够使我们的生理和心理活动发生变化，从而影响我们的认知与行为方式。情绪通常与许多心理现象有关，如脾气、个性、心境和动机。根据 Meyers 的理论，情绪包括三部分：身体唤醒、外显行为和意识体验。

情绪的主要理论学说可以分为三大类：生理学解释、神经学解释和认知学解释。基于生理学解释的情绪理论认为身体内部的生理反应是产生情绪响应的根本原因。而基于神经学解释的情绪理论则认为情绪的产生源自大脑内部的神经活动。但是，基于认知学解释的情绪理论主张思维意识活动才是产生情绪响应的根本原因。总体来说，历史上有四大情绪理论。

1）James-Lange 情绪理论

James-Lange 理论是最著名的也是最早的情绪理论之一，它立足于情绪的生理学解释。该理论是由美国心理学家 James 和丹麦心理学家 Lange 分别独立提出的。他们认为身体变化产生情绪，而不是因为先有情绪体验再有相应的身体变化。因此可以说，情绪是大脑先接收由神经纤维传入本体的身体变化信息后产生的心理状态。

James-Lange 情绪理论认为情绪是由于外部或内部刺激造成身体变化后的产物。通过身体上的唤醒，如肌肉紧张、心率加快、出汗和口干舌燥等，我们才能产生特定的情绪体验。因此，情绪被认为是我们的第二感觉，是由第一感觉间接引起的。第一感觉就是由外部或内部刺激引起的身体变化。根据 James-Lange 情绪理论，当你在野外遇见一只凶猛的棕熊时，你的肌肉会战栗，你的心跳会加速，之后大脑通过感知身体变化才会产生害怕的情绪。

2）Cannon-Bard 情绪理论

Cannon-Bard 情绪理论是由美国心理学家 Cannon 和他的学生 Bard 共同提出的。Cannon 不赞同 James 等的情绪理论，他认为我们的情绪体验和身体变化是两个相互独立且同时发生的过程。Cannon 认为身体对外界刺激的反应太慢而且经常无法觉察到，因此，身体变化不能用来解释反应相对较快且带有强烈主观意识的情绪响应。

Bard 通过动物实验支持了 Cannon 的观点。他发现几乎所有的感觉和运动信息在进入大脑皮层之前都要经过中脑（特别是丘脑）。当丘脑前的大脑皮层被移除时，动物仍然能够产生情绪反应。但是当丘脑被移除时，这种情绪反应就消失了。因此，Cannon 等认为情绪的产生源自丘脑的反应，并且外界刺激不可能在引起情绪之前产生身体变化，情绪反应和身体变化应该是同时发生的。根据 Cannon-Bard 情绪理论，当我们在野外遇见一只凶猛的棕熊时，我们战栗的身体和害怕的情绪是同时发生的。

3）二元情绪理论

情绪的认知理论最早出现于 19 世纪 60 年代，二元情绪理论作为早期的情绪认知理论是由美国心理学家 Schachter 和 Singer 提出的。他们认为情绪的产生基于两个重要因素：身体唤醒和认知标签。当我们感觉到某种情绪时，不但是因为我们的身体发生了变化，更是因为我们通过寻找环境中的情绪线索来标注我们的身体变化。Schachter 等指出身体唤醒是产生情绪的基本条件。但是同样一种身体唤醒能够对应多种情绪类别。因此，情绪反应不能完全归因于单纯的身体变化，还必须包括本体对身体变化情况的认知识别。根据二元情绪理论，当我们在野外遇见一只凶猛的棕熊时，首先是心跳加速，肌肉战栗，然后大脑将这种身体变化赋予害怕的认知标签，最后我们才感受到害怕的情绪。

为了验证二元情绪理论，Schachter 和 Singer 于 1962 年设计并实施了一组实验。他们对 184 名男性注射肾上腺素（肾上腺素能够引起心跳加速、肌肉紧张和呼吸加快等身体变化），而受试者被告知他们将被注射一种新药用于测试视力。一部分人被告知这种新药也许会产生心跳加速、肌肉紧张和呼吸加快等身体变化；而另一部分人则没有被告知其副作用。安排受试者与一位实验人员共处一室。该实验人员伪装成一名普通的受试者，并表现出愉悦或愤怒的表情。结果发现，没有被告知药物副作用的人群更容易产生与实验人员一致的情绪反应，而被告知药物副作用的人群则表现出相对稳定的情绪状态。这说明，当受试者无法解释自己身体发生变化的原因时，更容易受外界环境影响而产生情绪反应。

4）赏罚情绪理论

赏罚情绪理论认为诱发情绪的客观事件通常带有赏罚性质。奖励驱使我们继续为之争取，而惩罚则会让我们尽量避免其发生。爱抚、表扬以及获利等事件都属于奖励，它能够给我们带来快乐的情绪，从而使我们继续追求这些事件。而像爆炸的声音、别人愤怒的表情等惩罚性事件会使我们产生害怕的情绪。我们也会因此尽力避免这些事情的发生。此外，像沮丧、愤怒和难过等情绪，通常是由于期望奖励的丧失或者终止造成的，如痛失冠军、感情破裂。而像释然等情绪，则是由于惩罚性事件的移除或终止产生的，如疼痛消失、脱离困境。因此，赏罚情绪理论认为，情绪是由赏罚事件的产生、排除或终止而引起的主观心理状态。

Rolls 指出，用"强化刺激物"一词来替代"赏罚事件"，更能一般性地反映出情绪的发生特点及其生理作用。他认为情绪是由工具性强化刺激物引起的内心状态。工具性强化刺激物是指由于某种特定行为（依赖行为）的实施而带来的相应刺激事件，其发生、排除或者终止都会改变该特定行为的发生概率。例如，某员工在完成工作任务后获得了相应的物质奖励，从而使该员工更加积极地投入到工作当中。当他在工作过程中再次获得物质奖励时，其产生积极态度的可能性将变大。相反，如果他后续的工作没有得到相应的物质奖励，则该员工产生积极态度的可能性将变小。因此，物质奖励被视为该员工积极工作的工具性强化刺激物。通常情况下，将工具性强化刺激物分为两类，一类是初级强化物，另一类是次级强化物。初级强化物是指那些不需要通过学习过程而产生相应行为响应的刺激事件，如疼痛、饱足感。次级强化物是指那些需要经过学习而建立起相应行为响应的刺激事件。该学习过程通常称为"刺激-强化"联合学习。次级强化物的形成通常与初级强化物相关联。如果某一强化物能够增大其依赖行为的发生概率，那么该强化物称为"正向强化物"或者"奖励"，反之，如果某一强化物减小了其依赖情绪的发生概率，那么该强化物称为"负向强化物"或者"惩罚"。例如，我们打开某个音频文件听到了一段特定的声音（次级强化物），该声音曾经伴随着电击伤害（初级强化物）一起发生过，从而使我们听到这段声音时产生了害怕的情绪，那么，我们再次打开该音频文件的可能性将会变小。正向强化物的排除或者终止将会减小其依赖行为的发生概率，而负向强化物的排除或者终止将会增加其依赖行为的发生概率。

根据赏罚情绪理论，不同类型的情绪产生可以归结为以下几个因素。

（1）强化刺激物性质及其表达形式（是奖励还是惩罚，是出现还是排除或者终止，参见图 3-15）。

（2）强化刺激物的作用强度。

（3）同一环境刺激带来的不同强化物之间的关联效应（例如，同样的一个刺激既带有奖励性质，又带有惩罚性质，这时候产生的情绪往往是矛盾或者内疚）。

（4）不同初级强化物之间的综合效应。

（5）不同次级强化物之间的差别，即使初级强化物一致。

（6）强化刺激物是否能够引起主动行为响应或被动行为响应的发生。例如，如果某一正向刺激物的排除能够引起主动行为响应，那么往往会诱发愤怒的情绪；但是如果只能引起被动行为响应，那么诱发的情绪通常是难过、沮丧和悲痛。

图 3-15 所示为部分情绪类型与强化刺激的关系。

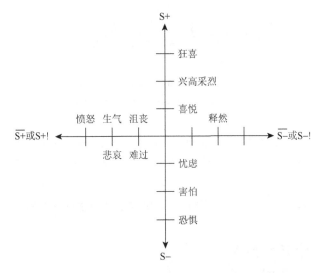

图 3-15　部分情绪类型与强化刺激的关系

S+为正向强化刺激，S−为负向强化刺激，$\overline{S+}$ 为正向强化刺激消失，S+!为正向强化刺激终止，$\overline{S−}$ 为负向强化刺激消失，S−!为负向强化刺激终止；离坐标原点越远，表示刺激的强化程度增加

2. 情绪分类模型

人类到底能够产生多少种情绪呢？这个问题似乎很难回答。因为人类体验是非常复杂的，而且包含错综复杂的因素。即使是对于我们非常熟悉的情绪，如"开心"或"气愤"，每天的情绪体验也是不相同的，无论频数上还是强度上都存在着一定的差异。因此，将不同的情绪清晰地区分开来就变得十分困难，并且判断一种情绪的开始和结束也是很困难的。早期的哲学家将所有情绪归结为两大类："愉悦"和"痛苦"。在此之后，许多心理学家进一步提出了更加合理的情绪分类模型。

1972 年，美国心理学家 Ekman 通过研究不同地域和种族的文化差异总结出了人类的基本情绪类别列表。Ekman 让被试选择最合适的情绪类别来表达某一描述场景的心理状态，还通过给被试看不同面部情绪的照片让被试辨别其情绪类别。经过 40 多年的研究，Ekman 指出情绪类别是离散的，是可测量的，并且不同情绪类别会产生不同的生理变化。尤其重要的是，他发现某些类别的情绪是举世公认的，它们不会因为文化的差异而有所改变，即使是对于那些没有文字的部落人民也是一样的。这些情绪包括愤怒、厌恶、害怕、愉快、悲伤和惊讶，如图 3-16 所示。1999 年，他又追加了其他的基本情绪类别，包括尴尬、兴奋、蔑视、害羞、骄傲、满足、内疚、释然等。

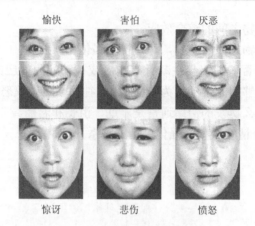

图 3-16　Ekman 的基本情绪类别

（图片来源：中国情绪面孔系统（CAFPS））

　　Plutchik 在基本情绪分类模型的基础上提出了一种新的情绪分类模型：轮状情绪模型（图 3-17）。轮状情绪模型由四组双极性基本情绪对构成：高兴 vs 难过，愤怒 vs 恐惧，信赖 vs 厌恶，惊讶 vs 期望。与红、绿、蓝三原色性质一样，这八种基本情绪可以通过混合产生所有的情绪类型，例如，混合愤怒和厌恶情绪会产生蔑视的情绪。

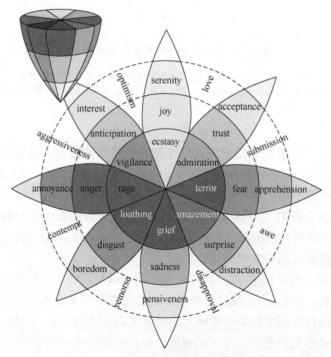

图 3-17　Plutchik 的轮状情绪模型

（图片来源：https://commons.wikimedia.org/wiki/File:Plutchik-wheel.svg）

　　1980 年，Russell 提出了环状情绪模型。该模型将情绪类别分布在一个二维环状区域内，其分布空间包含两个维度：唤醒度和效价，如图 3-18 所示。纵轴代表唤醒度，即人所感受的兴奋程度，代表与情绪状态相联系的机体能量激活程度。纵轴从下至上表示唤醒度从低到高。横轴代表效价，也称为愉悦度，表示人感受到的愉快程度，反映了消极、积极情绪的分离。横轴从左到右代表从不愉快到愉快的过程。在该模型中，任意情绪都可以表示为相应水平的唤醒度和效价的结合，其中，原点表示平静的情绪。环状情绪模型是目前用于测试情绪反应的最常用模型。

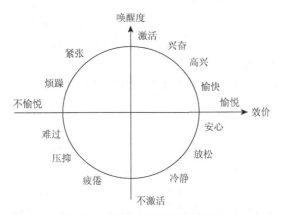

图 3-18　Russell 的环状情绪模型

（图片来源：Russell J A. 2003. Core affect and the psychological construction of emotion. Psychological Review，110(1)：145）

3. 情绪的功能

情绪作为人类的一种基本心理过程，能够影响我们的认知判断和行为能力。此外，我们还可以通过获取别人的情绪表情和情绪词汇了解对方的情绪状态。因此可以说，情绪具有重要的自然功能和社会功能。具体来说，情绪具备以下功能。

（1）情绪能够诱导某些自主反应与内分泌反应，如心率变化、肾上腺素分泌等。这能为身体的行为反应做好准备工作。

（2）情绪能够使我们对外界刺激的反应更加灵活。情绪使感觉输入系统与行为输出系统之间建立起一个简单接口。从而使大脑在做出反应之前能够对刺激信息进行评价。当外界刺激传达出奖励信息时，我们就会尽力去获取它；当外界刺激传达出惩罚信息时，我们就会尽可能地避免它。这样就能够使我们对外界刺激的行为反应更加灵活，而不再是简单的刺激-反应过程。

（3）情绪具有激励作用。例如，害怕情绪能够激励我们做出防卫行动来避免有害刺激。

（4）情绪具有交流功能。我们可以通过面部情绪表情或带有情绪色彩的词汇来传达一些信息。例如，某人用一脸惊恐的表情告诉大家他遇到了一些可怕的事物；老师用严厉的表情告诉学生犯错了。

（5）情绪状态能够影响我们对外部事物或内部记忆的认知评价。

（6）情绪能够帮助我们对记忆进行存储。例如，我们回忆过去带有情绪的事件会更容易。

4. 情绪的大脑功能区

无论情绪理论和情绪分类模型有何争议，一个不争的事实就是情绪与大脑活动有着密切的关系。Broca 等早期的研究指出，大脑的边缘系统的功能结构与情绪的产生有关。最近的研究结果表明，边缘系统对情绪的产生起着直接的作用，而一些非边缘结构对情绪的生成也有着非常重要的作用。

杏仁体的情绪功能：杏仁体位于海马前方，靠近颞叶部，是左右半球对称的小球状结构。杏仁体的主要功能是探测与学习外界环境中具有情绪意义的重要事物。它对情绪的产生起着决定性作用，特别是在负面情绪的产生方面意义非凡，如害怕。许多研究已经证实，当大脑接收到外界的潜在威胁信息时，杏仁体的神经活动将会被激活。此外，杏仁体还能够利用过去的相关经验对潜在危机进行更加合理的判断。

脑岛的情绪功能：脑岛，尤其是前脑岛，在形成主观情绪体验方面有着重要的作用，因此受到了越来越多的关注。脑岛能够将感官信息映射成具有情绪体验的内心状态，并产生意识感觉。目前的研究发现，前脑岛皮层与许多情绪活动有关，如情爱、愤怒、害怕、难过、开心、恶心等。对于这些情绪，外部刺激或自身经验回忆都可以激活前脑岛从而产生相应的情绪体验。此外，前脑岛还能够产生同情、怜悯等社会情感。

额框叶皮层的情绪功能：额框叶皮层位于前额叶皮层，在眼眶后部。目前的研究结果发现该区域与带有愤怒的攻击性情绪有关。动物研究发现，在大鼠产生攻击性行为时，其额框叶皮层的神经活动增强。额框叶皮层受到损伤的被试者比该区域完好的被试者更容易产生侵略性情绪。

前扣带回的情绪功能：目前的研究结果表明，前扣带回是产生悲伤情绪的重要基本结构。其中，前膝前扣带回损失的患者对外界事物更敏感，特别是遇到悲伤的事件会更容易哭泣。这说明前膝前扣带回对悲伤刺激信息有调节作用。另外，下膝前扣带回与抑郁悲伤情绪有着密切的关系。临床抑郁症患者的下膝前扣带回的功能和结构都发生了变化，电刺激该区域能够起到缓解抑郁症的效果。

5. 情绪的脑机制理论

美国著名哲学家、心理学家 James 曾在情绪和大脑之间对应关系问题上指出：如果大脑不存在特定、分离的情绪处理中心，那么情绪反应一定发生在运动和感觉等信息处理中心。根据 James 的情绪-大脑对应问题，学者对于情绪的脑机制研究分成了两派：Locationist 和 Constructionist。

Locationist 认为所有分立的情绪类别是由其相应的特定脑区稳定产生的，不同脑区会产生不同的情绪类别。Locationist 的指导性假设是不同的情绪类别代表拥有不同激励特征的脑状态，它们能够驱动我们的认知和行为反应。而且，这些脑状态是与生俱来的，是生物体的基本特征，它们无法被分解成更加简单基本的心理成分。因此，那些属于同一情绪类别的脑状态都能够稳定地激发某个特定的脑区或脑网络。

然而，Constructionist 则认为所有分立的情绪类别都是由多个普通的脑网络构建形成的，并不存在专属的情绪脑区或情绪网络。基于该观点，情绪可以被分解为多个更加基本的心理操作过程，且这些基本过程普遍存在于其他心理事件当中，如认知、感知等。其中，效价操作和唤醒度操作是产生情绪活动的重要心理过程，其相应的神经网络需要与其他心理操作的神经网络（如注意、语言等）相互作用，才能产生情绪活动。因此可以说，情绪是由大脑内多个分散的区域与网络共同激活产生的，激活区域和程度上的差异是产生不同情绪类别的直接原因。例如，人们会产生很多不同类型的害怕情绪，其感觉体验是不一样的，对应的大脑激活模式也是不一样的。

Lindquist 等于 2012 年对 91 篇基于 PET 和 fMRI 成像的情绪研究论文进行了回顾，并对害怕、难过、恶心、愤怒和开心的情绪体验进行了荟萃分析（meta-analysis）。其目的就是对比情绪的两种脑机制学说。如果那些能够稳定诱发情绪的脑区或脑网络同时具有情绪类别的特指性（某个脑区或脑网络只对某一种情绪类别产生响应而对其他类别不产生响应，并且某种情绪响应只激活一个固定的脑区或脑网络），那么我们可以说情绪的产生机制应该符合 Locationist。但是，如果那些能够稳定诱发情绪的脑区或脑网络不具有情绪类别的特指性（某个脑区或脑网络能对多种情绪类别产生响应，且某种特定的情绪是多个脑区或脑网络共同激活的结果），那么情绪的产生机制则更加偏向于 Constructionist。结果发现，对于那些能够稳定诱发情绪的脑区域，无论通过经验回忆诱发还是通过感觉刺激诱发，都不具备情绪类别的特指性特征。相反，每个区域都与多种情绪类别的诱发有关，且每种情绪都会引起多个区域的神经响应，如图 3-19 所示。因此，Lindquist 认为情绪的产生机制符合 Constructionist。在此基础上，他提出情绪的概念化行为模型，认为情绪是人们凭自己的日常经验提取外部或内部感觉意义时产生的心理状态。情绪是一种情景化的概念，

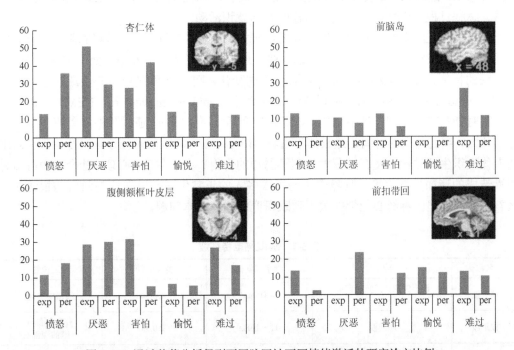

图 3-19　通过荟萃分析得到不同脑区被不同情绪激活的研究论文比例

（图片来源：Lindquist K A，Wager T D，Kober H，et al. 2012. The brain basis of emotion：A meta-analytic review. Behavioral and Brain Sciences，35(3)：121-143）

是为了让人们能够更好地判断当前形势以做出符合自身情景的行为反应。概念化行为模型将情绪的心理操作分成 4 个过程：本体感染、注意、概念化和语言生成。本体感染是指身体变化的意识体现，通常表现为快乐或不快乐两种基本感觉。杏仁体、前脑岛和额框叶皮层是本体感染操作的重要脑区。与本体感染有密切关系的心理操作过程是注意。注意是为了使大脑有选择地对某些本体基本感觉进行增强或抑制处理。前扣带回和背外侧前额叶皮层是执行注意操作的重要组织。概念化是指大脑利用先验知识对身体内部感觉赋予抽象意义，该过程不需要付出太多努力且能自动完成。背内侧前额叶皮层和海马对概念化心理操作起着至关重要的作用。此外，语言也是产生概念化的重要因素。腹外侧前额叶皮层是形成语言的重要区域，该区域在情绪体验时会被激活。

3.4.5　睡眠

1. 概述

自古以来人们就对睡眠产生了浓厚的研究兴趣。在中国，《庄子·让王》中提到"日出而作，日入而息，逍遥于天地之间而心意自得"，描述的是睡眠伴随昼夜节律的自然循环过程。古希腊人更是将睡眠过程神化，认为存在充满神秘色彩的睡眠之神，通过剥夺大脑意志使人类处于睡眠状态。近代以来，随着科学技术的发展，人类对睡眠有了更深入的了解，从神经学的角度对其机制进行研究（见 2.3.3 节）。而神经心理学关于睡眠的主要研究内容包括：睡眠状态的定义、睡眠的神经学机制、睡眠的神经功效、心理活动与睡眠的关系、睡眠过程中产生的梦反映了怎样的心理意识活动。

脑电信号在睡眠时期会显示出不同的特征波，如表 3-2 所示。要解释睡眠的奥秘，很多问题还值得我们思考：人们如何通过一些生理指标来判断一个人是否处于睡眠状态；根据睡眠的特征、眼球运动情况并结合肌张力的变化，可以将睡眠分为非快速眼动期（no rapid eye movement，NREM）睡眠和快速眼动期（rapid eye movement，REM）睡眠，每个睡眠时期又有着不同的调节机制；睡眠是生命活动所必需的，通过睡眠才能得以恢复精神和体力，婴儿睡眠的时间是最长的，随着年龄的增长，睡眠的时间逐渐减少，那么睡眠在人体组织生理结构的发育过程中起到了怎样的作用？由于生理、心理、社会压力等多种因素造成的诸如失眠症等睡眠障碍影响了很多人的正常生活，出现这些问题的根源是什么？由此而引出了神经心理学中关于睡眠研究的四个基本问题。

表 3-2　睡眠脑电特征波

名称	波形	频率或幅值	持续时间	出现位置
顶尖波	波形尖锐，正负双向或正负正三相	$>100\mu V$	$<0.5s$	颅顶中央区
梭形波	序列波	$11\sim16Hz$	$\geqslant0.5s$	头皮表面与脑的深部
纺锤波	每隔一段时间重复出现的振荡信号	α 频谱段（$8\sim13Hz$）	$>0.5s$	头皮表面
K-复合波	类双向的顶尖波	$200\sim300\mu V$	$0.5\sim1s$	额区

（1）确定机体处于睡眠状态的最少条件集合是什么？

（2）大脑和神经系统如何对睡眠进行调控？

（3）睡眠对大脑和神经系统有什么生理学上的意义？

（4）从神经科学和生理学角度来看，什么导致了睡眠障碍？如何治疗？

下面主要针对以上四个基本问题作出回答。此外，众所周知，睡眠是一种保护性抑制，伴随有意识的减少、感官活动的敏感性下降、肌肉的松弛等外在表现。但睡眠并非意识丧失，因为睡眠时会做梦，睡眠者经历了一系列丰富的生理和心理活动。

那么梦作为睡眠过程中反映人们大脑意识的一种特有现象，本节也会对此作简要介绍。

2. 睡眠分期及大脑调控

睡眠通常分为两个阶段，即 REM 睡眠期和 NREM 睡眠期或者称为慢波睡眠（slow wave sleep，SWS）。

下面详细介绍睡眠过程中这两个阶段的神经机制。

1）REM 睡眠期

REM 睡眠期出现在所有哺乳类动物的睡眠当中。胎儿在子宫中大部分的时间处在 REM 睡眠期，占了一天中 50%～80%的时间。刚出生的幼崽由于神经系统未完全发育成熟，比同一物种的成年动物有更长的 REM 睡眠时间。就婴儿而言，一天当中约 2/3 的时间处于睡眠状态，而其中大约一半的时间处于 REM 睡眠期。REM 睡眠期在整个睡眠时间中所占的比例在人的童年时期急剧下降。到 10 岁左右，REM 睡眠期大致占整个睡眠期的 20%，这同成年人的比例基本一样。这也说明，在幼年时，REM 睡眠期可能起着促进神经系统生长和发育的作用。

（1）REM 睡眠期的神经机制和相关的大脑解剖结构。

研究表明，脑干对 REM 睡眠期的神经节律振荡起到了重要的作用。脑干自下而上由延髓、脑桥和中脑三部分组成。在脑桥至中脑的脑干部分存在调节睡眠的神经中枢。首先简单介绍脑干的结构。图 3-20 是哺乳类动物大脑的矢状面解剖结构图，显示了在 REM 睡眠期起到重要作用的一些生理解剖结构。涉及的生理结构包括：延髓网状结构（bulbar reticular formation，BRF）、脑桥网状结构（pontine reticular formation，PRF）、中脑网状结构（mesencephalic reticular formation，MRF）、脑干被盖背外侧核（laterodorsal tegmental nuclei，LDT）、脚桥被盖核（pedunculopontine tegmental nucleus，PPT）、蓝斑（locus coeruleus，LC）、中缝背核（dorsal raphe nucleus，RN）等。此外，还有一些对 REM 睡眠很重要的细胞群结构，如胆碱能神经元（cholinergic neurons），可以促进 REM 睡眠现象的出现；单胺能神经元（monoaminergic neurons）抑制了 REM 睡眠期的主要脑电成分；不同于其他存在于特定核团中的神经元，GABA 能神经元（GABAergic neurons）分散在脑干不同的区域，是一种起抑制作用的神经元，对 REM 睡眠期神经活动有着重要的调节作用。

（2）REM 睡眠促进系统（REM-promoting system）。

REM 睡眠所表现出的不同特征是由于脑干中不同效应神经元网络的不同活动所造成的。对于人类而言，REM 睡眠期的主要特征是肌肉松弛、EEG 激活（高频低幅模式被称为激活或者去同步模式）和眼球快速转动。脑桥-膝状体-枕区皮层（ponto-geniculo-

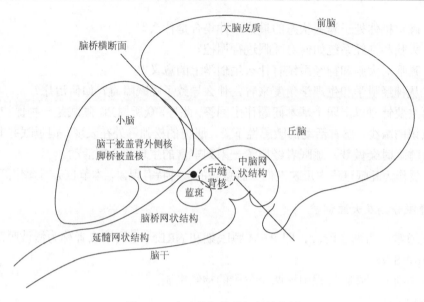

图 3-20 大脑的矢状面解剖结构图

occipital，PGO）波是在 REM 睡眠期出现的周期性高幅放电现象，可以在很多动物和人类的大脑深部结构中检测到。PGO 波产生于脑桥，由脑桥产生的电脉冲传递到丘脑中的外侧膝状体核，最后到达位于枕叶的初级视觉皮质区。根据 PGO 波的传递路径可以看到，PGO 波可以作为神经元不断被激活的 EEG 信号，同时提供了一种重要的由脑干激活大脑皮质的 REM 睡眠模型。有研究表明，由于 PGO 波会传递到初级视觉皮质，故对于 REM 睡眠期梦境的出现有着重要的作用。在正发育的大脑睡眠过程中，PGO 波的活性更强，由此可以说明 PGO 波在大脑发育以及结构成熟过程中扮演着重要的角色。

大部分与 REM 睡眠期生理活动相关的效应神经元位于脑干网状结构中，起到重要作用的神经元主要集中在 PRF 中。因此，PRF 神经电活动的记录对于了解 REM 睡眠期生理活动产生的机制有着重要作用。前面提到的 PGO 波起始于脑桥的电脉冲，这是由于 PRF 神经元细胞膜发生了去极化达到阈值产生了动作电位，神经元开始放电。随着 REM 睡眠的开始和放电速率的逐渐提高，细胞膜去极化状态在 REM 睡眠期间一直持续，所以放电现象一直处在一个较高的水平。由此可以推断 REM 睡眠期的 EEG 特征，其生理基础是基于 PRF 神经元的放电活动。网状激活系统（reticular activating system，ARAS）由 MRF 神经元和胆碱能神经元构成。MRF 神经元对于低幅高频 EEG 模式的激活有着重要作用。胆碱能神经元是利用血清素和去甲肾上腺素作为神经递质的神经元，用来唤醒 EEG 的激活模式。

以上这些对 REM 睡眠开启和调节有重要作用的神经元称为 REM 睡眠的开放神经元。对于这些神经元的活动，研究人员向活体动物的 PRF 直接注入乙酰胆碱受体兴奋剂，发现可以产生一种类似于 REM 的睡眠状态，且利用胆碱能的兴奋性可直接使 PRF 的神经元处于兴奋状态，调控其放电行为，这就表明在 REM 睡眠开启和调节过程中胆碱能的机制尤为重要。通过 LDT/PPT 分泌的乙酰胆碱可以激活脑桥网状结构的神经元群，进一步激活丘脑、基底前脑和大脑皮质，产生高频低幅值或"去同步"的脑电活动。

（3）REM 睡眠期抑制系统（REM-suppressive systems：REM-off neurons）。

在 REM 睡眠期，放电活动会减少或者几乎不放电的神经元称为 REM 睡眠的关闭神经元。这类神经元在大脑中占的比例较小，以生物胺作为神经递质。McGinty 和 Harper 首先在中缝背核发现了关闭神经元，并且得到了其他研究者的证明。此后，在其他中缝核也发现了关闭神经元结构，如中间线形核、中央上核、中缝大核、中缝苍白核。LC 是关闭神经元存在的另一个重要位置，在猫、大鼠和猴子的相应区域都可以找到。总体来说，REM 关闭神经元细胞主要集中在脑桥前部被盖和中脑结处。在其他网状结构中分布着较为零散的关闭神经元集群。

大脑中 REM 开放神经元和关闭神经元分泌的神经递质的相互作用与动态平衡是调节人类睡眠周期的决定性因素，因而 REM 关闭神经元在睡眠过程的调节中也起到了重要的作用。活体实验表明背部中缝含有血清素的关闭神经元对 REM 期出现的 PGO 波有抑制作用。在睡眠-清醒的周期中，中缝背核的关闭神经元活性在清醒、NREM 睡眠、REM 睡眠状态下逐渐降低，抑制作用逐渐降低，而 REM 开放神经元的活性逐渐升高，使大脑进入睡眠状态，在 REM 睡眠结束之前，中缝背核的关闭神经元电活动增强，抑制促进睡眠的电活动，从而易于从睡眠过程中清醒。

（4）一种 REM 睡眠期的大脑模型（generation incorporating GABAergic neurons）。

随着神经元和神经递质在 REM 睡眠中的重要性渐渐被发现，睡眠的结构模型也逐渐确立起来，且模型逐步复杂化，更加完善。基于前面提到的神经元网状结构，这里介绍一种 REM 睡眠循环的结构模型。1975 年，McCarley 和 Hobson 建立了第一个基于 REM 开放神经元和 REM 关闭神经元在 REM 中相互作用的 REM 睡眠模型，称为双向互动（reciprocal interaction）模型，在数学上由 Lotka-Volterra 方程描述。该模型对其他睡眠模型的建立有着重要的指导意义。图 3-21 详细描述了 REM 开放神经元和 REM 关闭神经元的相互作用。REM 开放神经元集群兴奋性的传导是一个正反馈过程（图 3-21 中 a 通路），会增强该神经元集群的兴奋性。逐渐增强的兴奋性会刺激 REM 关闭神经元集群（图 3-21 中 d 通路）。而 REM 关闭神经元集群活性的增强会对开放神经元集群起到抑制作用，从而使 REM 睡眠结束（图 3-21 中 b 通路）。但在 REM 睡眠中，为使开放神经元集群的活性更强，关闭神经元集群的放电是一个自我抑制的过程（图 3-21 中 c 通路），降低神经元集群的兴奋性，使得对开放神经元集群的抑制作用降低。如此循环往复，使得 REM 睡眠在整个睡眠过程中周期性地出现。Lotka-Volterra 方程可以很好地描述开放神经元集群和关闭神经元集群的相互作用，X 表示 REM 开放神经元的活性，Y 表示 REM 关闭神经元的活性。

神经元集群的相互作用是通过神经递质的传导实现的。图 3-22 详细介绍了在 REM 睡眠期间，双向互动模型中神经递质的传递过程。NREM 睡眠期临近结束时，关闭神经元的神经放电减少，对开放神经元的抑制作用减弱，LDT/PPT 中胆碱能神经元的兴奋性不断提高，LDT/PPT 释放的类胆碱使 PRF 神经元兴奋，可引发 REM 睡眠并且引起一系列 REM 睡眠的相关外在表现，如快速眼动。GABA 能神经元可以通过抑制核内与觉醒相关的神经活动促进 REM 睡眠，是一个正反馈的作用。LDT/PPT 胆碱能神经元将使 LC 和 DRN 中的关闭神经元逐渐兴奋，即图 3-21 中的通路 d。LC 和 DRN 中的关闭神经元

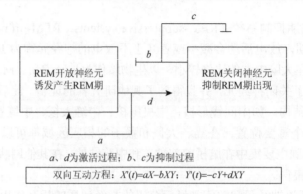

a、d 为激活过程；b、c 为抑制过程

双向互动方程：$X'(t)=aX-bXY$；$Y'(t)=-cY+dXY$

图 3-21　REM 睡眠期神经元的相互作用图

（图片来源：McCarley R W. 2007. Neurobiology of REM and NREM sleep. Sleep Medicine，8(4)：302-330）

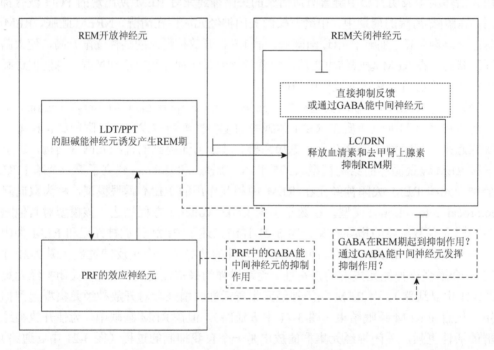

→ 激活；⊣ 抑制；----- GABA机制

图 3-22　REM 睡眠期不同神经递质的相互作用

（图片来源：McCarley R W. 2007. Neurobiology of REM and NREM sleep. Sleep Medicine，8(4)：302-330）

通过释放血清素与去甲肾上腺素来抑制 LDT/PPT 处的胆碱能神经元活性，从而抑制 REM 睡眠并最后终止 REM 睡眠。此外，去甲肾上腺素有可能会激活 GABA 能中间神经元，起到抑制胆碱能神经元的作用，这个观点是否成立有待进一步探索。由 LC 产生的去甲肾上腺素及 DRN 产生的血清素可以产生一种周期性持续的自我抑制。上述模型描述的是脑干处解剖结构在 REM 睡眠中的模型，脑干处的神经元放电活动通过神经纤维投射到丘脑外侧膝状体，进一步投射到丘脑、基底前脑和大脑皮层，从而得到我们能够记录的去同步脑电。

2）NREM 睡眠期

NREM 睡眠期过程又可以进一步分为三个阶段，各阶段的特征如下。

NREM1（N1）期：由清醒状态向睡眠期过渡的阶段。呼吸逐渐变慢，大脑活动逐渐减弱。α 波振幅变小，且逐渐消失。波形开始变得不规则，常伴有短暂的 4～6 次/秒的 θ 波。

NREM2（N2）期：较第一阶段睡眠更深，感官的感知能力下降，心跳减速，血压降低。脑电图的频率成分中 θ 波增多，并可见高幅慢波 δ 波。同时 EEG 中还可见 13～16 次/秒的睡眠纺锤波以及 K-复合波。

NREM3（N3）期：深度睡眠阶段，感官的感知能力丧失，肌肉完全松弛，呼吸缓慢，体温下降，处于此睡眠期中的人难以醒来。EEG 频率明显减慢，后期睡眠纺锤波逐渐消失，可出现弥散每秒 0.5～3 次高波幅不规则的慢波，即 δ 波。

在一个 NREM 睡眠期内，三个阶段的循环过程为 N1、N2、N3、N2、N1，持续时间约为 90 分钟。在成年人中，NREM 睡眠及 REM 睡眠均可以直接转为觉醒状态，但是觉醒状态只能进入 NREM 睡眠，而不能直接进入 REM 睡眠。

腺苷在长期的觉醒状态和睡眠状态之间的转化充当调节者的角色，它在抑制基底前脑促进觉醒神经元活性的过程中显得尤为重要。Basheer 和他的合作者提出，在长时间的觉醒状态下，腺苷会在基底前脑积累，通过抑制促进觉醒神经元的类胆碱物质使得大脑的状态由清醒变为慢波睡眠。此外，下丘脑腹外侧视前区的 GABA 和甘丙肽神经元投射到与觉醒相关的脑区，如下丘脑后部、脑干及基底前脑等，产生抑制作用，促进觉醒向睡眠转化，使深度睡眠增加，同时 GABA 对垂体促肾上腺皮质激素和垂体促甲状腺激素具有抑制作用，从而发挥对睡眠的调节作用。

3. 神经功效

睡眠的时间大致占人一生的 1/3，人们应该充分利用，为生命积蓄能量。早在 2000 多年前，中国的先哲就认识到了睡眠的重要性，如《内经》中说："人卧血归于肝，肝受血而能视，足受血而能步，掌受血而能握，指受血而能摄。""能"者，能量也，人之目视、足步、掌握、指摄等生命活动的能量，都是通过睡眠源源不断地积蓄起来，通过肝的作用不断满足生命活动的需要。研究表明，睡眠对于学习和记忆的大脑皮层重塑有着重要的影响。睡眠巩固了新产生的记忆痕迹，即在睡眠时短时记忆碎片被再次激活、分析，并逐渐合并，融为长时记忆，学习后的记忆片段必须在睡眠后才能得到巩固。

由于现阶段生活节奏的加快、工作压力的增大，几乎每个人都有过睡眠减少的经历，睡眠剥夺在现代社会是一种普遍现象。长期的睡眠剥夺可导致学习记忆受损、认知功能减退，并引发行为失常以及疾病。实验表明，在睡眠剥夺后海马神经元有明显损伤，神经元形态的改变直接影响了其生理功能的发挥。乙酰胆碱在清醒时可以促进海马区对新信息的记忆编码和新皮质对信息的再分析加工，而睡眠剥夺后发现乙酰胆碱酯酶的活性降低，导致乙酰胆碱传递效率降低，从而导致记忆受损。来自 LC 的去甲肾上腺素能改善神经元细胞的可塑性，促进学习记忆，睡眠剥夺期间去甲肾上腺素缺乏，导致记忆力低下。

4. 睡眠障碍

睡眠障碍是人类或其他动物与睡眠相关的异常，如失眠症、嗜睡症、睡瘫症、睡眠呼吸暂停、梦游症等。睡眠与人的健康息息相关。调查显示，很多人都患有睡眠方面的障碍或者和睡眠相关的疾病，专家指出睡眠是维持人体生命的极其重要的生理功能，对人体必不可少。因此，睡眠障碍必须引起足够的重视。下面重点介绍失眠症和嗜睡症的主要表现及其发病原因。

1）失眠症

失眠症是一种常见的生理心理障碍，是指睡眠的始发和维持发生障碍，致使睡眠质量不能满足个体的生理需要，是人类面临的重要的健康问题。患者表现为入睡困难、睡眠保持困难、早醒、熟睡困难，从而引起患者白日不同程度地自感未能充分休息和恢复精力，因而躯体困乏、精神萎靡、注意力减退、思考困难、反应迟钝、情绪低落、焦躁等。

很多与精神相关的疾病可以造成失眠，如神经衰弱、抑郁症、精神分裂等。睡眠有周期节律，这种节律受到体内生物钟的调节，松果体随昼夜变化分泌的褪黑素可以对睡眠进行调控，褪黑素分泌不足是中老年人睡眠质量差、失眠的主要原因。服用药物的副作用也可能会引起失眠。另外，一些食品和饮料也会导致失眠，例如，含有咖啡因的茶类或咖啡类饮料可以造成失眠。此外也有患者心理上的原因，失眠者害怕夜幕降临上床休息，过分担心失眠的后果，表现为烦躁、焦虑、辗转反侧难以入睡，从而形成恶性循环。或是因为外部因素诱发心理压力过大，忧思过度，没有睡意。

2）嗜睡症

嗜睡症是指白天睡意过多、持续睡眠状态或不正常睡眠规律的一种睡眠障碍。患者不分场合表现为经常困乏思睡，出现不同程度、不可抗拒的入睡。过多的睡眠会引起患者在生活中的痛苦，同时会引起患者职业、社交等社会功能和生活质量的下降。并且嗜睡症患者会有认知功能方面的改变，表现为近事记忆减退、思维能力下降、学习新事物能力下降等。

研究人员发现，下视丘分泌素（食欲肽）对睡眠到清醒的状态有重要调节作用。下视丘分泌素神经元位于背后侧的下丘脑。下视丘会高度刺激与觉醒状态有关的脑核及其相关神经递质系统，如 LC 的去甲肾上腺素神经元集群、中缝背核的血清素神经元集群等。对于嗜睡症的发病机理，越来越多的研究表明下视丘分泌素分泌不足会导致觉醒出现障碍，从而引发嗜睡症。嗜睡症也可以由酒精、药物、躯体疾病所致，同时与心理因素有关。

总体来说，睡眠障碍必须引起足够的重视。长期的睡眠障碍会导致大脑功能紊乱，对身体造成多种危害，严重影响身心健康。对于睡眠障碍患者首先要养成良好、劳逸结合、规律的生活习惯，并且对其进行心理辅导，消除心理压力，也可以配合一些药物进行治疗。

5. 梦与睡眠

梦是睡眠状态下的一种意象语言，这些意象从平常事物到超现实事物都有。事实上，梦常常对艺术等方面激发出灵感，德国化学家凯库勒宣称梦见一条衔尾蛇，而悟出苯环的分子结构。从心理学的角度来看，梦是有意识看无意识的一扇窗户。弗洛伊德与荣格是梦解析的鼻祖。心理学家弗洛伊德认为，梦是潜意识欲望的满足，人在清醒的状态下可以有效地压抑潜意识，但当人进入睡眠状态或放松状态时，梦是人欲望的替代物以一种幻想形式体验到这种梦寐以求的本能满足。弗洛伊德的观点从认知心理学角度来解释梦如何反映人的意识状态，属于神经认知的梦理论，真的可以使得自己的欲望在梦中得以实现，可以称为另一种"美梦成真"。

目前学术界对梦的成因与目的仍无定论，普遍看法是：梦是脑在作资讯处理与巩固长期记忆时所释放出的一些神经脉冲，被意识脑解读成视、听觉所造成的。首先是 Hobson 与 McCarley 在 1977 年提出"活化-合成"理论：梦的出现与特征是 REM 睡眠状态下生理运作的产物。当快速动眼睡眠由脑桥活化所启动时，与意识有关的大脑网络接受脑桥刺激信号也呈现活化状态，因而大脑将这些由下而上的刺激信号 PGO 波混合整理后即为梦的展现。由于此时大脑的活化是处于被动形式且信息来源为随机、封闭（由脑桥产生），所以缺乏清醒状态时的自觉与反省，展现于梦境中的内容也因而有怪异、不合逻辑的特性。

梦魇的研究对梦中情绪处理的深入了解有着重要作用。研究人员经过调查发现梦魇和令人不愉快的梦常常和外伤以及情绪的处理相关。频繁的噩梦通常是由于当前的情绪困境，如焦虑心情、长期精神压抑等造成的。由于人的睡觉姿势不好，如趴着睡觉或手放在胸部压迫了心脏，也会容易做一些噩梦。反过来，梦魇也会给患者带来不良的情绪，对其生活造成影响，甚至心理上的疾病。所以应当及时调节负面情绪，如多看一些健康有益、轻松愉快的影视录像或小说，保持健康积极的心理状态，同时注意正确的睡眠身体姿势。

3.4.6　语言

1. 概述

广义上说，语言是一套共同采用的沟通符号、表达方式与处理规则。语言是形式独立的，因此符号可以通过视觉、声音或者触觉行为方式来传递。狭义上说，语言是指人类沟通过程中所使用的自然语言。目前，全世界拥有 6000～7000 种自然语言。对人类而言，发展自然语言的目的是交流观念、意见、思想等。

发声器官结构的改变，心智能力（能够理解他人感受并表达自身意图）的发展，是人类产生自然语言的必要条件。此外，脑容量的增大为人类语言的生成创造了一定的物质条件。然而，目前语言学界对自然语言的产生过程还没有达成一致看法。一些学者认为，语言非常复杂，以至于它不能很简单地从无突然到有，即不能够在没有过渡发展的情况下而到达其最终状态。像生物进化一样，语言的产生过程应该是一个缓慢的演变过程。该观点被称为语言产生的连续理论。而另外一些学者认为，语言是人类特有的，是其他动物交流方式根本无法比拟的一种能力。因此，语言应该是伴随着猿人进化到人而突然产生的。该观点被称为语言产生的非连续理论。此外，机能主义者认为语言是通过后天学习得到的，是需要社会交往的；而先天主义者认为人类的语言是由基因决定的。

随着时间的推移，语言得到了长久的发展，并演变出了许多不同的种类。通过比较它们之间的共性与异性，我们可以知晓语言的发展历史。由一种语言发展而来的一类语言被定义为一个语系。语系分类反映了各种语言之间的亲缘关系。目前，世界上的主要语系包括印欧语系（含英语、西班牙语、葡萄牙语、俄语和印度语等）、汉藏语系（含普通话、广东话等）、亚非语系（含阿拉伯语、阿姆哈拉语）等。学术界一致认为，21世纪初存在的语言种类到21世纪末将有可能灭绝50%～90%。

无论语言的产生与发展如何，不可否认的是：大脑是产生人类语言的重要器官，是所有语言活动的协调与控制中心，它负责语义的理解，控制语言的表达。然而，我们对大脑语言机制的理解却知之甚少。为什么只有人类大脑具有语言习得能力？这种能力的物质基础是什么？先天的语言习得能力是如何在后天的语言学习过程中发挥作用的？语言习得能力一定受限于特定的神经发育阶段吗？成年人学习第二语言时的能力能否如童年时学习第一语言？在大脑语言区受损的情况下，先天的语言习得能力能否被重新激活？语言活动与其他意识活动之间的本质差别是什么？

2. 共同进化的语言和大脑

毋庸置疑，人脑在进化过程中发生了巨大的变化。脑容量在不到100万年的时间里增加了大约1倍。为何会发生如此快速的增长？这个问题似乎目前还难以回答。但是存在强有力的证据使我们这样认为：语言是自然选择的结果，而人脑膨胀则是人类语言发展的结果。

语言是人类的一项重要生存优势，它能够使个体间的交流变得简洁高效，使团队合作变得更加容易，从而促进人类社会的形成。智人比穴居人拥有更加突出的语言能力，他们的大脑结构和声道更加适合语言表达。或许正因为如此，在自然选择的过程中，智人很快取代了穴居人。原始社会弱肉强食，比人类力量大、速度快的猛兽不计其数。在如此恶劣的环境下，人类必须拥有语言这项优势，否则很难幸存。

生存压力会使物种在很短的时间内发生明显的机能进化。在进化过程中，只有人类表现出了脑容量的快速增长，而其他动物却没有这方面的发展。共同进化理论认为，大脑内部的符号表示系统——语言系统，需要庞大的计算资源和存储空间。对于现实世界中的任何事物，人类大脑除了最初级的感觉之外，还存在相应的语言描述。这使我们对外部世界的感知形式增加了大约一倍，也必然要求脑容量的相应增长。也许正因为如此，那些得到进一步发展的脑区往往与语言活动有关，如额叶、顶-枕-颞叶联合区。

3. 大脑的语言机制与模型

在2.3.3节中已经介绍过，大脑中存在多个语言功能区，那么语言活动是由每个特定的脑区负责执行的，还是需要整个大脑共同参与？同许多神经心理机制一样，这是

Locationist 与 Constructionist 之间的争论。其本质反映的就是大脑活动和语言能力之间的关系问题。Locationist 认为，不同类型的语言能力对应的大脑结构是可分离的，但对应的大脑活动是相对独立的。而 Constructionist 则认为，与语言能力相关的所有大脑结构和功能是一个有机的整体，不能够简单地剥离开来。但是，根据我们目前掌握的知识，无法完全弄清楚大脑处理语言的过程，因此还不能确定上述哪一个理论更为正确。随着科学技术的不断发展，在如此复杂的大脑语言机制面前，当下的任何理论学说都有可能被证明是过于简单甚至是错误的。因此，不可能在这里给出一个完全被认可的、真实完整的理论模型。下面是前人提出的一些大脑语言机制的模型。

BWL（Broca-Wernicke-Lichtheim）模型是第一个关于大脑语言机制的理论模型。它不仅为失语症研究提供了一个有效的理论框架，而且为我们研究大脑的语言处理流程提供了一个思路。BWL 模型对当前的神经语言学研究有重要的指导意义，由它衍生出了许多更加高级的神经语言学模型。BWL 模型的有效性在于它引入了三个非常有用的元素，分别代表：①初级感觉皮层与初级运动皮层之间的功能关系；②次级联合皮层；③大脑的高级功能区与低级功能区之间的结构与功能关系。

我们知道，大脑内部是相互连接的。一个复杂的思维活动往往会调动多个分散的局部化神经网络。通过建立起短暂的功能连接，不同网络之间可以实现有效的信息交流。在整个思维活动中，每个功能网络都是一个特殊的单元，起着各种不可替代的作用。与初级感觉皮层相邻的神经网络应该起着感觉输入的作用，而与初级运动皮层相邻的神经网络应该扮演着运动指令输出的角色。所以当 Broca 区和 Wernicke 区之间的直接功能连接发生阻断时，会出现另外一种形式的失语症——传导性失语，即无法完成需要 Broca 区和 Wernicke 区紧密合作的语言活动，如简单地重复别人的话语。

1885 年，Wernicke 的学生 Lichtheim 作为 BWL 模型的第三个贡献者，将功能连接过程引入大脑语言模型。此外，他还提出了大脑语言处理过程中的概念化单元，指出该单元与 Broca 区和 Wernicke 区之间存在着功能连接，如图 3-23 所示。图中的 M 节点和 A 节点分别代表运动语言中枢和听觉语言中枢。而 C 节点并不代表某个具体的神经中枢，它是一个抽象的概念化单元，表示从听觉语言中枢接收输入信息，经过概念化语义处理之后，向运动语言中枢输出语音控制指令。图中的箭头表示信息的流向，双竖线旁边的数字表示当该处理过程出现障碍时的失语症状。1、2、3 分别代表运动性失语、感觉性失语和传导性失语，4 和 5 分别代表经皮感觉性失语和经皮运动性失语。但是难以想象何种大脑损伤能够选择性地切断 4 或 5 过程。由于没有相关的支持证据，语言概念化单元及其功能连接特性一直不被众多学者接受。然而，1968 年，Geschwind 报道的一例因为一氧化碳中毒而造成的大面积皮质损伤的女性患者的症状支持了 BWL 模型的合理性。一氧化碳致使该患者失明，并且严重损伤了其智力。但是，她仍具备最简单的语言交流能力。她能够重复别人的话语，也能够复述那些熟记于心的语句。她还能够跟唱那些她重复听过很多遍的歌曲。总之，由于听觉语言中枢、运动语言中枢以及它们之间的功能连接保持完好，该患者能够执行传导性失语症患者无法完成的语言任务。但是，由于语言概念化单元与其他语言区之间的功能连接出现了障碍，该患者丧失了高级语言认知能力。这种罕见的失语症症状证实了经皮感觉-运动性失语症的存在。

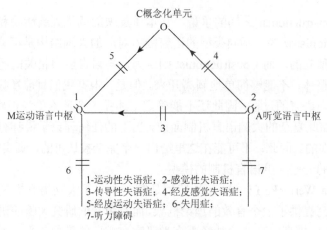

1-运动性失语症；2-感觉性失语症；
3-传导性失语症；4-经皮感觉失语症；
5-经皮运动失语症；6-失用症；
7-听力障碍

图 3-23　BWL 模型

之后，Lichtheim 将 BWL 模型的适用性扩展到与读写相关的语言处理机制方面。读和写是人类的第二语言能力，或称为衍生语言能力。写作是口语的一种图形化反映。因此，我们若想获知某段文本的意义，就必须理解这段文本所对应的口语内容。此外，人们只有在掌握语言的听说能力之后，才能够具备相应的读写能力。对于一个识字的人来说，除了运动性语言中枢和听觉性语言中枢外，还存在视运动性语言中枢（或称为书写中枢，位于额中回的后部，在 Broca 区上方）和视觉性语言中枢（或称为阅读中枢，位于顶下小叶的角回，在 Wernicke 区后方）。因此，听觉性语言理解障碍不一定会影响阅读能力，而运动性语言表达障碍也不一定会影响写作能力。换言之，在一定程度上，读写能力与听说能力是相互独立的。基于此，Lichtheim 给出了大脑的语言读写模型，该模型的结构框架与 BWL 模型一致，其中也包括三个节点，分别是视运动性语言中枢、视觉性语言中枢和语言概念化单元。Lichtheim 所提出的关于语言读写能力的神经解剖学基础和理论模型得到了当代神经心理学家的认可。

BWL 模型是一个非常灵活且具有发展性的语言模型，因为模型节点所对应的解剖学结构不一定局限在某个脑区。此外，许多失语症症状可以通过分析 BWL 模型内的功能连接得到合理的解释。因此，BWL 模型不但有 Locationist 性质，还具备 Constructionist 的性质。

20 世纪 70 年代，Geschwind 对 BWL 模型进行了改进，提出了著名的 Wernicke-Geschwind 语言模型，如图 3-24 所示。

（1）当我们听到一段话时，语音信号会通过听觉通路传到 Brodman 41 区，即初级听觉皮层，再传到 Wernicke 区，并会在那里生成语义。

（2）当我们说话时，大脑会将我们想要表达的语义通过弓状束从 Wernicke 区传递到 Broca 区，并在 Broca 区形成语素。然后，Broca 区将语言指令送到与面部运动有关的初级运动皮层。初级运动皮层将语言指令转换为运动控制指令经由脑干送到面部肌肉，产生语音。

（3）当我们默读时，文本的图像信息经视觉通路传到初级视觉皮层，然后到达次级视觉皮层，再到角回，最后到 Wernicke 区生成语义。当我们放声阅读时，Broca 区也会参与活动。

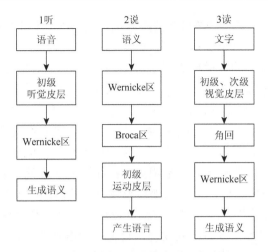

图 3-24　Wernicke-Geschwind 语言模型

Wernicke-Geschwind 模型为指导大脑的语言机制研究、整合相关研究成果提供了非常重要的理论依据。因为 Wernicke-Geschwind 模型整合了语言处理过程中的两个基本概念：语义理解和语素生成。但是语言的神经学机制是非常复杂的，Wernicke-Geschwind 模型显然过于简单而无法完整地呈现大脑对语言的整个处理过程。

4. 第二语言习得能力

第二语言（second language，L2）是指人们在获得第一语言（first language，L1）之后，再学习和使用的另一种语言。L1 的掌握是内隐式、媒介化的，是在自然习得语言的关键年龄期（出生后的最初几年）通过触发先天的学习机制而得到的。然而，L2 学习往往晚于关键年龄，而且是外显式的，并缺少媒介效应。因此，关于 L2 习得能力的一个重要科学问题就是：人类习得 L2 的神经学机制是否与习得 L1 的神经学机制一致？

L2 的语法知识是外显的，而 L1 的语法知识却是内隐的。但是，无论 L1 还是 L2，其词汇知识都是外显式的。此外，外显知识激活的大脑区域（左额叶基底神经节回路）与内隐知识不同（左侧颞叶语言区），所以 Ullman 等认为晚期的 L2 习得机制与 L1 是不相同的，它们各自应该有一套完整的认知机制和对应的大脑结构。而且，有些双语失语症患者在病后一段时间会有选择地恢复其中一种语言能力，这也支持了 Ullman 的假说。

然而，目前的神经影像学研究表明，对于精通两种语言的人来说，无论 L1 还是 L2 的语法活动都能够同等程度地激活 Broca 语言区和基底神经节等与语法处理有关的大脑结构。只有对于那些很晚学习 L2 或没有熟练掌握 L2 的人来说，L2 活动才会激活更多的大脑区域。因此，L2 的习得年龄和熟练程度是影响其神经学表现的两个重要因素。

所以，人类在自然习得语言的关键年龄期学习语言是一件非常容易的事情，一旦超过该年龄期限，语言学习就会变得非常困难，且事倍功半。虽然我们可以在任何年纪掌握 L2，但是，如果不是在关键年龄期学习，L2 的熟练程度很难达到 L1 的水平。对于那些早期（一出生就接触）熟练掌握 L2 的人来说，大脑在处理 L1 和 L2 语法时表现出了相同的激活模式；但是，对于那些晚期（6 岁之后）掌握 L2 的人来说，无论其熟练程度如何，L2 语法活动激活的大脑模式与 L1 是不相同的，如图 3-25 所示。值得注意的是，那些激活程度不同的地方只发生在与语言处理相关的区域。因此，大脑对 L1 和 L2 语法活动的处理利用了相同的神经结构，只是调用程度不同而已。但是，习得年龄并不影响大脑在理解 L1 和 L2 词汇语义时的神经学表现，相反，熟练程度是造成它们之间不同的重要因素。刚开始学习 L2 时，对 L2 词汇语义的理解往往依赖于 L1。随着 L2 掌握的熟练程度不断增加，这种依赖就开始逐渐消失。神经影像学研究表明，在我们能够熟练掌握 L2 时，大脑对 L1 和 L2 词汇语义的处理表现出了高度的相似性；但是在不熟练的情况下，L2 的词汇语义活动会额外激活前额叶皮层。此外，语言环境也是影响大脑语言处理机制的一个重要因素。目前研究发现，会说多种语言的人，在不同的语言环境里，其大脑的语言表现不同，即使他们的语言熟练程度不变。这些差别主要发生在背外侧额叶皮层。

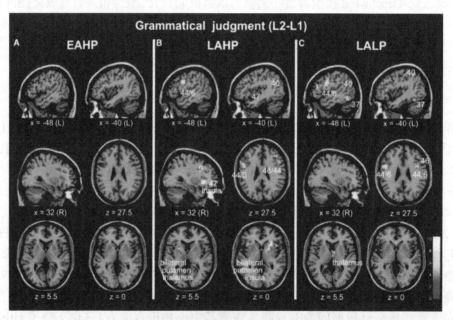

图 3-25　L2 语法活动脑状态减去 L1 语法活动脑状态的结果

（图片来源：Wartenburger I，Heekeren H R，Abutalebi J，et al. 2003. Early setting of grammatical processing in the bilingual brain. Neuron，37（1）：159-170）

5. 语言与思维

我们在说话之前，都会先生成意念，然后才会产生语言。因此，语言就是反映思维、表达思维的。但是，语言与思维之间并不只是那么简单的关系。运用不同语言的人是否有不同的思维方式？语言和思维是各自独立发展的，还是同时产生的？人脑内存储的到底是纯粹的思维，还是体现这些思维的语言形式？语言在思维形成过程中起到了什么作用？围绕这些问题，哲学家、语言学家、神经科学家展开了持久、激烈的讨论。但是，到目前为止还没有统一的结论。

在这些问题中，萨尔-沃夫假说（Sapir-Whorf hypothesis）是神经心理语言学界争论最为激烈的一个话题。萨尔-沃夫假说是在 20 世纪 50 年代美国语言学家 Sapir 和他的学生 Whorf 过世后，一些语言学家总结他们的相关理论时概括出来的一个假说。该假说包括两个基本观点：①语言决定论，即语言决定人类的思维和认知过程，语言不同的民族，其思维方式是完全不同的，该观点又称为萨尔-沃夫强式假说；②语言关联性，即语言会影响人类的思维和一些非语言行为，语言不同的民族，其思维方式存在一定的差异，该观点又称为萨尔-沃夫弱式假说。

早在古希腊时代，这个问题已被提出。Plato 认为：心灵在思维的时候，它无非是在内心里说话，在不断地提问并回答问题，因此，思维就是无声的语言。但是，Aristotle 则认为：说话是心理经验的符号，而文字又是说话的符号，人类不会有相同的文字，也不会有相同的发音，但是这些文字和声音所代表的心理经验以及这些经验所反映的事物都是共通的。目前，大多数学者认为萨尔-沃夫强式假说是不成立的，语言只是思维的一种表达方式，没有语言能力的聋哑人，甚至大猩猩也是有思维能力的。目前有很多研究成果支持萨尔-沃夫弱式假说。例如，在没有语言任务的情况下，右半视野的颜色辨别能力要强于左半视野；而在有语言任务的情况下，左右视野的颜色辨别能力一样。这是因为右半视野的视觉信息由大脑左半球处理，而语言区也位于大脑的左半球。在语言区处于闲置状态时，它能够对大脑的视觉信息处理产生影响，从而影响我们的认知判断；而当语言区被其他任务占据时，它的影响就消失了。ERP 实验研究发现，语言能够影响颜色辨别时的前注意过程，个人的颜色辨别能力与自身掌握的语言类型有关。因此，语言确实影响到了我们的认知与思维。

3.5　本 章 小 结

神经心理学作为神经科学与心理学的交叉学科，自提出以来受到了研究者的广泛关注。该学科的研究对于理解人类行为有着重要意义。目前神经心理学包括三大分支：认知神经心理学、实验神经心理学和临床神经心理学。综合了神经解剖学、神经生理学、神经病理学、神经化学和实验心理学及临床心理学等研究成果，神经心理学的研究方法正不断发展与完善。

人类大脑皮层根据生理解剖结构可分为额叶、顶叶、颞叶和枕叶，反映了大脑认知心理机能的分化。额叶是大脑发育中最高级的部分，被学者认为是最高智慧的脑区，几乎支配所有高级心理历程，心理功能广泛而复杂；顶叶与其他脑叶均有接触，因其位置的特殊性，顶叶的心理功能较为复杂；颞叶与嗅觉和听觉系统有着密切的联系，同时具有视觉信息和感觉信息整合的功能，并赋予信息情绪的含义；枕叶的主要心理功能在于处理视觉信息。边缘系统有着复杂的神经网络，参与多种心理活动，尤其是在支配最为基础的情绪行为和记忆的形成过程中发挥了重要的作用。由于大脑左右半球分开的结构导致大脑功能的偏侧化。左右半球心理认知功能的分工与合作使得大脑能够高效地处理各种信息。

　　绝大部分心理认知过程并不是由大脑单独的某个区域支配完成的，而是神经系统各个区域彼此协调运作的结果。3.4 节主要介绍了各种心理活动过程的神经心理机制（感觉和知觉、注意、记忆、情绪、睡眠、语言）。对于上述在日常生活中与我们密切联系的各种活动心理调控机制的了解，将有助于我们更加科学地认识精神和物质的关系，从而认识人类自己。

思 考 题

　　1. 神经心理学的研究范畴包括哪些？请列举生活中与神经心理学有密切联系的日常活动。

　　2. 神经心理学包括哪些分支？各分支之间的区别是什么？

　　3. 额叶、顶叶、颞叶、枕叶的主要心理功能是什么？

　　4. 边缘系统包括哪些？其主要心理功能是什么？

　　5. 大脑的偏侧化是指什么？有哪些表现？

　　6. 感觉与知觉之间的联系和差别是什么？知觉有什么特性？

　　7. 注意的类型包括哪些？注意的神经功效是什么？

　　8. 记忆的分类有哪些？Atkinson-Shiffrin 记忆模型是什么？改进后的记忆模型对旧模型有哪些扩展？

　　9. 工作记忆模型包括哪些？工作记忆的神经心理过程涉及大脑的哪些结构？各自发挥的功能是什么？

　　10. 情绪的分类模型有哪些？大脑哪些区域与情绪的产生有关？

　　11. 睡眠有哪些分期？各自的特点是什么？简要概括 REM 睡眠期的神经机制。

　　12. 从神经心理学的角度阐述梦是如何产生的。

　　13. 大脑各语言功能区的位置在哪里？什么是失语症？有哪些失语症？这些失语症背后的神经机制是什么？

　　14. 请简要概述 BWL 语言模型。什么是第二语言？第二语言习得与第一语言习得的差别是什么？

参 考 文 献

丁祖荫. 1986. 幼儿心理学. 北京: 人民教育出版社.

桂诗春. 2000. 新编心理语言学. 上海: 上海外语教育出版社.

桂守才. 2007. 基础心理学. 北京: 人民教育出版社.

何金彩. 2013. 神经心理学. 北京: 人民卫生出版社.

刘克俭. 2005. 创造心理学. 北京: 中国医药科技出版社.

梅锦荣. 2011. 神经心理学. 北京: 中国人民大学出版社.

尹文刚. 2007. 神经心理学. 北京: 科学出版社.

周爱保. 2013. 认知心理学. 北京: 人民卫生出版社.

Adolphs R, Gosselin F, Buchanan T W, et al. 2005. A mechanism for impaired fear recognition after amygdala damage. Nature, 433: 68-72.

Anderson M L. 2010. Neural reuse: A fundamental organizational principle of the brain. Behavioral and Brain Sciences, 33: 245-266.

Baddeley A. 2010. Primer: Working memory. Current Biology, 20: 136-140.

Barrett L F. 2006. Solving the emotion paradox: Categorization and the experience of emotion. Personality and Social Psychology Review, 10: 20-46.

Buck R. 2010. Emotion is an entity at both biological and ecological levels: The ghost in the machine is language. Emotion Review, 2: 286-287.

Cohen R A. 2013. The Neuropsychology of Attention. Second Edition. Berlin: Springer-Verlag.

Craig A D, Craig A. 2009. How do you feel-now? The anterior insula and human awareness. Nature Reviews Neuroscience, 10(1): 59-70.

Harley T A. 2013. The Psychology of Language: From Data to Theory. Hove: Psychology Press.

Ingram J C. 2007. Neurolinguistics: An Introduction to Spoken Language Processing and its Disorders. Cambridge: Cambridge University Press.

Lindquist K A, Wager T D, Kober H, et al. 2012. The brain basis of emotion: A meta-analytic review. Behavioral and Brain Sciences, 35: 121-143.

Mccarley R W. 2007. Neurobiology of REM and NREM sleep. Sleep Medicine, 8: 302-330.

Mcgaugh J L. 2000. Memory: A century of consolidation. Science, 287: 248-251.

Perani D, Abutalebi J. 2005. The neural basis of first and second language processing. Current Opinion in Neurobiology, 15: 202-206.

Russell J A. 2003. Core affect and the psychological construction of emotion. Psychological Review, 110: 145.

Sarter M, Givens B, Bruno J P. 2001. The cognitive neuroscience of sustained attention: Where top-down meets bottom-up. Brain Research Reviews, 35: 146-160.

Shipp S. 2004. The brain circuitry of attention. Trends in Cognitive Sciences, 8: 223-230.

Simons J S, Spiers H J. 2003. Prefrontal and medial temporal lobe interactions in long-term memory. Nature Reviews, 4: 637.

Sterzer P, Kleinschmidt A, Rees G. 2009. The neural bases of multistable perception. Trends in Cognitive Sciences, 13: 310-318.

Tong F, Meng M, Blake R. 2006. Neural bases of binocular rivalry. Trends in Cognitive Sciences, 10: 502-511.

Treue S. 2001. Neural correlates of attention in primate visual cortex. Trends in Neurosciences, 24: 295-300.

Wartenburger I, Heekeren H R, Abutalebi J, et al. 2003. Early setting of grammatical processing in the bilingual brain. Neuron, 37: 159-170.

第 4 章　神经工效学基础

新型交叉学科领域——神经工效学重点关注工作场所实际作业环境中或日常生活使用计算机和其他各种大中小型机器（包括操作飞机、汽车、火车及船只等）、工具时的人类感知、认知和绩效与系统、技术之间的关系。随着无创脑功能监测技术的出现和发展，人类行为与技术、工作的相互联系可以从诸如脑力负荷、视觉注意、工作记忆、运动控制、人-自动化交互和自适应自动化等众多角度开展研究。近年来神经工效学的研究蓬勃发展，以人为中心的认知状态监测、认知增强、闭环自适应人机交互等技术成为工效学研究的新热点。本章重点介绍神经工效学的概况、主要研究课题、典型应用及其重要价值。

4.1　神经工效学概述

4.1.1　神经工效学定义

神经工效学（neuroergonomics）是由 Parasuraman[①]于 1997 年提出的新概念，基本定义为工作中大脑与行为的研究，是神经科学（neuroscience）在工效学（ergonomics，或称人因学，human factors）中的应用。工效学注重认识人类与系统其他要素之间的交互，并应用其原理和方法来设计人类工作与生活的环境，以实现安全、高效、舒适的工作和生活，并提高系统整体性能。传统的工效学主要依赖于对诸如安全性（safety）、反应时（response time）、重复性压力损伤（repetitive stress injuries）等人因问题的心理学解释。相对而言，神经工效学更偏重于大脑神经生物学解释和改善绩效的行为学方法。

神经工效学的主要目标是运用人类绩效、工作能力与脑功能（brain function）的知识来设计工作硬件环境或计算机软件系统以实现更安全、更高效的作业，在实际作业任务中加深和提高对脑功能与工作绩效之间关系的理解。为此，神经工效学需充分融合神经科学和工效学两个学科领域知识（神经科学研究脑神经功能内涵，工效学研究如何高效发挥与恰当匹配人的工作能力、技术水平和避免能力局限、技术短板），以使人们安全而高效地工作。

神经工效学的基本原则是通过工效学研究和实践探索大脑如何从执行日常工作与生活的复杂任务中获得更大的效益。对大脑功能的深入理解可以发展和改进工效学的理论，反之也会促进具有深远意义的脑科学研究的发展。例如，对大脑如何处理视觉、听觉、触觉等信息的了解可以为信息呈现与任务设计理论提供重要指导和规范。而实现这一过程的

---

① Parasuraman R，1950—2015，乔治梅森大学心理学教授，人因与应用认知研究生项目主任，神经工效、科技与认知学示范中心主任，于 1997 年首次提出了 neuroergonomics 的概念，奠定了神经工效学研究的基本框架，并著有神经工效学第一部学术著作 *Neuroergonomics：The Brain at Work*。

基本前提是，神经工效学的研究方法允许研究者针对人与工作关系提出不同的问题、发展新的解释框架，而不是仅仅依靠对作业人员外显行为和主观认知的测量。

4.1.2 从工效学到神经工效学

现代人因学与工效学重点研究从科学、工程、设计、技术与管理的综合角度来发现和认识人类与人造物品间相互作用的原理。包含各种自然和人造消费品、工作流程和生存环境等适人系统都为满足人们的需求而设计。工效学的研究促进了以人为本的工作系统和技术设计方法的发展，这种方法需要考虑生理、认知、社会、组织、环境以及其他与人-系统交互相关的因素，以使系统适合人的需求、能力和局限性，从而达到优化人类福祉和系统总体性能的最终目的。工效学倡导系统性运用人类特征来设计人、机器、环境之间的交互系统。通常，这种设计系统目的包括改进系统效率、生产率、安全性、方便性及其对人类福祉和生活质量的贡献。此外，工效学还力求发现、学习和运用人类行为、能力、局限性及其他特色知识来设计和评价作业系统、消费产品与工作环境。工效学的科学研究致力于理解和模拟特殊人群的能力及局限性等特定人类属性如何与环境交互。应该注意的是，现代工效学面临系统复杂性增大，并且人与系统及其关系呈现非线性和模糊性的特征。非线性动力学和模糊数学不仅描述神经信息处理产生的人类意识，而且描述人类存在与发展的本质，同时预示人类学习、成长和生存之必然。人类所理解和模拟工作中复杂人-系统交互的能力取决于其对神经信息处理过程复杂性的认识。

从希波克拉底时期开始，科学家就开始研究人类大脑的工作原理。现代神经科学应用各种水平的分析手段研究大脑活动，包括分子神经科学、细胞神经科学、系统神经科学、行为神经科学和认知神经科学，后三个神经科学研究途径特别注重研究工作中的人。系统神经科学研究神经回路和系统的功能，行为神经科学应用生物学原理研究行为的遗传、生理和发育机制，认知神经科学研究认知处理的神经基础以及大脑活动如何产生人类意志。这三方面紧密相关，也是研究作业中人-系统交互必不可少的，使得神经科学知识应用于工效学成为现实，并因此产生了神经工效学。如 Parasuraman 所言，神经工效学致力于研究真实世界中与技术、工作、休闲、交通、卫生保健等装置设备相关的脑功能和身体功能的神经基础。

神经工效学作为专注于工作中大脑与行为研究的学科，其研究工作过程设计以匹配人类神经系统功能和局限性的方法，着重研究人类知觉、身体、认知、情感与工作活动的相互关系。近年来，神经工效学的实验研究受益于众多无创脑功能监测技术的出现。这些技术能够从多个角度研究和观察人在参与技术和工作活动时相关的神经活动及其行为（包括脑力负荷、视觉注意、工作记忆、运动控制、人-自动化交互和自适应自动化等多个方面）。与职业卫生和医学治疗的发展相比，工效学这一重要的新分支领域发展神经自适应技术，应用新的以人为中心的复杂技术、工艺或复杂服务系统设计原则，将有更深远的潜在效益。

从复杂系统的角度来看，神经工效学的重点在于认识和设计人脑与人造系统之间的复杂交互过程。神经工效学设计过程体现为将人脑的能力和局限映射到系统-技术-环境的需求和供给中，最终深入到工作中的人脑适应性需求中。并且，作为结合工效学和神经科学知识的新兴独特学科，神经工效学在不远的将来会让我们对人（人的能力与局限）与技术（产品、机器、设备、工序）、广义工作系统（工作流程和管理结构）复杂关系的理解有显著飞跃。

4.1.3　神经工效学的现实意义

神经工效学研究工作过程中大脑与行为之间的因果关系。其主要目的是应用这一新领域的科学知识和实验数据来认识人在工作任务中的行为表现，并依据工效学知识设计出令用户更安全、高效并身心愉悦的工作系统和环境。神经工效学这一目标对于推动中小型技术产品（智能手机、全球定位系统、语音操控设备等）不断发展与市场更新尤为重要，因为这些产品在不断向用户提出新的信息处理要求并与其生命安全攸关（如驾车、走过繁忙的十字路口）。

神经工效学技术进步不仅会深刻影响普通市民的生活，而且将显著提升军事人员的战斗实力。例如，美国空军首席科学家 Werner 在 2010 年发表的《2010—2030 空军科学与技术前瞻》报告中指出人的绩效提升是未来 20 年增强国防军事实力、提高军人战斗能力的关键技术之一。报告指出，高精尖新式武器与其操作使用军事人员的知识背景及技术水平差距正在加大，战斗人员与其配备武器之间的不协调关系也在持续扩大。由于军事装备技术内涵的持续增加，将人员操作能力作为装备性能的一个重要技术环节来统筹考虑变得越来越重要。很显然，为增强人（战士）-机（武器）交互系统性能，提高战斗绩效，现在比以往任何时候都更需要军事系统工效学的研究。该报告还特别建议采用各种特别措施（如脑电、肌电等电生理信号辅助监测，电、磁刺激等物理能量激励或通过药物、植入体甚至穿戴机械外骨骼助力）来改善人的认知、记忆、警觉性和提高人的视觉或听觉灵敏度以直接增强人的各种能力。例如，可通过操作人员脑电、肌电或其他操作特征信息实现人与机器的直接偶联、经特征信息提取和模式识别解码个体操作关键能力特质并自适应地调整机器性能参数，做到人机配合、高效发挥。总之，认知科学和认知神经科学必须与传统工效学结合以创造神经工效学的新应用。

尽管目前大量主流的神经工效学研究兴趣和投资多来源于军事国防领域应用，如基于操作者状态的自适应自动化和脑-机接口，但可方便地拓展用于民间日常工作、交通和休闲环境中。神经工效学应用的开发需要对所要执行的任务及其认知过程和现有可用于测量或影响认知处理的技术方法有充分理解。大量文献都有针对任务与认知工作的分析。可以说，神经工效学寻求将神经科学应用于人与系统设计，通过分析操作人员对工作任务的认知和认知活动背后的功能性神经网络来评价系统工作信息处理质量及其绩效，并与实际工作成绩比较，进而据此提示或干涉操作人员改进操作或自适应地调整系统工作参数以改善系统工作绩效，保证人员安全与绩效最优。这就是当前理解的神经工效学研究的现实意义。

4.2　神经工效学研究的重要问题

本节讨论在神经工效学中研究较多也是对人工作绩效影响较大的几个重要问题：脑力

负荷、人误、脑力疲劳、情绪、睡眠缺失、警觉度。上述问题在目前神经工效学研究中占据很大比例,美国国家航空航天局(National Aeronautics and Space Administration,NASA)和美国国防部高级研究计划局(Defense Advanced Research Projects Agency,DARPA)皆有针对这些问题的研究专项并已取得了一些进展。本节主要从概念、研究背景、对绩效的影响和神经工效学的研究与应用等几个方面出发展开讨论。

4.2.1 脑力负荷

1. 脑力负荷的概念及其与绩效的关系

脑力负荷(mental workload)也称心理负荷、精神负荷、脑力负担,可以理解为人在单位时间内的脑活动量、认知资源占用率、人在工作中的心理压力或信息处理能力,是工效学中研究最广泛的主题之一。1977 年,北大西洋公约组织(North Atlantic Treaty Organization,NATO,简称"北约")人因特别委员会组织召开的"脑力负荷的理论与测量"(Mental workload:Its theory and measurement)专题会议上普遍接受的观点认为脑力负荷是一个多维概念,它涉及任务需求(task demand)、时间压力(time pressure)、操作者能力(operator's capacity)和努力程度(effort)、行为表现(performance)及其他众多因素。因此,脑力负荷是内因与外因相互作用的结果,可以描述为任务所需认知资源与作业人员的可用认知资源之比,即认知资源占用率。

图 4-1 中的曲线显示了典型的脑力负荷与工作绩效、任务需求和努力程度的相互影响关系,可见任务需求适当时脑力负荷适中、绩效最高,而任务需求过高时脑力负荷也偏高,需要付出较大努力,绩效大幅降低,过低的任务需求脑力负荷较低,绩效处于不稳定状态。因此,在复杂且安全性要求较高的人-机系统中,对系统造成的脑力负荷进行评估,实现脑力负荷的监测并进行反馈调节以合理地控制人-机系统中的任务需求,控制人的脑力负荷水平对系统的工作效率、安全性、人的健康都有非常重要的意义。

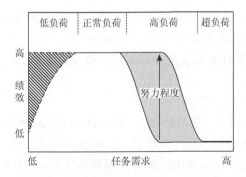

图 4-1 任务需求、努力程度、脑力负荷、工作绩效之间的关系

(图片来源:Wilson G,Fraser W,Beaumont M,et al. 2004. Operator functional state assessment. NATO RTO Publication RTO-TR-HFM-104,NATO Research and Technology Organization,Neuilly sur Seine)

2. 基于神经工效学的脑力负荷检测

基于生理参数的脑力负荷研究最早可追溯到 1971 年 NASA 的研究报告《飞行员脑力负荷测量技术开发》（*Development of techniques for measuring pilot workload*），该报告中针对飞行员的工作负荷采用心电、呼吸、皮肤阻抗和脑电结合的方法进行研究。1976 年，在北约人因特别委员会主持召开的"监视行为与监督控制"（Monitoring behavior and supervisory control）专题会议上，提出了在新的人-机系统中测量脑力负荷的重要性。1979 年以"脑力负荷的理论与测量"为主题的 NATO 系列会议刊物中系统讨论了以生理信号实现脑力负荷检测的理论依据，认为从生理角度看，脑力负荷应该视为中枢神经系统中的处理负荷，这一施加在中枢神经系统上的负荷会影响与其相关的功能结构，如能量供给与新陈代谢、损耗与修复以及其他生理过程，而这些生理过程很容易被检测。

1）基于自发脑电的研究

一般研究自发脑电各个频段在不同脑力负荷水平下的变化，并采用模式识别等算法建立脑力负荷模型，是脑力负荷研究中使用最多的方法。已有研究表明，脑电 θ、α、β 等频段的能量对脑力负荷变化敏感，当人处于较高警觉性并进行较高难度的任务操作时，脑电活动的主要成分会趋向于幅度较低、频率较高的 β 频段；当人处于清醒但较低的警觉性时，脑电的 α 波活动增强；当人处于困倦状态时，θ 波会明显增强。一般认为，心理压力、思维活跃和注意都会促使脑电活动向较高频段移动并且抑制 α 波的活动。并且 α 波、θ 波的能量和任务难度、脑力负荷有负相关的关系。

2）基于事件相关电位的研究

一般从不同脑力负荷下事件相关电位（ERP，参见本书第 2 章及后续相关章节）的幅度和潜伏期变化入手开展研究。ERP 的产生需要有一定规律的事件刺激任务，因此 ERP 在脑力负荷中的研究一般基于本身能够诱发稳定 ERP 的任务或基于主任务加辅助刺激任务的方式。故 ERP 的脑力负荷研究在应用中会受到一些限制，更多的是规律性的考察。早期基于 ERP 的脑力负荷研究受 ERP 成分与疲劳、唤醒度、警觉度等脑状态相关的启发，常将 ERP 与辅助任务法相结合，作为一种评估主任务的脑力负荷检测方法。但这些早期研究都主要集中在外源性成分，后来一些研究开始尝试 P300 成分（其幅度与投入任务的注意力资源相关）。因此，当受试者执行主任务的同时兼行辅助任务时，因为认知资源竞争，辅助任务诱发的 P300 成分幅度就能够用于评估主任务所占用的注意力资源。

3）基于心率和心率变异性的研究

采用心电的脑力负荷研究一般考查心率（heart rate）和心率变异性（heart rate variability，HRV）变化，因其与自主神经系统关系密切，能够反映人的心理压力状态，对任务需求和自体努力程度的变化敏感，是最常用的脑力负荷检测指标，并且在实际作业环境中容易被作业人员接受，也是最早用于脑力负荷研究的生理参数之一。但基于心电的研究有一种观点认为，心率不是一种敏感的或特异性检测指标，因为心率受体力消耗影响，并且不能提供交感神经和副交感神经的潜在机能信息，而只能反映自主神经系统在心血管系统机能中的作用。但心率的谱分析可提供副交感神经和交感神经的活动信息，谱分析通常将心率变异性分为三个频带：低频（0.02～0.06Hz）、中频（0.07～0.14Hz）和高频（0.15～0.5Hz）。其中频成分受血压和认知努力程度影响较显著。

4）基于功能性近红外光谱的研究

功能性近红外光谱（functional near-infrared spectroscopy，fNIRS）作为一种较新颖的大脑活动成像方式，在近年来的研究中出现越来越多。fNIRS 采集的是大脑氧合血红蛋白（HbO）和脱氧血红蛋白（HbR）含量的变化，可直接反映大脑血氧代谢的变化，也间接反映了大脑神经元的活跃程度，因此可作为脑力负荷的研究对象。有研究在模拟飞行任务下采集被试前额区的 fNIRS 信号和心电信号，发现背外侧位置对应通道的氧合血红蛋白对脑力超负荷敏感。但这些研究主要还集中在规律性探索阶段，近些年部分学者也开始尝试进行基于 fNIRS 模式识别的脑力负荷建模。有研究针对 n-back（n=1, 2, 3）任务下的脑力负荷，采集被试前额区的 fNIRS 信号，以 HbO 和 HbR 的变化率为特征，采用线性判别分析法进行分类，得到脑力负荷三分类正确率最高达到 78%。这些研究表明 fNIRS 可提供能用于实际复杂任务中的敏感脑力负荷指标。前些年已出现了便携化的近红外设备，为 fNIRS 应用于实际作业任务的脑力负荷检测提供了方便。

4.2.2　人误

1. 人误的概念及其研究背景

人误（human error）通常是事故和灾难的重要因素之一，尤其在航空、核能等高风险工作环境下。尽管有很多质疑人误概念的声音，但人会有失误是不可否认的，唯一的问题是人误如何发生、在何时发生、为什么会发生。有时失误起因的关键可能并不在于人——不管人是否执行了事后认为不适当的行为——而在于其他，不管起因是什么，失误都发生了。偶然灾难中的人误在很多领域的研究和案例报告中都有记录，最早可见于三哩岛核电厂事件，也因此，分析人误的正规方法最初由美国核管理委员会制定。此后，人误分析延伸至很多工业领域，最近已发展到健康保健领域，并且因为美国医药研究院的报告中指出每年有 50000 例死亡是因为医疗失误而显得很突出。人因和工效学的研究者认为失误是很多不同因素的累积效应，包括系统性能不良或设计缺陷、缺乏训练、缺少维护、组织压力和监管政策等。已有若干种人误分类方式帮助理解这些因素间的复杂相互作用关系。同时，研究者已经提出了一些不同类型失误下潜藏的认知结构。

最近，神经科学研究者已经开始梳理不同类型失误的神经机制及其与认知机制之间的联系。但这些研究都采用相当简单的任务，采用反应冲突诱发被试失误。实验室研究发现，失误并非无缘无故发生的，而是在反应之前就有促使失误发生的条件，如冲突，反应后还会有评估和失误补偿行为。反应冲突经常被用于诱发失误。广泛应用的范式之一是著名的斯特鲁普测试（Stroop task），任务中显示颜色名称和字体的颜色不一致，以引起反应冲突。另一种被广泛使用的任务是埃里克森侧向任务（Eriksen flanker task），也是采用诱发反应冲突的方法。这些实验室中得到很好研究的简单实验范式并不能完全涵盖真实工作环境中诱发反应冲突失误的复杂性，但这些任务能够概括失误的基本要点和过程，包括反应前的冲突条件、错误反应本身以及发现失误和可能的补救措施等反应后过程。这些过程在复杂真实任务中也很可能出现，因此认识它们的功能特征、时间特性和神经基础可以帮助理解复杂失误。此外，研究中逐渐在使用更复杂的任务，神经科学新发现的步伐越来越快，其应用于工效学的潜力也更加显著，成为神经工效学新生领域的范例。神经工效学不能解决人误研究中的所有问题，而是提升了对失误和失误类型的认识，继而与工效学方法结合为设计最小化人误后果的系统做贡献，这一目的与神经工效学其他领域相似。

2. 错误相关电位及其神经工效学应用

近年来，神经信号与特定类型人误之间的联系得到确认。即发现与人误最相关的神经电信号——错误相关负波（error-related negativity，ERN）主要与错误事件联系紧密。下面详细介绍 ERN 的特征、在大脑中的源、功能作用及其对人误研究的意义。

ERN 信号是一种具有与错误行为事件锁时关系的特殊事件相关电位（ERP）。一般认为，使用 ERP 可以直接研究与特定认知过程相关的神经事件时序，并能从行为测量中得到认知反应时间，这一方法以心理时序测定而著称。其高时间分辨率允许研究并检测人误反应前后的神经活动。ERN 于 1990 年首次被发现，其特点是在错误反应的 100 毫秒内集中于前额中部的负偏转电位，这一负向偏转开始于反应之前，稍晚于造成失误的肢体活动所产生的肌电信号。图 4-2 所示为在埃里克森侧向任务中的正确和错误反应 ERP 信号（波形是 20 名被试反应冲突电信号的叠加平均）。由图中可以看到，错误反应的 ERN 呈现负走向，在 100 毫秒内达到峰值，与正确反应 ERP 的区别很明显。

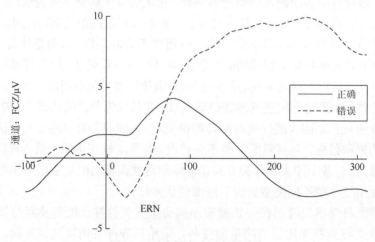

图 4-2　反应锁定失误相关电位

（图片来源：Fedota J R，Parasuraman R. 2010. Neuroergonomics and human error. Theoretical Issues in Ergonomics Science，11(5)：402-421）

ERN 在脑内的源可以通过源估计的方法推测，Dehaene 等估计的 ERN 偶极子位于额叶内侧的前扣带回（anterior cingulate cortex，ACC），在行为的认知和情感执行控制中起核心作用。Bush 等认为建立 ACC 功能的统一理论尚存困难，更早已有研究认为 ACC 与努力注意控制、情绪处理和失误检测有关。后来更多的研究也将头皮检测的 ERN 定位到

ACC。因此，尽管 ACC 的准确作用并不确定，ERN 在脑内的源位于这一前额脑区已基本达成共识。

ERN 在错误反应后的 100 毫秒内达到峰值，表明 ERN 的潜在神经机制不大可能利用与执行响应相关的本体感觉或感官信息，而是与响应执行的抽象认知表征相关。这一抽象响应表征的证据可以在多运动反应的研究中发现。不同肢体（如胳膊和腿）反应的 ERN 源于相同的神经结构，表明 ERN 认知机制的灵活性。因为 ERN 不受具体运动反应的影响，其基础过程应该是独立于反应的输出方式。这一发现也表明 ERN 代表一种大脑中的通用失误监控机制。

前面主要阐述了人误的神经科学基础研究，但在实际工效学中，将这些研究成果应用于工效学评估是主要目标。很多工效学研究者认为完全根除人误是不可能的，但是系统设计可以有更强的容错能力或适应能力。神经工效学可以为更强容错和适应能力的系统设计提供很多方法，首先可以提供鲁棒性更强的智能错误监测方法，其次可以为作业人员提供当前和未来状态的反馈，两种方法结合能得到更好的效果。例如，若 ERN 被准确识别，就可以在错误监测和状态反馈中发挥重要作用。

Schalk 等发现，使用脑-机接口的工作任务中如果可以识别 ERN 并修正，就能提高任务绩效。试验中健康被试佩戴基于 EEG 的 BCI 以移动鼠标指针到屏幕的顶部或底部两个位置，被试经过高度训练，错误率低于 5%，然而在错误的试次中发现了类似 ERN 的信号。Schalk 等在离线分析中评估了 ERN 信号对个体正确率的影响，当去除了出现 ERN 的试次，正确率和信息传输率都显著提高。这一结果表明监测 EEG 中的错误神经信号是可行的，并且可用于提高 BCI 应用的效率。

除了单试次 ERN 应用于 BCI 提高正确率，ERN 信号幅度的大小还可用于人员选择。Gehring 等发现，被试更注重正确率时 ERN 幅度更大，因此，在诸如质量控制这种需要保证正确率的工作中，监测 ERN 幅度大小可用于观察作业人员对正确率重视程度的变化，如果整个过程中 ERN 幅度都较大，则表明作业人员在失误监控和正确率上付出了较大的努力。监测 ERN 能够区分个体意图与其他影响总体正确率的系统因素。这就可以用于优选能够在整个过程中以更好地保持正确率为主要目标的工作人员。还可以根据 ERN 推断个体差异性，进而制定个性化的训练计划。

4.2.3　脑力疲劳

1. 脑力疲劳（mental fatigue）的概念、诱因及其对绩效行为的影响

长期以来脑力疲劳研究皆处于概念不清和问题不明状态，少有研究致力于发展广泛接受的定义，大多数心理学研究更是如此，除认为疲劳是一种疲倦的主观状态之外，对于脑力疲劳从来没有一致的定义。最广泛采用的操作性定义认为脑力疲劳是正在进行的脑力活动的短时间减少，通常发生在相对短暂的时间段内（几小时）。一般认为脑力疲劳特指人们在进行脑力任务或处理有压力事件的过程中出现的疲倦状态，这就将脑力疲劳与长期条件下的慢性疲劳和过度疲劳以及一些短期疲劳区分开。除去主观的疲倦特征之外，脑力疲劳的第二个定义性特征是通常会观察到任务绩效的降低，但由于操作者常使用绩效保护

策略，这点并不总是可靠的，尤其在高技能作业中。多数脑力疲劳诊断都是检测疲劳后效应，即在后续作业中任务参与度降低，主要特征是低努力程度。

在任何情形下，任务导致的疲劳通常都与睡眠障碍和睡眠时间自然变化导致的疲劳区分开，也有必要区分睡眠剥夺相关的疲劳和日常节律相关的疲劳。当然，更复杂的问题是睡眠剥夺可能是体力和脑力作业任务引起的。因为这些不同状态之间存在联系，任何脑力疲劳的研究都必须注意到其他原因的疲劳影响。这些关系的简单表征如图 4-3 所示，每一种压力源都会使相应形式的疲劳增加，各自的反馈环路表示降低相应疲劳需要采取相应措施，改善脑力疲劳需要休息或变换任务，困倦需要睡眠，体力疲劳则需要体力休息。所有三种压力源都会导致一种广义的疲劳状态，并且最终都会影响作业人员的状态和绩效。

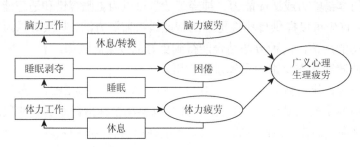

图 4-3　疲劳与脑力工作、睡眠剥夺、体力工作的关系

现代工作环境下，脑力疲劳和睡眠问题导致的疲劳是最主要的问题，很多工业和军事作业都会造成这两种疲劳的上升，但在实际的工作场景中很少针对这两种疲劳的各自影响和它们的交互作用进行评估。尽管工作/休息周期与睡眠/清醒周期之间有很强的关系，但脑力疲劳与睡眠疲劳是由很明确的不同环境约束所导致的。因此，考虑它们的交互作用从实践和理论的角度来看都很重要。是长时间的工作还是长时间的睡眠扰乱影响更大？是一段时间的夜间轮班工作还是一段时间的高认知需求造成的损伤更大？实际的作业场景中尚无直接证据回答这些问题，这些交互作用还没有在研究中受到广泛重视。

脑力疲劳通常与绩效降低相关，但这种关系常较弱。在导致参与度降低和绩效降低方面，脑力疲劳与厌倦、注意力分散和丧失任务动机表面上很相似。在早期的研究中，认为厌倦是因为任务负荷太低，而疲劳是因为任务负荷太高，但边界条件比较模糊，这一区别并未得到充分验证。例如，持续注意一个低事件频率的监控任务时需要高水平的集中和保持注意，这样会导致脑力疲劳，尤其是付出较大努力保持绩效时。同样，高负荷任务中即使不参与也会厌倦、注意下降。然而，疲劳效应更可能出现在超负荷情况下，因为完成高需求任务少有休息的机会，难度较大。早期技能减退的分析中，疲劳对行为的影响不再局限于观察输出的降低或行为变慢，而是寻找反映在人类反应模式或时间特征中更不易察觉的效应。反应时的早期研究发现长时间颜色命名任务中的疲劳效应，不是平均反应时增加而是反应极慢的次数增加，这一效应已经在大量的研究中用选择系列反应任务和睡眠剥夺被反复证实。这种减慢可以在事件发生前几秒检测到，可以作为一种重置注意控制的自适应策略。

证明疲劳本质的最强证据之一是它与对一段作业任务结束之后的任务付出努力的抵制有关。这一点由 Thorndike 首先提出，并在后来的综述中被反复强调，在 Holding 等的研究中得到了很好的证实。例如，如果有选择，疲劳的被试在解决问题时会付出更少的努力，并且在作出判断前搜集的信息更少。从现代的观点看，疲劳后抵制努力付出是疲劳状态最重要的特征。另有一些研究发现，连续近两天的模拟飞行任务诱发的疲劳对尾随追踪任务没有可靠的影响，作者的解释是被试可以通过努力立即克服疲劳的影响，但如果没有特别的测量方法很难检测到这种补偿活动。然而，正如 Holding 的研究中发现的，如果有两种都可接受的反应方式，疲劳状态下的人更可能选择需求更低的。

在复杂人机系统中，人与系统大都处于特殊极端的工作环境。这些极端的工作环境加之高强度的工作负荷极易引发操作人员的脑力疲劳，导致绩效降低和失误增加。疲劳使个体感知觉和反应迟钝、思维迟缓、记忆力减退、注意力不集中、机警水平降低、对外环境刺激不敏感、工作动机不足。疲劳使感觉运动通道受阻，随意控制受损而影响随意行为。处于疲劳状态的人还较少纠正行动失误，并表现出监控和调节行为的能力下降。疲劳可使脑的额叶执行功能减弱，非随意注意与选择注意能力下降。朝向反应的削弱提示脑力疲劳后可能会对危险信号的觉察判断能力下降。同时选择注意能力的下降说明疲劳后机体对应急任务作出反应的能力受到损害。疲劳后对于冲突信息监测和抑制反应的能力下降，即脑力疲劳减少了对注意资源的投入，从而限制了对反应抑制的处理，说明对冲突信息进行深入加工的过程受损。

2. 脑力疲劳检测方法

由于疲劳的主要感觉是疲倦，主观报告可以提供最直接的疲劳水平报告。但没有标准的监测方法，而依赖于作业任务之后的专门问卷调查，询问受试者有多疲倦。李克特量表（Likert scale）或视觉语言量表都适合用于疲劳主观评估，通常多维量表与单维量表相比能得到更可靠的结果。

如前面所讨论的，任务绩效测量结果并不可靠，任务绩效和行为指标会受任务本身的特性、个体对环境反应的动态性和个体目标差异的影响。相同的过程可能是对任务需求或压力源的反应，可能是外部因素或内在动力驱动的目标。但本质上在任何一种情况下，脑力疲劳都是在多变环境约束下保持对任务和目标的需求所导致的。因此，绩效和行为指标都能反映疲劳后效应（after-effects），通常采用紧接着主任务的后续任务进行评估。这种方法已经被很多研究者采用，尽管设计这种测试的主要准则是明确的，但同样没有标准的方法。这种测试一般要给受试者两种做任务的可选择方法，一种需要付出较大努力，另一种风险更大但更容易，疲劳后受试者更容易选择后一种方式。Jongman 等认为，疲劳涉及工作记忆中保持激活控制过程的缺失，并触发信息处理策略的补偿性改变。

生理评测法是通过检测与疲劳相关的生理特征来监测被试者的疲劳状态，是目前国内外研究最多的客观疲劳评测方法，主要包括心电、脑电、眼电、肌电等方法。心电指标包括心率指标和心率变异性指标，是判断疲劳驾驶的一项重要生理指标。研究表明，心电在研究飞行员和其他一些驾驶人员的工作负荷上是非常敏感的指标。Riemersma 等早在 1977 年就报道了在疲劳驾驶状态下会出现心率显著下降的情况，而 Lal 和 Craig 的研究也证实了这一现象。脑电（EEG）是人们认为最可靠的指标之一。在 20 世纪 80 和 90 年代，这种研究方法曾一度流行，并得出了一些结论，即疲劳时大脑前中部位的 α 波（蔓延到额叶区的 α 波）活动会增加，持续时间为 1～10s，同时伴随枕部 α 节律的下降，枕部 α 波消失后，颞区中后部又会出现几秒钟的 α 波。其他研究在对疲劳驾驶进行脑电监测时也出现了类似的 α 波变化模式，即枕叶和顶叶的 α 波会扩展到额叶，如大脑中前区和颞区。眼电与大脑觉醒状态关系密切，早期研究提示，正常眨眼运动的消失以及小幅眨眼可能是疲劳出现的最早标志。而 Lal 和 Craig 有关疲劳驾驶的研究则进一步表明，在从警戒状态到疲劳状态的转换过程中，快速眼动消失，取而代之出现小幅度高频率的眨眼运动。该变化在大多数人身上都很显著，这证明了眼电作为疲劳监测指标的潜力。通常，人在疲劳瞌睡时眼睑眨动较频繁，眼睛闭合时间也较长。一般情况下人们眨眼时眼睛闭合的时间是 0.12～0.13 秒，驾驶时若眼睛闭合时间达到 0.15 秒就很容易发生交通事故。脉搏波不仅反映人体心血管压力的变化，还包含着丰富的生理信息，兰州理工大学张爱华等将脉搏波功率谱峰值及其中心频率等参数作为特征量，利用线性判别分析（linear discriminant analysis，LDA）对提取的数据进行分类，建立了基于脉搏波功率谱的精神疲劳检测方法。陈雪峰、周宽久等提出了基于脉搏波特征参数的驾驶员疲劳检测方法，将疲劳划分为 4 种状态：正常、稍微疲劳、较疲劳、极度疲劳，模型判别率达到 88.6%。肌电是肌肉活动张力程度的客观生理指标，能够反映肌肉的紧张程度、拮抗肌之间的协调程度、肌肉的疲劳程度，也可反映精神的紧张程度。Hostens 等通过表面肌电信号来研究人在长途驾驶中肌肉疲劳的过程，研究发现疲劳产生后，表面肌电值上升，肌电平均频率下降。其他研究也表明肌电图的频率随着疲劳产生和疲劳程度的加深呈现下降趋势，而肌电图的幅值则随疲劳程度加深而增大。肌电图的测试方法相对于脑电图的测试要更加简单，且结论较明确，但更多用于体力疲劳的评测。

4.2.4　情绪

1. 情绪对人行为的影响

关于情绪的概念、分类及情绪的脑机制等内容，请参考本书第 3 章 3.4.4 节。情绪在人类日常生活中对人类意识有非常显著的影响，个人和社会事物都与正性和负性情绪有很大关系，奖励或惩罚、愉快或痛苦、高兴或悲伤都会产生身体上的变化。各种情绪体验都会在我们进行决策的过程中发挥作用，在社交过程中发挥的作用更大。情绪也会影响人们感受世界的感觉、注意、记忆的过程，在正性情绪状态下，人们更趋向于注意事物的全局，能够看到或记住事物的主要轮廓，而在负性情绪状态下人们更容易记住事物的细节。情绪以及情绪的身体反应受边缘系统调节，尤其是杏仁核是调节情绪行为和处理感觉器官输入的情绪内容核心。在神经工效学中，理解情绪和监测情绪反应更为重要。在人机交互过程中，人所面对的不再是人类而是计算机助手，已有研究显示，仿真机器人，甚至计算机软件，能够诱发与社交活动一致的大脑活动。因此，更好地理解情绪网络作用可以优化人机接口的设计。

2. 情绪检测

计算机理解和识别人类情绪已成为人机交互研究中最重要的领域之一。情绪在理性决策、知觉、学习和一系列功能中发挥着重要作用，因此，使计算机和机器人有理解人类情绪的能力可以使人机交互变得更有意义、更简单。例如，在线学习过程中，如果计算机能够获知学生的情绪状态，就可以通过改善学习方式大大提高学生的可接受度。心理学家可以通过患者的情绪状态诊断疾病。可以让任何年龄段的自闭症患者清楚地表达自己的情绪。研究者尝试采用面部表情、行为举止、语音和生理信号等各种方式实现情绪识别。传统采用面部表情和语音强度、节奏、语调进行情绪识别方法的识别正确率偏低，并且受文化、性别和年龄的影响而难以通用。这些方法被广泛报道是因为其特征提取相对简单，光线条件、配饰、噪声等都对这些方法应用于实际构成挑战。近十年来，采用生理信号的情绪识别研究发展势头较好。生理信号的复杂本质及其对运动干扰的敏感性使得很难直接从原始信号通过视觉观察解释和获取情绪状态，但生理信号源于神经系统的活动，会受主观意识的调控，因此，情绪等心理活动能够表现在生理信号的特征中。

过去十年，很多情绪识别的研究采用生理信号特征训练分类器建立情绪识别模型。与其他生物信号处理的研究类似，情绪识别研究也开始于个体的研究，模型建立依赖于单个个体数据，一般也只能应用于相应个体，但这对模型的实际应用造成了障碍，目前研究焦点已经转向跨个体情绪识别研究。在个体模型研究中，高兴、生气、伤心和愉悦四种情绪的识别研究中得到了最高95%的识别正确率，在愉悦、满足、恶心、害怕、伤心和中性六类情绪识别中得到了最高92%的识别正确率。在跨个体模型研究中，高兴和伤心两类识别正确率达到86%，高兴、生气、伤心和愉悦四类情绪的分类正确率达到70%，生气、感兴趣、蔑视、恶心、痛苦、害怕、高兴、羞愧和惊讶九类情绪识别正确率达到50%。此外，情绪诱发刺激在识别中发挥了重要作用，视觉诱发刺激中分类正确率达到了92%，听觉情绪诱发中采用四种生理信号（ECG、EMG、SC、Resp）分类正确率达到95%，但在只考虑一种生理信号时分类正确率只有83%。尽管 Gross 和 Levenson 的研究表明电影片段的视、听觉联合刺激能够更好地诱发目标情绪，但分类正确率相比其他诱发方式较低，只有86%。

从已有的研究成果来看，用生理信号实现实时情绪识别研究仍处于早期成长阶段，因为情绪的高度主观性，建立通用的识别所有基础情绪系统仍是一个挑战。目前大多数研究仍是建立依赖个体数据的模型，跨个体的识别正确率有待提高。因此，为了开发不依赖于用户、鲁棒性强、可靠的情绪识别系统，需要更多的生理信号研究。

4.2.5　睡眠缺失

1. 睡眠缺失（sleep loss）及其对认知的影响

睡眠是生物进化中保存下来的、普遍存在的生物现象。正常昼夜节律下连续、足够的睡眠时间和睡眠深度对提高觉醒状态下的注意和认知绩效、防止有害健康的生理改变十分必要。每天24小时内睡眠量有任何减少都称为睡眠缺失，对大多数人是指每天睡眠不足

6～8 小时，但考虑睡眠需求的个体差异，这一时间范围可以扩大到每天 4～12 小时或更大范围。睡眠缺失通常会造成瞌睡增加，进而造成认知能力、持续清醒能力下降。虽然睡眠缺失与行为能力下降是线性关系还是非线性关系并不清楚，但睡眠不足越严重造成的损伤越严重是很明确的。过去十几年发现了大量习惯性睡眠不足或昼夜节律混乱与体重增加、肥胖、糖尿病、高血压和死亡率增加等病症之间存在联系的证据。这些睡眠限制造成的认知损伤和健康衰退产生了巨大后果，有调查显示，美国成年人有 35%～40%在工作日睡眠少于 7 小时，有实验证实这已经对行为敏捷性和警觉性注意造成了累积性的损伤。

睡眠缺失会诱发多种生理和神经改变，主观和客观测量的睡眠倾向都会增加。睡眠缺失对认知的影响广泛，包括注意力、工作记忆、抽象和决策，还会降低新信息编码和记忆固化能力。心理运动警觉测试（psychomotor vigilance test，PVT）所得警觉性注意绩效和心理运动速度受睡眠剥夺的影响非常严重。尽管持续注意似乎是在高水平复杂任务中获得优良绩效的前提，但有些研究发现复杂任务受睡眠缺失的影响小于注意，很可能是因为复杂任务比持续注意更具挑战性和趣味性，从而唤起更多的神经处理区域参与。另外，不同任务对睡眠缺失的敏感性差异可以解释为复杂任务中训练效应抵消了部分睡眠缺失的影响。

正常的夜间睡眠（晚 11 点到早 6 点）对保证第二天的警觉性很有必要。任何背离正常的白天清醒和晚间睡眠的睡眠方式都可能引起疲劳，增加事故风险。尽管不太可能精确测定睡眠缺失和昼夜节律因素有多大影响，但值得注意的是，过去有很多灾难性事故都发生在警觉性下降或接近最低的生理周期阶段，包括 1979 年三哩岛核电站部分熔毁事件（凌晨 4 点钟）、1989 年超级油轮埃克森瓦尔迪兹号漏油事件（刚过午夜）、1986 年切尔诺贝利核反应堆核心熔毁（午夜 1:23）以及 1984 年博帕尔农药厂漏气事件（刚过午后）。

2. 睡眠缺失监测

多导睡眠生理监测是表征人类睡眠的金标准，一般最少需要 C3 和 C4 的 EEG 信号、眼电信号（electrooculogram，EOG）和面部肌电信号。睡眠开始与结束和不同睡眠阶段（1、2、3、4 和 REM）的定义标准在由 Rechtschaffen 等制作的评分手册中有描述。目前，多生理参数法应用最多，通常记录并保存数字信号，由人观察计算机屏幕呈现的原始信号进行睡眠评分，也有一些自动睡眠评分软件，但都没有得到足够的验证和获得广泛认可。

基于人机系统的安全性需要，在线实时监测困倦度非常重要，已有很多技术用于检测睡眠缺失和夜间工作对注意的影响，目标是开发一种可以在严重不良事件发生之前警告或报警作业人员困倦度增加的实时系统。警觉度下降越早被检测到，就可以越快实施有效的应对措施，从而降低严重人误事故的发生概率。因此，需要连续而不干扰作业地监测作业人员的状态，能够有效检测疲劳和困倦的技术就能够达到要求。在作业环境中在线检测疲劳首先面临的问题是要检测什么生理或行为参数。觉醒不全、疲劳、困倦或瞌睡的早期客观信号是什么呢？这仍是尚未解决的问题，但美国交通部主持的研究已经找到测量睡眠缺失或夜间工作导致疲劳的可能备选参数。研究者通过实验测试了基于驾驶员 EEG、眨眼、头部姿势等六种警觉-困倦检测技术的科学性，采用对睡眠缺失和夜间工作敏感的 PVT 测试作为评估这些方法的标准。结果发现，只有眼睛闭合时间比例（Perclos）在检测困倦引起的 PVT 测试失误方面比其他方法更准确，并且优于被试主观评分。Perclos 已经在一个长途运输职业卡车驾驶员的疲劳管理研究中进行了评估。

工效学背景下的疲劳检测对疲劳检测系统的有效性和实用性有重要影响，Perclos 在不同的交通方式中应用可以证明这一点。在高保真卡车模拟器中的应用研究证明了将自动困倦检测 Perclos 系统应用于驾驶环境的可行性，来自 Perclos 系统的听觉和视觉反馈改善驾驶中警觉性，尤其是当夜间驾驶员困倦的时候，表明这一系统可有效提高夜间疲劳驾驶的警觉性和安全性。然而，当应用于波音 747-400 模拟器检验 Perclos 反馈对夜间飞行的飞行员警觉性和绩效作用时，所得结果显示 Perclos 的反馈对绩效下降、困倦和情绪都没有显著作用。这主要是因为 Perclos 系统可检测的信息有限，并不能捕捉飞行员飞行中每时每刻的眼睛活动，而飞行员需要不断进行视觉扫描和头部运动。这一研究表明，将经过科学验证的困倦监测技术转化到作业环境中可能会出现应用障碍，需要更多研究进行克服。

总之，工作中疲劳和困倦在现代社会中十分常见，大多是因为睡眠和觉醒的生理周期移位和急性或慢性睡眠缺失。大量神经生物和神经行为研究都已经确认，清醒时工作中的神经认知功能依赖于每天睡眠恢复后稳定的警觉度。24 小时的工业生产作业需求不可避免地会导致疲劳、睡眠缺失和生理周期移位，从而导致认识错误和严重事故的风险增加。认识和缓解生理变化带来的困倦和警觉度风险是神经工效学必不可少的功能。

4.2.6　警觉度

1. 警觉度（vigilance）的概念及其神经工效学研究

注意与警觉密切相关。注意指的是将认知资源集中到特定刺激的能力，如选择注意要忽略干扰物。注意水平不足会导致难以完成任务，而注意力太高或注意面太窄会影响子任务的进行。在文献中，注意更多地被认为是感知环境变化的能力，警觉通常指依赖于认知绩效和唤醒水平的集中注意。从这层意义上说，警觉是一种持续注意的状态，需要在较长时间内保持高度警戒以将注意力集中于某些事物。因此，英文中 alertness 被认为是 vigilance 的同义词。

1923 年著名的神经学家 Head 第一次公示了颅脑损伤患者的警觉度研究，随后，神经学转化而来的人因心理学家 Mackworth 开始在第二次世界大战中系统地研究警觉度。他的实验致力于寻找反潜巡逻的雷达或声呐操作员遗漏预示着存在敌方潜艇微弱信号的原因，尤其是在一次值班的最后阶段。为了研究这一问题，Mackworth 提出了一种模拟雷达显示的时钟测试任务（clock test），发现在持续 2 小时的试验中警觉度快速衰退，信号检测正确率在大约 30 分钟左右降低 10%～15%，然后持续缓慢衰减。Mackworth 的实验催生了大量基础实验心理学家和人因研究者的实证研究。

工作环境中作业人员的警觉度和脑力疲劳评估是与工作负荷评估类似的主题。自动化在空中和地面交通、医疗保健等大量工作环境中的广泛应用，通常会降低作业人员的工作负荷，但因为需要监控自动化系统也会造成脑力负荷增加。警觉度研究中一个典型的发现是关键事件的检出率随着工作时间的增加而降低。警觉度下降最初被归因于生理唤醒度的降低，但最近采用经颅多普勒超声成像（transcranial Doppler sonography，TCDS）和功能近红外光谱的研究将其归因于资源损耗，认为警觉度下降是因为在连续的任务中信息处理资源得不到补充。Warm 等发表了一系列 TCDS 和警觉度的研究，一个一致的结果是，相对于早期警觉度对应的血流运动，警觉度随着时间的降低伴随着血流速度的减慢，在听觉和视觉任务中都发现了这种血流速度和警觉度同步衰减的现象。这些发现被资源理论（resource theory）解释。支持资源理论的最重要发现是仅有在积极参与警觉性任务时血流才会发生变化。要求被试被动观看而无须探测目标刺激与被试主动参与任务对比，被动状态下血流速度不会衰减，而保持稳定。另一些采用正电子发射断层扫描成像（PET）和功能磁共振成像（fMRI）的研究也发现了脑血流和葡萄糖代谢在警戒性任务中的变化，观察到警觉任务激活了多种不同脑区。然而，如 Parasuraman 等指出，除了少数例外，神经成像研究忽视了大脑系统与工作绩效之间的联系，也许是因为警觉度实验需要持续较长时间，采用 PET 和 fMRI 的成本较高。另外，PET 和 fMRI 要求被试不能运动，而在警觉度实验中被试往往是坐立不安的，被试运动随着实验时间而增加。

2. 警觉度下降对工作绩效的影响及其对抗措施

人类大脑唤醒系统在简单和复杂任务中都对工作绩效有重要影响，低唤醒度与事故增加有关。警觉性任务是在较长的时间里探测间歇性、低频率、无法预知的信号。警觉度研究中典型的发现是检测得到的绩效随着时间下降，即所谓的警觉度下降（vigilance decrement）。随着警觉任务的进行，绩效会稳定衰减，大约在任务进行 20 分钟时会急剧衰减，但也有证据显示在高需求的任务中 5 分钟内就会下降。警觉任务需要在工作记忆中保留特定的场景并与当前画面对比判别（连续警觉任务），或将判别所需的信息呈现在屏幕上而很少或不需要工作记忆（同步警觉任务）。假定连续警觉任务需要工作记忆而同步警觉任务只需要对比判别，作业绩效通常在需求更高的连续警觉任务中下降更快更剧烈。

人因学实践者过去对警觉度的研究兴趣时起时伏，但因为自动化在人机系统中的广泛应用，相关研究近年来一直在增加。正如 Sheridan 所说，自动化技术的发展已经使工作者的角色由主动控制者变为只需要在出现问题时进行反应的系统故障保险监督者。因而，警觉度已经成为自动化人机系统中人类绩效的重要组成部分，包括军事侦察、空中交通控制、驾驶舱监控、海岸导航、工业生产/质量控制、长距离驾驶和农产品检查等任务。警觉度在诸如细胞筛查、心电监控和术中麻醉仪检查等医疗场景中，以及机场行李检查和过境点及港口的放射性物质检测等涉及国土安全的场合也是提高绩效的关键部分。很多研究发现，半自动化系统中的事故或多或少都与作业人员的警觉不足有关。例如，Hawley 认为伊拉克战争中采用高度自动化爱国者导弹系统的自伤事故与警觉度和情景感知有关。一种解决办法是设计不需要人的自动化系统，但是这通常不现实，因为当系统故障时需要人的判断能力。

资源损耗效应造成的作业人员警觉性丢失可以通过减少工作时间和更频繁的中间休息抵消，但这并不是在任何实际作业场合都可以实现的。另一种缓解措施是使用提示，警觉性任务可以通过在重要信号来临时给监控者提供持续可靠的提示以降低或抵消警觉度下降的程度，从而提高探测绩效。采用提示时，监控人员只需在信号到来的提示之后监控显示器，因此可以节省信息处理资源。相反，如果没有提示，监控人员不知道重要信号何时出现而必须在整个过程中持续处理显示器上的信息，因此比有提示信息的情况下耗费更多资源。如果警觉度降低源于资源损耗是因为需要持续专注于一个显示器，那么预先提示应该会降低 TCDS 测量血流速度的衰减。这已经被 Hitchcock 等的研究证实，他们在模拟空中交通控制任务中分别采用无提示和可靠性为 100%、80% 和 40% 的提示对关键事件进行提醒，提示完全可靠时绩效保持稳定，但其他条件下都会衰减，因此任务结束时，100%组的绩效最高，其他由高到低依次是 80% 组、40% 组和无提示组。无提示控制组的血流衰减，但随着提示可靠性增加衰减降低，提示完全可靠时无衰减，这一血流变化模式与绩效变化匹配。

　　除了给作业人员提示，无创脑刺激也可用于缓解警觉度衰减和脑疲劳。Nelson 等在被试进行警觉性任务时用 1 毫安阳性经颅直流电刺激（transcranial direct current stimulation，tDCS）作用左或右前额叶皮层，在任务的早期或晚期给被试刺激，相比于警觉度下降的对照组，早期刺激组对关键事件有更高的检出率，晚期刺激组最初表现出了警觉度下降，但使用了tDCS 后发生了逆转。这些新发现令人鼓舞，但需要后续更多的研究验证 tDCS 在实际工作中缓解警觉度问题的长期效果。此外，经颅磁刺激（transcranial magnetic stimulation，TMS）也是改善警觉度的有效措施。

4.3　神经工效学技术的应用

　　本节介绍神经工效学目前研究最为广泛的三类应用：神经增强（neuroenhancement）、自适应自动化（adaptive automation）和增强认知（augmented cognition）。神经增强以军事应用为背景，着重介绍较新颖的经颅磁刺激和经颅直流电刺激技术用于健康人体增强认知功能的研究。自适应自动化和增强认知是神经工效学用于人机系统、改善人机关系最典型的应用领域，NASA 和 DARPA 在这一领域已经开展了大量研究，并且仍在进行长期研究规划。近些年这三大应用研究随着神经科学技术的进步正在迅速增加，其延伸基本可以涵盖神经工效学的绝大多数内容。

4.3.1　神经增强

1. 神经增强的概念及其研究背景

　　人类一直使用认知增强（cognitive enhancement）方法来扩展脑力活动能力和范围，这些技术包括内部训练提升和使用外部工具增强。前者的一个典型实例是轨迹记忆法，很久以前就被用于增强记忆；另一个例子是书写能力的发展，极大地增强了人类存储和检索信息的能力，并且能以书写发明之前不可能的方式实现人与人之间跨时间和空间的交流。随着数学的发明，出现了算盘和计算尺等外部工具，现在有了计算机，这些工具都用于增强人类的认知本领，使得人类能够更快速地做数学计算、更轻易地检索大量信息、更快速地沟通和在网络时代开展其他日常活动。这些实例主要是在健康人中改善认知，也可以修复和补偿与脑部和心理疾病有关的疾病，如阿尔茨海默病和其他痴呆患者的记忆失误补偿、脑卒中患者的语言及其运动功能的康复。从这个角度看，认知增强技术可以看作人类物种生长和存活必需的工具，故具有显然的研究价值和持续发展的理由。

神经增强是基于神经科学技术增强认知功能。不像其他基于外部工具的认知增强技术，神经增强直接作用于人类大脑和神经系统，改变其特性以提高在特定认知任务中的绩效。目前已研究开发了多种神经增强技术，其中脑部电磁刺激是有很大潜力的一种。脑刺激用于增强脑功能和缓解神经系统及精神疾病已有很长的历史。脑刺激的传说可追溯到2000 年前，电疗法的流行在 19 世纪末达到顶峰，据记载当时美国有一万名临床医生将电刺激作为神经系统和其他组织介入治疗的方法。随着药物治疗的发展，电疗法开始衰退，20 世纪只有一些零星的研究。然而在 21 世纪，诸如对神经可塑性机制认识的增加、关于电刺激对运动诱发电位影响的创新性论文发表等因素促使人们对各种脑刺激技术的兴趣复苏。脑刺激的研究受基于神经成像的认知功能神经基础研究成果的鼓舞，使得直接通过改变大脑神经活动控制认知过程成为可能。因此，大量电磁刺激技术成为过去十年的研究热点。

信息时代计算速度迅速提高、数据存储能力大幅提升、技术辅助手段效率得到加强，然而人类自身的能力却没有与这些技术同步提升。为确保人类智力与技术进步的均衡发展，催生了增强人类认知以超越现有技术限制和介入方法的研究。直到最近，解决这一失调问题的方法仍然局限于改进用户界面、增加系统自动化水平等外部方法。然而这些方法都没有认识到人类的内在局限性，仅通过降低作业人员认知负荷以补偿这些缺陷。神经工效学的最新进展为人类绩效增强提供了新途径。相关研究正蓄势待发，通过无创脑刺激改变人类神经生理和皮层功能以超越现有人类认知的局限，促使人脑智力与信息技术协调一致发展。

尽管现有神经增强技术最初用于解决诸如帕金森综合征、严重抑郁、精神分裂、脑卒中、痴呆、慢性疼痛等神经疾病，但证明 TMS 和 tDCS 能够增强正常健康人特定认知能力的研究文献正在迅速增加。两种技术都能够得到很好的结果，但其底层技术却大不相同。TMS 采用磁性线圈放置于被试头皮，脉冲电流经过线圈，产生磁场垂直进入被试头部，经过头皮和颅骨到达目标皮层组织，磁场在皮层组织感应出与线圈中方向相反的电流，以提高神经元膜电位和动作电位。而 tDCS 通过置于头皮的两个电极间的微弱电流改变神经元静息态膜电位，通过不同极性抬高或拉低一个脑区的神经元兴奋性。本节仅介绍 TMS 和 tDCS 在神经增强中的部分内容。

已经有很多研究结果证明 TMS 和 tDCS 能够增强多种认知能力，如从简单图形命名、语音记忆、工作记忆和改善语言流畅度到更复杂的威胁侦测与识别、内隐学习、逻辑推理等任务的认知绩效。这些技术可能最适合用于警觉度和威胁侦测等对保护人类生命至关重要的职业领域。因为这种工作大量存在于军队中，故美国空军为提高军人认知绩效最近已开始在无创脑刺激领域加大投资。已有研究表明无创脑刺激能够延长警觉绩效维持时间，多达 20 分钟，并且对学习合成孔径雷达识别地面目标有显著作用。

如前述，美国空军首席科学家 Werner 在 2010 年发表的《2010—2030 空军科学与技术前瞻》（简称《科技前瞻》）中阐述了军事技术能力与人类战士固有能力之间持续扩大的失匹配问题，以及未来 10 年将会出现的重要研究和发展。不断增加的情报、监视和侦察（intelligence, surveillance and reconnaissance, ISR）任务获得了数量庞大的图像、数据和全动态影像，大量信息需要人工处理，使得分析师、领航员等工作人员几乎不可能及时完成这一庞大的数据收集和分析任务。2010 年美国空军 ISR 飞机在伊拉克和阿富汗收集到的视频是 2007 年的三倍之多，随着更多摄像机被安装到飞机上，这一数据量还会持续成倍增长。技术能力的持续膨胀终将远远超过人类的能力，致使人类作业人员成为系统中最薄弱的环节。因此，《科技前瞻》最重要的发现认为，人类的认知能力需要通过改进人机接口和直接增强人类能力进行扩展。另外，所谓的不规则或混合战争中目标难找、威胁不明确，美军在阿富汗和伊拉克战争中似乎情报、监视和侦察的需求总是得不到满足。诸如 MQ-1 捕食者、MQ-9 死神和 RQ-4 全球鹰等遥控驾驶航空器需要耗费巨大人力、物力建立基础支持设施才能工作。每次战斗空中巡逻任务需要四组遥控驾驶航空器，43 人负责飞行控制，59 人负责发射和回收，66 人负责处理、开发和传播。如此看来，未来几年人力的挑战将成为空军最主要的压力。因此，能够削减人力、提高效率的技术对空军至关重要。TMS 和 tDCS 等无创脑刺激技术有望提供一种直接改变大脑皮层功能、提高特定任务和训练的认知绩效的方法。

2. 基于经颅磁刺激的神经增强研究

研究已经证明 TMS 增强认知能力对军事领域有重要作用，包括视觉、听觉和持续注意、视觉搜索、心理旋转 3D 物体、正性情绪和工作记忆、逻辑推理以及不同形式的运动学习。这些应用都可用于增强学习和训练。

有趣的是，抑制或扰乱性地刺激与视觉和眼部控制相关的脑区能够提高视觉心理任务的绩效。Waterson 等采用连续 θ 丛状刺激（continuous theta burst stimulation, cTBS）和 1Hz 频率的重复 TMS（rTMS）都能提高粗糙分类任务的绩效，而这种刺激方式通常导致兴奋性降低。类似地，在刺激呈现之前采用单脉冲 TMS 扰乱额叶眼动区提高了后向掩蔽任务中的视觉警觉性，在有指引的目标识别任务中通过清除无效线索提高了反应次数。这些研究中的绩效加强很可能是因为被抑制区域正常情况下会干扰认知过程。在军事领域，这种认知增强方式可用于暂时性增强某些特定任务的认知技能。抑制或扰乱性地刺激其他一些脑区也会对心理认知任务有正面影响，包括增强图形命名、图形文字核对、消除 Stroop 效应、自上而下的特征检测的易化以及视觉搜索中的减少干扰效应。这些研究中刺激的脑区分别为 Wernicke 和 Broca 区、前扣带皮层（anterior cingulate cortex）、左右顶叶皮层、右后顶叶皮层。一个实例证明了刺激频率不是在个体间固定不变的，而是采用个体 EEG 中 α 频率（个体 α 频率：individual alpha frequency, IAF）进行个性化设置，采用 1Hz+IAF 的频率刺激中前额和右顶皮层，发现受试者的 3D 心理旋转能力得到了提高。

TMS 对注意力和对干扰的抑制能力有显著作用。Estermana 等发表的研究采用间歇性 θ 丛状脉冲 TMS 刺激加强背外侧注意网络（dorsal attention network, DAN）的功能连接强度，发现刺激后被试在持续性注意控制任务和瞬时注意控制任务中的表现均显著优于刺激前，任务中的错误反应显著降低，并且刺激前表现越差的被试在刺激后的改善越大。Estocinova 等发表研究采用 rTMS 在健康被试执行包含不同水平视觉干扰的任务时刺激左外侧枕叶皮层，结果发现这种刺激能够显著增强被试对视觉干扰的抑制，反应时间相对对照组被试更短。

TMS 对工作记忆有正面影响作用，这些作用取决于频率、时间和状态。例如，Luber 等发现只有用 5Hz 的 rTMS 刺激中顶叶皮层才能在工作记忆任务中显著缩短反应时间而不造成正确率下降，当尝试其他频率（1Hz 和 20Hz）、另一个脑区（左前额叶背外侧区，left dlPFC）或在任务的另一个阶段给 5Hz 刺激均未发现绩效提升。在随后的研究中，Luber 等成功采用 fMRI 引导的 5Hz rTMS 刺激左枕中回修复了睡眠剥夺引起的工作记忆损伤。有趣的是，TMS 工作记忆修复效应对睡眠诱发工作记忆损伤的区域激活越低的被试越显著。此外，一些被试仅在测试之前发现了正效应，而睡眠剥夺之后没有发现修复效应，这些发现再一次证明了 TMS 对被试状态的敏感性。研究者也尝试用 TMS 刺激前额皮层增强记忆。Philippe 等在听觉工作记忆任务中采用夹带 θ 节律的 TMS 刺激大脑背侧通路（顶内沟），发现被试的听觉工作记忆准确率显著提高，并且发现这种增强作用与被试的初始水平有关，初始水平越低增强作用越明显。Gagnon 等发现成对脉冲 TMS（ppTMS）刺激左背外侧前额叶皮层导致编码的反应时间更短，ppTMS 刺激右背外侧前额叶皮层引起目标识别任务中更短的记忆提取反应时间。在其他研究案例中，7Hz rTMS 刺激左前额下回增加认字正确率，1Hz rTMS 刺激眼窝前额皮质增强正性情绪记忆。这些发现表明，前额叶皮层是 TMS 增强多种记忆的富有成效区域。TMS 刺激其他脑区也会改善记忆，有些研究发现减少了错误记忆和增强了语音记忆。

有些研究发现 TMS 刺激运动皮层可以改善运动学习，运动记忆发展过程通常可以分为记忆编码和记忆固化两个阶段。运动记忆固化指新获取记忆的更持久稳定状态，编码则是发生在固化之前的信息组织过程。Butefisch 等发现使用约 0.1Hz TMS 刺激运动皮层可以增强 1Hz 手指运动中的运动记忆编码，尤其是将 TMS 用于控制手运动的半球能够增强短期记忆编码，TMS 用于对侧皮层与手指运动同步能够增加编码记忆的持久性。类似，1Hz rTMS 可增强同侧手的运动表现。Kim 等采用 10Hz rTMS 刺激涉及手指运动的半球运动皮层可以改善运动学习，Boyd 等在另一个 4 天的研究中用 5Hz rTMS 刺激 M1 区改善了长期运动记忆。因此，运动学习通常通过两种不同的方式获得，通过高频 rTMS 增加涉及手部运动的运动皮层兴奋性，或采用低频 rTMS 抑制所用手的同侧运动皮层，可以降低对侧皮层的抑制，也增加了兴奋性。

其他一些通过 TMS 增强的认知能力包括改善运动感知、行动命名和选择反应时间。Snyder 在一篇报道中认为采用低频 rTMS 可能诱发天才般的技能，诸如绘画、校读、数量感等。总之，TMS 可以增强多种认知领域的认知绩效。这种增强可以通过加强有助于特定功能脑区的神经活动或减弱与特定功能竞争的脑区神经活动实现。刺激强度、频率、位置和个体状态都会影响 TMS 的作用。最后，TMS 与 EEG、神经导航等其他技术结合不仅能加强对 TMS 机制的认识，还能增强其效果。

3. 基于经颅直流电刺激（tDCS）的神经增强研究

除了有望应用于临床疾病治疗，tDCS 还被用于研究增强健康人的认知能力。通常，tDCS 电极在头皮的位置根据以前的 TMS 研究选择，即 tDCS 电极放置于以前 TMS 研究中诱发行为变化的相同头皮位置。最近一些研究已经证明 tDCS 能够改善视觉搜索、语言技能、决策能力、工作记忆、学习和其他多种认知能力。大部分研究应用 tDCS 刺激对注意、工作记忆、计划制定、组织和规则等高级认知功能很重要的背外侧前额叶皮层（dorsolateral prefrontal cortex，dlPFC）。

阳极直流电刺激 dlPFC 能够对决策产生多种效应，也有证据显示阳极直流电刺激 dlPFC 影响决策中的风险承担这一特定方面。Fecteau 等发现阳极直流电刺激左或右 dlPFC，阴极置于对侧脑区，可以使患者在气球模拟风险任务中的选择更谨慎，而将阴极置于对侧半球的眼眶上区时效果减弱，没有显著性。另两个研究采用相同的刺激方式，对比 tDCS 刺激 dlPFC 对大学生组（平均年龄约 20 岁）和中老年组（年龄范围 50～85 岁）的影响，结果显示大学生组显著厌恶风险承担，而中老年组则相反。Dockery 等分别采用阳极、阴极 1mA tDCS 和伪刺激在被试进行伦敦塔作业（一种计划作业任务）的同时刺激左 dlPFC，结果发现刺激的极性、顺序和时间对改善任务绩效至关重要，作者认为在早期训练中（获取和固化过程）阳极刺激之前提供阴极刺激或者在晚期阳极刺激之后提供阴极刺激，能够提高计划能力。

美国杜兰大学与美国空军研究实验室（Air Force Research Laboratory）等单位研究了 tDCS 对增强警觉性（持续性注意能力）的作用。研究中要求被试执行持续 40 分钟的单调持续注意任务（模拟空中交通管理任务），采用 tDCS 刺激被试左前额叶皮层，按照刺激不同时间分为早刺激组和晚刺激组，分别在任务开始后的 10～20 分钟和 30～40 分钟进行 tDCS 刺激，两种刺激方式分别设置伪刺激作为对照组。结果发现，在早刺激组中，伪刺激对照组被试对目标事件的反应准确性随着时间持续降低，而真刺激组整个任务过程中的反应准确性都与前 10 分钟持平。在晚刺激组中，前 30 分钟反应准确性均随着时间降低，而刺激后则恢复到与前 10 分钟持平的水平。这些结果表明 tDCS 能够增强人的持续性注意能力。

tDCS 刺激前额叶也会改善记忆能力。Fregni 等证明了阳极 tDCS 刺激 dlPFC 可以显著改善在 3-back 字符工作记忆任务中的表现，而 Fertonani 证明了采用相同的刺激能够缩短在图形命名任务中的反应时间，在两个研究中阴极刺激相同区域都未发现对绩效有影响。Kinces 发现 tDCS 刺激左 dlPFC 能够改进概率内隐学习中的表现，另一个研究发现阳极置于左 dlPFC、阴极置于右 dlPFC 能够显著易化概率学习，在预测任务中缩短了反应时间，作者认为这很可能是因为左 dlPFC 参与了概率学习和推理。Clark 发现阳极 2mA tDCS 刺激右 dlPFC 30 分钟能够显著加快在静态军事场景中的威胁侦测学习。另外也发现了剂量效应，电流越大对学习的促进作用越大，客观绩效越高。Richmond 等在研究中让被试进行持续 10 天的工作记忆训练，在训练的同时对实验组被试施加左前额叶皮层阳极 tDCS，对照组施加伪刺激，发现在整个训练过程中实验组和对照组的工作记忆能力均持续增加，且实验组在整个训练过程中均优于对照组。进一步研究这一效应的迁移性，发现实验组获得的这一优势能够迁移到其他未经训练的工作记忆任务。

tDCS 能够提高多任务处理能力和运动学习能力。美国加利福尼亚大学的研究者采用阳极刺激左 dlPFC，采用多任务游戏测试被试的多任务处理能力，结果发现，tDCS 能够显著提高被试在多任务处理中的表现。美国莱特派特森空军基地空军研究实验室的 Nelson

等发现阳极 tDCS 刺激左侧背外侧前额叶能够显著提高人在处理多任务时的信息吞吐量。Ciechanski 等在研究中让被试连续进行 3 天左手普度手功能测验训练，训练的同时采用 1mA 阳极 tDCS 刺激右侧初级运动区、1mA 阴极刺激左侧初级运动区、2mA 阴极刺激左侧初级运动区 3 种刺激方式，并设伪刺激组作为对照组。结果发现，与伪刺激组对比，3 种刺激方式均显著增强了运动学习能力，并且 6 星期后测试发现实验组仍然存在显著优势。

刺激其他脑区也会产生行为改变。阳极 tDCS 刺激右后顶叶皮层可以提高视觉搜索绩效。Antal 等发现阳极刺激 V5 和 M1 区能够显著提升视觉运动协调任务中的绩效，但只在任务的前 5 分钟内有效，阴极刺激相同区域能够改善视觉跟踪任务中的绩效，但这有可能是因为间接刺激 V3a 或 V3 区的结果。阳极刺激后外侧裂周区能够改善新异词汇学习和图形命名的反应时间。另外，还有研究证明阳极 tDCS 连续刺激主运动皮层 5 天，在一个连续视觉等距捏任务（sequential visual isometric pinch task）中促进了运动技巧学习。

前述研究都是采用传统的盐水浸泡海绵电极，电流为 1~2mA，刺激时间通常为 7~30 分钟。然而另一个研究中 Marshall 等尝试了不同的刺激方式，采用两个 8mm 直径电极作为阳极放置于 10~20 脑电导联系统的 F3 和 F4 位置（大约位于背外侧前额叶），阴极位置和电极类型没有详细介绍。然而 0.26mA 间歇电流（15 秒开，15 秒关）在被试非快速眼动（non-rapid eye movement，non-REM，NREM）睡眠期间刺激 30 分钟，这种刺激方式显著改善了陈述性记忆保持，但在被试清醒时刺激却没有效果。

总之，现有这些研究都表明 tDCS 是增强认知能力的有用工具，而 Marshall 等的工作启示我们，创造性的电极设置和刺激方式有望促进 tDCS 的应用取得更大科学进展。

4. 神经增强研究存在的问题及其未来的研究方向

尽管无创脑刺激技术最初被用于分析脑区功能、疾病诊断和治疗等场合，从已有研究可以看出，这种技术也有巨大潜力用于健康人增强认知技能。这些技术提供了一种增强人类行为、实时优化人类作业人员绩效的方法。随着持续增加的情报、侦察和监视数据对人力分析图像和视频的需求的增加，空军、航空航天等领域对这种能够提高人类分析效力、学习效率和任务效能的技术有很浓厚的兴趣。现有大量研究都支持无创脑刺激技术的积极作用，已有大量研究使我们更多地认识到 tDCS 和 TMS 增强行为的潜在机制，但仍有很多基础和应用科学的问题需要研究。诸如学习效应的持久程度、长时间或反复进行无创脑刺激的效果以及剂量反应等。多种神经增强技术结合或神经增强与神经成像结合有望发挥更好的作用，也是未来的研究方向。另外，tDCS 的电流路径的建模对于认识 tDCS 实验中激活的区域有重要意义，正确地认识电传导过程有助于设计聚焦性更好的电极和电极布置方式，从而使神经工效学研究者可以更精确地刺激感兴趣区域。

随着脑刺激研究和技术的逐步发展，一些基础问题不断得到解决，神经工效学研究者更应将脑刺激技术应用于更复杂的领域。技术和认识的更大发展促使科学家和工程师更好地将脑刺激技术转化到实际应用中。因为持续不断的刺激并不理想，发展智能激活脑刺激设备的技术，仅当需要保持最优作业绩效时开启刺激，在实际应用中有更重要的意义。一种可能的方法就是利用生理信号检测认知状态，形成闭环脑刺激的反馈机制，但这要求生理信号与认知能力或任务绩效之间有稳定的相关性才能保证其有效性。因此未来仍有大量研究需要开展，未来无创脑刺激技术将会是实际工作中提高效率、减少训练和增强各种认知能力的重要方法。

4.3.2　自适应自动化

1. 自适应自动化的背景

神经工效学一直以来被认为是研究工作中脑与行为的学科。这个新兴学科关注当前神经科学中信息处理方面的研究进展以及如何将这些知识应用于真实环境中以提高工作绩效。Parasuraman 提出，在了解大脑如何处理感知、认知信息之后，就能让任务需求和大脑的任务处理更紧密地配合，从而帮助设计出更好的设备、系统和任务。最终，神经工效学的研究可以带来更安全、高效的工作环境。

然而，对神经工效学的兴趣实际上来自于以下研究：操作者是如何与自动化——那些能让工作和生活变得轻松的技术——进行交互的。一般来说，自动化是指能够完成通常由人类来完成的功能的机器。例如，让汽车实现自动传动，就需要完成压离合器、换挡、松离合器这三个任务。自动化系统的作用是减轻任务的需求和负荷，并且增加人操作、控制的跨度，完成超出正常能力范围的任务，更长时间保持工作绩效，以及减少无谓低效的工作。自动化还可以帮助减少人因错误，增加安全性。但自动化之后掩藏的讽刺却是越来越多的研究表明自动化系统经常增加人的工作负荷且产生不安全的工作状态。

对人与自动化设备交互的研究显示，自动化并不总是让工作变得轻松。相反，它改变了工作的本质，更具体地说，自动化改变了工作被分配或被执行的方式，因此会带来新的不同类型的问题。由于操作者的目标可能与系统、子系统的工作目标不一致，自动化也能带来不同类型的错误。并且，在各个子系统紧密耦合的系统中，问题会被更快地放大传播，然而却很难被发现。此外，高度自动化的系统中需要人处理的活动也更少。因此，操作者由主动参与者变为更被动的监视者。Parasuraman 等已经证明，这种由执行任务到监视自动化系统的转变实际上可能降低操作者检测危险信号和危险状况的能力。另外，操作者的工作技能会由于自动化的长期存在而开始退化。

2. 自适应自动化系统

前面提到常规自动化系统带来操作者难以适应的问题让研究开发人员开始将注意力转向改变自动化系统的可适应性方法上。自适应自动化就是一种为克服传统自动化系统的缺点而提出的方法。在自适应自动化系统中，自动化级别或自动化运转的系统数目可以随用户需求实时改变。此外，自动化状态的改变既可以通过操作者来初始化，也可以通过系统自身初始化。所以自适应自动化使系统的自动化水平或模式在任意时刻都能够更紧密地贴合操作者的需求。

自适应自动化系统分为可调节（adaptable）系统与自适应（adaptive）系统。可调节技术与自适应技术的区别主要在于总控制与自我控制两个方面。一般而言，系统的自动化水平可分为完全手动、半自动与全自动等几类。当自动化水平提升时，系统会获得更多的总控制权、自我控制权。在低自动化水平系统中，系统将向用户提供建议，用户可以否决或接受建议并完成相应行为。中级自动化水平时，系统可能由自我控制来实施用户所接受的行为。在更高的自动化水平中，系统可能决定一系列行为并实施，而仅告知用户。因此，可调节的系统是指那些操作者可以掌握总控制权来改变自动化状态的系统（这样的系统中，操作者和系统的关系就像上下级），自适应系统则指系统能调用的总控制权由用户和系统共享，二者都可以操控系统的自动化状态。

关于谁应该控制系统操作模式的问题一直存在争论。有人认为操作者应该总比系统更具权威性，因为他们才是最终对系统行为负责任的人。另外，操作者在获取改变自动化模式的控制权时，很可能处理资源更有效率。这些判断大多基于对性命攸关系统的研究，对其最重要的考虑就是操作的安全性。然而，并无保证使操作者对自动化模式的控制总是精准的。可能有时候操作者就拿不准是否需要启动自动化。例如，可能恰巧在操作者繁忙到无暇顾及自动化模式时，系统需要改变自动控制。并且，有研究采用数学方法证明，关于是否中止起飞的最好飞行决策并不是在人或电子设备获得全部控制权时作出的，而是在人与自动控制分享控制权时才能作出的。

在某些操作者容易受伤的危险情况下，让系统行使自动控制权至关重要。如果生命受到威胁或者系统处于危急状况，最重要的就是让系统自动干预并避开威胁或将可能的伤害降至最低。例如，如今许多战斗机飞行员常常会承受很强的重力，以至于会使他们处于无意识状态达 12 秒之久。此类状况就是需要让系统作出自动控制请求的典型场合。这类自适应自动化系统的代表性例子是在 F-16D 战斗机上开发和测试的地面防撞系统（ground collision-avoidance system，GCAS）。这个系统从飞机的内部及外部信息源获取信息，并计算出飞行器突破飞行员所设置的最小高度时所需的时间。系统对飞行员提出警告，若飞行员没有采取行动，则系统获取飞行器的控制权并发出音频警告"向上飞行"。当系统已经将飞机从危险地域驶离后，系统将飞行器控制权交还给飞行员，并发出消息"你获得控制权"。这是为了设计出比任何一个人类飞行员都能更快地矫正飞行器飞行的干预模式。事实上，测试中被给予超出地面防撞系统控制权的飞行员最终都将控制权交给了自适应系统。

3. 基于大脑的自适应自动化系统实例

利用神经工效学方法的自适应自动化是利用生理心理指数触发自动化操控的系统。许多生理心理指数都能反映基础的认知活动、唤醒度和外部任务需求。这些指数包括心血管的度量（如心率、心率变异性）、呼吸、皮肤电反应、眼动，以及反映脑活动的指数，如脑电特征、根据感官刺激诱发产生脑电信号中得到的事件相关电位、功能磁共振成像和测量氧合血红蛋白与去氧血红蛋白变化的近红外光谱。基于大脑的自适应自动化系统的最重要优势是，不论明显的行为学反应是否存在，这些系统都能提供对心理活动的连续测量。

首个基于大脑的自适应自动化系统是由 Pope 等于 1995 年开发的，以脑电频带（α、β、θ 等）的功率比值作为任务参与程度的指数。系统从头皮某些位置记录 EEG 信号，然后将其送入 Labview 虚拟仪器中计算所有记录点 EEG 每个频段的功率，其后每隔 2 秒计算一次参与度指数，被试在需要时改变任务模式。Pope 和他的同事研究了被试在正反馈及负反馈情况下的不同参与度指数。他们提出，在负反馈状态下，系统应该更加频繁地转换模式来保持稳定的参与度水平。与之相反，在正反馈状态下，系统应被驱动至极限水平并更长时间地保持该状态（例如，更少模式之间转换）。而且，在正负反馈状态下任务模式转换频率的差异应该为不同参与度指数的敏感性提供有用信息。

在美国 DARPA 的一个增强认知项目中，通过从生理心理信号检测中获得的认知状态来控制信息显示和认知处理需求，以增加操作者的效率。该项目增强认知的目的是开发可以检测个人认知状态的系统，然后控制任务参数来突破感知、注意以及工作记忆检测系统的技术瓶颈。与 Pope 等自适应系统只依赖 EEG 一种生理心理参数检测方式不同，DARPA 增强认知系统采用包括近红外、皮电、体态以及脑电等多种测量方式。这些生理测量信息被融合起来形成测量指标，用以反映被试努力程度、唤醒度、注意力和负荷。在每个测试指标下都有一个为优化任务所设定触发缓解策略的绩效阈值。这些缓解策略包括：在字符和空间信息格式间切换，重新设定任务优先级和重新规划任务，或者改变显示细节信息的多少。

Wilson 和 Russell 也设计了一个用于减轻负荷的自适应自动化系统。利用模拟的无人战斗机，操作者被要求在不同负荷水平下执行一个目标识别任务。研究者记录了六个位置的脑电、心率、眨眼率和呼吸率。该系统利用人工神经网络（artificial neural network，ANN）分析生理学数据。训练 ANN 以实时区分操作者的高、低负荷。ANN 的输出用于触发任务改变以减轻负荷。比较了自适应辅助、无辅助和随机辅助执行目标识别任务间的绩效与负荷，结果显示在更困难的任务状态中，自适应辅助条件能获得更好的绩效和更低的主观负荷。2003 年 NASA 技术报告中详细阐述了基于自发脑电、事件相关电位和心率变异性检测脑力负荷与实现自适应自动化的方法。并基于 EEG 任务建立了如图 4-4 所示的自适应

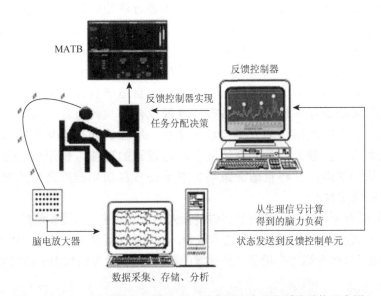

图 4-4　NASA 技术报告中基于 EEG 的自适应自动化系统结构示意图

（图片来源：Prinzel L J，Parasuraman R，Freeman F G，et al. 2003. Three Experiments Examining the Use of Electroencephalogram，Event-related Potentials and Heart-rate Variability for Real Time Human-centered Adaptive Automation Design. National Aeronautics and Space Administration，Langley Research Center）

自动化系统，分别采用三种生理信号实现基于脑力负荷的闭环反馈，模拟飞行员在起飞、巡航、降落阶段的任务，当检测到过高的脑力负荷时跟踪任务自动执行，脑力负荷较低时由被试手动操作，结果显示，与对照组对比，自适应条件下三个飞行阶段跟踪误差均显著降低。

目前，对基于大脑的自适应自动化系统的另一种评价认为，它们只是初级的、反应式的。该系统中外部事件或大脑活动变化必须被记录和分析，这样才能发送指令来改变自动化状态。所有这些都要耗时，甚至会造成短暂延时，而系统还是需要等待事件变化才会作出反应。但是在另一篇文献中描述了一种结合操作者认知模型的基于大脑自适应自动化系统。该系统旨在为司机提供支持，是 DARPA 增强认知项目的一部分。系统获取汽车（如方向盘角度、横向加速度）和司机（如转头、体态变化、发声）的信息，并结合司机 EEG 信号来作出不同驾驶情况下司机负荷等级的推断。在这方面，该系统是由基于大脑和司机两种建模方法混合而成的自适应自动化系统，相比当今仅依赖生理心理测量的自适应自动化系统而言，这个系统操作能够更加主动。

总之，上述研究结果显示，获得人脑活动的生理指标并利用此信息驱动自适应自动化系统提高绩效、减轻负荷是可能的。然而，仍然有很多重要的概念性、技术性问题需要克服（例如，让记录设备侵入性更小和在噪声环境获得可靠数据），这些系统才可能从研究转向应用。

4.3.3　增强认知

增强认知是人机交互的一种形式，这种交互模式正在试图变革人与机器合作的方式。增强认知技术通过神经生理学、行为学等方法检测用户的认知状态，同时融合环境、任务的实时信息，利用这些知识实时、精确地调整用户与系统的交互状态，以达到用户与机器、环境的紧密结合，增强人在复杂环境中的认知和行为能力。增强认知技术的研究重点是提出人机交互的新概念和克服认知瓶颈（如注意、记忆、学习、理解、视觉和决策的局限性）的新方法。自适应自动化系统通过监测操作者的生理参数判断是否存在操作者任务参与度低或任务负荷过高的情况，以此调控任务的自动化，从而实现闭环的人机自适应交互。增强认知技术从早期的自适应自动化技术发展而来，其理论是早先自适应自动化理论的延伸，使用更加复杂的技术来检测操作者认知状态，并将自适应策略扩展至任务自动化程度之外的部分，还能增加控制系统的稳定性。

增强认知系统采用神经科学方法实时判断人的认知状态，以调整信息、技术及环境来满足用户需求，进而提供理想的人与技术组合。本节从增强认知系统的产生与发展、系统组成及其应用三方面介绍当今增强认知领域的相关研究，希望为致力于研究增强认知的学者提供参考。

1. 增强认知技术的产生与发展

增强认知新技术是随着神经科学、生理心理学、认知心理学、人因工程、计算机科学和信息技术等多种学科的发展而兴起的。这些学科都在过去的 40 多年里经历过重大变革，从而给增强认知新领域的开拓者提供了解决新问题的机遇。

自从电子计算机发明以来，科学家和工程师都在思考人与计算机之间的独特关系。与机械化工具仅仅是人类力量与行为的延伸装置不同，计算机是可以与人类建立起信息交互关系的最灵活实体，已经渗入到人们日常生活的各个方面。在 20 世纪 60 年代，一位很有远见的预言家 DARPA 信息处理技术办公室主任 Licklider 博士说："过不了多少年之后，人类大脑和计算机就会非常紧密地结合在一起。这种伙伴关系思考的方式是人脑从未想象过的，而且它处理信息的方式也是当今信息处理机器做不到的。"这种"人机共生"的描述是研究开发增强认知计算系统的最初灵感。二十世纪七八十年代，以脑电活动控制军用装置的研究开始发展，如美国国防部的生物控制（biocybernetics）项目。但是在研究开始时，神经科学和计算系统的发展还都处于开始阶段，研究成果尚不能直接为军事系统使用。但增强认知的新概念、新思想就是由这些早期项目发展而来的。

此类领域的研究还包括：20 世纪 90 年代 DARPA 投资的飞行员助理项目、微软的注意力用户接口（attentional user interface）等。这些研究为十年后发展起来的增强认知技术奠定了基础。虽然有关增强认知的研究已经持续了数十年，但是"增强认知"这一术语直到 2000 年才被广泛采用，因为 DARPA 的信息科学与技术小组（Information Science and Technology，ISAT）和美国国家科学院（the National Academy of Sciences）针对增强认知展开了研究与讨论。从 2002 年开始，有关增强认知技术的科学论文开始增加，部分原因是 DARPA 在增强认知领域的研究从 2001 年开始。到 2003 年，增强认知领域进一步发展，已经不再局限于美国国防部的研究项目。但到目前为止，相关研究仍以美国等发达国家为主。从 2005 年开始，IEEE 生物医学工程学会（IEEE Engineering in Medicine and Biology Society）在人机交互国际会议（International Conference on Human-Computer Interaction）下设立增强认知国际会议（International Conference on Augmented Cognition），到 2017 年增强认知国际会议已经举办了 11 次会议。其中，前十次会议都以增强认知的基础为主题，涉及神经工效学、实用神经科学、自适应系统中的人类绩效与决策等议题，2017 年的会议设置了神经认知与机器学习、复杂环境下的认知和行为增强两个议题。

2. 增强认知系统的组成

一般来说，增强认知的目标是从已知的人类认知局限出发，利用基于计算机的方法和设计来突破人类自身的瓶颈，解决人类认知中的偏差和不足。增强认知试图通过连续背景检测、学习和推断来理解与用户作业内容及目标相关的某些变化趋势、行为模式和应用情景。

从组成上来讲，增强认知系统至少需要包含四部分：用来检测和判断用户状态的传感器、用来评价传感器输入信息的推断引擎或分类器、一个自适应用户接口以及用来整合这些元素的一个底层运算架构。在实际应用中，一个功能全面的增强认知系统会有更多的部分，但前述四种组分是增强认知系统必有的最重要成分。它们可以独立、直接工作。当今大多数增强认知研究的重点是将这几部分整合成为一个"闭环回路"并建立运算系统来适应用户需求。

　　从研究层面上来说，增强认知系统的研究内容可分为三部分：认知状态监测、自适应算法和控制结构。在增强认知系统中，认知状态监测获取与具体认知状态相关的生理或非生理行为参数。这种参数测量必须能够在个体或群体操作者与交互系统工作时实时进行。一旦检测到某种认知状态，就能够采用自适应算法增强操作者绩效，例如，将信息以能够减轻操作者信息处理负荷的方式进行排列。增强认知系统还需要控制网络，用合适的方法和应用理论（数学、统计、控制理论）支持系统的控制，使得自适应人机接口得以稳定。在自适应算法实施之后，监测信息会显示算法的帮助是否奏效，这样系统就形成了"闭环"，能够有效地增强用户的认知。

　　图 4-5 展示的是开发增强认知系统所必需的基本组成部分。由图可见系统的基本组成单元形成了闭环结构。当前增强认知系统面临的挑战并不是检测部分（虽然研究人员正在使用越来越复杂的传感器），主要的挑战在于能否正确地从输出传感器信息中预测或评价正确的用户状态，并且及时让计算机选择一种合适的策略帮助用户。已有很多研究表明，人在注意、记忆、学习、理解、感觉、视觉、定性判断和决策时都有局限性。想要让增强认知系统成功，它就必须能实时诊断出上述至少一种局限性，并且通过增强绩效的方法减轻这种瓶颈局限的影响。这些通过自适应接口呈现给用户的应对策略包括：改变信息模态（视觉、听觉或触觉）、智能干预、任务协商和规划以及辅助反馈。

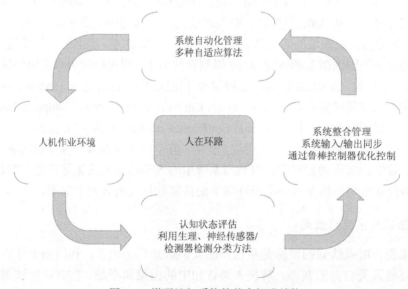

图 4-5　增强认知系统的基本组成结构

3. 增强认知技术的应用

　　增强认知技术应用广泛，总体来讲，集中在四个领域：军事、日常生活、工业生产以及教育。虽然最初在研究监测认知状态系统时是由军方或国防机构资助的，但是商业机构也有着开发非军事应用的增强认知系统的兴趣。检测、推断用户脑力负荷的相关研究也有许多是非军事目的的应用。软硬件厂商也急切想要获得能够使系统用户更易上手的技术，而增强认知系统就可以发挥作用，同时能增加工人的生产力。例如，空中交通管理就是工作压力比较大的典型示例：信息过载会很频繁地发生，这种工作也会从增强认知技术中大大获益。教育与培训领域将是增强认知技术商业化后可能大有用武之地的市场。面对远程学习、在线学习日益增长的需求，教育系统需要逐渐适应新的非人面授教学的互动类型，还要保证教育质量。增强认知技术可以应用于新的教育环境，并保证其对学生的教学策略能够适应学生的新型学习方式。增强认知技术在教育领域的应用可能将是所涉及领域中对社会影响最大的。

目前增强认知技术正在发展之中，成熟的应用还较少。一个典型的应用研究是霍尼韦尔航空航天集团（Honeywell Aerospace Advanced Technology）开发用于军事领域的"未来勇士"（future force warrior，FFW）单兵装备，如图 4-6 所示。FFW 需要增强认知系统来管理执行任务时出现的信息过载——在未来快速、动态的军事行动中，士兵需处理更多来自命令、控制、通信、计算机、情报、监视和勘测技术的信息，承担更多复杂决策的责任以及管理多种自动设备（如武装无人运输机）。FFW 所用的增强认知系统（honeywell AugCog system）采用放在头盔内的无线 EEG 传感器和置于胸口的 ECG、呼吸传感器采集实时数据，并将数据输入支持向量机分类器进行认知负荷识别。士兵的认知负荷经通信网络传输到指挥官显示面板上，指挥官可以实时观察士兵的认知状态，并根据各个士兵的实时状态进行任务分配和规划。该系统已经在野外环境中开展了实验，取得了较好的结果。未来在真实作战环境中的应用将大大提高战斗任务分配和人员调度的效率。

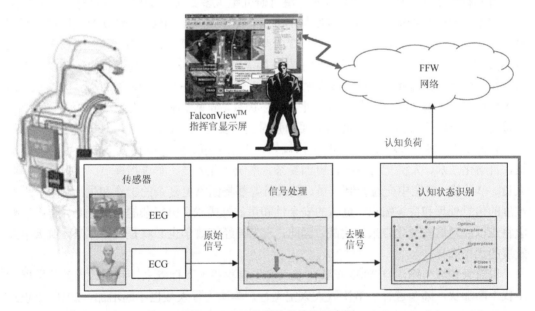

图 4-6　FFW 单兵装备结构示意图

（图片来源：Dorneich M C，Whitlow S D，Mathan S，et al. 2009. Augmented cognition transition. DTIC Document）

4.4　神经工效学促进军事、航天技术发展的重要意义

神经工效学已有的成功和对实际工作中脑与行为的认识不断加深，让我们有信心确

认并展望神经工效学的未来。如前所述，神经工效学将神经科学和工效学结合，将脑结构和脑功能的研究扩展到超越认知心理学和神经科学研究基础任务之上的真实工作环境。神经工效学研究工作、居家、交通以及其他各种需要人参与的日常环境中的大脑与行为。但是，神经工效学不应简单地看作将神经科学方法应用于实际工作，而是工效学理论发展中新的强大推力。工效学方法允许研究者针对真实世界工作中人与现代自动化系统及机器之间关系提出新的问题和发展新的解释框架。例如，更好地认识大脑功能可以为信息呈现和任务设计、警报和预警信号优化、神经假体发展和机器人设计理论提供重要指导和约束。

作为一个交叉学科，神经工效学将持续伴随神经科学、心理学、工程学等其他学科的发展并从中获益。这一进程将会大大提高我们对人类在进行真实、复杂工作任务时的大脑功能的认识。如果我们能够认识人类大脑如何设计、使用技术并与相关技术有效交互，这一工效学的基本问题将会得到极大充实。工效学的基础和应用研究已有非常可观的成就，而未来这样的成就将会更多。神经工效学未来将要面临的主要挑战是如何方便地在实际日常工作中通过生理信号准确、可靠地监测作业人员状态，并且不会造成任何不适感或对任务造成干扰。实现这一目标还需要传感器技术、可穿戴技术、生理信号采集技术等方面的创新。近年来可穿戴设备的兴起、干电极技术、柔性电极技术的出现都有望推动神经工效学的研究成果应用于日常工作。

查阅神经工效学的文献可以发现，现有研究绝大多数都是美国等军事技术高度发达国家的军方研究机构所支持或直接参与的项目，NASA、DARPA、NATO 等先进技术研究机构相关的工作占据了很大部分，并且专门有长期的研究规划，人力、财力的投资在工效学相关的研究中都是空前的。这表明了发达国家对神经科学与人因/工效的结合在未来人机系统中作用的高度重视，也间接说明了神经工效学未来在军事、航天等领域可能发挥的巨大作用。这一领域的研究在我国仍处于萌芽状态，鲜见军事、航天领域有相关重大项目的报道，科学研究人员、决策者仍需要加强对其重要性的认识。

但随着我国强军梦、航天梦的宏伟规划，未来军事、航天科技发展的步伐将不断加快，自动化技术、人机交互系统将更加复杂，系统作业人员、军事指挥员、情报信息处理人员、单兵战士、空中交通管制人员、航天员等都将面临更复杂的工作和生活环境、更高难度的信息处理和决策需求、更高的安全性和可靠性需求、更复杂的人机关系，传统工效学将难以应对这些变化带来的挑战，因此，未来神经工效学也必将是我国军事、航天事业发展的优先选择。

以航天领域为例，自 2003 年我国航天实现首次载人飞行以来，我国载人航天发展的步伐不断加快，陆续进行了多次载人太空飞行，单次飞行人数也不断增加，2010 年正式启动载人空间站的研制工作，2016 年成功发射"天宫二号"空间实验室，并将于 2020 年前后建成能够满足 3 人长期居住的空间站。航天员将要承担手控交会对接、空间站设备维修、太空实验操作等更多更难的任务。但因航天员同时面临太空环境失重、狭窄、孤立隔绝、昼夜节律失调等特殊环境因素影响，生理和心理承受巨大压力考验，难免对其认知能力和任务绩效产生负面效应，且太空飞行任务繁重、天地通信能力受限、人力资源受制，对航天员信息分析、决断能力要求极高。因此，对航天员的警觉度、工作负荷、情绪、情景感知等认知状态进行监测，将是未来保证长期在轨作业安全性必不可少的条件。神经增强技术有望应用于提高航天员作业能力、改进训练方式和对抗特殊在轨环境对航天员的认知功能造成的损伤。在航天人机系统的改进方面，自适应自动化和增强认知技术有望为设计更人性化、更安全可靠的人机系统和航天员辅助系统提供新的指导和设计方法。在航天员选择中，遗传学与神经工效学结合有望为选择有特殊认知能力的航天员人才提供遗传学的依据。总之，工效学的应用将能够为解决很多传统工效学无法解决或难以解决的问题提供新的思路和方法。

在军事领域，现代军事活动中情报、监视和侦察活动最为频繁，技术的进步使能够获得的情报信息量剧增，但同时大量图像、影像情报需要人来处理，因此也带来了巨大的工作量，对情报分析人员的要求也空前提高，而人的认知能力并未随着技术进步而有等价提升，因此神经增强技术有望发挥巨大作用。自适应自动化、增强认知等技术有望为无人机、大型军舰、航母的人机系统设计提供新的解决方案。为了提高单兵战士的作战能力和战斗状态的监测，DARPA 已经在开展将增强认知技术装备到单兵系统并形成网络的实战研究，可以为指战员提供每一位战士的实时状态，将大大提高战斗中人员调配和任务安排的效率。

除了军事航天领域，与每一个人息息相关的医疗保健领域安全性、安监系统人员的工作能力、智能家居系统的适人性、汽车驾驶安全、消费电子产品的人机交互接口设计等众多应用领域都有望从对人类大脑信息处理更深入的认识中获益。如果说 21 世纪是脑科学的世纪，那么神经工效学正是致力于将脑科学知识应用于真实工作和生活中的新兴学科分支。

4.5　本 章 小 结

自从 Parasuraman 在 2003 年呼吁采用神经工效学方法改善工作中的安全性和效率以来，认知神经科学得到了突飞猛进的发展。技术进步使得测控大脑活动和人类绩效的新方法成为可能，这些新技术与我们对注意、记忆、决策脑网络的逐渐深入认识结合，产生了在真实环境中监测和增强人的认知行为的新可能。尽管监测和增强行为的愿望仍有很多问题需要解决，但神经科学应用于实际工作场景会带来很大益处已是确认无疑的，并且这一切变成现实的可能性正在增加。未来，随着人们对人类神经心理活动认识的深入，以及人类神经心理活动监测技术的不断进步，神经工效学在改善日常生活和工作中的舒适性、特殊领域的人因与安全监控等场合将发挥重要作用。

思 考 题

1. 请说明神经工效学产生的背景，传统工效学如何发展为神经工效学？
2. 简述神经工效学与传统工效学的区别。
3. 神经工效学主要研究哪些问题？采用哪些研究手段？
4. 简述人机系统工作中人与系统的关系。
5. 什么是脑力疲劳？产生脑力疲劳的主要诱因有哪些？如何检测脑力疲劳？

6. 什么是神经增强？目前有哪些神经增强方法？

7. 请举例说明神经工效学的主要应用技术、场景和方式。

8. 简述神经工效学研究对人机系统的意义。

参 考 文 献

Åkerstedt T, Knutsson A, Westerholm P, et al. 2004. Mental fatigue, work and sleep. Journal of Psychosomatic Research, 57: 427-433.

Albouy P, Weiss A, Baillet S, et al. 2017. Selective entrainment of theta oscillations in the dorsal stream causally enhances auditory working memory performance. Neuron, 94: 193-206.

Boksem M A, Meijman T F, Lorist M M. 2005. Effects of mental fatigue on attention: An ERP study. Cognitive Brain Research, 25: 107-116.

Boksem M A, Meijman T F, Lorist M M. 2006. Mental fatigue, motivation and action monitoring. Biological Psychology, 72: 123-132.

Boksem M A, Tops M. 2008. Mental fatigue: Costs and benefits. Brain Research Reviews, 59: 125-139.

Boonstra T, Stins J, Daffertshofer A, et al. 2007. Effects of sleep deprivation on neural functioning: An integrative review. Cellular and Molecular Life Sciences, 64: 934-946.

Chee M W, Choo W C. 2004. Functional imaging of working memory after 24hr of total sleep deprivation. The Journal of Neuroscience, 24: 4560-4567.

Chee M W, Tan J C, Zheng H, et al. 2008. Lapsing during sleep deprivation is associated with distributed changes in brain activation. The Journal of Neuroscience, 28: 5519-5528.

Ciechanski P, Kirton A. 2017. Transcranial direct-current stimulation can enhance motor learning in children. Cerebral Cortex, 27: 2758-2767.

Curcio G, Ferrara M, De Gennaro L. 2006. Sleep loss, learning capacity and academic performance. Sleep Medicine Reviews, 10: 323-337.

Dahm W. 2010. Technology horizons a vision for air force science & technology during 2010-2030. US Air Force, Tech. Rep, 2: 237.

Dorneich M C, Whitlow S D, Mathan S, et al. 2009. Augmented cognition transition. DTIC Document.

Esterman M, Thai M, Okabe H, et al. 2017. Network-targeted cerebellar transcranial magnetic stimulation improves attentional control. NeuroImage, 156: 190-198.

Fedota J R, Parasuraman R. 2010. Neuroergonomics and human error. Theoretical Issues in Ergonomics Science, 11: 402-421.

Freeman F G, Mikulka P J, Scerbo M W, et al. 2000. Evaluation of a psychophysiologically controlled adaptive automation system, using performance on a tracking task. Applied Psychophysiology and Biofeedback, 25: 103-115.

Goel N, Basner M, Rao H, et al. 2013. Circadian rhythms, sleep deprivation and human performance. Progress in Molecular Biology and Translational Science, 119: 155.

Holroyd C B, Coles M G. 2002. The neural basis of human error processing: Reinforcement learning, dopamine and the error-related negativity. Psychological Review, 109: 679.

Hsu W Y, Zanto T P, Anguera J A, et al. 2015. Delayed enhancement of multitasking performance: Effects of anodal transcranial direct current stimulation on the prefrontal cortex. Cortex, 69: 175-185.

John M S, Kobus D A, Morrison J G, et al. 2004. Overview of the DARPA augmented cognition technical integration experiment. International Journal of Human-Computer Interaction, 17: 131-149.

Lane E. 2013. Neuroscience. Will brain stimulation technology lead to "neuroenhancement"? Science, 342(6157): 438.

Lieberman H R, Tharion W J, Hale S B, et al. 2002. Effects of caffeine, sleep loss and stress on cognitive performance and mood during US Navy SEAL training. Psychopharmacology, 164: 250-261.

Marcora S M, Staiano W, Manning V. 2009. Mental fatigue impairs physical performance in humans. Journal of Applied Physiology, 106: 857-864.

Mckinley R A, Bridges N, Walters C M, et al. 2012. Modulating the brain at work using noninvasive transcranial stimulation. Neuroimage, 59: 129-137.

Nelson J T, Mckinley R A, Golob E J, et al. 2014. Enhancing vigilance in operators with prefrontal cortex transcranial direct current stimulation(tDCS). NeuroImage, 85: 909-917.

Parasuraman R, Wilson G F. 2008. Putting the brain to work: Neuroergonomics past, present and future. Human Factors: The Journal of the Human Factors and Ergonomics Society, 50: 468-474.

Parasuraman R. 2011. Neuroergonomics brain, cognition and performance at work. Current Directions in Psychological Science, 20: 181-186.

Prinzel L J, Parasuraman R, Freeman F G, et al. 2003. Three experiments examining the use of electroencephalogram, event-related potentials and heart-rate variability for real time human-centered adaptive automation design. National Aeronautics and Space Administration, Langley Research Center.

Richmond L L, Wolk D, Chein J, et al. 2014. Transcranial direct current stimulation enhances verbal working memory training performance over time and near transfer outcomes. Journal of Cognitive Neuroscience, 26(11): 2443-2454.

Scerbo M. 2006. Adaptive automation. Neuroergonomics: The Brain at Work: 239-252.

Schmorrow D, Kruse A A. 2002. DARPA's augmented cognition program-tomorrow's human computer interaction from vision to reality: Building cognitively aware computational systems. Human Factors and Power Plants. Proceedings of the 7th Conference on IEEE: 7-1-7-4.

Stanney K M, Schmorrow D D, Johnston M, et al. 2009. Augmented cognition: An overview. Reviews of Human Factors and Ergonomics, 5: 195-224.

Yeung N, Botvinick M M, Cohen J D. 2004. The neural basis of error detection: Conflict monitoring and the error related negativity. Psychological Review, 111: 931.

第二部分　神经传感与成像

第 5 章　神经模型与计算

生物神经元是生物神经系统的基本要素，生物神经元模型即利用数学语言精确、定量地描述神经元的动态特性。理解单神经元的生物信息处理过程并建立相应的计算模型，对掌握整个神经系统的信息处理特性和模拟生物神经网络有着十分重要的意义。建立科学合理的生物神经元模型是计算神经科学的基本任务之一，通过建立神经元的真实生物物理模型，从计算角度理解脑，探究神经元动态交互关系以及神经网络的学习过程，进而了解脑组织和神经类型计算的量化理论等。本章将对神经模型与计算的相关内容展开介绍。

5.1　神经元放电模型

5.1.1　概述

在第 2 章神经生理与病理学基础中已经介绍过：神经元是生物体中信息传递的基本单元，在受到外界信号刺激时，神经元的膜电位会发生变化，并产生一定的脉冲结构；神经元放电是神经元细胞活动的基本规律，也是神经元传递信息和神经网络与大脑活动交互的载体。

从信息处理的角度来看，神经电信号的处理过程包括五个基本功能模块：①固有电活动的产生；②突触信息的接收；③神经电信号的整合；④输出模式的编码；⑤信息的突触释放，如图 5-1 所示。

为形象地描述神经元的放电过程，研究放电节律与生物体行为的关系，经过长期实验总结，依据放电节律的分岔规律理解神经信息编码，人们归纳出了神经元放电的数学模型。最初是用一个含有电容和电阻的电路模型来模拟神经元，用微分方程所表示的电压来模拟膜电位，由此建立得到神经元模型，通过观察膜电位的变化来分析了解神经元的放电过程。随后，在此基础之上产生了很多不同的神经元模型，与之前模型的区别在于：新建模型将电流按不同的离子流分成了不同的成分，但仍然用非线性微分方程模拟神经元放电节律。尽管非线性微分方程能在数值上较为精确地模拟真实神经元的放电行为和特征，但由于它的高维数性和非线性特征，在模型分析计算中较难得出相应的解析结果，也难以分析神经元放电背后所隐含的动力学机制。

为了简化神经元的微分方程模型，研究神经元放电的动力学机制，有研究者建立了一个不连续的二维映像来模拟神经元的放电过程，通过对这个映像的参数进行调整，可以观察到与实际相符的不同放电模式，如静息状态、峰放电、簇放电、混沌状态等。

下面从细胞膜的电学效应出发，具体介绍神经元动力学模型，主要介绍 LIF 模型与 H-H 模型，对二维映像模型不作赘述。

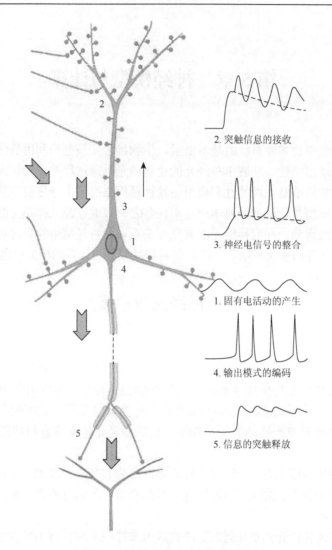

2. 突触信息的接收

3. 神经电信号的整合

1. 固有电活动的产生

4. 输出模式的编码

5. 信息的突触释放

图 5-1　神经电信号的处理过程

（图片来源：John H, Byrne R H，Waxham M N. 2014. From Molecules to Networks. Academic Press）

5.1.2　细胞膜的电学效应

1. 膜电容效应

当两个导体被一个非导体隔开时，在两个导体之间便有了电容特性。神经元细胞膜是一层绝缘的脂质双分子层薄膜，它能够分离正负电荷，具有一定的电容效应。用 C_m 来表示一个小的等势细胞膜电容，并假设当细胞膜周围电荷数量积累到 Q 时，膜两侧正负离子开始跨膜移动，此时膜电位记为 V_m，则细胞膜的电容值为 $C_m=Q/V_m$。在任意细胞中，其电荷量 Q 是靠近细胞膜离子的总电荷数量。通常，描述这些变量时，V_m 的单位是毫伏（mV），C_m 的单位是微法（μF）。

膜电位 V_m 变化会导致细胞膜两侧离子重新分配，从而形成电容电流

$$I_c = C_m \frac{\mathrm{d}V_m}{\mathrm{d}t} \tag{5-1}$$

其中，时间 t 的单位为毫秒（ms）；电流 I_c 的单位是微安（μA）。

2. 膜电阻效应

静息状态下膜两侧的稳定电势差会导致正负离子穿过细胞膜，从而产生相应的膜电流。在这种情况下，电流大小由细胞膜的电阻 R_m 决定，它是与膜组成成分和离子通道蛋白质含量相关的函数。膜电导 G_m 是膜电阻 R_m 的倒数，表示为

$$G_m = \frac{1}{R_m} \tag{5-2}$$

膜电导 G_m 以毫西门子（mS）为单位，同时阻抗 R_m 以千欧（kΩ）为单位。当一个小等势细胞的膜内外存在电压差 V_m 时，流过细胞膜的电流 I_R 会遵循欧姆定律

$$I_R = G_m \cdot V_m \tag{5-3}$$

当考虑不同种类的离子流动时，电流通量分析将会变得复杂。由于每种离子在细胞内外的浓度不同，所以不同离子的电导和表征也不同。包含这些额外因素的情况将在 5.1.3 节和 5.1.4 节中结合具体的动力学模型进行介绍。

3. 被动传播电活动效应

在细胞神经科学领域，细胞膜的特性参数常常需要除以膜的表面积来进行归一化，以使得对一块细胞膜内在特性的描述独立于给定细胞的大小和形态之外。在归一化单位中，我们定义单位膜电容 C_m 的单位为 μF/cm^2，单位膜电阻 R_m 的单位为 kΩ/cm^2，单位膜电导 G_m 的单位为 mS/cm^2，电流密度 i_C 和 i_R 的单位为 nA/cm^2。通过乘以细胞目标区域的单位面积这一参数，可以计算得到一个完整细胞的特征参数特性。

为了计算细胞膜的阻抗和容抗等特征参数，我们通过将一个电阻和一个电容并联来建立细胞膜的被动传播电路模型，如图 5-2（a）所示。该模型将细胞内部电压 V_{in} 同细胞外部电压 V_{out} 分开。正如在实验中由膜片钳所记录的，当有外部电流 I_{inj} 作用于细胞内时，根据基尔霍夫电流定律，我们可以由此确定细胞膜的活动情况，用公式表示为

$$0 = I_{\text{inj}} - I_c - I_R = I_{\text{inj}} - C_m \frac{\mathrm{d}V_m}{\mathrm{d}t} - G_m V_m \tag{5-4}$$

为了得到细胞膜对内部电流注入的响应，重新整理式（5-4）可以得到描述细胞膜电位活动情况的表达式，即被动膜方程

$$\tau \frac{\mathrm{d}V_m}{\mathrm{d}t} = -V_m + I_{\text{inj}}/G_m \tag{5-5}$$

其中，τ 是细胞膜的时间常量，定义为 $\tau = C_m / G_m$，单位为 ms。时间常量用来度量细胞膜电位变化的快慢程度。具体来说，在电压产生一个阶跃变化之后，细胞膜电位恢复到其稳态值的 e^{-1}（大约为 37%）时所需要的时间即为时间常量 τ。神经元细胞膜的时间常量通常为 1～100ms。膜的被动传播活动对注入脉冲电流的响应如图 5-2（b）所示。充电和放电过程中，在时间常量 τ 内，从初始值（0 或者 V_{ss}）以指数方式增长到终值（V_{ss} 或者 0）。

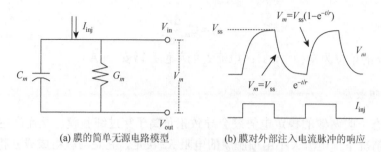

(a) 膜的简单无源电路模型   (b) 膜对外部注入电流脉冲的响应

图 5-2　被动传播的电路模型

（图片来源：He B. 2013. Neural Engineering. Springer-Verlag）

5.1.3　LIF 模型及其改进

　　1907 年，在人们对神经元动作电位产生机制还知之甚少的时候，法国生理学家 Lapicque 根据蛙腿的神经电生理现象，构造了最早的单神经元电路模型——integrate-and-fire 模型，简称 IF 模型。正如 5.1.2 节所介绍的，细胞膜兼有电容性和电阻性，因此细胞膜的电气特性可以通过构建一个包含电容和电阻的简单电路来表示（图 5-2（a））。当有电流通过时，细胞的膜电位会随着时间逐渐升高，每达到一个阈值时就会发生一次放电，然后膜电位又会回到静息值，而后再开始下一轮放电过程。IF 模型无疑是众多神经元模型中的经典之作，至今仍被广泛应用。

　　1936 年，Hill 对 IF 模型作了更加深入的研究分析，并提出了一个重要观点：IF 模型能够将神经元的两种行为，即相对缓慢的阈值下整合与快速产生的动作电位，在时间尺度上分离开。另外，IF 模型更加关注阈值下刺激的膜电位特征，而相对忽略动作电位的产生机制。这种处理方式使 IF 模型结构简单化，但并不影响模型的有效性。因为 IF 模型准确地刻画了动作电位的快速充电过程，所以利用该模型可以很好地理解神经元的信息处理方式。

　　然而，IF 模型有一个明显缺陷——缺少时间记忆机制。如果该模型在某个时刻受到一个阈值下刺激，那么这个刺激电压将会保持，直到下一次放电出现。而这种特性并不符合神经元放电的实际情况。为了克服 IF 模型的缺陷，Knight 和 Hartline 在随后的研究中提出了 leaky integrate-and-fire 模型（LIF 模型）。

　　图 5-3 是 LIF 模型的电路结构图，其中 V_m 是膜电位，C_m 是膜电容，R_m 是膜电阻，V_r 是静息电位，I_{inj} 是注入电流，I_{leak} 是漏电流。由此，可以写出 LIF 模型的数学表达式

$$C_m \frac{\mathrm{d}V_m(t)}{\mathrm{d}t} = -I_{leak}(t) - I_{inj}(t) \tag{5-6}$$

$$I_{leak}(t) = \frac{1}{R_m}(V_m(t) - V_r) \tag{5-7}$$

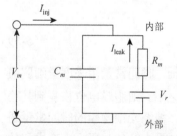

图 5-3　LIF 模型电路结构示意图

　　图 5-4 是 LIF 模型的模拟实验结果图。如图 5-4（a）所示，随着 I_{inj} 的注入，膜电容 C_m 电压被充电至阈值电位

V_{th}，从而引起峰形动作电位。动作电位的形成又促使膜电容 C_m 放电，膜电位返回设定状态 V_{reset}。图 5-4（b）描绘了 LIF 模型在时变电流 I_{inj} 的驱动下，膜电位 V_m 的变化轨迹。

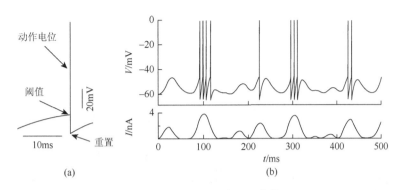

图 5-4　LIF 模型的膜电位变化

（图片来源：Abbott L F. 1999. Lapicque's introduction of the integrate-and-fire model neuron(1907). Brain Research Bulletin，50：303-304）

5.1.4　H-H 模型及其改进

1. H-H 模型的生理学机制

Hodgkin-Huxley 模型（H-H 模型）由 Hodgkin 和 Huxley 于 1952 年提出。该模型定量描述了细胞膜上的电压和离子电导变化，是理解细胞膜兴奋性的基础。在生命科学领域，定量描述的理论并不多，而 Hodgkin 和 Huxley 的工作成为生物实验和数学方法相结合的成功典范之一。他们极富创造性的工作揭开了细胞兴奋性的神秘面纱，并开创了电生理学。因此，Hodgkin 和 Huxley 获得了 1963 年的诺贝尔生理学或医学奖。

在第 2 章中介绍了静息电位和动作电位的产生机制，所用到的 Nernst 方程就是 H-H 模型对细胞电学特征的定量描述。

2. H-H 模型的电学模型及其数学表达式

根据神经元细胞膜的结构特点，我们可以推测出，膜电流 I_m 的变化特性主要与两个因素有关：膜电容电流 I_{Cm} 和离子的跨膜运动电流 I_{ionic}。因此

$$I_m = I_{Cm} + I_{ionic} = C_m \frac{\mathrm{d}V_m}{\mathrm{d}t} + I_{ionic} \tag{5-8}$$

其中，V_m 是膜电压；t 是时间。Hodgkin 和 Huxley 利用电压钳技术对枪乌贼神经元轴突膜的两侧施加一系列电压值 V_c，如图 5-5（a）中 a1 所示。这样做有两个目的：①除了静息电压 V_m 和控施电压 V_c 之间的转换过程之外，膜电压值是稳定的，这样就消除了 I_{Cm} 的影响；②由于膜电压值稳定，可以有效地测出离子电流 I_{ionic} 与时间因子的关系。枪乌贼神经元的静息电位 $V_h=-60\text{mV}$。图 5-5（a）中 a2 描述了在不同 V_c 值下，膜电流大小的连续变化。图 5-5（a）中 b 显示了不同时期膜电流与控制电压之间的关系曲线。值得注意的是，在一定的控制电压范围内，I_m 存在一个早期的内向电流。

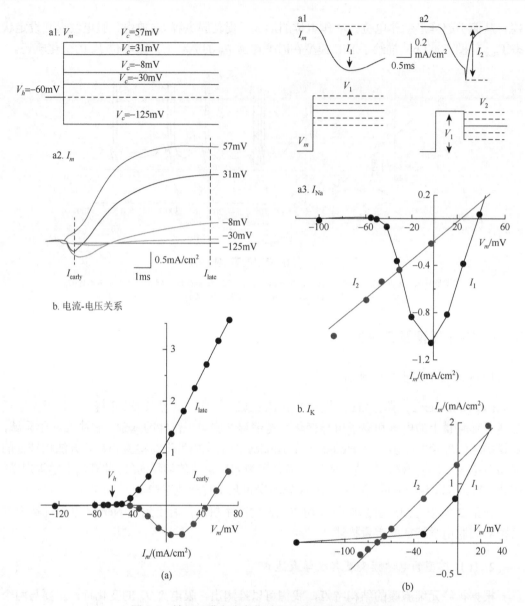

图 5-5　神经元膜电流变化过程及其与膜电压的关系

（图片来源：John H, Byrne R H, Waxham M N. 2014. From Molecules to Networks. Academic Press）

　　随后，Hodgkin 和 Huxley 将细胞外液的 Na^+ 置换成胆碱，重复之前的实验，结果表明：早期的内向电流消失了，而晚期的外向电流没有变化。因此可以得出这样的结论，离子电流主要由两部分组成，一部分是 Na^+ 主导的内向电流 I_{Na}，另一部分是 K^+ 主导的外向电流 I_K。另外还存在一小部分不通过离子通道的电流，我们把这部分电流称为漏电流，记为 I_l。因此得到

$$I_{ionic} = I_{Na} + I_K + I_l \tag{5-9}$$

　　在定性地将离子电流分成几部分之后，Hodgkin 和 Huxley 定量研究了各离子电流与

膜电压的直接关系，实验原理和结果如图 5-5（b）所示。图 5-5（b）中 a1 表示在膜电压 V_m 由静息电压变成 V_1 的情况下测量到的离子电流 I_1。图 5-5（b）中 a2 表示在膜电压 V_m 由 V_1 变成 V_2 的情况下测得的离子电流 I_2。图 5-5（b）中 a3 表示内向电流 I_{Na} 随膜电压 V_m 变化的结果，同样图 5-5（b）中 b 表示外向电流 I_K 的变化结果。可以发现，I_1 的离子电流与膜电压变化是非线性关系，而 I_2 的离子电流与膜电压的关系近似线性。由此可以得出结论，某种特定离子电流与膜电压之间的电导值是随着时间和电压值变化而变化的，即 $g_{ion}(V_m,t)$。所以

$$I_{ion}(V_m,t) = g_{ion}(V_m,t)(V_m - E_{ion}) \tag{5-10}$$

其中，E_{ion} 是某种特定离子的平衡电位。

因此，I_{Na}、I_K 和 I_1 可以描述为

$$I_{Na}(V_m,t) = g_{Na}(V_m,t)(V_m - E_{Na}) \tag{5-11}$$

$$I_K(V_m,t) = g_K(V_m,t)(V_m - E_K) \tag{5-12}$$

$$I_1 = g_t(V_m - E_t) \tag{5-13}$$

所以式（5-8）可以重写为

$$I_m = C_m \frac{dV_m}{dt} + g_{Na}(V_m,t)(V_m - E_{Na}) + g_K(V_m,t)(V_m - E_K) + g_1(V_m - E_1) \tag{5-14}$$

最后，如果能够确定各离子电导的具体表达式，那么式（5-14）可以表示一个较完善的神经元模型。

通过式（5-11）和式（5-12）可以得到

$$g_{Na}(V_m,t) = \frac{I_{Na}(V_m,t)}{V_m - E_{Na}} \tag{5-15}$$

$$g_K(V_m,t) = \frac{I_K(V_m,t)}{V_m - E_K} \tag{5-16}$$

为了解释所测得的离子电导随时间和电压的变化，Hodgkin 和 Huxley 提出了门控模型。该模型指出，宏观上测得的离子电导是许多微观离子通道开闭的综合表现。如果所有的离子通道都打开，那么离子可以通过细胞膜，这时的电导大于零；相反，如果所有的离子通道都闭合，那么离子将无法通过细胞膜，相应的电导为零。而单个离子通道的开或闭则是受一个或者多个门控粒子调节的。只有所有的门控粒子都处在允许状态下，该离子通道才会打开。

利用玻尔兹曼分布，受电压控制的门控粒子处在允许状态下的概率 P_i 和处在非允许状态下的概率 P_o 之间的关系式是

$$\frac{P_i}{P_o} = \exp\left\{\frac{w + zeV}{kT}\right\} \tag{5-17}$$

其中，w 是门控粒子从非允许状态转变成允许状态所做的功；z 是粒子的化合价；e 是元电荷；V 是膜电压；k 是玻尔兹曼常数；T 是热力学温度。又因为 $P_i + P_o = 1$，所以式（5-17）可以重写成

$$P_i = \frac{1}{1 + \exp\left\{\dfrac{-w - zeV}{kT}\right\}} \tag{5-18}$$

在某个特定膜电压下的电导曲线存在最大值，设 $\bar{g}_{Na}$ 和 $\bar{g}_{K}$ 分别是 g_{Na} 和 g_{K} 的最大值，则

$$g_{Na} = y_{Na}(V_m, t)\bar{g}_{Na} \tag{5-19}$$

$$g_{K} = y_{K}(V_m, t)\bar{g}_{K} \tag{5-20}$$

其中，$y_{Na}(V_m, t)$ 和 $y_{K}(V_m, t)$ 是一个或者多个门控粒子变量（y_i）的函数反映，其取值为 0～1。门控模型假设每个门控粒子会在允许状态与非允许状态之间转换，转换概率与膜电压有关。设每个门控粒子处于允许状态的概率是 y，处于非允许状态的概率为 $1-y$。则单个门控粒子处在允许状态下的变化率为

$$\frac{dy}{dt} = \alpha_y(V_m)(1-y) - \beta_y(V_m)y \tag{5-21}$$

当 $\to \infty$ 时，$dy/dt = 0$，所以

$$y_\infty(V_m) = \frac{\alpha_y(V_m)}{\alpha_y(V_m) + \beta_y(V_m)} \tag{5-22}$$

因此

$$y(t) = y_\infty(V_m) - (y_\infty(V_m) - y_0)\exp\{-t/\tau(V_m)\} \tag{5-23}$$

$$\tau_y(V_m) = \frac{1}{\alpha_y(V_m) + \beta_y(V_m)} \tag{5-24}$$

如果有 P 个相互独立的门控粒子控制一个离子通道，则该离子通道打开的概率是

$$y(t)^P = (y_\infty(V_m) - (y_\infty(V_m) - y_0)\exp\{-t/\tau(V_m)\})^P \tag{5-25}$$

由实验测量得到的 $y_\infty(V_m)$、$\tau(V_m)$ 和式（5-21）、式（5-23），可以写出

$$\alpha_y(V_m) = \frac{y_\infty(V_m)}{\tau_y(V_m)} \tag{5-26}$$

$$\beta_y(V_m) = \frac{y_\infty(V_m)}{\tau_y(V_m)} \tag{5-27}$$

g_{Na} 的变化是复杂的，而相对而言 g_{K} 的变化简单一些。Hodgkin 和 Huxley 假设 Na^+ 通道的开闭受两种不同类型的门控粒子控制——激活粒子 m 和失活粒子 h；K^+ 通道的开闭受一种门控粒子控制——激活粒子 n。门控粒子 m、h 和 n 均满足式（5-21），因此

$$g_{Na} = \bar{g}_{Na}m^3h \tag{5-28}$$

$$g_{K} = \bar{g}_{K}n^4 \tag{5-29}$$

所以，式（5-14）可以重写成

$$I_m = C_m\frac{dV_m}{dt} + \bar{g}_{Na}m^3h(V_m - E_{Na}) + \bar{g}_{K}n^4(V_m - E_{K}) + \bar{g}_1(V_m - E_1) \tag{5-30}$$

$$\frac{dm}{dt} = \Phi(T)[a_m(V_m)(1-m) - \beta_m(V_m)m] \tag{5-31}$$

$$\frac{\mathrm{d}h}{\mathrm{d}t} = \Phi(T)[a_h(V_m)(1-h) - \beta_h(V_m)h] \tag{5-32}$$

$$\frac{\mathrm{d}n}{\mathrm{d}t} = \Phi(T)[a_n(V_m)(1-n) - \beta_n(V_m)n] \tag{5-33}$$

其中，$\Phi(T)$ 是温度系数。

图 5-6 是 H-H 模型的电路结构图，其中包括膜电容（C_m）、随电压和时间变化的离子电导（g_{Na} 和 g_K）、稳定的漏电导（g_1）和电动势（E_{Na}、E_K 和 E_1）。

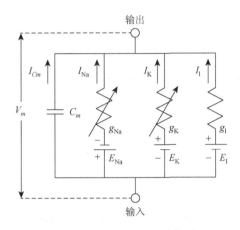

图 5-6　H-H 模型电路结构图

（图片来源：Maffeo C，Bhattacharya S，Yoo J，et al. 2012. Modeling and simulation of ion channels. Chem Rev，112：6250-6284）

5.2　神经元学习与突触模型

5.2.1　概述

学习可以使生物的行为更加适应环境，这种行为的优化源于神经组织结构的优化。学习的过程就是神经系统获取信息的过程。如同摄取能量后，身体的结构和形态发生了变化，生物体获取信息后，其神经组织的结构和功能也将发生变化。神经可塑性为生物体的学习提供了基础，是神经组织结构和功能发生变化的必要条件。而神经细胞突触的可塑性是一种典型的神经可塑性。

神经元由细胞及其发出的许多突起构成。引入输入信号的若干突起称为"树突"，"轴突"则作为输出端的突起。树突由细胞体发出后逐渐变细，与其他神经元的轴突末梢相互联系，形成"突触"。每个神经元的突触数目、连接强度和极性有所不同，并且都可调整。基于这一特性，人脑具有存储信息，也就是学习和记忆的功能。

假设第 i 个神经元通过突触连接作用到第 j 个神经元，其作用强度为 w_{ij}。那么，在整个神经网络中，神经元 i 到 j 的连接权重可以用 w_{ij} 来表示。w_{ij} 是一个可调的参数，通过调整它可以使一个给定任务的网络性能达到最优化。我们把参数自适应调整过程称为学习，把调整权重所需要的一系列计算过程称为一个学习规则。到目前为止，提出了许多不同种类的学习规则。其中最简单的是神经元学习规则，即通过突触前后神经元相关活动驱动突触的变化。这类学习规则可以由 Hebb 原则解释，因此常被称为"Hebbian 学习"。

5.2.2 学习

学习是生物在客观世界生存过程中完善自身行为以更好地适应外部世界的神经活动。生物体与外界环境相互作用的过程是刺激引起反应的过程。按照刺激与反应之间的关联程度，可以把学习分为非联合学习和联合学习。

1. 非联合学习

非联合学习是刺激与反应之间无明确联系的学习。刺激通常具有单一性、重复性和长期性等特点。在非联合学习的过程中，根据生物神经系统对刺激后的反应可分为钝化、去钝化和锐化三种学习形式。

钝化是生物神经系统对无意义刺激信号形成抑制反应的现象。举个例子：假设你的宿舍有一部电话，开始时，你对电话铃声很敏感，每当电话铃响时，你就跑过去接，但每次都是打给你室友的，长此以往，你对电话铃声的反应就不强烈了，最后甚至就当没听见，因为你对电话铃声已经钝化了。钝化使生物神经系统形成了忽略无意义刺激的机能。去钝化是由于原来的钝化刺激变得有意义了，而使生物神经系统的反应得到恢复。

锐化是生物神经系统对有意义刺激信号形成强化反应的现象，又称为假性条件反射。举个例子：假设你刚买了一部手机，把一首歌设为你的音乐铃声，当手机第一次响起这首歌的时候，你并没有意识到有人正在给你打电话；渐渐地，打电话的人多了，一听到这首歌你就意识到有人正在给你打电话，最后甚至别人的手机响起这首歌你都会下意识地检查一下自己的手机。

2. 联合学习

联合学习是刺激与反应之间有明确联系的学习，它使生物神经系统建立起刺激与反应之间的因果关系，其基础是条件反射理论。条件反射是生物体对外界刺激作出适应性反应的一种方式，是生物建立事物因果关系的一种行为，其基本过程是一个"刺激-反应-强化-再刺激-再反应-再强化"的循环过程。例如，驯兽师向狮子发出"坐下"的指令（刺激），狮子坐下了（反应），这时驯兽师给狮子一块肉作为奖励（强化）。强化可以是积极的也可以是消极的，可以是来自神经系统内部的，也可以是来自神经系统外部的。按条件反射类型，可以将联合学习分为经典条件反射和操作条件反射两类。

建立经典条件反射时，通常用一个中性刺激信号单独作用一段时间，然后用一个非条件刺激信号作为强化信号，与中性刺激结合，两者共同作用一定时间。经过若干次共同刺激后，中性刺激信号单独作用就可以引起原来非条件反射刺激引起的反应，这时条件反射得以建立。最经典的条件反射实验是巴普洛夫的狗与铃声实验。给狗进食会引起唾液分泌，这是非条件反射；食物是非条件刺激。给狗听铃声不会引起唾液分泌，铃声与唾液分泌无关，是中性刺激。但是，如在每次给狗进食之前，先给它听铃声，这样经多次结合后，铃声一响起，狗就有唾液分泌。这时，铃声已成为进食的信号，称为信号刺激或条件刺激。最后当狗听见铃声时，即使没有食物，其腮腺也会分泌唾液。

技能的形成往往是操作条件反射的结果。做一个猩猩与香蕉的实验：在猩猩房间里放一个装满香蕉的柜子，柜门上有一排各种颜色的按钮，猩猩可以透过柜子的玻璃看到食品柜中的香蕉，但是只有按动红色按钮才能取得香蕉。刚开始，猩猩为了得到香蕉尝试各种方法，偶然间，它按动了红色按钮并获得了一根香蕉。于是，猩猩不断按动按钮并且发现只有按动红色按钮才能获得香蕉。以后，猩猩为了得到香蕉，会不再尝试其他办法而直接按动红色按钮。猩猩拿香蕉的技能就是通过操作条件反射形成的。

5.2.3 Hebbian 理论与突触模型

1. Hebbian 理论与突触效率

早在 1949 年，Hebb 就提出著名的 Hebbian 理论，认为神经元的突触效率是受当时突触前神经元状态、突触后神经元状态和突触效率共同调节的，是可塑的。如图 5-7 所示，突触效率 W_{ij} 的改变由突触前神经元 j、突触后神经元 i 和当前效率 W_{ij} 决定，而与神经元 k 无关。

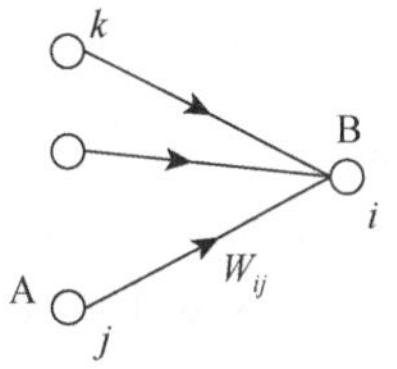

图 5-7 突触效率计算的示意图

2. 突触模型

当构建含一个以上的神经元模型时，需要一个准确高效的算法公式来表达不同神经元之间的突触连接方式，即突触传递模型。其最常见的表达形式是离子传输。突触前神经元通过释放神经递质激活突触后神经元的离子通道，因此，离子传输就是通过调控该离子通道的活动来实现的。在神经系统中，大部分突触传递过程由兴奋的氨甲基磷酸（AMPA）、天门冬氨酸（NMDA）受体以及抑制的氨基丁酸（GABA$_A$）受体来负责。离子型突触传递模型有多种形式，其中最简单且最适用于数学分析的方法是用脉冲函数来表示突触传递。但这个模型的突触后电压只能在突触前神经元冲动时表现为简单增加（兴奋性突触后电位）或者衰减（抑制性突触后电位）。

为了更准确地描述一个突触前动作电位造成的突触后效应，通过膜片钳记录所得电流表征的突触传递过程可用一个衰减的指数函数来描述

$$I_{syn}(t) = H(t_{spike})\left[a \cdot e^{\frac{t-t_{spike}}{\tau_{fall}}} \right] \tag{5-34}$$

该方程描述的不仅仅是突触电流衰减时间过程，还反映了其达到最大值的时刻。此外，突触电流还可以用指数差的形式来表示

$$I_{syn}(t) = H(t_{spike})\left[a \cdot \left(e^{\frac{t-t_{spike}}{\tau_{fall}}} - e^{\frac{t-t_{spike}}{\tau_{rise}}} \right) \right] \tag{5-35}$$

该方程可以描绘突触传递过程中的波峰和波谷。另外，α 函数形式如下

$$I_{syn}(t) = H(t_{spike})[\alpha^2 t e^{-\alpha(t-t_{spike})}] \tag{5-36}$$

也可以表示为突触电流的上升与衰减过程，而且比式（5-35）的计算量小。在上述方程中，$H(t)$ 为 Heaviside 单位阶跃函数

$$H(t) = \begin{cases} 0, & t < 0 \\ 1, & t \geqslant 0 \end{cases} \tag{5-37}$$

尽管在大多数情况下，可以通过在神经元模型中增加一个电流源来近似模拟突触活动，但是利用突触电导变化可以更加准确地描述突触后效应。而且，突触电导效应更能够反映突触活动的生理学意义，具体体现在：①把突触激活过程看成电导变化能够体现突触电流的电压依赖效应；②膜电导的变化可以描述突触激活过程中离子通道的开放程度。因此，突触电导的输入电流可以用如下公式来描述（与其他膜电导一样）

$$I_{syn}(t) = \bar{G}_{syn} s(t)(V_m - V_{syn}) \tag{5-38}$$

其中，$\bar{G}_{syn}$ 代表突触电导的最大值；$s(t)$ 是激活函数，它是一个随时间变化的量，可以用单指数函数、双指数函数或 α 函数来描述；V_{syn} 是通道的反转电压。

但是，通过模拟神经递质的释放和受体的开放概率，可以得到一种更加近似于突触激活过程的模型。如果设在 t 时刻突触间隙中的神经递质浓度为$[T]$，那么激活函数 $s(t)$ 可根据如下公式推理得到

$$\frac{ds(t)}{dt} = \alpha_s(1 - s(t)) - \beta_s \cdot s(t) \tag{5-39}$$

其中，当浓度$[T]$最高时，正反应常数等于其最大值，而当浓度$[T]$最低时，等于零，可以表示为

$$\alpha_s([T]) = \begin{cases} \bar{\alpha}_s, & [T] = 1 \\ 0, & [T] = 0 \end{cases} \tag{5-40}$$

图 5-8 所示为利用以上模型模拟突触电流和电压的结果。可以发现，除了用脉冲函数表示的模型以外，其他模型都可以较为准确地模拟突触输入情况。

以上这些公式适用于 AMPA 受体模型和 GABA$_A$ 受体模型，而 NMDA 受体模型会更加复杂，因为 NMDA 受体还会受到自由 Mg^{2+}的影响。当突触后膜电压较低时，自由 Mg^{2+}会阻断 NMDA 通道，而去极化过程能够消除这种阻断效应。因此，可以通过修正方程（5-38）来表示 NMDA 受体模型

$$I_{syn}(t) = G_{Mg^{2+}} s(t) \cdot \bar{G}_{syn}(V_m - V_{syn}) \tag{5-41}$$

其中

$$G_{Mg^{2+}} = \left(1 + \frac{[Mg^{2+}]}{3.57 mV} e^{-\frac{V_m}{16.13}}\right)^{-1} \tag{5-42}$$

且$[Mg^{2+}]$代表胞外溶液中的 Mg^{2+}浓度。NMDA 受体对突触前递质的释放和对突触后去极化的依赖性赋予了它一个独特的性质，即可以感知两个神经元之间的同步活动。

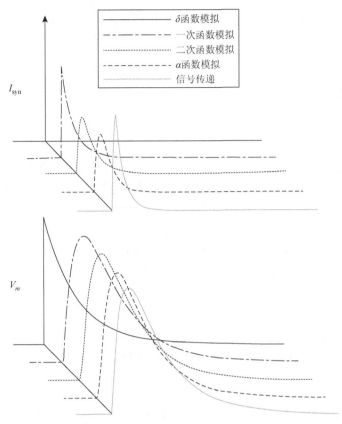

图 5-8　不同模型下的突触电流以及由此产生的膜电位变化

（图片来源：He B. 2013. Neural Engineering. Springer-Verlag）

而另一种突触形式——电突触，往往是以简单的电阻作为模型，通过缝隙的连接电流 I_{gap} 定义为

$$I_{gap} = \frac{V_{m,pre} - V_{m,post}}{R_{gap}} \tag{5-43}$$

其中，$V_{m,pre}$ 是突触前电压；$V_{m,post}$ 是突触后电压；R_{gap} 是缝隙间的连接阻抗。

5.2.4　突触重塑的调节机制

Hebbian 理论认为神经元突触的重塑活动仅取决于突触前、后神经元的激发频率，是一个正反馈过程。激发频率对突触的影响不是加强了有效突触的活性以提高突触功效，就是削弱了无效突触的活性以降低突触功效。然而，这种正反馈过程将引起突触后神经元的不稳定响应（趋向无穷或者趋于零），从而破坏神经元之间的正常联系。因此，为了避免神经元产生过高或者过低的激发频率，必须对每个神经元受到的刺激进行有效的监管。但是，独立地对待每个突触会使问题变得烦琐且不易实现。因此，我们需要一种机制来保持网络的稳定性。突触缩放、峰值时间相关可塑性（spike-time dependent plasticity，STDP）和突触重组作为三种突触功效的重塑调节机制，都在理论和实验上得到了一定程度的验证。

1. 突触缩放

突触缩放机制认为，神经元的突触重塑活动除了存在正反馈过程之外，神经元会根据网络的活动状况对突触功效进行负反馈调节，使系统变得稳定。例如，神经元产生兴奋性活动的同时，全局性地削弱与该神经元相连接突触的功效；或者是神经元产生抑制性活动的同时，全局性地增强与该神经元相连接突触的功效。突触缩放机制在体外培养的大脑新皮层、海马趾和脊髓神经网络中均得到了证实。实验结果表明，利用药物 TTX（河豚毒素，tetrodotoxin）抑制突触活动，并测量突触后电位电流，发现电流值较正常水平高，说明突触功效得到增强；而利用药物 BIC（甲叉双丙烯酰胺）增强突触活动，并测量突触后电位电流，发现电流值较正常水平低，说明突触功效得到削弱。

突触缩放活动由许多突触共同完成，且仅取决于突触后神经元的活动状况，因此不属于 Hebbian 理论的范畴。然而，利用纯粹的 Hebbian 理论也可以对神经突触的可塑性机制进行描述，但是需要精确地平衡 LTP 和 LTD 之间的关系。

2. 突触重组

突触抑制是突触短期可塑性的一种表现形式，广泛存在于皮层突触的递质传递过程中，对神经编码有着显著的功能影响。在某些情况下，突触短期抑制是由于囊泡在使用过程中的耗竭导致突触前体释放递质概率的减小。其表现形式通常是指数衰减，最后稳定到基线概率。但是，对于有些突触，LTP 能够影响突触的这种短期可塑性，该现象称为突触重组。突触重组背后的机制可能是 LTP 增大了突触前体释放递质的概率。因此在突触重组过程中，突触递质的释放概率既受到 LTP 的作用而增大，又受到突触短期抑制的作用而减小。在突触活动前期，受 LTP 影响较大，递质释放的概率会增大；随着突触活动的持续，突触短期抑制的影响逐渐增大，递质释放的概率会因此而持续减小。因此，突触重组通常能够显著地提高第一个突触后电位的幅值，而对最后的稳定状态不产生任何影响。实验结果表明，突触重组之后的突触后电位在短时间内比未重组的突触后电位大，但是随着时间的推移，两者趋于一致且均小于传统的 LTP。因此，突触重组机制在对突触功效进行重塑时，没有改变突触后神经元的稳定激发频率和神经网络的稳定兴奋性，既保证了突触功效的短期改变，又保证了整体网络稳定性。

3. 峰值时间相关可塑性

突触重塑需要的时间大约为 100ms，而且峰值时序会对突触重塑产生影响。例如，在某些情况下，突触前活动的峰值先于突触后活动的峰值，则发生 LTP，而突触前活动的峰值晚于突触后活动的峰值产生时，会发生 LTD。这种对峰值时序的依赖性称为峰值时间相关可塑性。

STDP 是指神经元突触之间的连接强度可以通过突触前神经元与突触后神经元脉冲的相对时间差来进行调节的性质。STDP 使得 Hebbian 学习规则能被精确定量在数十毫秒之内，为 Hebb 细胞集群理论和时间编码理论提供了有力的证据。对于 STDP 来说，突触前和突触后峰值的时序和精确的时间间隔决定了突触功效变化的性质和量级。而大脑不同区域的 STDP 函数是不同的，如图 5-9 所示。总体来说，STDP 对突触功效的改变服从某一时间常数的指数形式递减，因此，只有突触前后动作电位的时间差在某一时间范围内，突触的功效才会改变。在某些情况下，时间差的正负值决定了重塑结果是 LTP 还是 LTD，如图 5-9（a）～图 5-9（c）所示。而有些情况的重塑结果与时间差的正负值无关，仅取决于时间差的绝对值，如图 5-9（d）和图 5-9（e）所示。STDP 为实现 Hebbian 理论假设提供了一种机制，即只有在突触前活动与突触后激发有因果关系的时候，突触的功效才会被改变。STDP 的引入将导致突触功效的非均匀分布，并且使突触后神经元的激发活动发生在一个合理的频率范围内。

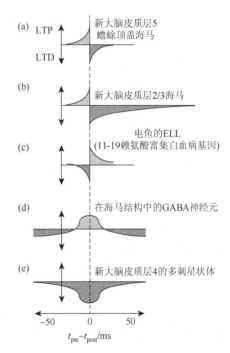

图 5-9 时间差值对重塑的影响

（图片来源：Abbott L F，Nelson S B. 2000. Synaptic plasticity：Taming the beast. Nature Neuroscience，3：1178-1183）

5.3 神 经 编 码

5.3.1 概述

目前，脑科学研究的一项重要任务就是架设生理学和心理学之间的桥梁，研究大脑的神经活动和心理活动。神经元是大脑和神经系统的基本构筑单元，而神经元的编码机制是连通神经生理活动和心理活动的一座桥梁，它能够将神经生理现象同人的知觉、反应等心理现象联系起来。神经系统通过对外界环境信息进行加工编码和存储传递，会使生物体产生知觉和感觉，也能让相应的效应器作出反应。神经信息传递的方式有两种，一种是在神经纤维上传导的动作电位，另一种是在突触处进行的化学传递。对于长距离的信息传递，神经系统一般是通过神经元的动作电位进行传导的。这些电压脉冲可以沿着轴突传播，激发大脑中其他化学信号的释放。本节将通过神经元的信息表达及其具体的编码模式来对神经编码进行介绍。

5.3.2 神经元的信息表达

神经元的信息表达通过信息编码实现，神经元通常对两种特征进行信息编码：①刺激的强度、持续时间以及强度随时间而变化的信息可以通过一个感觉神经元的放电频率来反映，同样，一个运动神经元的放电频率能够反映一个肌纤维群的收缩力度和时间；②一个传入神经元所在的位置反映了这个刺激的空间位置以及这个刺激的性质，如一个运动神经元的位置决定了运动的类型和执行方向。在感觉和运动系统中，对一个特征的精确编码通常依赖于一群神经元的集体活动，这种行为称为群体编码。该观点认为神经编码是通过神经元集群的协同作用来实现的，而神经元集群通过组合可以产生多种不同的表示，极大地提高了神经系统的表达能力和精确性。

在神经元信息的传递过程中，需要保证编码信息的精确性。神经系统通过三种途径来确保神经元传递信息动作电位的真实性。首先，动作电位"全或无"的特性使神经元信息成为二进制数字信号。数字信号的特性使信息编码产生误差的可能性比模拟信号小很多。其次，神经元信号的传递通过频率调制。动作电位偶尔发生的假缺失或者假包含几乎不改变一组动作电位的平均频率。最后，多数神经信号的产生和传递是通过神经元集群的协调工作完成的。这就意味着在一定程度上会产生信息冗余。个别神经元的错误放电会被绝大多数神经元的正确放电湮没。

5.3.3　神经元信息编码模式

1. 频率编码

频率编码理论认为，神经元放电序列中的放电频率是神经元对外界刺激进行编码的根本特征，刺激的强度由一个感觉神经元的平均放电频率来编码。根据感受器的属性可以将信息编码分成两类：静态编码和动态编码。慢适应感受器对一个持续性的刺激会不断产生反应，引起它的感觉神经元重复放电，且放电的频率与刺激大小有关。这些神经元对于一个持久的刺激产生静态反应，因此这类神经信息编码称为静态编码。与此对应的是快适应感受器引起的动态编码。快适应感受器对一个持续性的刺激只作出短暂的反应，因为它们能够在很短的时间内对刺激不再敏感。这些感受器能够对刺激强度的变化做出最佳反应。

外界刺激强度与感受器反应之间的关系可能是简单线性的，如皮肤温度感受器。但是，在很多情况下，它们之间的关系是非线性的，如许多皮肤的机械感受器和光感受器与刺激强度呈对数关系。这种关系的优点是能使非常大范围的刺激强度被相当小的放电频率的变化所编码。然而缺点是对于高强度刺激，区分不同强度之间差异的能力较差。

频率编码理论实现非常方便，计算方法简单且易于理解，但仍存在许多不足之处。第一，该方法的信息传输效率很低。这是由于神经元的激发情况通常是没有特定规律可言的，接近于随机放电，利用这样一种效率非常低的方式来处理信息与神经系统高效精确的信息处理能力不符。第二，频率编码/解码时间过长。神经系统需要较长的时间才能计算出放电序列的平均放电频率，而系统在极短的时间内就要对刺激作出反应，这两点是相互矛盾的。第三，频率编码只利用了放电频率的不同来区分不同的刺激，而当刺激包含多个参数时，对这类编码方式的解码会产生很大的困难。

考虑到对单个神经元进行频率编码只能表示刺激强度的大小，无法获得更加具体的性质，有研究者采用群体编码的方法，即同时对多个神经元活动的放电序列进行采集，之后对这一群神经元的放电次数求平均值，根据平均值来对不同的刺激进行区分。由于神经活动通常是由神经元集群共同完成的，所以采用群体编码的方式比频率编码要有更好的鲁棒性，但是该方法只是作了简单的平均处理，很有可能忽略单一神经元携带的刺激信息，也有着极大的局限性。

2. 时间编码

频率调制编码要获得刺激的精确信息需要足够长的时间，以便让神经元能够激发数个动作电位，所以频率编码不适合表示事件的精确定时信息。为了克服这个缺点，神经元必须只在传入信号到达的精确时间发出信号，这种行为称为时间编码。时间编码涉及事件的精确定时，例如，一个声音的来源可以通过测定声音进入两耳的时间延迟来定位。

时间编码理论是在 1982 年由 Abeles 等提出的，该理论认为在记录和研究神经元激发放电序列的过程中，除了可以获得频率信息以外，在某些时间模式中也包含许多与刺激属性相关的信息。时间编码更注重神经元放电序列中的峰值电位在时间上的相关性。该理论的一个典型例子就是神经元的同步放电，有结果表明，在视觉信号处理区域的一些神经元会对刺激信号产生响应并进行同步放电。随着研究的深入，越来越多的证据显示支持时间编码理论，例如，Hopfield 等的研究显示不同的刺激信息可以由不同时相的放电表示，Keefe 等也报道，在特定情况下，"位置细胞"放电活动的时相有可能代表了它所在的具体位置。

尽管有越来越多的理论和实验结果表明支持时间编码理论，但该理论目前仍没有形成一个有说服力的体系。频率编码仍占据很重要的地位。也有学者表示，在真实的系统中，时间编码和频率编码很可能共同对神经信息编码起作用，二者并不是相互独立存在的，将二者有效地结合也许能更好地揭示神经元信息编码的内在机制。

3. 模式编码

一般来说，神经元放电串的脉冲间隔往往是不规则的。而在这种不规则的时序放电中就有可能蕴含着某种编码方式。神经元以数个具有确定性间隔的脉冲片段进行编码神经元信息的方式，称为模式编码。1977 年，Brudo 和 Marczynski 等就曾报道发现狗的海马神经元具有特定的放电模式。之后，Klemrn 和 Sherry 收集了许多还没有意识到模式编码的研究者所发表的神经元放电资料，经详细分析后发现其中确实存在某些比较稳定的重复出现的放电模式。Middlebrooks 等证实了西耳维厄前外侧沟神经元能通过时序编码来确定声音在 360°空间的位置。Abeles 等采用空间-时间放电模式分析法，对特定行为状态下猴子的额叶皮层神经元放电模式进行研究后发现：在 30%～60%的情况下有重复模式存在，有多种空间-时间放电模式与行为相关；所有种类模式中，107 类由单个神经元放电串所组成，45 类由两个神经元放电串所组成，仅有一类由三个神经元放电串所组成。Richmond 和 Optican 的大量工作也证实了模式编码的存在，并指出这种编码不仅具有很高的信息传输率，而且提高了神经系统对信号的分辨率。

然而，尽管模式编码理论有着反应灵敏、信号分辨率高和信息传输速率高的优点，但是，目前的实验手段和检测方法存在很大的局限性，不容易检测出这类特定的放电模式。由活体的生理实验所获得的数据稳定性一般都比较差，而在离体实验中的数据又会受到关于可靠性的质疑。

4. 空间定位

通过神经元对特定部位的反应，人们可以对感觉表面区域上的刺激进行空间定位。一个神经元能够感觉的区域称为该神经元的感受野。刺激神经元的感受野可以改变该神经元的放电频率。初级传入神经元的感受野由发出传入纤维的感受器范围决定。感受相同刺激的邻近神经元，其感受野可以相互重叠。在感觉传导通路中，远端神经元的感受野是近端神经元感受野的组成部分。总体来说，由于几个远端神经元通过突触连接于一个近端神经元，即产生了聚合现象，该现象使近端神经元具有较大的感受野。聚合根据程度不同，可以划分为低聚合与高聚合两种形式。低聚合能够提供较高的空间分辨率，如视网膜内的视锥细胞向双极细胞的聚合。高聚合能够整合较多数量感受器的微弱信号，以提高敏感度，如视杆细胞向双极细胞的聚合，这样可以使人们在弱光下产生视觉。

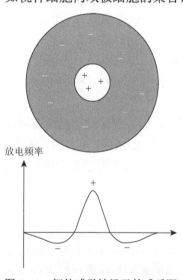

图 5-10　躯体感觉神经元的感受野

与远端神经元相比，近端神经元的感受野更大更复杂。神经元的感受野由中心和周边两个区域组成，当这两个区域感受到刺激时，可在神经元上产生相互拮抗的作用，这种现象称为侧抑制。图 5-10 显示了一个躯体感觉神经元的感受野。刺激其中心区域可增加神经元的放电频率，刺激其周边区域可减小神经元的放电频率。因此，这一感受野的特点是中心兴奋、周边抑制，具有这种特征的细胞称为中心型细胞，与之对应的是周边型细胞。对于中心型细胞而言，只有当刺激强度恰好刺激整个中心区域时，才会产生最大的放电频率。如果继续加大刺激强度则会降低放电频率，这是因为作用到达了周边抑制区，产生了抑制作用。侧抑制作用的效果是增强了感觉区域的空间分辨率，也增加了刺激之间边界的对比度。

在多数感觉传导通路中，初级传入神经元以一种严格的排序方式与上一级中枢的特定神经元相连，维持着紧密的比邻关系。这样使有关刺激定位的信息在感觉传导通路或近端神经元处不会丢失，这种排列称为定位分布。将感受野排列起来就可以得到一幅贯穿于丘脑或大脑皮层的规则图，该图是感觉面或某些感觉特征的神经代表，如躯体定位分布图代表皮肤的表面，视网膜定位分布图反映视野，音调定位分布图反映一个音调的高低。此外，还有各种各样的运动分布图，尤其是那些位于大脑和小脑皮层的运动分布图，它们系统地反映了运动状态。运动分布也存在于下行传导束中，它们与执行特定运动的神经元准确地联系在一起。根据感觉神经元之间的联系程度不同，可以将定位分布图分为分离图、斑片图和弥散图。分离图是由于大多数神经元与其比邻的神经元有联系，且存在局部相互作用而产生的，如躯体定位分布图和视网膜定位分布图，虽然与感觉面积不成比例，但它们仍可以在解剖层面上准确完整地代表感觉面。斑片图由几个区域组成，每个区域内都有相应躯体作为精确代表，然而邻近的区域并不代表解剖上相邻的部位。弥散图是没有确切定位的定位图，如不同的嗅觉定位于嗅球的特定点，但是没有规律可言。

5.4 神经网络计算模型

5.4.1 概述

虽然人们已经对单神经元的结构和功能有了非常深刻的理解，但是目前对大脑神经网络的研究仍然处在初级阶段。早在 19 世纪，人们便已经了解到大脑神经网络是由数以亿计的神经元构成的极其复杂的结构网络。自 20 世纪以来，科学家普遍认为，大脑多个脑区之间生理活动的协调变化构成了功能网络。结构网络为各个脑区之间发生功能联系提供了基础，而功能网络为大脑神经活动的多样化提供了条件。

大脑被认为是人类目前接触过的最复杂的对象之一。因而理解大脑错综复杂的配线模式和在此基础上产生的功能活动，即结构网络和功能网络，被誉为当代科学的最大挑战。20 世纪末，在本质还原论和分子生物学研究计划的支持下，神经科学的发展取得了巨大的成就，如 2000 年的诺贝尔奖得主 EricKandel 发现了海兔记忆的分子学机制。然而，神经科学在分子水平上获得的成果并没有为更高层次水平上的大脑研究提供便利。因为对大脑神经网络的研究已经脱离了还原论的范畴，这是一门复杂性科学，即将大脑看成一个由大量弱相互作用的元素构成的复杂系统。

与已经发展了几百年的还原论相比，复杂性科学只有短短几十年的发展历史。近年来伴随着非线性动力学和复杂网络研究的迅猛发展，以及在计算机技术的支持下，科学家在大脑神经网络方面的研究取得了丰硕的成果。物理学和数学为研究大脑复杂系统提供了三条非常有前景的道路：①从非线性动力学及其相应领域出发，研究神经网络的动力学模型；②统计物理学为研究相位跃迁和缩放比例提供了途径；③图论为复杂网络研究提供了现代理论。

5.4.2 动力学模型

从动力学的角度出发，大脑是由多个相对独立的动力学系统相互作用而构成的整体。每个动力学系统可以看成一个相对独立的神经网络。因此，如何正确、合理地构建神经网络的动力学模型成为计算神经科学的一项重要任务。首先，我们需要找到一类具有代表性意义的生理学参数。这些参数可以很好地描述神经元的活动，并且合理地刻画神经元群之间的相互联系。其次，所建立的模型必须能够解释整个大脑动态变化的不稳定性、复杂性及其如何产生这些性质，而且必须能够反映大脑的结构特征。

神经网络的动力学模型通常被认为是刺激驱动下的响应模型，但是大脑的很多活动都是自发产生的，如冥想、回忆等。然而，我们自发产生的很多思想和行为又会因为外界环境的细微变化而受到调整。因此，大脑产生的复杂活动模式不仅具有不断自发变化的极其丰富的时间与空间结构，而且对外界刺激具有敏感反应。从建立模型的角度考虑，我们需要同时协调好系统内部结构的整合与对外界刺激的反应这两者之间关系。但是，这个问题一直没有得到彻底解决。

在研究大脑的网络特征时，受运算时间代价的限制，需要在计算复杂度与网络详尽度之间进行折中。通常的做法就是利用相对简单的神经元模型，如 IF 模型来表征神经网络中的每个神经元单位。即便如此，想要获得完整的神经网络参数空间也是十分困难的。因此，通常用激发频率来表征神经元的活动状况。

1. 激发频率网络（firing-rate networks，FRN）模型

FRN 模型通过直接描述神经元的激发频率来表征网络特征。其假设网络中每个神经元的激发频率不但受外界输入信号的影响，而且与网络内部其他神经元的活动有关，其数学模型表达式为

$$\tau_r \frac{dr_i}{dt} = -r_i(t) + F\left(I_i(t) + \sum_{j=1}^{N} W_{ij} r_i(t) + \Theta\right) \tag{5-44}$$

$$F(x) = \begin{cases} x, & x \geq 0 \\ 0, & x < 0 \end{cases} \tag{5-45}$$

在一个由 N 个神经元构成的神经网络中，变量 $r_i(t)$ 表示神经元 i 在 t 时刻的激发频率，变量 W_{ij} 表示神经元 j 对神经元 i 的突触联系（$W_{ij} > 0$ 表示激励，$W_{ij} < 0$ 表示抑制），变量 $I_i(t)$ 表示网络外部对神经元 i 的输入，常数 Θ 表示网络内部的偏置信号，函数 F 表示神经元的输入信号与激发频率之间的关系，常数 τ_r 表示激发频率变化的时间常数。式（5-45）表示激发频率与输入信号之间存在线性关系，然而函数 F 的表达式不拘泥于此，可以有多种类型，在此不作扩展。

某些神经元在受到短暂的刺激后会产生持续的兴奋，如在短期记忆时这种兴奋能够持续几十秒。这种由内部产生的持续活动通常有稳定的激发频率。为了维持神经网络的激发活动，网络内部的神经元需要有足够的相互激励。每个神经元既作为受体，接受其他神经元的反馈，又作为激励源，激发其他神经元。与此同时，足够的抑制作用也是不可缺少的，以免整个系统无法控制而趋于崩溃。

对于一个短程激发、长程抑制的神经网络模型，系统的激发态会自动恢复到稳定态。假设网络中的某一群神经元受到刺激而产生兴奋，如果兴奋性足够强，那么与之有激励联系的其他神经元也将会产生兴奋，即网络的兴奋性在不断增强。但是，当一定范围内的神经元都产生兴奋之后，整个网络的兴奋性就趋于饱和。与此同时，受到长程抑制机制作用，整个网络的抑制性信号也在不断增强。随着短程兴奋性神经元数量的增加，长程抑制性神经元的数量也会不断增加，最后整个网络的抑制性强度将赶超兴奋性强度，从而使整个网络趋于稳定。构建这样一种神经网络模型，只需要在 FRN 模型的基础上选择合适的突触联系。为此，我们可以根据式（5-46）设置 W_{ij}，其中，W_0 和 W_2 是常数

$$W_{ij} = -W_0 + W_2 \cos\left(\frac{2\pi(i-j)}{N}\right) \tag{5-46}$$

振荡是神经系统的普遍特征之一，神经网络中的振荡与同步现象也因此受到科学界的广泛关注，如事件相关电位的产生机制等。利用神经元之间的同步特征来表征神经网络的复杂活动无疑会取得一定的成果。神经网络的振荡通常是由兴奋性神经元集群和抑制性神经元集群相互作用动态产生的。而神经同步化是指两个或多个神经元或神经元集群活动时，相互之间的振荡关系不断地趋于固定的相对相位角。从数学上说，神经元集群可以被看作弱耦合振子，它们能够产生同步化振荡。虽然对神经网络的大规模整合机制还没有完全摸清，但是多个频带之间的神经同步化似乎能够连接不同的网络结构。神经网络的振荡模型可以通过设置 FRN 模型中的突触联系 W_{ij} 建立，如式（5-47）所示。其中，ω 是角频率，决定神经元的振荡频率

$$W_{ij} = -W_0 + W_2\left(\cos\left(\frac{2\pi(i-j)}{N}\right) - \omega\tau_r\sin\left(\frac{2\pi(i-j)}{N}\right)\right) \tag{5-47}$$

2. 整合激发网络（integrate-and-fire networks，IFN）模型

除了 FRN 模型外，IFN 模型也是常用的一种神经网络模型。IFN 模型通过描述神经元的膜电位变化来描述网络特征。与 FRN 模型相似，IFN 模型假设网络中每个神经元的膜电位不但受外界输入信号的影响，而且与网络内部其他神经元的活动有关，其数学模型表达式为

$$\tau_m\frac{\mathrm{d}V_i}{\mathrm{d}t} = V_{\text{rest}} - V_i(t) + \Theta + I_i(t) + \sum_{j=1}^{N}W_{ij}\sum_{t_j^a<t}f(t-t_j^a) \tag{5-48}$$

$$f(t) = \begin{cases} \exp\left(-\dfrac{t}{\tau_s}\right), & t \geqslant 0 \\ 0, & t < 0 \end{cases} \tag{5-49}$$

在一个由 N 个神经元构成的神经网络中，神经元 i 的膜电位是 V_i，其静息电位为 V_{rest}，膜电位变化的时间常数为 τ_m，变量 $I_i(t)$ 表示网络外部对神经元 i 的输入，常数 Θ 表示的是网络内部的偏置信号，变量 W_{ij} 表示神经元 j 对神经元 i 的突触联系（$W_{ij}>0$ 表示激励，$W_{ij}<0$ 表示抑制），变量 t_j^a 表示神经元 j 在该时刻产生了动作电位并将其传递给神经元 i，函数 f 表示局部电位的衰减特性。该模型动作电位的产生遵循一个简单的原则：当膜电位超过 V_{th} 时，神经元产生动作电位，并且立刻恢复到预设值 V_{reset}，同时跟随一段不应期。

3. 神经网络的动力学表现

动力系统的活动模式通常分为四类：固定活动、周期性活动、准周期性活动和混沌活动。固定活动的动力学系统指的是该系统中的所有变量都不随时间变化而发生改变。周期性活动的系统处于一个时变的渐进稳定状态，该状态以固定的时间间隔无限期地重复。准周期性活动是非周期重复的，它是由两个或多个周期性活动组成的，且这些活动之间的频率是"不可比"的。"不可比"的意思是不同频率之间的比值是个无理数，这也就意味着在每次循环时，不同周期的组成成分之间的相位关系都会发生改变。最后，混沌活动是非重复性的，该活动的特点是对初始条件极端敏感。固定活动系统、振荡系

统和混沌系统都具有吸引子，它能够使系统的活动状态随着时间的变化而逐渐向其收敛。吸引子本来是一个数学概念，它对系统趋向某些极限状态的演化过程作了精确的动力学描述。

下面介绍神经科学领域中几种重要的动力学活动方式。短时记忆与具有固定点吸引子的活动类似，具有持续活动的特征，但它与具有固定点吸引子的活动也有区别。对于一个具有独立固定点吸引子的系统，无论它的初始状态是何种形式，它的结束状态都是相同的，且不依赖于时间变化，因此它无法成为一个记忆系统。记忆系统必须具备从终止状态追溯回初始状态的能力，因此，系统的终止状态能够反映其记忆刺激的信息。也就是说，记忆系统模型需要许多固定点吸引子，每一个吸引子是对一种记忆的保持。如果记忆系统中的一组连续参数与刺激相关，那么该系统一定包含一组连续固定点吸引子，由这些固定点吸引子所形成的一条线称为线性吸引子。

周期性动力学活动显然与神经记录中许多可见的振荡状态有关。一个稳定的周期性活动状态又称为极限循环状态，因为无论系统的初始状态如何，其行为终将服从该循环活动。一个有连续线性固定点吸引子的模型自身会形成循环，系统按照这个循环运转，也就可以轻易地进入振荡状态。

尽管在皮层记录中时常有周期性振荡出现，但皮层的整体活动是非常复杂且非循环的。实际上，一个活动包含了不同的振荡过程，这些振荡的频率互相重叠，也可以说整个活动是准周期的，是由许多不同的不可比的振荡成分组成得到的。然而，由于非周期性的动力学系统由大量振荡元素构成，且相比于准周期性系统更加趋近于混沌状态，所以整个神经活动更适合于用一个混沌系统作为模型，下面具体介绍这些神经活动。

1）持续活动

为了维持各自的活动，一组神经元中的每个神经元都需要反馈足够的激励给彼此以维持正常的激发，神经元的激发即是激励的源。同时，要提供足够的抑制信号以防止激励反馈导致神经元活动失控。为了平衡激励产生的失控效应和抑制产生的压制效应，需要对模型中的参数进行精确调整，但这不是必需的。在具有短程激励和长程抑制效应的激发频率模型中，系统自身会进行自动调节以维持其稳定运行。当局部神经元相互激发时，这些神经元所处的网络就会被激活，此时，如果激励足够强，就会有更多的神经元被激发并加入到这个活跃的集群中，从而使该集群的规模不断增大。一方面，随着越来越多的神经元变得兴奋，该集群的兴奋性输入会不断增加，当所有兴奋性神经元被激活之后，该集群的兴奋性达到饱和状态。另一方面，由于神经元之间抑制性连接的范围增加，抑制性输入也将持续增加。因此，两方面相互作用，在某些时刻，抑制性神经元的数量将超过兴奋性神经元的数量，此时，兴奋的神经元集群将会停止扩展并最终稳定下来。如此反复，兴奋性神经元集群的增长会随着激励和抑制的数量自动调整以保持平衡状态，从而不需要人为地调整参数。

通过选择适当的突触的权重，由式（5-44）表示的模型可以推导出持续活动的模型公式。为此，我们根据式（5-46）设定从神经元 j 到神经元 i 的突触的权重为 W_{ij}。如图 5-11 所示，$N=100$，$W_0 = 0.073$，$W_2 = 0.11$，$\Theta = 20\text{Hz}$。一个特定神经元对激励和抑制的不同分配在图 5-11（a）中给出，其中正值表示激励，负值表示抑制。该图明显地表现出了短程激励和长程抑制的神经机制。对该组态方程进行求解，得出该模型有一个时不变的稳态解，这个稳态解包括一个活动的"峰"，如图 5-11（b）和图 5-11（c）所示。

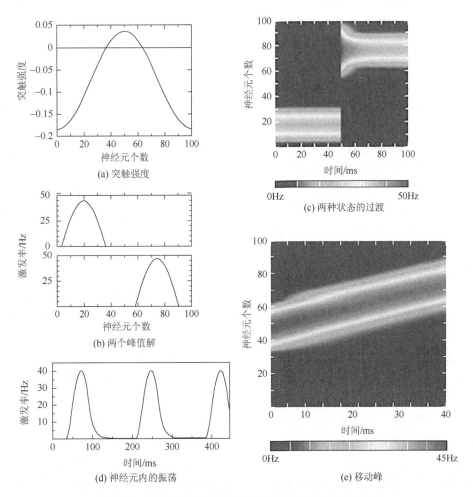

图 5-11　神经元的激励态/抑制态和稳态解及其活动效应

（图片来源：Vogels T P，Rajan K，Abbott L F. 2005. Neural network dynamics. Annual Review of Neuroscience，28：357-376）

图 5-11（a）表示第 50 号神经元与其他神经元之间的激励和抑制的具体分配。横轴代表网络中的第 1～100 号神经元，曲线则表明了第 50 号神经元与这 100 个神经元之间突触权重的强度和正负变化。图 5-11（b）所示为围绕在不同神经元集群的两个峰，两图都表示网络中的 100 个神经元的激发率。图 5-11（a）、图 5-11（b）和图 5-11（c）表示围绕在第 20 号神经元周围的活动的峰，图 5-11（d）和图 5-11（e）表示围绕在第 75 号神经元周围的类似的峰。图 5-11（c）所示为 100 个网络神经元的活动随时间变化的函数。在第 50ms 时围绕在第 20 号神经元的活动的峰值受到扰动，在一个瞬时变换之后，峰值转换到了围绕第 75 号神经元的活动周围。

　　该模型的一个重要特点是，它的结构，也可以说方程的解，不止有一个峰，而是由多个峰值组成的。当传递过程改为 $i{\to}i{+}c$，$j{\to}j{+}c$ 时，式（5-46）中的突触权重仍旧保持不变，其中，c 是任意整数。这表明，如果模型有一个峰值解，那么它一定有一组对称解，如图 5-11（b）和图 5-11（c）所示。对于任意给定的峰值，都会有一个神经元比其他的神经元更快被激发，而且在有 N 个神经元的神经网络里，其中任意一个神经元都可以充当这个最快被激发的神经元。因此，网络中至少有 N 种不同的峰值状态。

　　多种峰值状态的存在使得神经网络保留着对初始活动的记忆，如图 5-11（c）所示。图中显示神经元集群的初始状态集中于第 20 号神经元。在用软件进行仿真的过程中，我们将系统的状态改变，使得活动集中于第 75 号神经元开始。因此，系统保留了仿真前一半活动的记忆以及之后活动的记忆。

　　图 5-11（a）～图 5-11（c）所示模型有效地描述了短时记忆，它将一个形式简单的自发活动与对外部刺激的敏感性相结合。然而，这种结合方式是有一定风险的。通过加强系统的对称性，模型可以保持对输入的敏感度，可是一旦对称性受到任何轻微的破坏，这种敏感度也将被破坏。针对对称破裂效应对模型敏感度的不利影响，研究者已经提出了各种补救措施，但是，即使在简单的固定模式活动中，如何在自我维持活动和输入敏感度之间进行协调平衡，这一主要问题仍没有被完全解决。

　　2）振荡

　　神经网络的振荡和同步已经受到了广泛关注，它是我们理解更加复杂的非周期性大脑活动的一条重要途径。为了说明网络振荡是通过何种机制激发的，我们对之前提到的持续活动模型加以修正，使其内部产生振荡。

　　细胞集群内兴奋和抑制的相互作用通常会激发出网络振荡活动，其中抑制效应起到了更加重要的作用。在为了说明网络振荡而建立的模型中，通过将前一部分的稳态峰转变为一个行波，就可以建立一个周期性的活动模式。一种建立该模式的方法是在神经元模型中引入自适应。由于活跃的神经元有自适应性，活动的峰会移至先前不那么活跃的神经元处。另一种形成移动峰的方式是对式（5-46）中的突触权重这一参数进行修正，可以根据式（5-47）将其替换。从图 5-11（d）和图 5-11（e）可以看出，设定 $\omega{=}40$ 弧度/秒，该参数决定了移动峰的传播速度，也相当于决定了网络中独立神经元之间的振荡频率。需要注意的是，这些突触权重之间仍然保持了之前在持续活动中提到的对称性。

　　图 5-11（d）和图 5-11（e）表示已经产生的振荡网络活动。图 5-11（d）表示单个神经元的激发率随时间变化的函数，表明了系统动力学活动的周期性振荡性质。网络中的每一个神经元都有其产生振荡的激发率，但是当移动峰扫过时，会产生不同的相位。图 5-11（e）显示了移动峰的整体，描述了在网络中所有神经元随时间变化时激发率的变化。成角度倾斜的条纹表示在行进中峰的整体。

　　3）混沌效应

　　混沌（chaos）又称浑沌，特指一种运动形态，是指确定性动力学系统因对初值敏感而表现出不可预测、类似随机性的运动。

　　假定一个神经元有 n 个突触的输入，每个突触输入的强度为 g，得到总突触输入的概率值为 $g{\cdot}n$。如果我们将强度系数 g 看作突触前动作电位诱发突触后反应的概率值，那么

突触输入概率值 $g \cdot n$ 的量级应该为 1，否则网络将无法正常稳定地运行。因此，在一个周期性的连通网络中，需要将突触输入强度 g 的量级定为 $1/n$。对于相互独立的突触输入，总体突触输入的方差量级在 g^2n。若 n 约为 10000，则意味着突触的强度将非常弱（强度 g 约为 0.0001），而且总体突触输入的方差也会非常小。

但是，上述分析得到的参数并不适用于大脑皮层。经过测量发现，皮层神经元之间的突触权重比上述估计得到的结果要大得多。在响应过程中，皮层神经元的可变性非常大，通常情况下，其输入方差的概率值远远大于 $1/n$。因此，皮层突触强度必须有更高的量级，约为 $\sqrt{1/n}$。在该强度下，输入方差 g^2n 的量级为 1。此时，总体突触的输入强度量级是 $\sqrt{n}$，这会使神经元的激发处于失控状态，因此，需要引入抑制环节，保证激励和抑制处于平衡状态，使总体突触的输入强度量级处于 1。神经元之间的抑制作用是以上分析没有涉及的一个环节，然而，这恰恰是皮层神经回路的一个非常重要的方面，是理解神经网络混沌效应的关键。

在之前的介绍中，我们所提到的网络模型中的独立神经元都是通过激发率来进行描述的。根据单个神经元不同的激发方式以及不同神经元之间的活动联系，可以将动作电位形成的网络活动划分为 4 类：在神经元层面，单个神经元可以划分为以规则模式激发或者以不规则模式激发；在网络层面，网络中的神经元可以划分为同步激发或者异步激发。以一个包含 10000 个神经元的网络为例，其中的每个神经元都符合整体激发模型，图 5-12 对这四种可能的情况分别进行了说明，这 10000 个神经元中有 80% 处于激发态，20% 处于抑制态，四种情况分别为同步规则活动、同步不规则活动、异步规则活动和异步不规则活动，分别对应图 5-12（a）～图 5-12（d）。图 5-12 模拟了一个神经网络，包含 10000 个锥体细胞和 2500 个中间神经元。异步规则活动中的神经元在周期性活动中有稳定的频率激发，但由于它们之间是非耦合的且初始条件是随机的，所以它们的激发是异步的。图 5-12（a）表明在规则激发态的神经元之间，兴奋性的突触导致动作电位的同步形成，因而产生了同步规则网络活动。图 5-12（c）只是简单地举例说明了异步规则活动，实际上存在很多情况，弱耦合网络也可以表现出这样的异步规则活动的情况。由于兴奋性电流和抑制性电流都趋于一个更加平衡的状态，所以单个神经元开始以不规则活动的形式进行激发，如图 5-12（b）和图 5-12（d）所示。其中，图 5-12（b）表示部分同步，在神经元集群的平均激发频率中存在着振荡。而在图 5-12（d）中的集群活动是完全异步的。

4. 网络的神经信号传播

认知过程要求信号通过大脑的多个区域进行稳定的传播。如何使得神经网络中的信号稳定传播一直是个难题。下面在介绍一些与信号传播相关的问题之后讨论两种传播模型：同步激发传播模型和激发频率传播模型。

由于网络中的传播活动被激发，神经元的动作电位趋于同步，同时该网络需要引入噪声来避免网络中的神经元产生过度同步。在早期模型中，噪声由诸如随机数生成器这样的外部信号源产生，但是最近越来越多的研究开始利用之前提到的异步不规则状态活动来为系统提供变异性，以防止网络中大规模同步效应的产生。然而，无论激励还是抑制所产生的噪声都只能减小过度同步的发生概率，而不能使其完全消除。信号传播模式可以根据

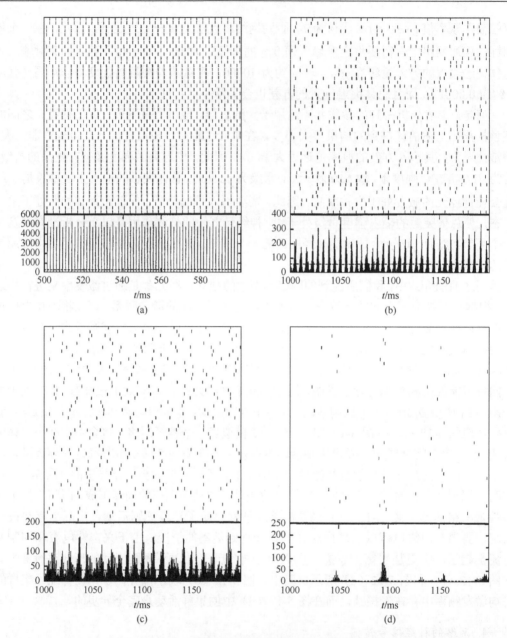

图 5-12　整体激发模型中神经元的网络活动

（图片来源：Brunel N. 2000. Dynamics of sparsely connected networks of excitatory and inhibitory spiking neurons.
J Comput Neurosci，8：183-208）

是否包含同步效应来区分。同步效应在同步激发传播模型中起着核心作用，然而在激发频率传播模型中，同步会对信号产生破坏。

1）雪崩模型

为了说明在神经网络中关于信号传播的基本问题，我们先讨论一个高度简化的模型——雪崩模型。该模型的定义为：当一个神经元触发一个动作电位时，在其突触后的 n

个靶神经元中会以概率 p 诱发一个动作电位电压。之后对于任意一个突触后神经元，都遵循同样的规则对下一神经元进行激发。每次激发都被看作一个独立的事件。通过对一个单独初始神经元应用这一规则，之后所有的神经元都会因这个初始神经元而被激发，之后，被激发的神经元又将对其他的神经元进行激发，我们用这一过程来描述一个神经元信号的传播。

在一个初始神经元被激发后，第二阶段被激发的神经元平均数量用 p_n 表示。在下一阶段，被激发的神经元数量为 $(p_n)^2$。这是由于在第二阶段被激发的 p_n 个神经元中每一个神经元都会在第三阶段激发 p_n 个神经元。在第 s 阶段，被激发的神经元数量为 $(p_n)^s$。通过这样一个简单的计算可以说明在信号传播中的一个重要问题：信号要么衰减（$p_n<1$），要么增强（$p_n>1$）。为了保证信号在每个阶段的稳定传播，需要调整诱发一个动作电位的概率，使得 p_n 接近 1。图 5-13（b）给出了雪崩模型的这种传播特征。

尽管调整参数可以使每个阶段之间的传播稳定进行，但是传播在不同试次之间仍会产生很大的波动。图 5-13（a）表示，在第一阶段被激发的神经元在第五阶段的状态（尽管这代表平均行为，但也有其特殊性）。图 5-13（a）的深色序列表示传播失败，浅色序列表示传播激增。传播失败是有可能发生的，例如，如果第一个神经元没有激发任何一个其他的神经元，那么第二阶段也就不存在了，也就导致传播活动的波动消失。如果在第二阶段被激发的神经元数量大于平均值，那么系统就有顺序增大的趋势，传播活动也就趋向于爆炸，就像发生了雪崩一样。图 5-13（c）表示在一个处于临界状态的雪崩效应中不同阶段的成功传播所占的比例。需要注意的是，超过第三阶段，传播失败的比例就超过了 50%。图 5-13（d）表示激活爆炸的数量。这种情况对 p_n 的值非常敏感，p_n 值微小的差异就会导致爆炸数量的巨大变化，即使在临界情况下，仍有相当多的爆炸超过了第五阶段。

我们已经提到，大的波动会引起大量神经元被激活，这种激活方式像雪崩一样按幂指数规律分布。尽管雪崩模型是一种高度简化的描述，但该模型的建立依然有两个基本条件：第一，必须对参数进行调整，调整参数可以使得传播既不会消失也不会激增，保证传播的持续稳定；第二，需要知道，在满足第一个条件的情况下，即使调整参数使其满足临界条件，大的波动也会导致频繁的传播失败和偶发的传播爆炸产生。

2）同步激发链

前面已经提到，通过网络产生的信号传播会导致不同神经元的动作电位形成活动趋于同步。只要保证该同步活动蔓延到整个网络，就可以产生一个有效的传输信号。上述过程就是同步激发链的传播基础。图 5-13（e）表示一个前馈网络结构，每一层神经元都通过突触连接到下一层神经元。

这里所说的信号传播指的是在神经网络中沿特定通道进行信息传递的活动，而不是覆盖于整个网络的活动。噪声在神经网络中是直观重要的，它能够防止同步激发活动超出特定的同步激发链。图 5-13（f）展示了信号的稳定传播和外部噪声情况，这类传播的效果与雪崩模型的传播效果相似，当同步神经元数量过少时，会造成信息传播失败，图 5-13（g）表示传播失败的情况。因此，同步激发信号必须足够强，才可以进行多层信号传递。而且，初始层神经元激发的脉冲群强度必须超过一个临界点才能诱发传播效应，其传播过程中神经元的同步化水平由噪声水平决定，如图 5-13（f）所示。而在传播过程中，噪声等级决定了激发传播等级保持不变。

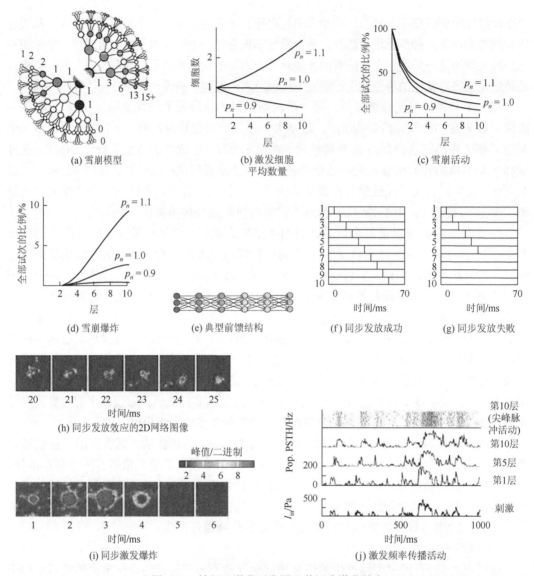

图 5-13　神经元激发示意图及其同步激发效应

（图片来源：Vogels T P，Rajan K，Abbott L F. 2005. Neural network dynamics. Annual Review of Neuroscience，28：357-376）

　　如图 5-13（f）和图 5-13（g）所示，同步激发传播过程会引入外部噪声。一种更加实际的方法是利用之前提到的机制在网络内部产生噪声。通过在包含整合激发神经元的大且稀疏的连接网络中嵌入同步激发链，可以实现这一方法。仅针对设置特定参数的情形，当网络足够大时，可以实现信号在这些网络中的传播。一般而言，稳定传播是十分困难的。这些困难产生的原因是：与引入外部噪声的情况不同，在这些网络中，激发活动与混沌的背景活动相互影响，而且这种影响对传播的信号和背景活动都会产生破坏性的影响。类似于在雪崩模型中产生的事件，同步激发效应可以抵消网络中产生的大规模同步效应，如图 5-13（i）所示。除此之外，在过度激发抑制细胞集群之后，这种"大规模同步激发活动"最终会完全平静下来。为了防止这种情况发生，在网络活动中，需要减小由同步激发链引起的扰动，减小扰动的方法可以是将其嵌入到一个大的网络或是引入一些抵消抑制的模式。

3）激发频率传播

不通过同步激发产生的持续波形，而是通过激发率在网络中瞬间增加或减少，信号也可以进行传播。实现上述过程需要一个类似于同步激发链的前馈结构，如图 5-13（e）所示，但是即使在携带着信号的神经元集群中，仍然需要更多噪声来抑制同步效应。图 5-13（j）表示激发频率传播活动，该活动在引入外部噪声输入的前馈网络中产生。图 5-13（j）由分布在第 10 层的 200 个整合激发神经元组成，在每一层上的每一个神经元都会形成突触连接下一层的神经元。当激发第 1 层的输入足够强时，就可以观测到穿透这 10 层的信号传播活动。

根据引入的外部噪声输入强度等级的高低，可以将网络的传播方式分为两种：当没有引入外部噪声输入时，网络会产生全响应或无响应。只有输入刺激大于膜电位阈值时，输入层的初始神经元才能够被激发。随后该层的所有神经元都会被同时激发，而且与同步激发链类似，它们的活动会诱发一个穿过网络各层的行波；当引入外部噪声输入时，网络活动会发生改变。调整噪声使平均激发率保持在 5Hz 最佳噪声水平上。此时，所有神经元会产生去同步变化现象，且各神经元的膜电位将略低于阈值。由于被激发的神经元的数量与刺激的幅值成正比，所以无论刺激的幅值大小，信号都可以被精确地传递下去。每一层的信号都会被精确地复制并传递到下一层，每一层至少有 20 个细胞，这些细胞在这 10 层中大约接近一个线性分布。

正如同步激发链的这种情况，在内部产生噪声的网络中研究传播的激发率是十分必要的。初步研究结果表明，激发率的确可以沿着由稀疏连接整合激发神经元组成的大网络中嵌入式前馈链进行传播，在之前的章节也提到过该类型的传播。

5. 神经网络信号整合

一个神经元相当于一个整合器，无时无刻不在接收成百上千的信息，并对其所接收的信息进行加工，使相同的信息叠加在一起，相反的信息互相抵消，然后决定是兴奋还是保持沉默（抑制），这就是神经元的整合作用。这也是生物体内神经网络对于传入信息加工处理的基本机制。为了产生复杂的行为模式，神经系统已经逐步进化出惊人的能力来对信息进行处理。进化利用了细胞的丰富分子组成成分、细胞的多功能性和细胞的适应性。神经元可以通过数量高达 10^5 的突触对信号进行接收和传递，在处理信息的过程中需要实施复杂的指令操作。为了实施这些操作，神经元会对线性及非线性的突触输入进行整合和处理。神经元还会根据各种各样的规则建立并改变它们之间的连接，同时会改变传输信号的特性。由于这些变化可以通过神经信号时间和空间的不同模式来进行驱动，所以神经网络可以依据经验规则，通过改变其参数以适应于不同情况，同时进行自我组装、自动校正和存储信息等工作。在神经网络中通常利用神经共振和神经耦合两种方法对传入的信息进行整合后再输出，最终完成信号的传递过程。

作为一种有规律的神经活动，神经振荡现象发生在所有的神经系统中，包括大脑皮层、海马、皮层下神经核集团以及感觉器官。在生物神经系统中，神经元产生动作电位的过程总是受到各种噪声的影响，这些噪声主要来源于系统内部参数的涨落以及外部环境的变化。噪声的涨落影响是不能忽略的，它与神经系统的实际功能有着密切的联系。噪声对生物神经系统的积极作用主要体现在系统出现随机共振和相干共振现象。在引入外部噪声的情况下，神经元可借助噪声而达到放电阈值，并在一定强度的噪声作用下达到最佳的同步状态，即产生随机共振现象。而在没有引入特定外部信号输入的环境中，在噪声的作用下也可对系统进行激发，当噪声超过一定的阈值时，系统所产生的脉冲放电现象称为相干共振现象。

目前，越来越多的研究聚焦于非线性耦合系统中的随机共振和相干共振现象。由于非线性系统之间一般都存在耦合，通过噪声与耦合系统的相互作用，系统会产生比原来单个系统中的随机共振和相干共振更强的效应。神经系统的基本结构功能单位是神经元，基本的信号传递形式是电脉冲——动作电位，单个神经元无法对持续的电脉冲完成时空编码，只有通过特定连接方式组合的神经元集群才能完成信号的接收、整合与激发。也就是说，神经系统的信号传递依赖神经元集群的整体运动模式，该模式主要以共有的突触电流来实现集群的同步。因此，掌握神经系统运行机制的关键是研究耦合神经元系统之间的同步效应，其焦点问题是研究各种耦合神经元网络的集体行为。

针对神经系统的连接特性，人们提出了许多耦合方法，如突触耦合、噪声驱动耦合、各种延迟反馈耦合（如时变延迟、分布式时间延迟和分布式时变延迟等）。已有研究结果表明，对于同时存在化学耦合和电突触耦合的神经元网络，适当的电突触强度可以使网络产生去同步或使网络出现完全同步效应。噪声可以诱发神经网络的同步。还有人发现较低的增益因子和较大的时间延迟可提高网络的同步性，而在总体平均场耦合中引入延时反馈的情况下，延时可以抑制或促进神经元集群的自同步行为。

5.4.3　拓扑学模型

1. 图论基础

1736 年，Euler（欧拉）将哥尼斯堡七桥问题抽象为第一个图论问题，并将其解决，标志着图论的起源。随机网络的发现极大地促进了图论的发展。随机网络中，任意两个节点之间的连接可能性用概率 p 表示。随着概率 p 的变化，随机网络能够展现出不同的特性。虽然经典图论取得了一定的成功，但是在实际应用中仍遇到了很多困难。例如，在局部连接稠密的稀疏网络中，其计算得到的节点距离要远远小于实际距离，这一问题一直没有真正得到解决。直到 1998 年，Watts 和 Strogatz 在 *Nature*（《自然》）杂志上发表了一篇文章。作者将诸如度分布、平均聚类系数和平均路径长度等参数引入网络研究当中，并提出了小世界网络的概念，使之前的许多网络问题顷刻间变得简单明了。1999 年，Barabasi 和 Albert 发现了无尺度网络，无尺度网络在实际生活中有着非常广泛的应用，如因特网、万维网和机场网络等。

图论将实际网络结构抽象为由一系列节点和边组成的拓扑网络图。边连接两个节点，表示这两个节点之间存在某种作用或者联系。根据边的类型，可以将网络拓扑图分为有向图和无向图、非权重图和权重图。有向图中的边信息从某一个节点流向另一个节点；而无向图中的边信息对于连接的两个节点来说是交互的、平等的；非权重图中的边信息没有差异性，所有的边都是一个类型；而权重图中的边信息存在差异性，边的权重信息通常表征节点间的联系强度、距离等。通过权重信息的阈值处理，可以将权重图转变成非权重图。

任一节点与其他节点产生关系的程度，即与该节点相连的边的数量，称为度，用 k 表示。节点的度分布 $P(k)$ 是指网络中的节点，其度为 k 的概率随 k 的变化规律。不同网络的度分布有不同形式，如高斯分布、泊松分布、指数分布和幂律分布等。网络的度分布是判断网络类型的一个重要指标。

除了度分布之外，通常还用平均聚类系数和平均路径长度来描述非权重图的特性。在网络中，有一类现象：如果节点 A 与节点 B 相连接，节点 B 与节点 C 相连接，那么 A 与 C 之间也很有可能存在一条相连的边。常用聚类系数来表征这种相连边存在的概率。任选网络中的一个节点 i，设与其直接相连的节点数为 k_i，这些节点之间实际存在的边数为 E_i，总共可能存在的边数为 $C_{k_i}^2$，将节点 i 的聚类系数 C_i 定义为式（5-50）。式（5-51）是平均聚类系数 C 的定义式，其取值范围是 0～1。聚类系数是对局部网络结构的一种描述，并且能够很好地反映网络对随机错误的承受能力（如果其中的一个节点丢失了，它的邻点依然能够保持联系）

$$C_i = \frac{E_i}{C_{k_i}^2} = \frac{2E_i}{k_i(k_i-1)} \tag{5-50}$$

$$C = \frac{1}{N}\sum_{i=1}^{N} C_i \tag{5-51}$$

$$L = \frac{1}{N(N-1)}\sum_{i,j \in N, i \neq j} d_{i,j} \tag{5-52}$$

网络中两个节点 i 和 j 的距离 $d_{i,j}$ 又称为两个节点间的最短路径长度，即连接这两个节点的最短路径上的边数，它可以反映两个节点间通信链路的长短。平均路径长度则是指网络中所有节点间的距离平均，其定义式为式（5-52）。平均路径长度是对网络全局特征的描述，它反映了信息在网络中传播的难易程度。

2. 网络类型及其特点

20 世纪 90 年代末，小世界网络和无尺度网络的发现带来了图论的复兴。越来越多的科学家更加关注复杂网络的拓扑结构，并将这种网络结构应用到各个领域，如代谢系统、机场网络和大脑等。

根据度分布、平均聚类系数和平均路径长度三个参数的意义，可以将网络分为规则网络、随机网络、小世界网络和无尺度网络。Watts 和 Strogatz 于 1988 年建立了 WS 网络模型，该网络含 N 个点且每个节点都与其左右相邻的各 $K/2$ 个节点相连，该模型通过以概率 p 切断规则网络中原始的边并选择新的端点重新连接构造出小世界网络，小世界网络是一种介于规则网络和随机网络之间的网络。具体解释为：规则网络的平均聚类系数为 3/4，平均路径长度为 $N/(2K)$，这说明规则网络的局部连接稠密，但是信息在网络中的传播相对迟滞。当规则网络中的边以概率 $p(p<1)$ 进行随机重新配线时，即存在某些节点，其边不

再完全与最近的点相连，这时规则网络会转变成小世界网络。小世界网络的平均聚类系数与规则网络相近，但是有较短的平均路径长度。当 $p=1$ 时，即网络中所有节点的边都是随机连接的，这样的网络称为随机网络。随机网络拥有较小的平均聚类系数（K/N）和较短的平均路径长度（$\ln(N)/\ln(K)$），其度的分布服从泊松分布。图 5-14 分别展示了规则网络、小世界网络和随机网络的拓扑结构图。其中规则网络的节点数是 16，节点的度为 4。无尺度网络中的大部分节点只有少数几个连接，而某些节点却拥有与其他节点的大量连接，这些具有大量连接的节点称为"集散节点"。无尺度网络的度分布服从幂次定律。

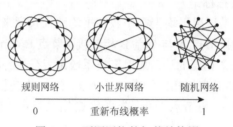

规则网络　　　小世界网络　　　随机网络

0　　　　　　重新布线概率　　　　　　1

图 5-14　不同网络的拓扑结构图

（图片来源：Reijneveld J C，Ponten S C，Berendse H W，et al. 2007. The application of graph theoretical analysis to complex networks in the brain. Clinical Neurophysiology，118：2317-2331）

3. 大脑网络特性测量

研究大脑结构网络与功能网络之间的关系，特别是拓扑网络特征与同步性动态特征之间的关系，是理解大脑网络特性的一个重要方向。目前，利用图论知识对大脑结构网络和功能网络的探索通常遵循以下四个步骤。

（1）确定网络节点。可以根据脑电电极的摆放位置、组织学上确定的解剖学位置或者是磁共振成像或弥散张量成像确定的位置来决定网络节点的空间坐标。大脑区域的划分方法可以依据解剖学准则，或者不同区域之间功能联系的先验知识确定。不同的划分原则也许会造成不同的测量结果。在大脑脑电图的研究当中，网络节点通常等同于脑电电极，也可以将源（根据脑电数据重建得到）作为网络节点。节点位置不同是造成网络结构差异性的重要原因之一。

（2）根据测量数据确定节点之间的相互关系。通常可以根据脑电数据计算节点之间的谱相干或者是格兰杰（Granger）因果关系；可以根据弥散张量成像数据计算两个区域之间有联系的概率；可以根据磁共振成像数据计算两个体素之间的相互联系。

（3）根据节点之间的相互关系生成关联矩阵。通常会选择一个合适的阈值将关联矩阵转换为二进制连接矩阵或者是无向图。不同的阈值选择会产生不同连接密度的拓扑网络图，因此会影响网络结构的特性。

（4）计算网络参数（如度分布、平均聚类参数、平均路径长度等）。将其同与之对应的随机网络进行比较。注意：用来比较的随机网络必须与原网络有相同的节点数和边数。

大量的研究表明，大脑网络表现出了小世界网络的特性。Lago-Fernandez 等研究了分别由规则连接、小世界连接和随机连接形成的三种不同类型神经网络的特性。结果发现：随机网络能够产生较快的系统响应，但是不能够形成稳定的相干振荡；规则网络能够形成稳定的相干振荡，但是响应速度很慢；只有小世界网络同时具备快速响应和稳定相干振荡这两种特性。

4. 几种基本的模式网络

通过分析人脑中自发的时空活动之间的相互关系，揭开了网络突发事件的面纱。Mantini 等基于独立成分分析（independent component correlation algorithm，ICA）方法，分离出静息态大脑的 6 个内源性网络系统：视觉网络、听觉网络、运动感觉网络、默认模式网络、控制网络和背侧注意网络。如图 5-15 所示，该图表示脑网络中的一小块感兴趣区域的活动和大脑其他活动之间的线性相关分析结果（颜色越亮表示相关关系越强）。

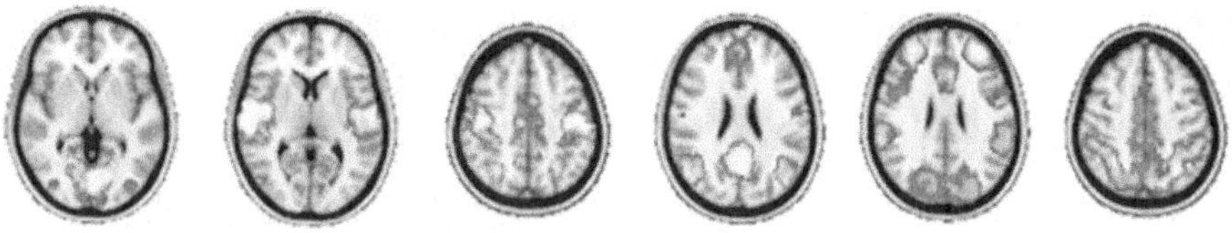

　视觉网络　　　　听觉网络　　　运动感觉网络　　默认模式网络　　　控制网络　　　背侧注意网络

图 5-15　不同脑区与活动之间的相关分析结果

（图片来源：Chialvo D R. 2010. Emergent complex neural dynamics. Nature Physics，6：744-750）

大脑在静息状态同样存在脑功能活动，有证据表明，大脑的某些脑区在无任务时、清醒或静息状态时存在主动活动，并且这些脑区的活动是有组织的，它们共同组成了一个特定的功能性神经网络，Raichle 等将该网络定义为默认模式网络（default mode network）。它主要包括：后扣带回皮质（posterior cingulate cortex，PCC）、楔前叶（praecuneus，PCUN）、左右侧顶下回、角回、颞中回、额上回和额内侧回。存在主活动的脑区执行着特定而重要的脑功能，并且其活动水平明显高于其他脑区。目前认为默认模式网络与人类自我意识以及情景记忆等重要功能密切相关，与特定目标任务相关的激活脑区与该网络会产生相互作用，进一步研究默认模式网络的结构与功能特点，将会对人脑高级意识以及某些认知疾病的研究产生推动作用。注意是影响人类各种认知过程的一种重要机制，临床上有认知障碍的患者均有不同程度的注意缺陷。注意选择可以按两种不同的方式发生：自下而上的注意选择由外界刺激引发；自上而下的注意选择由人类根据行为目标主动引导。通过任务刺激，对自下而上注意控制的脑机制进行研究，发现顶内沟和额眼区构成了内部注意的额顶叶系统，即背侧注意网络系统。

另外，分别对应于人脑的视觉中枢、听觉中枢、运动感觉中枢，研究学者分离出了视觉网络、听觉网络和运动感觉网络。其中，视觉网络（visual network，VN）包括大脑的枕上回、枕中回、枕下回以及顶上回；听觉网络（auditory network，AN）包括双侧颞上回，双侧颞中回、颞横回和颞极；运动感觉网络（sensorimotor network，SMN）包括中央前回、中央后回、初级感觉运动皮质和辅助运动区（supplementary motor area，SMA）。SMN 主要涉及躯体的感觉运动功能。控制网络（control network，CN）对应于人脑的控制区。

5.5　皮层计算的神经约束

5.5.1　概述

高效运行的大脑拥有惊人的计算能力，且在其内部进行着许多堪称奇迹的交互通信活动。随着研究的逐步深入，我们渐渐开始了解支配着皮层网络进化的在几何学、生物物理学和能量学上的约束。为了使大脑能在这些约束下高效运行，大自然对皮层网络的结构和功能进行了设计和优化，这类似于电子网络中的优化原则。通过对网络产生的不同需求进行响应，大脑还会利用生物系统的自适应性进行重新配置。

神经网络已经普遍被当作计算系统来研究，但是在不同脑区之间，神经网络仍然作为通信网络负责着大量信息的传递工作。目前有研究发现支配神经网络的结构和功能的两个基本原则是资源分配原则和约束最小化原则，这其中的一些原则和人工网络的原则是通用的。

通常来说，要想提高系统的运行效率，最简单直接的方法就是将完成任务时所用的资源减少。毫无疑问，人类的大脑已经进化到可以高效地完成一项任务的阶段。生理学中所用的一些规则方法通常是以简单高效为依据的，具体举例可以解释为：肺、循环作用和线粒体之间通过互相匹配、共同作用的方式使得资源的利用效率最高，来给肌肉提供能量。资源的利用效率与生物体中的结构联系和物理化学联系密切相关，为了进一步说明高效性原则，学习并掌握这些联系是非常必要的。本章首先介绍大脑活动的局部约束以及关于包装和配线的几何约束，研究表明大脑通常是为了减少布线成本而进行组织的。之后介绍关于神经活动能量消耗造成的约束，这一点是最近才被研究发现的，但它对神经功能的各个方面都有着深刻影响。

5.5.2　大脑活动的边界约束

大脑拥有高效的工作能力、惊人的计算能力和显著的通信能力。神经元可以同时对10万个突触信号进行接收、传播、整合和加工。但是，大脑并不是在一个完全自由的空间内运行的，它的活动受到了边界条件的约束。2001年，Keysers等通过对大脑颞叶活动的探究，发现大脑可以对视线内停留28ms的图片产生响应。但是，Oram和Perrett在1992年发表的一篇题为"Time course of neural responses discriminating different views of the face and head"的文章中写道：至少需要100ms才能将视觉信号传到颞叶。大脑响应时间的延迟就是边界条件对大脑活动的约束。最显而易见的例子就是每个人的脑容量是有限的，这就限制了大脑活动的空间范围。而神经元产生神经冲动的频率和传播神经冲动的速度限制是对大脑通信在时间尺度上的约束。人每天摄入的能量是相对稳定的，而分配给大脑的比例也是相对稳定的，这就限制了大脑活动时的能量消耗。在这些约束条件下，大脑只有优化自身的结构与功能才能保持高效的运行效率。而其优化的原则是资源分配和限制的最小化原则，即遵循生理学的经济高效原则。我们将分别从局部配线、通信网络以及活动强度三个方面来探讨大脑如何应对时间、空间、材料和能量的约束。

5.5.3 局部配线的生物学约束

在保证功能完整有效的前提下减小器官的体积往往是更好的选择。一个体积相对较小的大脑带来的好处是：需要更少的材料来构建大脑组织，需要更少的能量来维持大脑活动，需要更少的骨架和肌肉来支撑大脑形状。而大脑体积的缩减可以通过减少神经元的数量、减小神经元的体积或者减小神经元之间的连接体积来实现。显然，在尽量保持大脑功能的前提下，最大程度减小神经元之间的连接体积是最值得关注的。在大脑皮层中，神经元之间通过局部配线（轴突和树突）实现相互连接，减小局部配线的体积可以从减小长度和直径两个方面进行讨论。

在电子芯片中，各个元件之间的局部配线往往占据着相对较大的一部分体积，这与大脑皮层内的神经元布局是十分相似的。然而，与电子芯片相比，大脑存在着天然的优势。其三维空间的神经元布局能够使局部配线所占体积的比例控制在 40%～60%，而芯片中的元件布局是二维的，其局部配线的比例高达 90%。在对线虫的神经系统的研究中发现，其 302 个神经元和 11 个神经节的空间布局使局部配线的长度降到最短。Chklovskii 等的研究发现：根据轴突与树突的生物物理特性，灰质中接近 60%的局部配线保证了大脑功能与结构的最优化。

减小局部配线的直径能够减小大脑体积，但是同样会影响神经冲动的传播速度，这和电子芯片内信号传播情况是一样的。然而，与电子芯片不同的是，减小局部配线的直径能够增加神经元的密度，这能够提高神经冲动的传播速度。因此，大脑需要在传播速度与神经元密度之间找到一个最优点，保证其结构与功能的最佳组合。图 5-16 为配线半径与神经冲动传播延时之间的关系曲线图，横坐标的数值代表假设配线半径与实际配线半径的比值，纵坐标的数值是计算得到的延时除以实际延时。因此，该曲线必经过坐标点（1,1），且从图中可以发现，该点是曲线的最小极值点。所以，大脑皮层中的配线半径既保证了最快的传播速度，又使配线体积相对较小。

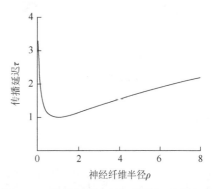

图 5-16　神经纤维半径与传播延时的关系

（图片来源：Chklovskii D B，Schikorski T，Stevens C F. 2002. Wiring optimization in cortical circuits. Neuron，34：341-347）

5.5.4 神经通信网络的布局

从溯源分析到非侵入式神经影像的研究，针对脑神经网络已经产生了越来越多有效的经验公式和数据，这些成果加速了脑地形图的出现，而脑地形图则揭示了脑网络的布局服从拓扑性原则这一理论。

目前，图论方法已经作为一种工具被广泛应用于神经网络的构建中，构建神经网络通常需要利用人体的神经影像学数据，如结构 MRI 和功能 MRI、脑电图和脑磁图等。

研究表明，脑神经网络具有小世界网络的属性，小世界网络已经在 5.4.3 节中介绍过，小世界网络既不是规则的也不是随机的，其网络具有神经元节点之间的连接距离最短的特性，该特性表明任何神经元组合之间具有信息传输效率最高的特点。如图 5-17 所示，脑网络具有小世界网络高聚类性和高效性的属性，模块化的团体结构和重尾分布的分布形式象征着一部分高度连接的节点和枢纽。通过该图，我们可以更加直观地了解脑网络的布局。

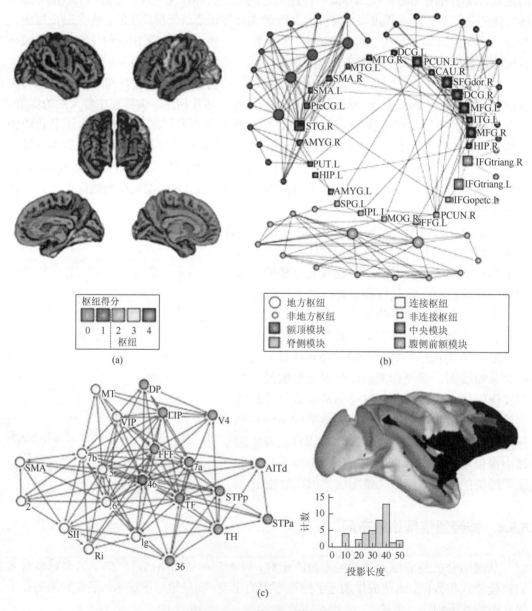

图 5-17 大脑的枢纽和不同模块

（图片来源：Bullmore E T，Sporns O. 2012. The economy of brain network organization. Nature Reviews Neuroscience, 13: 336-349）

图 5-17（a）表示对脑网络中"枢纽"的定义（得分大于或等于 2 分的区域），枢纽的聚类性更强，传播距离更短且有更高的介数中心性。图 5-17（b）表示人脑的网络通常是模块化分布的。图 5-17（c）表示连接枢纽通常位于多模态的联合皮质区域。例如，在猕猴的大脑中，背外侧前额叶皮层中的布罗德曼区（大脑视区）的 46 区（图 5-17（c）左侧图用灰色表示，右侧图中用深色表示）与远程大脑区域有着大量的长距离连接。图中表示的 46 区作为一个枢纽连接了两个模块（白色和灰色表示）。

脑网络虽具有高效性的特征，但对大脑的连接神经体进行最优化并不是通过减少连接成本或者增加有利的拓扑属性（高效性和鲁棒性）来实现的。实际上，我们认为脑网络的构成是一种经济权衡的结果，这种权衡是在构建网络的物理成本与拓扑结构的自适应值之间进行的。如果将大脑看作一个拓扑复杂、嵌入式的空间网络，对其进行研究的结果表明，大脑进行构建的目的通常是以低成本换取高效益，就像进行一场回报可观的交易一样。

5.5.5　神经活动的能量限制

众所周知，对于处理器而言，其运算速度越快，消耗的能量就越多，产生的热量也越多，这时候散热系统就显得尤为重要，散热系统的好坏直接影响着处理器的性能。与处理器类似，能量消耗与散热同样限制着神经系统的运转速度。神经系统以相当高的速度持续消耗着新陈代谢产生的能量。举例来说，为了生存，人类的心肌一直在消耗能量以维持心脏的跳动，这是一笔巨大的能量支出，而神经系统的能量消耗量则可以和心肌的消耗媲美。因此，在生物的能量收支中，给大脑提供动力是一笔巨大的开支。这笔支出中，有 2%～10% 用于静息态的能量消耗。成年人大脑消耗的能量占总能量的 20%，对婴儿而言，大脑消耗的能量占总能量的比例高达 60%。大脑如此高的能量消耗在一定程度上限制了它的尺寸。虽然神经元产生一个动作电位的时间只需 10ms，即每个神经元每秒钟能够产生 100 个动作电位，但是由于能量供给的限制，人脑中每个神经元平均每秒只产生 0.16 个动作电位。

如图 5-18 所示，能量供给限制了信号在脑中的传输。深度麻醉会阻滞神经的信号传输（无信号发送），大脑的能量消耗分为两部分，其中大脑能量的一半用于运送信号通过轴突和突触。另一半能量用于供给营养以维持静息电位和神经元及神经胶质的正常功能。在发送信号时，皮层灰质使用的能量占总能量消耗的 75% 以上，这是因为轴突和突触之间的连接非常多，消耗的能量也就较多。因为神经元发送信号需要消耗大量能量，所以我们可以通过提高大脑的新陈代谢效率来提高信号传输速率。然而大脑响应速度非常快，所允许的传输等级非常低，且这种新陈代谢的限制会影响信息加工的进程，因此不可以一味地提高新陈代谢效率。为了应对这种严格的代谢约束，大脑会采取节能的原则。这些原则通常包括组成元件小型化、去除冗余信号和利用高效节能的编码方式来表达信息等。

我们认识的大脑结构和功能越多，我们就会越来越惊叹于其结构的精密和运行的高效。神经元、信息回路、神经编码等设计都是为了节约空间、材料、时间和能量。我们在本节所讨论的关于大脑皮层运算的神经约束就可以反映出大脑运行过程中所必须遵循的原则，包括之前讨论的关于神经网络计算模型以及突触重塑等机制，这些机制的产生都是为了保证大脑能够付出最低的成本而获得最高的运行效率。

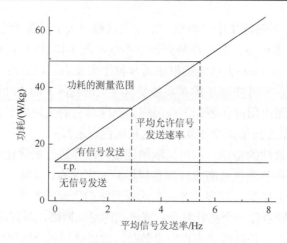

图 5-18　能量供给与信号传输的关系

（图片来源：Laughlin S B，Sejnowski T J. 2003. Communication in neuronal networks. Science，301：1870-1874）

5.6　认知电位神经学模型

5.6.1　概述

自从脑电信号（EEG）被发现之后，其在科学领域和临床应用中都受到了广泛的关注，但是初步提取的 EEG 是一种粗糙测量的结果，它是不同神经的多种活动的混合，很难从中分离出个别的神经认知过程，因此在认知神经科学领域中，很难用它来评价一系列具有高度特异性的神经过程。庆幸的是，深埋在 EEG 中的神经反应始终是与特异性的感觉认知和运动事件相关的，这样我们就可以用简单的平均技术将这些反应提取出来，提取出来的这些特异性反应就称为事件相关电位（event-related potential，ERP）。ERP 在认知神经科学中具有重要作用。下面重点介绍认知电位神经学模型。

5.6.2　认知电位 ERP

1. 概念与类型

事件相关电位是大脑对特定事件或者外界刺激作出响应时形成的非常微弱的电压，它是 EEG 中的一个特殊电位变化。因为 ERP 的产生与触发事件（可以是感觉、运动或者认知事件）存在着锁时关系，所以它为研究心理过程中心理现象与生理反应之间的关系提供了一种安全的、非侵入的途径。目前认为，ERP 是大脑皮层中大量朝向一致的锥状神经元的突触后电位总和。它反映的是数以万计的神经元在神经信息处理过程中的同步化放电活动。ERP 可以视为两类成分构成：一类是外源性成分，它是在触发事件发生后最初的 100ms 内形成的早期波形或者成分，反映的是纯粹的感觉信息处理过程，因此依赖于外部刺激的物理属性；另一类是内源性成分，它是 ERP 波形中的晚期成分，它反映的是大脑对外界刺激的评价过程，因此更多地依赖于认知能力等主观因素。我们通常用潜伏期和幅值来描述 ERP 的各个成分。

目前，ERP 中最主要的几个类型包括：感觉诱发 ERP、N170、失匹配负波（mismatch negativity，MMN）、P300、CNV、单侧化准备电位（lateralized readiness potential，LRP）和错误相关负波（error-related negative，ERN）。其中感觉诱发 ERP 又可以分为听觉诱发电位（auditory evoked potential，AEP）、视觉诱发电位（visual evoked potential，VEP）和体感诱发电位（somatosensory evoked potential，SEP）。

AEP 是听觉系统处理声音信息时形成的神经响应电位，它反映了声音信号依次经过感觉器官、耳蜗、听神经、脑干、丘脑以及各级听觉皮层等结构时的声音信息处理结果，其包含的主要响应成分有：听性脑干反应（auditory brainstem response，ABR）、听觉中潜伏期反应（middle-latency response，MLR）以及长潜伏期成分。ABR 是在声音刺激触发后最初的 10ms 内记录到的 EEG 波形，MLR 则处在 10～60ms，而长潜伏期成分则发生在 60～200ms。长潜伏期成分与早期的听觉成分有着非常密切的关系，其潜伏期则比认知 ERP 成分（如 P300）要短。AEP 各个成分的幅值随着其潜伏期的增加而增大：ABR 在 $1/10\mu V$ 量级，MLR 则在 $1\mu V$ 量级，而长潜伏期成分能够达到几微伏量级。但是，随着潜伏期的增加，AEP 各个成分所对应的神经元的同步性活动会减弱，这是神经通路中信号经过连续的突触传递造成的。正是因为 AEP 具有逐步去同步化的特点，AEP 各个阶段的振荡周期也发生了明显的变化：ABR 的振荡周期在 1ms 左右，MLR 的振荡周期则增加到 25ms，而长潜伏期成分的振荡周期能够达到 100ms。因此，在选择滤波器时，需要根据实际的研究对象设置具体的滤波参数。

VEP 是当大脑皮层和皮层下的视觉通路受到激活时产生的电位变化。视网膜上的感光细胞受到光的刺激时，会发生光化学转换反应，然后将转换后的信号以电活动的形式传导下去。因此，与听觉通路相比，视觉通路中神经活动的锁时性要差一些，其响应过程也要缓慢一些。这限制了视觉刺激信号的转换速度。因为视觉通路中神经信息传递的同步性不高，所以 VEP 的记录带宽通常需要 1～250Hz 甚至更宽。虽然视觉系统的时间分辨率不高，但是它对刺激物的亮度变化和模式变化非常敏感。实验中得到的 VEP 通常就是通过改变刺激物的亮度或者模式来诱发的。视觉响应的皮层下电位包括从眼睛附近记录到的视网膜电位和从头皮前部、中部和后部记录到的短周期振荡电位。皮层 VEP 在枕区最为明显，记录时通常以额区或者中央区的电极作为参考电极，因为这两处的 VEP 极性与枕区 VEP 极性相反。

SEP 是由躯体感觉系统中较粗的外周神经在脊髓、皮层下和皮层水平诱发的感觉电位。躯体感受器需要将非电信号的刺激物（如机械力、温度）转换成神经电信号进行传递，这会影响到躯体感觉系统在信息传递过程中的同步性活动。因此，为了保证神经活动的同步性和锁时性，实验诱发的 SEP 通常是通过电刺激外周神经直接得到的，从而避免了自然刺激与躯体感受器之间的换能过程。实验通常选用上肢处的正中神经（在手腕）和下肢处的胫后神经（在踝关节）作为刺激对象。带通滤波器的通带范围一般取 3～2000Hz。正中神经诱发的 SEP 通常发生在刺激后 30～50ms，而下肢诱发的 SEP 则发生在刺激后 60～100ms。当然，SEP 还可以通过电刺激其他外周神经产生，也可以通过机械力刺激皮肤或肌腱处的机械感受器，或用激光脉冲刺激皮肤的热觉或痛觉感受器得到。

从 ERP 成分的角度来看，N170 即视觉 N1 成分。视觉 N1 成分是视觉刺激后在大脑后部头皮上记录到的第一个负电位，它在早期视觉成分 C1（峰值潜伏期在刺激后 70ms 左右）和 P1（峰值潜伏期在刺激后 100ms 左右）之后，其峰值潜伏期在刺激后 130～200ms。但是，当大脑在受到面孔图片刺激时，视觉 N1 成分会比非面孔图片刺激更大，其峰值潜伏期在 160～170ms。更重要的是，N170 是面孔响应和非面孔响应之间最早的、最强烈的也是最稳定的 ERP 幅值差异。

听觉失匹配负波（mismatch negativity，MMN）是听觉 ERP 中某个特定成分因为外界刺激的变化而发生的负向改变。这种改变是大脑的自动响应结果，即使在没有施加注意力的时候也会产生。MMN 常被作为一个客观指标来评价大脑声音辨别的正确性及其听感觉记忆情况。在一个典型的实验中，受试者被要求认真地阅读一篇文章或者观看一部无声电影。与此同时，他们会听到一系列的声音片段。但是，受试者必须忽略声音刺激而把全部注意力集中在阅读文章或者观看电影上。在这一系列声音片段中，有一个经常出现的标准音调 1000Hz，另外还有一个不经常出现的变异音调 1100Hz。标准音调刺激诱发的 ERP 含有典型的 N1 成分（峰值潜伏期在 100ms 左右）和 P2 成分（峰值潜伏期在 180～200ms）。但是，变异音调诱发的 ERP 在这两者之上还会叠加一个负电位成分 MMN。MMN 主要分布在前额区和中央区，通常出现在刺激后 100～250ms。听觉 MMN 还可以通过改变声音刺激的强度、持续时间、方位和音色来诱发。

P300 是与大脑决策过程相关的 ERP 成分，它反映的是大脑对外界刺激的评价与分类过程。因为 P300 与外界刺激的物理属性无关，而只与大脑的内部反应有关，所以 P300 属于内源性成分。实验中，我们通常利用 oddball 范式来诱发 P300 电位。从 EEG 信号来看，P300 是在大脑接收到目标刺激后 250～500ms 内出现的正向偏移电位，在顶叶记录到的幅值最大。研究人员通常利用 P300 的幅值、潜伏期以及脑地形分布情况等属性来评价大脑决策过程中的认知功能情况。虽然 ERP 的神经机理还不是很清楚，但是，由于 ERP 的可重复性以及普遍存在性，已被广泛用于临床和实验室研究当中。

伴随性负电位变化（contingent negative variation，CNV）是一种特殊的事件相关电位，发生在警告刺激和目标刺激之间的一个较长时间的负向偏移电位。当警告刺激和目标刺激之间的时间延长到数秒时，我们可以发现 CNV 能分成以下几个过程：首先是警告刺激后的负向偏移电位，然后是回归基线，最后是目标刺激出现前的负向偏移电位。第一个负电位反映的是对警告刺激的处理，第二个负电位则是对即将发生的目标刺激的准备。

晚感受器电位（late receptor potential，LRP）是一个与手动反应相关的、能够在对侧运动区记录到的负电位，形成于手发生动作之前，即手部肢体在随意运动之前会产生一个预备电位。该预备电位可以在以耳垂为参考电极的左右运动区记录电极上观察到。在动作发出前的一小段时间内，大脑会产生一个与反应手相关的对侧化优势负波 LRP。因此，LRP 的发生时刻就代表着大脑预备手动反应的时刻。

错误相关负波（error-related negativity，ERN）是在选择性任务中，受试者因为犯了错误而产生的一个负向 ERP 电位。即使在受试者没有清醒地意识到自己犯了错误的情况下，ERN 仍会出现。但是，这时候产生的 ERN 幅值会小一些。ERN 的发生时刻几乎与错误选择的发生时刻一致，它的峰值在错误发生后 80～150ms 内出现，其波形在额区和中央区最明显。

2. 计算方法及其测量局限

在多数 ERP 试验中，常采用叠加平均的方法将 ERP 从 EEG 信号中提取出来，然而叠加平均可能会导致 ERP 波形失真。这是因为单试次波形在试次之间是可变的，特别是当潜伏期在试次之间可变时，叠加平均这一方法显然有其局限性。我们可以采用另一种 ERP 测量方法来避免信号因叠加平均产生的失真，即采用面积振幅的测量来代替峰值振幅的测量。

对于我们所记录的 ERP 波形，可以认为是由不同成分综合起来产生的。理想情况下，我们需要用某种简单的数学方法来复原这些不同成分的真实波形，这就能测量出被分离成分的振幅与潜伏期，同时不会影响其他成分的测量。这符合傅里叶分析（Fourier analysis）的基础——任何波形都可以分解成一组正弦波。除此之外，还可以采用独立分量分析（independent components analysis，ICA）和主成分分析（principal components analysis，PCA）等方法，它们使用一组数据的相关结构推导出一组基本成分，所导出的成分可以综合产生记录到的 ERP 波形。另一种计算成分波形的技术是定位技术。

PCA 与 ICA 技术推导出的成分都是基于功能相关的，它们都是使用一组 ERP 数据的相关结构来定义一组成分。具体来说就是将不同的时间点组合形成一个单独的成分，理想情况下这个单独的成分可以反映一个认知过程。PCA 技术存在的问题主要是需要附加假设作为前提，否则不能确定可能的潜在组分波形。ICA 技术则同时利用线性相关和非线性相关来定义成分。然而，当两个独立的认知过程协同变化时，它们有可能被当作同一个成分，ICA 可能将它们组合在一起来对待。而且 PCA 和 ICA 都不适合在潜伏期变化的情况下使用。而 ERP 定位技术可能用于测量某个解剖区域活动的时间过程，可是目前仍不能直接并准确地进行 ERP 定位，因此该方法也不能普遍使用。

就目前而言，使用叠加平均的方法比较普遍，而以上介绍的一些方法也有很大的发展潜能。在此基础上，根据目前测量方法的局限性，我们总结了一些在测量 ERP 时可以应用的策略，例如，聚焦于特异的、大的或是易于分离的成分进行测量，利用差异波来分离成分，使用成熟的实验操作和成分独立的实验设计，借用其他领域的有用成分等。

5.6.3　诱发模型与振荡模型

1. 模型原理与区别

目前，人们对 ERP 的神经机制模型有较大争议。传统观点认为 ERP 的神经机制符合诱发模型：由触发事件诱发的 ERP 具有恒定的波形和潜伏期，它们线性叠加在背景 EEG 信号之上，且与之相互独立，如图 5-19 所示。因为 ERP 活动非常微弱，所以单试次记录到的 ERP 信号往往湮没在背景 EEG 当中。通常在提取 ERP 波形时用到的"叠加平均"方法就是基于诱发模型这一假设的。

尽管诱发模型是 ERP 神经机制的经典解释，受到了多数学者的支持，并在很长的时间里占据统治地位。但是，近年来有研究结果表明，诱发模型不能完全解释 ERP 的全部特性。因此，有学者根据实验结果提出了相位重排模型的概念。相位重排模型认为，由

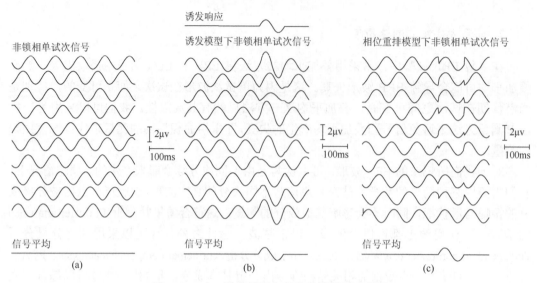

图 5-19　ERP 诱发模型和相位重排模型示意图

（图片来源：Sauseng P，Klimesch W，Gruber W R，et al. 2007. Are event-related potential components generated by phase resetting of 1435 brain oscillations？Acritical discussion. Neuroscience，146：1435-1444）

触发事件诱发的 ERP 并不是完全独立于背景 EEG 信号的响应电位，它产生于 EEG 信号的部分相位重排，即在触发事件发生之后的一段时间内 EEG 相位逐渐趋同。所以，根据相位重排模型，将对齐后的 EEG 信号进行叠加平均处理，也应可以提取出 ERP 波形，如图 5-19 所示。

通过分析对比诱发模型与相位重排模型，我们可以总结出二者的主要区别在于：①诱发模型认为背景 EEG 是随机噪声，与脑功能无关，而振荡型则认为背景 EEG 与特定的功能和任务相关；②诱发模型认为 ERP 与背景 EEG 线性叠加，而相位重排模型认为任务相关的背景 EEG 信号发生了相位重排；③诱发模型认为潜伏期和功率谱与 EEG 振荡无关，而相位重排模型认为它们之间是相关的；④诱发模型认为 ERP 由局部神经元集群产生，而相位重排模型则认为是由分散的神经网络产生的；⑤诱发模型认为 ERP 中的各个成分反映了串行的神经加工过程，而相位重排模型认为其反映的是一个并行的过程。

2. 先决条件与测量准则（3 个条件，5 个测量准则）

目前认为，判断相位重排机制是否确立有三个条件。

条件 1：发生相位重排的 EEG 节律必须在 ERP 生成前就存在。因为如果该节律不存在，那么刺激之后产生的 ERP 就是一个全新的节律，而不是由于旧有节律发生相位重排而形成的。但是，就目前的技术而言，确定某个节律是否存在于当前的 EEG 信号中是非常困难的。

条件 2：如果 ERP 产生于某些已存在的 EEG 节律，那么它一定会表现出这些 EEG 节律的属性。因为在刺激后发生相位重排的 EEG 节律会将自身的特性带入到 ERP 中。但是，对于某些 EEG 节律来说，其幅值非常微弱，以至于我们无法判断该节律是否存在于 ERP 之中。

条件 3：如果 ERP 是由某些已存在的 EEG 节律发生相位重排产生的，那么 ERP 的神经源和这些 EEG 节律的神经源必须是相同的。也就是说，当某个 EEG 节律存在于皮层区域 A 而不是皮层区域 B 时，只有起源于皮层区域 A 的 ERP 才可能是由该 EEG 节律产生的。起源于皮层区域 B 的 ERP 不可能产生于区域 A 的 EEG 节律。但是，如何精确地确定 EEG 信号的神经源是一个很大的技术难题。虽然目前存在一些溯源算法，但是由于 EEG 的空间分辨率太低，这些算法的可靠性一直饱受质疑。

以上三个条件是判断 ERP 是否符合相位重排模型的最直接有效的方法。但是，就目前的技术水平而言，它们并不具备可操作性。因此，Sauseng 等整理总结出了以往研究人员用来判断 ERP 模型的 5 个测量准则。

准则 1：如果 ERP 产生于相位重排模型，那么与刺激前各试次 EEG 的相位均匀分布不同，刺激后各试次 ERP 会表现出相位集中分布的现象。该准则是研究学者在确定 ERP 相位重排模型时用得最多的判断依据。如果生成 ERP 时发生了相位重排，那么一定会产生相位集中现象。但是反过来就不一定成立了，即如果发生了相位集中现象，则不一定是 ERP 相位重排造成的。因为在背景 EEG 上面叠加一个形状一致的诱发电位也能够造成相位集中现象。因此，单纯检测相位集中性是无法区分诱发模型和相位重排模型的。

准则 2：如果 ERP 完全由相位重排机制产生，即没有独立的诱发电位线性叠加在背景 EEG 信号之上，那么 ERP 的出现不会伴随着 EEG 能量的增加。然而和准则 1 一样，单纯满足准则 2 也不能完全排除诱发模型的可能。因为 ERP 的幅度通常要比背景 EEG 幅值小很多，所以在背景 EEG 活动之上叠加一个小幅值的 ERP 是很难检测出相应的能量增加的。此外，触发事件可能会引起背景 EEG 振荡发生事件相关去同步（event related desynchronization，ERD）现象，从而导致背景 EEG 能量降低，这样就有可能掩盖诱发电位引起的能量上升现象。

准则 3：如果 ERP 是由已存在的 EEG 节律通过相位重排产生的，那么在刺激触发时刻，该节律的初始幅值和相位会对 ERP 造成影响。因为如果 EEG 节律的初始幅值或者相位对 ERP 有影响，ERP 就不可能是完全独立于背景 EEG 节律的。该准则的验证方法是 sorting，即将所有单试次 ERP 按照初始幅度或相位进行分类，并对每一类进行单独叠加平均。如果不同类别之间求得的 ERP 波形存在显著性差异，那么 ERP 不是独立于背景 EEG 信号之外的诱发电位。但是 sorting 自身会产生人工伪迹，容易产生假阳性错误。

准则 4：如果 EEG 节律经过相位重排机制形成 ERP，那么 ERP 的潜伏期应该与该节律的频率呈负相关关系。因此，高频 α 节律所需的相位重排时间要比低频 α 节律所需的相位重排时间短。所以，以高频 α 节律为主导的个体，其 ERP 潜伏期要短于那些以低频 α 节律为主导的个体。

准则 5：如果 ERP 的产生伴随着非线性的能量变化，ERP 就不能被诱发模型完全解释。该准则认为，如果 ERP 服从相位重排机制，那么形成 ERP 的神经元集群与产生背景 EEG 节律的神经元集群必须存在交集。所以，触发事件发生后的 EEG 能量变化就不只是线性叠加 ERP 能量那么简单了。

根据对以上 5 个准则的分析，我们可以发现，许多支持相位重排模型或者诱发模型的证据必须在一定限制条件下才能够生效。但是，在实际研究中，这些限制条件是不容易满足的。因此，目前还没有能够有效地区分 ERP 诱发模型和相位重排模型的研究方法。

3. 有效性分析

ERP 的诱发模型理论有比较悠久的历史，且被大部分学者所接受。其中，最有力的证据来自 Arieli 等于 1996 年发表在 Science 上的一篇关于皮层视觉诱发电位的文章。我们知道，给大脑重复施加一个相同的刺激，每次记录到的诱发电位都不尽相同。Arieli 等的工作就是探讨诱发电位的变异性是否来源于正在进行的背景 EEG 活动。他们同时利用光学成像技术和微电极记录技术对成年猫的视觉皮层进行实时测量，观察皮层神经元在受到光栅刺激时的反应情况。由于无法直接提取刺激后的背景活动，所以作者将刺激初始时刻的大脑活动近似看成刺激后的背景活动，并将其与经过多次叠加平均得到的 ERP 波形进行线性相加。结果发现，在刺激出现后的一小段时间里，通过数学计算得到的单试次 ERP 波形和实际记录到的单试次 ERP 波形非常接近。因此，视觉刺激诱发的 ERP 波形与刺激初始时刻的神经元状态有着密切的关系。这种关系表现为：初始时刻电位高，则之后记录到的 ERP 幅值也高；初始时刻电位低，则之后的 ERP 幅值也低。进一步，作者利用初始状态的神经活动和叠加平均后得到的 ERP 波形，能够很好地预测刺激发生后 50ms 内的 EEG 走势。因此，他们得出结论：由视觉刺激诱发的 ERP 包括两部分内容，一是确定性的视觉诱发电位；二是不确定性的背景 EEG 信号。这两者通过线性相加的方式生成单试次 ERP 波形。该研究结果是 ERP 诱发模型的第一个定量化证据。

另一个支持 ERP 诱发模型的有力证据是 Shah 等于 2004 年发表在 Cerebral Cortex 上的一篇关于视觉 ERP 的文章。作者研究了猴子初级视觉皮层的局部场电位在视觉 oddball 任务下的变化情况。结果表明，刺激发生前的 EEG 振荡幅值要远小于刺激发生后的 ERP 幅值。这说明，刺激前的背景活动无法提供一个幅值足够大的 EEG 节律使其在刺激发生后进行相位重排从而形成 ERP。另外，虽然 EEG 信号在刺激发生后产生了相位汇聚现象，但是同时伴随着能量增加现象。这表明相位汇聚可能是因为背景 EEG 上线性叠加了一个 ERP。因此，作者认为 ERP 的产生更加符合诱发模型。

以上两项研究成果都是基于微观电生理记录技术得到的。在基于宏观头皮 EEG 的研究中，也有许多支持 ERP 诱发模型的证据。其中最著名的就是 Risner 等于 2009 年在 NeuroImage 上发表的一篇文章。作者要求受试者在实验过程中闭眼接受闪光刺激，这样就可以使枕区的 α 节律幅值变大，又能够减少眼电干扰。之后，作者使用相位重排（phase sorting）对所有单试次 ERP 按照初始相位极性进行分类，并分别计算各类别 ERP 波形。为了防止相位重排自身带来的伪迹效应，作者还增加了一组对照实验，即在无闪光刺激条件下记录 EEG 数据。结果发现，按照各相位类别提取的 ERP 有着非常相似的波形，且各类别之间的 ERP 潜伏期和幅值没有产生显著性差异。因此，作者提出 ERP 波形不受背景 α 节律的情况影响，ERP 的产生独立于背景 EEG，因此符合诱发模型。

与诱发模型相比，相位重排模型是近几年的研究热点，受到了广泛的关注和研究。Makeig 等于 2002 年发表在 Science 上的一篇文章是 ERP 相位重排机制的代表性研究，引起了研究 ERP 神经机制的热潮。作者利用先进的时频分析技术和独立成分分析方法，对视觉选择性注意实验中的非目标刺激 ERP 进行了特征分析。结果发现：①叠加平均 ERP 的频谱特性与单试次 ERP 的频谱特性非常相似，这说明 ERP 和 EEG 的神经学机制存在一定的关系；②平均 ERP 的能量变化与单试次 ERP 的能量变化不相关，这说明不存在一个线性叠加的诱发电位，否则两者的能量变化需保持同步；③单试次 ERP 相位不是随机分布的，在刺激发生后 200ms（N1 成分）时出现了明显的相位集中现象，这可能是由相位重排机制造成的；④利用幅值重排（amplitude sorting）对单试次 ERP 进行分类，发现不同类别 ERP 的 N1 幅值有着显著性差异，这说明平均 ERP 不是一个独立的诱发电位，否则各个类别 ERP 的 N1 幅值应该是基本相同的。Makeig 等的实验结果表明，ERP 中的 N1 成分可能是由于 α 节律发生部分相位重排造成的。该研究从一个全新的角度证明了 ERP 的相位重排模型。

另一个支持相位重排模型的代表性研究是 Hanslmayr 等于 2007 年发表在 *Cerebral Cortex* 上的一篇文章。作者通过分析视觉特征检测任务中的 ERP 数据发现：①刺激触发时刻，α 节律开始出现相位集中现象；②在刺激触发前，α 节律已经存在；③ERP 中存在着 α 节律；④相位集中过程中并没有伴随着能量的升高；⑤α 节律幅值的方差先减小，然后其能量再减小；⑥通过溯源计算发现，刺激前 α 节律的神经源与刺激后 ERP 的神经源重合。但是，这些证据还是无法完全证明 ERP 的相位重排模型。因此，作者又通过仿真的办法同时测试了诱发模型和相位重排模型。结果发现，相位重排模型的仿真结果符合实际情况，而单纯诱发模型的仿真结果与实际不符。因此，作者认为，相位重排过程是生成 ERP 必需的神经机制。

5.6.4　混合模型

因为 ERP 的诱发模型和相位重排模型是相悖的，且各自都有实验结果支持，所以关于这两种模型的争论一直持续到现在。随着研究的不断深入，新的研究成果不断涌现，科学家又提出了一种能够融合这两种理论的 ERP 神经机制模型——混合模型。该模型认为，ERP 的产生是两种模型共同作用的结果，在不同的条件下，ERP 可能由诱发模型产生，或者由相位重排模型产生，也可能由两种模型共同产生。

2004 年，Fell 等的研究结果表明，视觉 oddball 范式诱发的 P300 电位伴随着 EEG 的相位集中和能量增加现象，而语义辨别范式诱发的 N400 电位仅伴随 EEG 相位集中现象。因此，作者认为，P300 电位的产生符合诱发模型，而 N400 电位的产生则符合相位重排模型。

2006 年，Fuentemilla 等发现，在三个连续短纯音诱发听觉 ERP 实验中，第一个短纯音诱发的 ERP 伴随着相位集中和能量增加现象，而第二个和第三个短纯音诱发的 ERP 仅有相位集中现象，没有能量增加现象。因此，作者认为，第一个刺激诱发的 ERP 符合诱发模型，而第二个、第三个刺激诱发的 ERP 更符合相位重排模型。

2007 年，Min 等在视觉特征辨别任务实验中发现：若触发刺激发生前的 α 节律能量高，则随后的 ERP 过程会发生 ERD 现象，这符合相位重排模型；若触发刺激发生前的 α 节律能量低，则随后的 ERP 过程会发生 ERS 现象，这更符合诱发模型。因此，作者认为，触发刺激前的 α 节律能量是影响 ERP 生成机制的一个重要因素。

　　2015 年，许敏鹏等通过稳态变基线的方法研究了视觉诱发电位的形成机制。该方法可解决重排（sorting）过程中产生人工伪迹的问题，从而清晰地展现出 ERP 的整个演变过程。研究发现，外界刺激的物理属性是影响 ERP 神经机制的重要因素：在弱刺激条件下，ERP 符合振荡模型，而在强刺激条件下，ERP 符合诱发模型，这一结论为理解 ERP 的神经机制提供了新的思路。

5.7　本章小结

　　本书前几章主要介绍了神经工效学的生理学、病理学、心理学的理论基础，关于神经工效学的功能应用以及目前遇到的问题，从本章起开始从不同方面进行具体的描述和阐释。在第 2 章中已经对神经生理和病理学基础进行了介绍，并详细解释了神经元的基本概念和基本问题。在此基础上，5.1 节~5.3 节主要从信息模型角度出发，进一步对神经元及其生理机制进行了介绍。5.1 节介绍了神经元放电模型，先引入了细胞膜电位，之后介绍了几种不同的神经元放电模型，具体包括 LIF 模型和 H-H 模型。5.2 节继续对神经元的学习与突触模型进行解释，主要介绍了 Hebbian 理论和突触可塑性的概念，并由此引入了突触模型以及突触重塑的调节机制。5.3 节具体解释了神经元的信息表达及不同的编码模式，包括频率编码、时间编码、模式编码以及空间定位等。神经网络中包含着大量的神经元，在对神经元进行详细介绍之后，5.4 节开始在神经网络层面对几种不同的神经网络计算模型进行介绍，包括动力学模型和拓扑学模型。其中动力学模型是本节的重点，在详细介绍了激发频率网络模型和整合激发网络模型的基础之上，还对神经网络的动力学表现、网络信号的传播及整合进行了描述。5.5 节引入了神经约束的概念，介绍了大脑皮层在计算上受到的各种约束，以帮助我们进一步了解大脑的活动及其在活动时受到的限制，进一步理解大脑进行活动的原理和遵循的原则。5.6 节首先介绍了认知电位 ERP，之后介绍了两种认知电位神经学模型，分别是诱发模型和相位重排模型，而目前受到广泛关注的混合模型为进一步揭示认知电位的神经机制奠定了基础。

思　考　题

1. 神经元的基本功能模块是什么？解释细胞的膜电容效应和膜电阻效应。
2. 解释 LIF 模型、RIF 模型和 QIF 模型的概念，并列出这三者的不同点。
3. 简述 H-H 模型及其生理机制。简化 H-H 模型相比于原有的 H-H 模型的提升在哪里？
4. 举例说明非联合学习和联合学习的意义。
5. 简述 Hebbian 理论和它的数学表达式。
6. 说明突触重塑的调节机制，简述峰值时间相关可塑性的概念。
7. 解释突触前后动作电位的不同时间差值对重塑造成的影响。
8. 神经系统如何保证神经元传递过程中信息的准确性？
9. 分别解释神经元的几种不同的信息编码模式。
10. 解释突触权重的概念并列出其计算公式。
11. 动力系统的活动模式有哪些？

12. 解释神经元激发的过程、随机共振和相干共振现象。

13. 神经网络可以划分为哪几个？如何利用图论知识对大脑结构网络和功能网络进行探索？

14. 列出大脑的 6 个内源性网络。支配神经网络的结构和功能的两个基本原则是什么？

15. 说明大脑白质和灰质的体积及其相互关系，这样的关系有何作用？

16. 解释事件相关电位的概念。列出几种提取 ERP 信号的方法。

参 考 文 献

Abbott L F, Nelson S B. 2000. Synaptic plasticity: Taming the beast. Nature Neuroscience, 3: 1178-1183.

Abbott L F. 1999. Lapicque's introduction of the integrate-and-fire model neuron(1907). Brain Research Bulletin, 50: 303-304.

Achard S, Bullmore E T. 2007. Efficiency and cost of economical brain functional networks. PLoS Computational Biology, 3: 174-183.

Achard S, Salvador R, Whitcher B, et al. 2006. A resilient, low-frequency, small-world human brain functional network with highly connected association cortical hubs. Journal of Neuroscience, 26: 63-72.

Arenas A, Diaz-Guilera A, Perez-Vicente C J. 2006. Synchronization reveals topological scales in complex networks. Physical Review Letters: 96(11): 114102.

Bressler S L, Tang W, Sylvester C M, et al. 2008. Top-down control of human visual cortex by frontal and parietal cortex in anticipatory visual spatial attention. Journal of Neuroscience, 28: 10056-10061.

Brunel N, van Rossum M C W. 2007. Lapicque's 1907 paper: From frogs to integrate-and-fire. Biological Cybernetics, 97: 337-339.

Brunel N. 2000. Dynamics of sparsely connected networks of excitatory and inhibitory spiking neurons. J Comput Neurosci, 8: 183-208.

Bullmore E T, Sporns O. 2012. The economy of brain network organization. Nature Reviews Neuroscience, 13: 336-349.

Chialvo D R. 2010. Emergent complex neural dynamics. Nature Physics, 6: 744-750.

Chklovskii D B, Schikorski T, Stevens C F. 2002. Wiring optimization in cortical circuits. Neuron, 34: 341-347.

Feldman D E. 2012. The spike-timing dependence of plasticity. Neuron, 75: 556-571.

Ferrarini L, Veer I M, Baerends E, et al. 2009. Hierarchical functional modularity in the resting-state human brain. Human Brain Mapping, 30: 2220-2231.

He B. 2013. Neural Engineering. Berlin: Springer-Verlag.

John H, Byrne R H, Waxham M N. 2014. From Molecules to Networks. New York: Academic Press.

Kaiser M, Hilgetag C C. 2006. Nonoptimal component placement, but short processing paths, due to long-distance projections in neural systems. PLoS Computational Biology, 2: 805-815.

Kappenman S J, La E S. 2011. The Oxford Handbook of Event-Related Potential Components. New York: Oxford University Press.

Laughlin S B, Sejnowski T J. 2003. Communication in neuronal networks. Science, 301: 1870-1874.

Longstaff A. 2006. 神经科学 (中译本). 韩济生, 译. 北京: 科学出版社.

Luck S J. 2009. 事件相关电位基础. 范思陆, 等译. 上海: 华东师范大学出版社.

Maffeo C, Bhattacharya S, Yoo J, et al. 2012. Modeling and simulation of ion channels. Chem Rev, 112: 6250-6284.

Ponten S C, Bartolomei F, Stam C J. 2007. Small-world networks and epilepsy: Graph theoretical analysis of intracerebrally recorded mesial temporal lobe seizures. Clinical Neurophysiology, 118: 918-927.

Portillo I J G, Gleiser P M. 2009. An adaptive complex network model for brain functional Networks. PLoS One: 4(9): e6863.

Reijneveld J C, Ponten S C, Berendse H W, et al. 2007. The application of graph theoretical analysis to complex networks in the brain. Clinical Neurophysiology, 118: 2317-2331.

Sauseng P, Klimesch W, Gruber W R, et al. 2007. Are event-related potential components generated by phase resetting of 1435 brain oscillations? A critical discussion. Neuroscience, 146: 1435-1444.

Vogels T P, Rajan K, Abbott L F. 2005. Neural network dynamics. Annual Review of Neuroscience, 28: 357-376.

Wang J H, Wang L, Zang Y F, et al. 2009. Parcellation-dependent small-world brain functional networks: A resting-state fMRI study. Human Brain Mapping, 30: 1511-1523.

Wu H H, Li X L, Guan X P. 2006. Networking property during epileptic seizure with multi-channel EEG recordings. Advances in Neural Networks-ISNN 2006, Pt 3, Proceedings, 3973: 573-578.

Xu M P, Jia Y H, Qi H Z, et al. 2016. Use of a steady-state baseline to address evoked vs. oscillation models of visual evoked potential origin. NeuroImage, 134: 204-212.

Zhou C S, Kurths J. 2006. Dynamical weights and enhanced synchronization in adaptive complex networks. Physical Review Letters: 96(16): 164102.

第 6 章　神经电生理信号检测

如本书第 2 章神经生理与病理学基础中所述，神经系统包括中枢神经系统和周围神经系统两部分，因此相应的神经电生理信号亦分为中枢神经电信号及周围神经电信号。中枢神经电信号主要产生于中枢神经系统所调控的神经细胞间进行信息传递时的电活动，一般包括微观的单个神经细胞离子通道电信号、神经元动作电位、突触传递信号以及宏观的大脑皮层表面电信号和头皮表面电信号等。周围神经电信号主要来自于受周围神经系统支配的相应肌细胞的电活动，目前常用的周围神经电信号有肌电信号、心电信号、眼电信号、皮电信号、胃电信号等。本章主要从检测原理、检测设备等方面介绍以上几种神经电信号检测技术，同时简要介绍几种近期发展的信号多模式联合检测技术。

6.1　微电极神经系统电信号检测

早在公元前 300 年亚里士多德等就在电鳐身上发现了生物电现象,直到 19 世纪 40 年代,电子管的发明可以放大微弱的生物电信号才便于人们的观测。1922 年 J. 厄兰格使用阴极射线示波器记录到了生物电信号,虽然该方法只能记录细胞集群的同步电活动,但这却标志着现代电生理技术的开始,并逐渐向微观和整体两个方面发展。微观方面,1949 年, G. 凌宁等开始使用细胞侵入式方法,成功将微电极插入细胞内,并记录到了电活动,使生物电生理信号检测技术开始向微观发展。1976 年, E. 内尔等用微电极的尖端剥离极小的一片细胞膜,记录到细胞表面单个通道的微弱电流,证明了离子通道的存在,这一发现实现了分子水平电生理信号的检测,具有划时代的意义。整体方面, 20 世纪 60 年代起,计算机的应用使人们能从人或动物体表记录到非常微弱的细胞集群电活动,这类测量技术对受试者没有任何损伤,且在临床诊断上具有重大价值。本节首先从微观方面介绍生物电生理信号的检测技术。

6.1.1　单离子通道电信号检测

离子通道是细胞膜上具有特殊功能的跨膜蛋白质,由于带电的离子不能自由通过磷脂双分子层,只能通过细胞膜上的离子通道进行转运,所以离子通道在生物体的生命活动中起着至关重要的作用。目前最主要的离子通道检测手段是膜片钳技术。本书第 2 章 2.2.1 节介绍神经元膜电位的产生机制过程中首次提到了膜片钳技术,并对这种记录技术进行了简要介绍（见 2.2.1 节膜电位记录技术简介）。膜片钳是 20 世纪 80 年代在电压钳的基础上发展而来的一种新型技术。其主要功能是采用电压钳或电流钳技术记录细胞膜离子通道的电生理活动。膜片钳技术为帮助了解生物膜离子通道通透性、选择性等膜特征提供了十分有效的手段。该技术的兴起与应用将生理学研究推进到了细胞和分子水平，使人们不仅对生命体的电现象和其他生命现象有了更进一步的认知，而且对于疾病诊断和药物效用也有了更清晰和准确的判断，同时为病因学与药理学提供了新的思路。有关膜片钳的内容极为丰富，本节将简单介绍膜片钳的发展过程、基本原理、常用形式及其主要应用，有兴趣的读者可以查阅相关文献了解更多信息。

1. 膜片钳技术发展史

膜片钳技术是在传统微电极电压钳技术基础上发展而来的。1976 年，德国马普生物物理化学研究所的 Neher 和 Sakmann 博士在青蛙肌细胞上使用注入乙酰胆碱的双电极电压钳，记录到了乙酰胆碱激活的单通道离子电流，从而首创发明了膜片钳技术。这是人类首次记录到单通道的生物细胞离子电流，当时用的就是现在命名的细胞贴附式记录模式，但其电极与细胞膜之间封接电阻只有 MΩ 级别的水平。1980 年 Sigworth 和 Neher 合作，采用带负压吸引的记录电极，获得了高达 10～200GΩ 的封接电阻（现在所谓的高阻封接），使采集信号中的噪声水平大大降低。1981 年，Heher 等又对膜片钳技术进行了改进，完善了游离膜片和全细胞记录技术，使该技术逐步成熟，Neher 和 Sakmann 更是因此获得了诺贝尔生理学或医学奖。1989 年，爱德华兹等将改进的膜片钳技术应用于大脑切片，成功记录到大脑组织神经细胞电信号，研究发现了局部神经回路的神经电信号传输机制。尽管切片膜片钳技术应用于神经细胞测量准确度没有对培植细胞高，但其仍然是研究大脑功能的有效方法。

随后膜片钳应用新技术不断涌现。首先开发了用于研究细胞胞吞与胞吐的膜片电容测定法；其次发展了专门研究细胞间缝隙连接通道的双膜片记录法；之后改进了膜片钳电极内灌注技术以方便电极内填充液的更换。此外，为探测卵母细胞内第二信使含量，还发明了膜片填塞新技术等。

膜片钳技术对基础科学研究也有着非常广泛的应用。从最初仅限于电生理学研究，已逐渐发展到分子生物学、免疫学、组织工程，乃至高分子科学、物理化学、微机电传感等多个领域，并为这些学科注入了新的研究思路和技术灵感。对生理学研究而言，可以说是膜片钳技术点燃了其革命之火，照亮了其深入细胞内部、以分子水平揭示生命体本质的发展之路，并使其能与基因、克隆等新技术在科技新时代并驾齐驱，成为生命科学研究的先驱者之一。

2. 膜片钳技术原理

膜片钳技术原理的基础是细胞电生理，技术源头是电压钳技术。因此在讨论膜片钳技术的原理前，需先了解细胞电生理与电压钳技术。

众所周知，细胞是构成生物体的基本单位。在细胞外周有一层由脂类双分子层和蛋白质构成的细胞膜，膜上分布着大量离子通道用于细胞和外界环境进行物质、能量及信息交换；离子和离子通道是细胞兴奋的基础，在细胞内外物、能、信交流中起关键作用，也是膜片钳技术记录的主要内容。

细胞膜脂质层的电导率很低，其数值由通道蛋白的开关状态来决定。此外，细胞膜独特的双分子层结构形成了细胞膜的电容,由细胞膜的等效电容和电导构成了与膜并联回路的电学模型。当细胞膜处于电兴奋状态时,脂质层电容会被动充电响应,其电流、电压关系呈线性;而当膜退极化时电导成为其反应主动成分,电压、电流关系呈非线性。如此产生跨膜电位变化时,会有被动和主动电流产生,其表达式为

$$I_m = I_i + C\frac{\mathrm{d}V}{\mathrm{d}t} \tag{6-1}$$

其中,I_m 是流经细胞膜的总电流;I_i 是通道电流;$C\dfrac{\mathrm{d}V}{\mathrm{d}t}$ 是由膜电容产生的充放电流。这里膜电容充放电流会对通道电流的观察产生影响,所以必须将其去除。这时可以令 $\dfrac{\mathrm{d}V}{\mathrm{d}t}=0$,使其不随时间变化,犹如将细胞膜钳住,此即电压钳技术实质所在。

　　膜片钳技术由电压钳技术发展而来,故其基本原理与电压钳有许多相似之处。膜片钳技术基本原理是利用电路的负反馈控制膜电位与指令电压相等,从而记录膜电流。图 6-1 所示为膜片钳技术原理图。图中运算放大器 A1 工作于电压钳位状态,其两个输入端电压相等。反馈电阻 R_f 的功能是通过调节自身阻值来改变记录电流的量程,其阻值变化对膜片钳检测效果有很大影响,是关键元件。差分放大器 A2 输出电压值为电极电流和反馈电阻的乘积。A1 与 A2 电路构成了一个 I-V 转换器,是整个膜片钳放大器前级的核心。R_s 是串接于细胞与电极之间的电阻。电极在入液后会在电极壁周围形成“快电容”(杂散电容 C_p),这一现象在形成高阻抗的封接后变得更明显。同时在全细胞模式中,当细胞被吸破时会有“慢电容”C_m 形成。这一电容会在细胞膜充放电时产生电容电流,造成前面提到的影响。这一问题可以通过电容补偿回路来消除。当然,并不是所有的问题都可以通过电路来解决,例如,对于脑片中的神经元这一类有突起的细胞,它们的空间钳制问题就非常棘手。

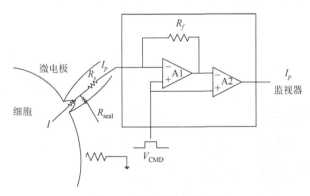

图 6-1　膜片钳技术原理图

(图片来源:陈军.2001.膜片钳实验技术.北京:科学出版社)

　　从上述介绍可知,膜片钳技术实现膜电流固定的核心步骤是使电极与细胞膜之间形成高阻密封(其电流可等效为零),并保证其阻抗量级达到 $10\sim100\mathrm{G}\Omega$。形成高阻密封的主要作用力包括范德华力、氢键、盐键等。高阻密封不仅要求其绝缘性能极好,还必须固定牢固,以防止其在操作过程中出现电极脱落等问题。操作使用的电极通常为玻璃微电极,

且尖端管径很小，所接触细胞膜面积仅有 $1\mu m^2$。这么小的面积上能够覆盖的离子通道很少，而通过这些离子通道的离子数量相对于整个细胞的总量来讲也是极少的，其对整个细胞静息电位的影响几乎为零。那么，此时只要电极内的电位不变，记录的细胞膜两侧的电位差就真实可靠。

此外，高阻封接所带来的高阻特点还能有效地改善记录过程中的噪声影响，这极大地提高了时间、空间及电流的分辨率（时间分辨率可达 $10\mu s$，空间分辨率可达 $1\mu m^2$，电流分辨率可达 1pA）。影响记录电流的主要噪声是来自信号源的热噪声。可以把信号源等效为一个电阻 R，则其电流热噪声为

$$\sigma_n = \frac{4Kt\Delta f}{R} \tag{6-2}$$

其中，σ_n 为电流的均方差根；K 为玻尔兹曼常数；t 为热力学温度；Δf 为测量带宽；R 为电阻值。由式（6-2）可知，在 R 高阻值的情况下，热噪声会得到有效抑制。

在了解了膜片钳技术基本原理之后，再看膜片钳装置系统的基本组成，主要有微电极探头、微操纵器、膜片钳放大器、模/数模转换器、倒置显微镜、计算机等，各部分工作关系如图 6-2 所示。其中微电极探头直接与细胞膜表面接触，并形成高阻封接，完成细胞膜电流的记录；微操纵器用以调节微电极位置以及给细胞施加药物；膜片钳放大器的主要工作是完成电压钳制，从而记录离子通道电信号，是整个系统的核心；模数转换器将采集的模拟电流量进行数字转换后送入计算机，而数模转换器将计算机的控制指令转换成模拟信号并传达给膜片钳放大器；倒置显微镜是进行整个操作过程的观察工具，操作人员通过显微镜观察以确认微电极与细胞膜之间形成的高阻封接牢固可靠，同时观测膜片钳放大器微电极探头尖端与细胞膜接触面积是否足够微小以保证膜片钳检测数据准确可靠、符合要求；计算机负责接收模数转换器传输的检测数据并进行存储与分析，另通过数模转换器向膜片钳放大器发出工作控制指令。

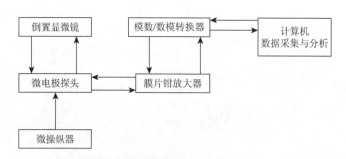

图 6-2　膜片钳装置基本组成结构图

（图片来源：韩旭东，王益民，刘彦强，等. 2011. 膜片钳技术原理及在中药研究中的应用.
实验室科学，（04）：107-109，112）

3. 膜片钳记录模式分类

膜片钳常用记录模式主要有四种：细胞吸附式记录（cell-attached recording 或 on-cell recording）、膜内面向外式记录（inside-out recording）、膜外面向外式记录（outside-out recording）、全细胞式记录（whole-cell recording）。前三种模式为单通道记录模式，其中膜内面向外式和膜外面向外式为游离膜片式记录（excised patch recording）。图 6-3 为四种记录模式示意。

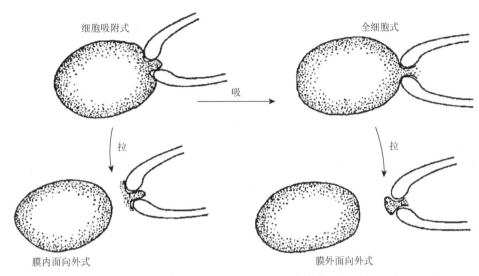

图 6-3　膜片钳的四种记录模式

（图片来源：陈军. 2001. 膜片钳实验技术. 北京：科学出版社）

在上述四种模式的基础上，相继出现了一些其他的新型记录模式。常见的新型记录模式主要有：穿孔膜片钳记录（perforated patch clamp recording）、松散封接膜片钳记录（loose-seal patch clamp recording）和巨膜片钳记录（giant membrane patch clamp recording）。下面对这些记录模式技术进行简单的介绍。

1）细胞吸附式记录

将使用的电极内充入电极液后轻压于细胞膜之上，同时对电极内施加一个负压力，即可使一小片细胞膜陷入电极的端口，与电极的内壁形成"Ω"形封接。所形成封接的阻值可达到 10～100GΩ 级别，使膜片与细胞浴液之间形成隔离。此时即便是将负压力撤销，此封接也不会出现松动，也就形成了最基本的细胞吸附式记录。

细胞吸附式记录模式是膜片钳技术中最原始的方式，其他方式都是在此模式的基础上衍生而来的。这种模式对于细胞的结构和环境影响较小，最为稳定。但这种模式不能对细胞内的成分进行控制。同时，一旦有影响膜电位的操作出现就会使记录的电流出现误差。

2）膜内面向外式记录

此模式下先要形成最基本的吸附式记录构型，在此基础上将吸附电极提起，即可撕下吸附电极下的一小片细胞膜。此时，膜片原来朝向细胞质的一侧朝向浴液，即形成了膜内面向外式的记录构型。此记录方式可以用于研究对钙离子较为敏感的离子通道，还可以进行胞内激素和第二信使有关的研究。

膜内面向外式记录模式下，可以调控细胞内的溶液浓度。此时可以很容易地改变细胞内各种物质的浓度，还能将酶贴附于细胞膜的内侧面，方便研究胞内物质对通道活动的影响。但是膜外的物质则较难改变，且整个实验过程要在低钙液中完成。

3）膜外面向外式记录

膜外面向外式记录模式与膜内面向外式记录模式有些相似的地方，都是在另一种记录模式的基础上衍生而来的，只不过这种方式的基础是下面即将介绍的全细胞式记录模式。在形成全细胞式记录构型后，将电极提起，位于电极周围的细胞膜片就会被扯断，附着于电极的细胞膜游离边缘就会相互融合，而细胞膜原来处于外侧的位置仍然朝向浴液，即形成了膜外面向外式记录模式。

在膜外面向外式记录模式中，可以很容易地对膜外物质的浓度进行调控，方便研究一些物质对细胞膜外表面能够造成的影响。例如，可以使一些受体直接作用在离子通道上，巧妙地避过第二信使系统。其缺点同膜内面向外式记录模式恰巧相反，即难以对细胞内的成分进行调控，且电极管腔内必须注入低钙液。

4）全细胞式记录

全细胞式记录是在吸附式记录构型的基础上，通过对电极施加脉动式负压力，或者施加适当幅度、宽度的单脉冲电击，使细胞膜片破裂。此时细胞的内部将和电极内液相连，即形成了最常见的全细胞式记录构型。

在使用全细胞式记录时可以保证细胞内和浴槽之间的漏流极少。电极自身的阻值比所形成的高压封接阻值要小得多，这种结构使电压钳的控制更为简单。细胞膜外的物质成分容易被控制。可以记录多通道的离子电流平均值，有利于后期数据分析。它还可以把调节通道活动或者影响细胞代谢的物质加入电极液并导入细胞液内。同时它对细胞的损伤较小，适用于一些比较小的细胞。尤其是将细胞膜电位特意钳制在某个数值，即可特定地选择几个通道用以记录。这种模式的缺点是细胞与电极之间物质交换快，容易破坏细胞内的原始环境，因此要保证所用电极液与细胞内液的成分高度相似。

5）穿孔膜片钳记录

穿孔膜片钳记录是为改进常规全细胞式记录的不足而提出的。由于常规全细胞式记录可能存在细胞质渗漏的隐患，为了克服这一问题，研究者将一些与离子亲和度较高的化学药剂灌流到细胞膜上，导致形成只有一价离子可以通过膜孔，用来记录全细胞膜电流。故在该模式下的细胞质渗透缓慢，所形成的封接阻抗较一般全细胞模式更高，其细胞钳制速度也相应变慢，因此该模式又称为缓慢全细胞模式。

由于该模式细胞膜上所形成的孔道只能透过较小离子，故可以更好地保留细胞内的物质，有利于研究离子通道的调节机制。同时，该技术对细胞的损伤较小，记录的可持续时间较长。但是用于膜穿孔的物质需要每次现用现配，且其存储运输要求较高，十分烦琐。

6）松散封接膜片钳记录

松散封接膜片钳记录技术不同于传统膜片钳技术，其电极与膜片之间不需要形成高阻封接，封接阻抗一般小于 $50M\Omega$。松散封接膜片钳记录主要用于测量大细胞（如肌细胞、巨轴突）细胞膜上的离子通道分布和电流密度。其记录形式主要有全细胞记录电极施加电压钳制，松散封接电极记录细胞膜局部通道电流；全细胞记录电极记录电流，松散封接电极施加电压刺激；松散封接电极施加电压刺激的同时记录电流；采用同轴电极等。

由于松散封接膜片钳不需要电极与细胞膜之间形成高阻封接，故封接时的负压吸引极小，记录电极不会对细胞膜造成损伤，松散封接膜片钳具有可以反复测量同一细胞不同区域的优势。但低封接阻抗导致记录的电流噪声增大，同时过大的封接电流导致膜通道电流丢失。一般采用增大电极尖端开口和信号平均技术的方法可以降低噪声，适当增大封接阻抗、采用同轴电极的方法可以减少膜通道电流丢失，也可以使用放大器与软件进行校正。

7）巨膜片钳记录

巨膜片钳记录是使用尖端直径较大的电极来与细胞膜之间形成高阻封接。其尖端直径一般可达 $10\sim40\mu m$。在这种电极下可覆盖的细胞膜表面积是常规细胞膜表面积的 100 倍左右，可以达到几百 μm^2。其结果是所能包含的离子通道数目变多，从而直接导致可记录到的细胞膜电流变大。通常巨膜片钳的高阻封接阻值为 $1\sim10G\Omega$，比电极的电阻要高出几个数量级，可以提高电压钳制的速度，噪声也得到了相应的抑制。

形成这些新技术优势的同时，也给巨膜片钳记录技术带来了一些局限性。例如，巨膜片钳不能够承受很高的钳制电位，当钳制电位较大时可能会破坏封接。同时巨膜片钳还会产生比较明显的边缘电流，其会对记录结果造成不良的影响。

除了以上介绍的一些常用膜片钳技术记录模式外，还有一些其他的技术方法，如膜电容测定法、脂质体记录技术和全自动膜片钳记录技术等。相信在未来，越来越多既高效又准确的技术方法将会面世。

4. 膜片钳技术的优缺点

膜片钳技术最大的特色在于形成高阻封接，这使得在应用膜片钳技术检测细胞电信号的过程中漏出的电流极少，从而保证了检测结果的准确性。然而，在形成高阻封接时产生的负压力作用容易使膜片被吸入电极腔内，形成"Ω"形膜片，这会对其造成严重的机械性损坏。

使用高阻封接的形式还能够降低噪声的影响。首先，由式（6-2）可知，信号源热噪声与其电阻值成反比，所以高阻封接可以明显降低热噪声。此外，膜片钳探头的场效应管运算放大器电压噪声也可在高阻封接作用下大大减小。

膜片钳技术出现之前，人们往往采用电压固定条件下的细胞膜电流记录法。该方法只能向细胞内刺入两个电极，或者用蔗糖和凡士林进行双重缝隙法从细胞外进行记录，然而这导致其仅适用于非常大的细胞。而采用膜片钳法时，对较小的细胞也能完成电位钳制下的膜电流记录。这是膜片钳技术的另一大优点。不过较小细胞的胞质中可动分子能被渗漏，这是膜片钳技术无法解决的问题。

5. 脑片膜片钳技术

脑片膜片钳技术是离体神经系统神经网络研究的前沿技术。离体脑片是活体组织切片的一种，通常是用动物脑组织制备的仅有几百微米厚的活组织切片，且它在制备成功后仍然能够存活一段时间，因而非常适合用来做电生理等功能性实验。离体脑片也是目前被广泛使用的研究中枢神经系统突触功能的良好标本。

最早的脑片膜片钳研究是 1985 年美国贝勒医学院 Gray 和 Johnston 采用酶解撕裂法对豚鼠海马脑片 GABA 受体通道进行的膜片钳研究。之后，德国马普生物物理化学研究所的 Konnerth、Edwards 和 Sakmann 在 1988 年首次采用脑片表面清洁法研究了大鼠海马脑片神经元离子通道的特征。1989 年，Edwards、Sakmann 和日本京都大学的 Takahashi 首次将微分干涉相差技术应用到大鼠、小鼠和猫的脑片膜片钳研究中，同年，美国斯坦福大学的 Blanton 等首次对海龟和大鼠脑片使用了盲法膜片钳技术，一般认为这两项技术是离体脑片膜片钳技术开始成熟的标志。随后，德国马普生物物理化学研究所的 Edwards 分别将红外微分干涉相差显微镜应用于脑片，清晰地观察到了脑片上神经元及其突起的形态。

一般脑片膜片钳实验选择的动物为 3 周左右的幼年动物，这是因为幼年动物的颅骨较软、取脑快，且脑细胞膜韧性好，易于形成高阻封接。如果实验需要也可以采用成年或老年动物。制备脑片的过程中，从断头到将脑浸入人工脑脊液的这段时间为取脑时间，原则是越短越好，一般在 1～3min。实验中动物麻醉后即可将其断头，使用咬骨钳小心地掀开断头的颅骨，仔细剪开硬脑膜，用钝性塑料柄断开脑神经，注意避免损伤脑组织，剥离出全脑，置于氧混合气饱和的 0～4℃人工脑脊液中冷却。使用振动切片机将动物脑制备成 200～400 毫米的脑片，再将全部脑片置于氧混合气饱和的人工脑脊液中，根据实验需求在相应温度下孵育 1 小时待用。孵育后的脑片移入脑片记录浴槽，通过纤维蛋白凝块、盖网或脑片垫固定。使用膜片钳技术即可记录到离子通道及突触活动。

离体脑片的优点：同在体脑相比，离体脑片①排除了血脑屏障，加入到灌流液中的各种试剂、药物等可直接进入脑片组织作用于神经元与胶质细胞；②机械稳定性高，它排除了心脏搏动、呼吸等影响，可获得高质量长时间的记录；③外部环境易控制，非常适合药理学研究。相对于培养与急性分离的神经元，离体脑片①在体外活性保持时间长且离子通道性质不会发生改变；②在盲法和可视法中都能清晰地分辨和记录神经元类型；③适用受体更广泛，除新生或胚胎动物外，其还可以用成年或老年动物；④除使用脑片撕裂法外，不会对所要研究的离子通道或受体产生影响；⑤保持有完整的神经突起和神经解剖通路，最适合研究突触活动。

6.1.2 微电极阵列电信号检测

20 世纪 30 年代微电极技术开始应用于生物学，记录细胞电活动。之后微电子技术蓬勃发展，并衍生出电压钳和膜片钳技术，电生理信号检测也随之进入离子通道水平。但是由于每个电极都需要通过体积较大的机械性微型操控装置来控制，利用电压钳或膜片钳技术同时记录多个细胞比较困难，而多数神经科学工作者研究的是大脑在网络水平上的动态结构及其功能。多通道微电极系统即微电极阵列（microelectrode array，MEA）系统的出现实现了多点同步记录整个网络水平的活动，以及检测、控制网络的信息编码过程。

1. 微电极阵列的发展

1972 年，Thomas 等第一次应用 MEA 记录到了体外培养的鸡胚胎心肌细胞的胞外动作电位。此后，很多研究者开始研制多种类型的 MEA 来检测各种类型细胞在不同情况下的电生理响应。1980 年，Pine 等首次同时呈现了细胞内和细胞外神经元活动的记录，证明了 MEA 可以用于神经信号的记录，完成了领域内里程碑性的工作。1982 年，Gross等应用铟锡氧化物（ITO）来制备微电极阵列，这种材料导电性好且透明，实验在记录体外移植神经组织胞外电响应后，进一步拓展到研究老鼠脊髓分离的神经元。1990 年开始，Jimbo 和 Kawana 以大鼠背根神经元为研究对象，通过刺激神经突触来测量神经元胞体的选择兴奋性。第一次通过实验证明了对树突刺激和神经网络研究的潜在重要性。德国蒂宾根大学 Egert 和 Bergen 等分别于 2000 年前后与 Multi Channel Systems（MCS）公司合作，原创性地开发了一个记录平面 MEA 上完整神经网络的系统。2006 年，Natarajan 等通过多通道 MEA 测量心肌细胞对药物除虫菊酯的响应，在 MEA 表面培养单层心肌细胞并测试其胞外搏动频率，结果发现频率范围是 0.5～4Hz。现如今，MEA已经发展到离体细胞电生理测试的心肌细胞、神经突触可塑性、神经网络功能连接与再生、心脏与神经药理学、高通量药物筛选、环境检测等众多研究领域，并在其中扮演着越来越关键的角色。

2. 微电极阵列设计

随着材料、制造工艺、封装技术、材料组分整合的发展，目前长期植入式的 MEA 制备技术已经相当成熟了。MEA 的产生得益于微传导线和微机电系统（micro-electro-mechanical systems，MEMS）的进步与成熟。这两项技术涉及一大类晶体硅及其化合物的微制造工艺。图 6-4 所示为植入式微电极阵列加工工艺涉及的技术领域与材料。

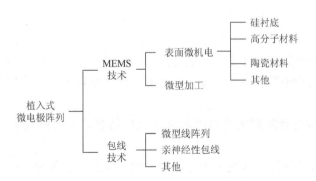

图 6-4　植入式微电极阵列加工工艺涉及的技术领域与材料

对于神经电生理信号测量的基础技术要求是具备从目标神经集群中记录峰电位或局部场电位的能力，同时保证充分的信号质量、信息内容、稳定性和可靠性，以满足信号可用作后续的处理和控制需求。颅内接口是一种满足该系列要求的信号检测方式，而微电极阵列是其测量并导出脑电生理信号的重要媒介。图 6-5 所示为微电极阵列的几种形状及几何参数情况。图 6-5（a）示意微电极与组织接触相对位置；图 6-5（b）为单个电极尖端形状与尺度；图 6-5（c）为单列电极形状与尺度；图 6-5（d）为平面电极阵列外观形状。

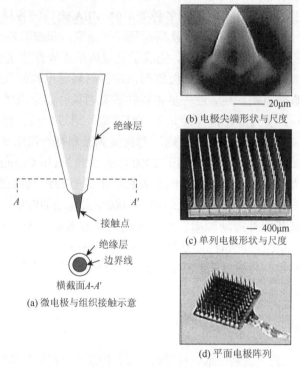

(b) 电极尖端形状与尺度

(c) 单列电极形状与尺度

(d) 平面电极阵列

图 6-5　微电极阵列的几种形状及几何参数

　　微电极植入大脑用于记录细胞外神经活动电位或局部场电位，这些微电极由暴露的金属材料及其绝缘衬底构成。电极的金属材料和绝缘衬底会根据不同的制作方法和具体实验应用而选择。然而，基于该类检测技术的大多数研究还仅限于动物实验（如一些啮齿类动物和猴子）。微电极经过不同的工艺过程和不同的结构配置进行制作：具有特别的微丝结构，需要设置较远的参考；双绞线结构的四极管配置；锥形电极是电极丝置于中空的玻璃锥形结构中等。每个电极系统都有一个电极阵列，有不同的几何结构、尺寸和电极数量。

　　进一步理解微电极阵列的基本技术和工艺结构要求，总结起来包括以下五点重要内容。

　　（1）电极接头的阵列部分是用于记录转换生物电信号的部位。接头部分直接与大脑组织接触，支持电容式电流在其表面进行电荷转移。决定其电特性的重要因素包括接头阵列的材料、面积、粗糙度以及接触表面的形状。

　　（2）导线是在电极接头与电子接口之间建立电性连接的重要媒介。导线是隐藏在绝缘材料中不与大脑组织直接接触的。其基本要求是：足够小的电阻抗以达到传递过程中信号损失的最小化；足够的弹性和鲁棒性以避免机械压力造成损坏；抗腐蚀和细胞毒素能力较强。

（3）绝缘层，是一种单体材料或复合材料，实现传导线与周围组织相互隔离绝缘。其基本要求是具有足够高的电绝缘性和足够的韧性和强度，具有足够的鲁棒性适合长时间植入。绝缘层的一般特性包括介电常数、漏电阻、并联电容和组织相容性。尽管其特性肯定会随时间改变，但这种改变必须是可预测的并且不会有功能上的重大损失。

（4）基板，用于保证阵列中每个电极探针的结构完整性。不是所有微电极阵列都有独立的基板，一些绝缘层材料或导线也可作为电极阵列探针的基板。电极阵列基板通常还在绝缘层与组织之间提供额外的绝缘层。

（5）可选表面涂层，可用于调节微电极阵列的电学、机械或生物学特性。例如，微电极基板、绝缘层和其电极接头与大脑有接触，并且基板和绝缘层表面积通常比所有电极接头总表面积更大。绝缘涂层的功能是提供组织和导线之间额外的防水层，以调节仪器与组织间接口特性（如韧性和润滑性）或削弱、控制组织响应。另外，电极接头涂层可以用于调整接头的电学特性（如减小其阻抗，检测神经化学特性）。

上述五个基本结构组成涉及材料、工艺处理和应用要求等方面。例如，高温硅氧和硅氮化合物薄膜具有长期的绝缘特性，但金属导线在高温下是不能与其相适应的。因此，在牺牲导电性能的情况下，可以选择导电多晶硅来代替。

在峰电位和 LFP 检测电极设计中，用于电极芯及衬底制作有大量的材料选择。微电极阵列通常由不锈钢或钨制成，锥形电极用金丝置于中空的玻璃锥形结构制成。由于微电极暴露在外面的部分尺寸很小，所以有很大的阻抗，可达几十万甚至几兆欧姆。这样，信号通常要经过一个特别靠近电极的前置放大器进行放大后再传输到主放大器。这样一来，在噪声引入之前就对信号进行放大，可以有效减少环境噪声的干扰。

3. 微电极阵列分类

20 世纪中期玻璃微电极技术极大地推动了神经电生理学在细胞水平和分子水平的研究。但在活体组织中，玻璃微电极电生理信号检测技术的实验操作相当困难，而且检测到的神经细胞只有 1～2 个，记录时间也不能保持太长。于是，毛细玻璃管微电极逐渐被绝缘的细金属丝制作的电极所取代。这种电极由数根金属丝制成，其中每根金属丝暴露的尖端都可以记录到多个细胞外动作电位，那么一束金属丝就可以同时记录到大量单细胞动作电位（multiple single unit，又称为 Unit 电位）。金属丝电极也是迄今为止动物行为和认知研究中 Unit 电位的主要检测方法之一。这两种电极制作的微电极阵列可以称为第一代MEA。一般第一代 MEA 材料来源相对简单，由于主要是手工工艺制作，所以多存在体积大、结构笨重、使用限制多、制作成本高等缺点。

微电子和集成电路工艺技术促进了第二代 MEA 的发展。第二代 MEA 相对于第一代体积更小、记录点更多、结构形式更多样、性能更稳定可靠。第二代 MEA 植入组织后，对神经细胞造成的损伤很小，且可进行二维，甚至三维的立体检测，同时检测多达上百个记录点的场电位和神经细胞的 Unit 电位。第二代 MEA 根据基底材料可分为刚性和柔性两大类。刚性 MEA 的基底材料主要为硅基材料，其具有较好的生物相容性。但是硅质地脆硬，植入时容易导致严重的组织损伤或失败，且随植入时间变长其信号检测和神经激励效果也会逐渐变差。柔性 MEA 的基底材料主要包括聚酰亚胺、聚对二甲苯、聚二甲基硅氧烷等聚合物。这些材料都具有很好的柔韧性，植入损伤小，且微电极与神经组织能更好地接触，因此柔性聚合物成为主要的 MEA 基底材料。

第三代 MEA 也可以称为生物活性 MEA，与第二代 MEA 兼容，基底材料大多为易于表面改性的柔性聚合物。第三代 MEA 优化了基底材料表面的修饰处理和微机电工艺的加工步骤。植入表面生物活性修饰后的 MEA，会触发组织细胞外基质中一系列细胞行为反应。这不仅更好地解决了植入后神经系统组织反应和生物相容性问题，而且更容易控制目标神经和植入微电极的耦合。但是根据应用需求，控制生物活性电极与神经细胞的耦合仍然需要采取不同的方法。对于神经信号记录，材料表面生物活性修饰可以使神经依附电极生长，神经细胞表面与电极表面接触紧密，记录信号最佳，信噪比可提高 5～10 倍；而对于神经激励电极，往往不采用表面生物活性处理，这是为了避免神经细胞直接吸附在电极表面而承受过大刺激电流后诱发炎症或死亡。

集成微电极阵列记录技术可以同时获得大量神经细胞的活动信息，且具有很高的时空分辨率，是一种理想的神经电生理信号检测手段。其应用和发展对深入研究大脑运行机制，揭示神经网络信息传导、处理和存储机理有巨大的推动作用，对于研究神经系统疾病和损伤新的治疗方法具有重要意义。MEA 的进一步发展也面临一些重要问题，包括电极的生物相容性问题、无线数据传输问题、神经细胞发放脉冲序列的分析、编码和解码研究等。这些问题涉及微电子学、材料科学、无线电技术、神经科学、生物医学工程、计算机科学和信息科学等许多领域，需要多学科交叉融合。微电极阵列记录技术的不断成熟也将推动这些相关领域研究工作的蓬勃发展。

6.2　大脑神经电信号检测技术

6.2.1　脑电图

1. 概述

脑电（electroencephalography，EEG）是可以反映大脑功能状态的一类特殊生物电信号，也是科学家洞察大脑内部功能活动的一个重要窗口。有效提取脑电信号中所蕴含的信息，对了解大脑的功能活动具有十分重要的意义。

1924 年德国耶拿大学的精神学家 Berger 通过大量实验首次发现并记录到人脑规律性自发脑电活动，并于 1929 年发表了重要科学论文《关于人的脑电图》。在随后的十年里他又连续发表了 14 篇相关论文，并将记录脑电活动的方法命名为脑电图描记术，这是脑电图临床应用的开端，奠定了脑电图学的基础。1931 年 Berger 同时记录了头皮及皮质层表面的电活动，通过比较灰质与白质的电位，得出了电活动起源于大脑皮质的结论。1934 年，阿德里昂和马泰乌斯对传统脑电图描记术进行了改进，使其可以诊断部分特定类型的癫痫和脑瘤，并实现了对颅内病变的初步检测和区域定位。20 世纪 40 年代后期，脑电图作为诊断脑类疾病的新技术，在临床诊断中得到了广泛应用。伴随着电子技术的快速发展与计算机的问世，用于专门描记和记录脑电图的脑电图机开始出现。1951 年，我国开始将脑电图用于临床患者检查。1958 年，诱发电位（evoked potential，EP）累加器研制成功，人们可直接从头皮上记录到诱发电位，这是临床应用脑电图机记录 EP 方法的新突破。到了 20 世纪 70 年代，集成电路和共模抑制技术替代了以往的电子管放大器，并改用磁带记录器来记录脑电信号，进一步缩小了脑电图机的体积。20 世纪 80 年代以来，随着超大规模集成电路和微处理技术的迅猛发展，脑电图机进入了一个崭新的制造阶段。从之前的电子管与晶体管的混合式到全晶体管化，同时脑电图机不仅能用来记录脑电数据，还可记录其他生理信号，如眼电、心电、呼吸等。

随着记录与分析方法的不断发展，动态脑电图仪（active EEG，AEEG）问世（图 6-6）。传统 EEG 因记录时间不够长，导致其在临床应用中受到限制，一般只用于对癫痫的诊断。而 AEEG 的出现实现了对脑电信号的长时间即时记录并回放（超过 24 小时），同时可动态显示脑电的变化规律，能用于手术过程中的脑电监护和重症加强护理病房（intensive care unit，ICU）监护。大量证据说明，AEEG 技术是一种成熟且有效的诊断方法。除此之外，还有无纸张脑电图机、便携式脑电图仪等多种新型脑电图机陆续诞生。

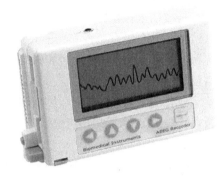

图 6-6　动态脑电图仪

2. 脑电图检测设备

传统脑电图机的原理结构如图 6-7 所示。

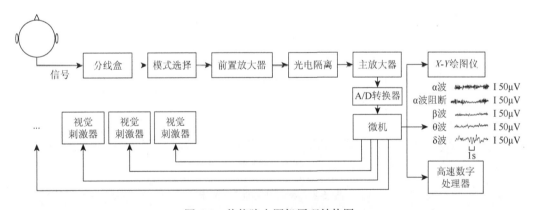

图 6-7　传统脑电图机原理结构图

下面从电极、放大器和主要参数几个方面简单介绍脑电图机。

1）脑电电极

脑电的记录通常包括三个电极：一个接地电极和两个记录电极。脑电电极多由不同的金属或者金属盐制成，电极材料的选择对信号记录的质量影响很大。最常见的脑电电极是金和锡电极或 Ag 和 AgCl 电极。金和锡电极具有良好的频率响应，而 Ag 和 AgCl 电极则更适合记录频率介于 0.1～100Hz 的脑电信号。为了减小较大的补偿电位，所有的电极都应连接至由同种材料制成的放大器。

脑电电极可以分为被动电极和主动电极两类。被动电极由简单的金属盘组成，通过导线连接到放大器。一个良好的表面电极接口需要经过严格的操作和步骤才能精确地记录脑电信号。其中很重要的一步是清洁甚至摩擦头皮从而达到减小阻抗的目的，同时在电极和头皮表层之间涂抹一些导电胶体，进一步改善电极的导电性，最终实现电流从表层传导至传感器，然后连接到放大器。因为脑电信号的幅度很小，所以极易受到线路移动、外界环境的电磁噪声等因素的影响。这也说明维持电路的稳定，缩短线路长度以及进行线路的防护是十分必要的。被动电极的价格并不昂贵，也常用于各种临床脑电研究和记录。

与被动电极相比，主动电极内部包含一个可使增益放大 10 倍的前置放大器，虽然加入这种元件会给系统带入一部分噪声，但降低了电极对外界干扰与噪声的敏感度。多数情况下，主动电极对环境噪声和较高的体表电极阻抗具有更好的适应性和抗扰性，但它同样需要涂抹导电膏进行辅助。

与心电图机不同的是，因电极与皮肤接触电阻的大小会直接影响脑电信号记录质量，所以一般情况下，脑电图机会设有皮肤电阻检测装置，当接触电阻超过 50kΩ 时会提醒用户。

2）脑电放大器

脑电信号具有幅度小、频率低的特点，因此放大器的设计关键是如何从较强的背景噪声中提取真实的脑电信号并放大至符合需求，这就要求放大器必须具有高输入阻抗、高共模抑制比、低噪声。脑电放大器通常包括前置差分放大电路、50Hz 陷波器、高通滤波器、低通滤波器和其他放大电路部分等（单元结构如图 6-8 所示），这也是衡量放大器优劣的重要指标。

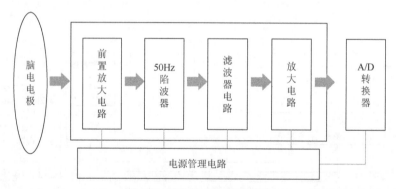

图 6-8　脑电放大器单元结构

3）脑电图机性能参数

脑电图机的参数指标可以反映该机器的性能以及是否受损，这些参数对于利用脑电图机记录并测量正常的脑电信号具有重要意义。下面简单介绍一些常用的脑电图机性能参数的检测方法。

最大灵敏度：是指向脑电图机输入一个固定电压，将各项增益调至最大，观察此时记录笔偏转的幅度，即为脑电图机的最大灵敏度。

时间常数：表示过渡反应的时间过程的常数。在电阻电容电路中，它是电阻和电容的乘积。在脑电图机中，这一指标反映的是该机器的低频滤波性能。

高频滤波：脑电记录中容易混入其他高频干扰和噪声，如肌电信号等，抑制高频噪声，保证采集到信号的较高准确性，对记录脑电信号是十分关键的。

线性：是指脑电图机的输出信号与输入信号之间的线性关系。在实际应用中，这种线性关系会存在一定误差，这种线性误差可表示为

$$\frac{X_1 - X_2}{X_1} \times 100\% \tag{6-3}$$

其中，X_1 是输入固定电压时，理论上记录笔的偏转幅度；X_2 是在该电压下，实际测量出的记录笔偏转幅度。

共模抑制比（common mode rejection ratio，CMRR）：是指差模电压放大倍数与共模电压放大倍数之比。测量时要首先校正灵敏度并固定，然后向放大器输入一定的共模电压，测出其共模输出，最后计算出共模抑制比。

频率响应：是指输入幅度相同、频率不同的信号时，输出信号随频率发生变化的关系。脑电图机的频率响应多取决于放大器和记录器。

3. 脑电信号采集

保证表面电极的安全性和稳定性是记录脑电信号的一项重要指标。目前临床检测和试验中使用较多的是电极帽，它可以更准确、更快捷地确定电极安放位置。商业化的电极帽常采用 10-20 导联安放系统（图 6-9，导联部位、名称见表 6-1，或者其延展系统，如图 6-10 所示）。它是根据国际脑电图学会 1958 年制定的 10-20 系统确定的。每一个电极都记录头皮特定位置的放电情况。10-20 系统的原则是头皮电极点之间的相对距离以 10%与 20%来确定，并采用两条标志线，一条称为矢状线，是从鼻根到枕外隆凸的连线，从前到后分为五个点：F_{pz}、F_z、C_z、P_z、O_z。F_{pz} 之前与 O_z 之后线段长度占全长的 10%，其余各点间距离均占全长的 20%。另一条称为冠状线，是两外耳道之间的连线，从左到右也分为五个点：T_3、C_3、C_z、C_4、T_4。T_3 和 T_4 外侧线段各占全长的 10%，其余各线段占全长的 20%。C_z 是两条线的交汇点，常作为电极帽是否戴正的基准。

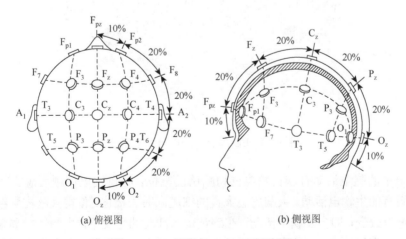

(a) 俯视图　　　　　　　　　　　　　　(b) 侧视图

图 6-9　EEG 测量的 10-20 电极放置法

表 6-1　国际 10-20 脑电极放置系统导联部位、名称、代号

部位	名称	左半球	中线	右半球
前额	frontal pole	F_{p1}		F_{p2}
额	frontal	F_3		F_4
侧额	inferior frontal	F_7		F_8
额中	mid frontal		F_z	
颞	temporal	T_3		T_4
后颞	posterior temporal	T_5		T_6
中央	central	C_3		C_4
顶点	vertex		C_z	
顶	parietal	P_3		P_4
顶中	mid parietal		P_z	
枕	occipital	O_1		O_2
耳	auricular	A_1		A_2
地	ground		G	

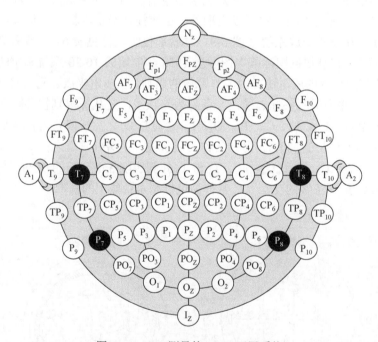

图 6-10　EEG 测量的 10-20 延展系统

　　通常记录的脑电活动有脑自发电位和脑诱发电位。脑自发电位顾名思义就是大脑皮层神经元固有的生物电活动。大脑皮层大量的细胞同时去极化，使得大脑皮层经常有持续的节律性电位改变，即自发脑电活动。在感觉传入冲动的激发下，大脑某一局限区域会产生局限的电位变化，这一电位变化就是诱发电位。利用诱发电位，有助于进行各种感觉投射在大脑皮层的定位研究，也是研究和诊断神经系统疾病的一种手段。临床上也常用记录躯体感觉诱发电位、听觉诱发电位及视觉诱发电位的方法来确定神经系统的损伤部位。

记录到的脑电波根据频率不同可分为四种（图 6-11）：α 波、β 波、θ 波和 δ 波。α 波频率为 8～13Hz，波幅为 20～100μV，通常呈正弦波状，有时呈弧形或锯齿状。一般见于全部头皮导联，但以枕、顶区为主。α 波是成年人处于安静状态时的主要脑电波。其在清醒、安静并闭眼时即出现，睁开眼睛或接受其他刺激时，α 波立即消失而呈现快波，称为 α 波阻断。β 波频率为 14～30Hz，波幅为 5～20μV。它在额部及颞部最明显，往往附加在 α 波上，通常 β 波的出现为大脑皮质兴奋的结果。θ 波频率为 4～8Hz，振幅为 10～50μV，在困倦、意识朦胧、睡梦中一般可见到 θ 波，成人在清醒状态下几乎没有 θ 波。δ 波频率为 0.5～4Hz，振幅为 20～200μV。δ 波在睡眠时出现，或在深部麻醉、缺氧、大脑有器质性病变时可出现。

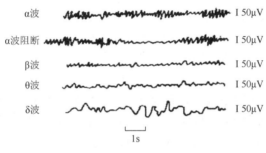

图 6-11　脑电波信号分类

6.2.2　皮层脑电图

1. 概述

在动物将颅骨打开或在患者进行脑外科手术时，直接在皮层表面引导的电位变化称为皮层脑电图（electrocorticogram，ECoG），也称为颅内脑电图（intracranial EEG，IEEG）。从皮层记录脑电图到颅内记录的单一动作电位和局部场电位，这样一个持续入侵到大脑内部的进程中，皮层脑电图代表了一个中间过程：它需要开颅，但是电极并不植入大脑中。利用放置在硬脑膜表面的电极或者将植入颅骨的螺丝作为替代电极，可以从硬脑膜表面记录 ECoG 信号。或者利用直接放置在大脑皮层的电极，ECoG 也可以从硬脑膜底层被记录下来。

由何仪等编写，于 1998 年中国中医药出版社出版的《神经精神病学辞典》一书中对皮层脑电图的描述为：进行动物试验或临床开颅术时，将引导电极置于大脑皮层表面所记录的脑电活动，皮层脑电图与脑电图都反映大脑皮层的自发性脑电活动，所记录的图形基本一致，只是因引导电极部位不同，电位波幅有所不同。

皮层表面的电位变化实质是由细胞体和树突的电位变化形成的。然而，单一神经元的突触后电位变化是不足以引起皮层表面电位改变的，因此引起皮层表面电位改变必须同步触发大量神经元突触后电位。而大量皮层神经元的同步电活动是依赖丘脑的功能完成的，可以说某些自发脑电的形成就是皮层与丘脑非特异投射系统之间的交互作用。同步节律的丘脑非特异投射系统的活动促进了皮层脑电活动的同步化。

ECoG 可以看作将电极放置在大脑皮层描记下来的 EEG，它是脑生理特征的客观反映，可以检验和预测脑的生理变化。采用 ECoG 的记录方法，记录电极与颅骨的位置相对固定，最大限度地减少了电极与记录单元相对运动而造成的信号干扰，克服了 EEG 记录方法的局限性，因此，ECoG 在各类脑的电生理功能活动研究中仍被广泛应用。

2. ECoG 电极

ECoG 电极在用于人体信号测量时一般使用铂金、银或者不锈钢等制成条形或网格形结构，从而形成电极阵列，并将电极阵列嵌入一个薄的柔性硅胶板上。每个电极暴露的测量部分为 2～3mm，电极间距离 5～10mm。ECoG 电极阵列包括很多不同的电极结构供临床应用选择，但是目前还没有一个关于 ECoG 研究的统一标准结构。一些研究团队已经开始研发通用 ECoG 测量电极阵列，将光刻工艺和高可行性及生物相容性的基板，如聚酰亚胺应用到电极制备技术中，电极的植入部分利用铂金等金属材料。这些 ECoG 电极的设计已经在动物身上取得了非常有效的研究成果，但是在人体测量中的应用很少见。

和 EEG 信号测量一样，ECoG 电极的参考电极应当置于电位不受实验条件变化影响的位置。典型的 ECoG 采用单极导联测量方式，信号参考置于皮下组织或者功能静态区。由于 ECoG 信号具有相对较大的幅值并且在头骨内部测量，它对于来自脑外的噪声并不敏感。对于需要进行长期观察和记录的临床应用，如提供长期的慢性疾病刺激，ECoG 的电极享有最高的优先权。首先，相对于 EEG 传感器，ECoG 记录传感器置于接近大脑皮层信号源的位置，即信号保真性能更高。其次，ECoG 信号比 EEG 记录信号有更大的幅值、更高的分辨率和更宽的频带。这些良好的性能都有助于利用 ECoG 进行手术前的诊断。另外，ECoG 电极的使用也推动着相关研究领域的发展。

3. ECoG 信号采集

ECoG 技术基础和 EEG 相似，不同之处在于 ECoG 的电极是直接植入到大脑皮层上的，硬脑膜下的区域。ECoG 检测需要开颅手术，将银丝电极垂直放置在大脑皮质表面，并保证电极圆头与大脑皮层密切接触。植入的银丝电极一般有单双数两组，且为了增强导电效果常以氯化钠溶液浸湿。植入的电极至少要覆盖整个病灶区，病灶周围视需求而定，尽量避免遗漏或残存病灶。植入的银丝电极通常选用 8～10 根，采用单极或双极法记录。单极法记录将活动电极置于大脑皮层；无关电极，也可称为参考电极，设置在耳垂或切口附近皮肤。然而由于受试者移动身体时常易造成参考电极脱落或接触不良，故术中常用双极法记录。双极法记录不使用参考电极，而是通过两个活动电极的差值来进行描记。双极法的最大优点在于排除了参考电极可能引起的误差。ECoG 记录的脑电波波幅一般比 EEG 记录的高 5～10 倍，所以记录时设备灵敏度一定要降低，灵敏度增益调节可从最低挡开始逐渐增大。此外，使用 ECoG 记录大脑活动时不推荐使用高频滤波装置，否则可能会影响到棘波的波形和波幅。若由于干扰太强而必须使用高频滤波装置，那么最好保留一小段原始数据用以对比分析。

正常的 ECoG 波形与 EEG 脑电波形基本一致，但因其直接由皮层导出，故 ECoG 脑电波波幅较高，且不同部位间脑电波的差异比 EEG 明显。ECoG 脑电波波形中，顶区、枕区以 α 波为主，其中以枕区波幅最高；额、颞区以低-高波幅的 17～20Hz 的 β 波为主，有时会存在低-中波幅的 α 波，并混有少量低-中波幅的 θ 波。异常状态如癫痫的 ECoG 脑电波，癫痫病灶部位的波形种类基本上与 EEG 相同，有棘波、尖波、棘慢复合波等，且以原发性棘波痫灶定位最可靠。

4. ECoG 的优势与局限性

ECoG 的信号强度明显比 EEG 更大，其具有更高的空间分辨率——ECoG 的空间分辨率为 0.1cm，而 EEG 的空间分辨率为 5.0cm；更宽的频带——ECoG 带宽为 0～500Hz，而 EEG 带宽只有 0～40Hz；更高的振幅——ECoG 振幅是 50～100μV，而 EEG 振幅只有 10～20μV；更强的抗干扰性——ECoG 不易受到 EMG 信号干扰。同时，ECoG 检测电极仅仅位于硬脑膜下，并不需要刺入大脑皮层，因此其具有很强的持久性，相比单个神经元的记录也更安全可靠。此外，ECoG 还可以记录皮层区域内更大范围的信号，而且需要更低的数字化比率，大幅减少了整个植入式系统需要的能量。最后，基于 ECoG 的适用于长期人体应用的脑机接口（BCI）系统正处于积极的研发当中，目前的工作是提升系统的整体性能，而且已经在动物和瘫痪患者身上进行了多项研究。该系统的成功完成将造福广大严重运动障碍的患者。

然而，ECoG 仍存在一些局限性。以基于 ECoG 的 BCI 研究为例，首先，获取 ECoG 信号会遇到大量的干扰。在刚植入 ECoG 电极阵列、尚未做病灶切除手术前，保留所捕捉的注意力和必要的皮层功能是建立基于 ECoG 的 BCI 系统会遇到的头个巨大困难和局限。同时，由于患者的认知能力、实验参与热情度、临床表现和需求皆有不同，实验安排会受到严重影响。此外，ECoG 的记录通常在病房进行，难免受到各种环境噪声干扰（如无法消除的电磁杂波等）。其次，相比于单神经元记录，ECoG 的空间分辨率较低，约为毫米量级，而单神经元记录的空间分辨率比它高一个量级。因此，从皮层表面得到的 ECoG 很难甚至不能检测个体神经元的发放率。最后，ECoG 记录电极的放置需要植入（手术）的过程。尽管植入 ECoG 和单神经元电极的植入过程像注射药物一样安全，但是，任何侵入式的手术都会比非侵入式的存在更大的风险并且需要更昂贵的费用，这也是其保证有更高性能的原因。此外，对于不需要药物的 BCI 应用，如注视、文字表达和性能提高，对手术植入电极的需求会限制 ECoG 的实际效用。

6.2.3 脑磁图

1. 概述

19 世纪初，丹麦物理学家奥斯特发现了随着时间变化的电流周围会产生磁场，并证明了电流的磁效应。该磁场方向遵循右手法则，即当右手拇指指向电流方向时，其余四指所指的方向为磁场方向，此法则同样适用于生物电电流，其产生的磁场也称为生物磁场。1963 年，美国的 Baule 和 Mcfee 通过 200 万匝的诱导线圈成功检测到心脏产生的磁信号。5 年后，美国麻省理工学院的 Cohen 首次在磁屏蔽室内进行了脑磁图记录，其结合诱导线圈、信号叠加和超导控制技术成功记录到大脑 8～12Hz 的 α 节律电流所产生的磁信号。随着电子技术的发展，1969 年，Zimmermun 与其同事发明了点接触式超导量子干涉装置（super-conducting quantum interfere device，SQUID），使探测磁场的灵敏度大大提高，并记录到了更为准确的心磁图。随后在磁屏蔽室内使用 SQUID 技术测量了脑磁图（magnetoencephalography，MEG）。最早期的 MEG 设备只有 1 个传感器，即单通道生物磁仪，其检测范围极小。随后出现了 4 通道、7 通道、24 通道、37 通道及 64 通道等生物磁仪，然而这些设备仍不能覆盖全脑。为了得到全脑的生物磁信号，必须不断地转动传感器的位置。这样测量起来不仅费时间，而且得不到同步的脑电磁信号。随着科学技术的进步，目前美国 4-D Neuroimaging 公司已经生产出了 148 通道、248 通道生物磁仪，而加拿大 CTF 公司生产出了 275 通道全头型 MEG 设备 OMEGA151，芬兰 Neuromag 公司更是生产出了 306 通道的全头型生物扫描仪。全头型 MEG 设备只需经过一次测量即可采集到全脑的生物电磁信号，而且可与磁共振成像所获得的解剖结构资料进行叠加，形成磁源性影像。总体来说，MEG 将大脑解剖结构和功能信息叠加到一起，准确地反映出大脑功能的实时变化，监测简便安全，对人体无任何副作用及不良影响且敏感性较高，目前已经广泛应用于神经内外科疾病的诊断及实验研究。

2. 脑磁图的基本原理

磁场一般可分成由磁性物质产生的磁场和由电流产生的磁场。生物体内的磁场也可以分为两种，一种由积存在人体内部器官，如肺、胃、肝脏和肠等位置的磁场物质产生；另外一种由体内的生物电活动产生，如神经、心脏、大脑等器官内组织的电活动产生磁场。但是需要注意的是，这些电活动产生的磁场强度非常微弱，且远远低于背景地磁场强度，想要将这样弱的磁场信号识别并记录下来十分困难，必须用特殊的设备才能测知并记录下来。为此，美国学者建立了严密的电磁屏蔽室，在屏蔽室中将受检者的头部贴近超低温冷却的电磁敏感检测探头（内装 SQUID，借助超低温冷却条件下材料的超导效应可超高灵敏度地检测极微弱电磁场的变化）。这样才检测出颅脑极其微弱的脑磁波，再用记录装置把这种脑磁波信号记录下来并绘成脑磁图。

在生物体中，神经冲动由神经元的轴突传导到突触的时候，含有特殊递质的突触囊泡释放到突触间隙，递质与突触后膜的受体相结合，导致突触后膜上的某些离子通道开放，膜电位发生变化，便产生了突触后电位。在单位面积脑皮质中，数千个锥体细胞同时产生神经冲动，从而产生集合电流，电流又生成与其方向正切的脑磁场。该磁场同时与脑表面成正切方向，并能穿透脑组织和颅骨，可在头部表面利用一组排列成阵列的 SQUID 来测量，并将检测到的脑磁图信号数据经过计算机分析和处理，叠加在磁共振成像上，融合构成磁源性影像，以确定脑内磁信号源的精确位置和强度。

3. 脑磁图的检测设备

MEG 设备具有十分可靠的磁场屏蔽系统和极为灵敏的磁场探测系统，其探测系统主要由采集线圈装置以及 SQUID 生物磁检测装置组成。脑磁图仪的装置示意图如图 6-12 所示。

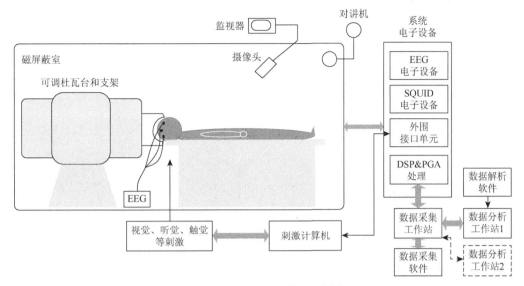

图 6-12　MEG 测试装置示意图

（图片来源：Sternickel K，Braginski A I. 2006. Biomagnetism using SQUIDs：Status and perspectives. Superconductor Science & Technology，19（3）：S160-S171）

　　首先介绍 MEG 设备的基本保障——可靠的磁屏蔽室。脑磁场与周围环境的磁场相比极其微弱，因此必须有十分优良且可靠的磁屏蔽室。当电磁波穿过电磁屏蔽体时会产生吸收损耗和反射损耗，这保证了磁屏蔽室能有效地隔离外界环境磁场的侵入，同时避免室内电磁场干扰外部设备。磁屏蔽室通常由两层 μ 金属板和一层铝板组成，可以同时屏蔽低频和高频噪声引起的干扰。μ 金属主要指高磁导率的金属材料，μ 金属板主要针对恒定磁场和低频磁场产生铁磁屏蔽效果；铝板的作用主要是通过涡流屏蔽来自于室外的大于 10Hz 的高频磁场噪声。然而，单纯的磁屏蔽室往往不能完全满足生物磁测量的要求，主要表现为对高频段（100Hz 以上）磁场噪声屏蔽效果极好，但对于低频磁场只能提供不到 100 的屏蔽衰减因子，即对低频噪声削减不到 100 倍。而且，大脑电磁场信号频率通常为 0.1～100Hz，相对于高频段的磁场，低频段磁场更需要被屏蔽掉，这使得磁屏蔽室的缺陷更加明显。事实上，实际测量过程中磁屏蔽室通常需要和磁场梯度计结合使用。

　　MEG 设备的核心技术是超导量子干涉器件。美国物理学家约瑟夫逊在 1962 年发现了约瑟夫逊隧道效应，并因此获得了 1973 年的诺贝尔物理学奖。SQUID 就是利用约瑟夫逊隧道效应制造的超灵敏电磁信号检测元件。图 6-13 为 SQUID 的工作示意图。由于超导体电阻几乎为零，无电磁阻抗作用，在超导电路中也就不会产生电压降。但是当超导环路中某一部位非常狭窄的时候（图 6-14），超导现象会急剧减弱甚至消失，环路内的超导电流在此处就会产生一定的电压下降现象。因此，当超导环路感受到一个外来磁场变化时（受检样品中有微弱电磁活动），就会在超导环路狭窄部位产生相应大小的脉动电压信号，利用敏感电子设备将这个脉动电压检测并传输出来经放大后便可以测量出样品中的微弱电磁活动。

　　MEG 测量中所用的 SQUID 传感器是由检测线圈及微电路组成的。虽然有磁屏蔽室，但是剩余的磁场以及外界微小的扰动仍然会通过检测线圈进入 SQUID 器件中，从而导致信号失真。设计合适的检测线圈也是 MEG 测量中十分重要的技术环节。图 6-15（a）所

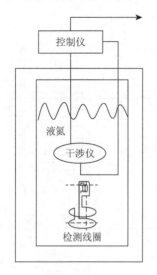

图 6-13　超导量子干涉仪的工作示意图

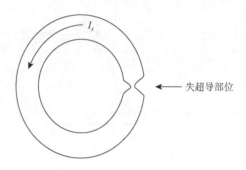

图 6-14　超导环中失超导的情况

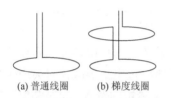

(a) 普通线圈　　(b) 梯度线圈

图 6-15　两种类型的检测线圈示意图

示为普通线圈，其抗干扰性能较差，只能在性能良好的磁屏蔽室内使用。图 6-15（b）是梯度线圈，由绕线方向相反的两组线圈构成，外来干扰磁场（地磁等）通过两个线圈的磁通量相同，但其在两个线圈感应产生的电流方向正好相反、相互抵消，最终输出的干扰电流为零。而受检大脑内微弱电磁活动在检测线圈中感应产生的磁场强度随着其与线圈的距离增大而逐渐减小，因此在靠近线圈部位产生的磁场穿过两个线圈的磁力线不相等，穿过上层线圈的磁力线比较少，穿过下面距离头皮较近的线圈的磁力线相对较多。因此，两个线圈检测的磁场强度之差可以被明确地记录和表示出来。MEG 正是利用了这样的超导线圈与超导环失超导的原理组成的 SQUID，从而将微弱的脑磁场准确、灵敏地记录下来。

4. 脑磁信号采集

MEG 是一种完全无侵袭、无损伤的脑功能检测技术，可广泛用于临床脑疾病诊断和大脑功能的研究开发。MEG 直接测量脑内神经电活动产生的微弱生物电磁场信号，且测量系统本身不会释放对人体有害的射线、能量或机器噪声。在检测过程中，MEG 探测仪不需要固定在患者头部，测量前无须患者做特殊准备，所以准备时间短，检测过程安全、简便，目前未发现对人体有任何副作用。使用 MEG 系统进行脑功能相关测量的步骤大致分成六步。

（1）在人的左耳、右耳以及鼻梁三处设定相应的标记。

（2）在三个标记的地方分别放置维生素 E 胶囊或者其他能够在磁共振图像中可被清楚分辨的物质，以便在磁共振图像中建立坐标系的三个基准点。

（3）常规的脑磁共振成像检测获得大脑组织的解剖结构信息。

（4）在三个标记处分别用小型检测线圈来代替 MR 对比物质，用以在 MEG 图像中建立与 MR 图像中相同的坐标系。

（5）进行 MEG 测量，使用适当软件分析处理采集到的脑磁信号，从而得到准确的大脑内部脑磁信号源空间位置信息。

（6）通过计算机图像处理，将脑内磁信号源空间位置信息直接显示在磁共振解剖结构图像的相应位置处。如此最终组合得到的 MEG 包含了脑结构、脑功能以及脑病理这三者之间在空间上联系的更多直观细节信息。

多通道全头型 MEG 探测仪只需要经过一次测量就可采集到全脑的磁场信号，且具有抵抗外磁场干扰的优势，可同时高速采集整个大脑的瞬态数据。尽管 MEG 存在成本高、仪器和检查费用昂贵等问题，但目前，MEG 已用于思维、情感等高级脑功能的研究中，并广泛应用于神经外科手术前脑功能定位、癫痫灶定位、帕金森综合征和精神病等功能性疾病的外科治疗，以及胎儿神经疾病诊断等临床科学。随着 MEG 的不断完善和发展，其在功能定位和发病机制探讨方面必将发挥越来越重要的作用。

6.3　外周神经系统电信号检测

外周神经系统又称为周围神经系统、周边神经系统、末梢神经系统或边缘神经系统，包括除脑和脊髓之外的所有神经组织，故也是人体神经系统一个大的组成部分。相比于中枢神经系统，外周神经系统没有骨骼和血脑屏障的保护，其主要作用在于将人体全身各器官的神经与中枢神经系统联系起来。通过外周神经系统，脑和脊髓既可以接收全身器官活动的信息，又可以发送各种调节信息到身体各器官。外周神经系统按其联系器官不同，可以分为躯体神经系统和内脏神经系统两大类；按其传导方向不同，又可以分为传入神经和传出神经。传入神经是将感受器的兴奋信号传递给神经中枢，故又称为感觉神经；传出神经是将中枢兴奋传递给效应器，引起躯体的运动或调节内脏器官的活动，故又称为运动神经。外周神经系统遍布于身体的各个部位，对外周神经系统电信号的采集、分析与处理，在基础医学研究、临床诊断、康复工程等方面有着广泛的应用。本节主要介绍外周神经系统中几大类生理电信号检测，包括肌电、心电、眼电、皮电和胃电信号检测。

6.3.1　肌电信号检测

肌电（electromyography，EMG）信号是中枢神经系统支配身体肌肉活动时肌群收缩运动产生的电位变化，是最早被人类发现的生物电现象。EMG 的研究可以追溯到 17 世纪，Galvani 通过对电击死蛙蛙腿运动等实验的研究，证实肌肉运动与电变化密切相关，进而发现了生物电。18 世纪末至 20 世纪初，神经肌肉电现象成为诸多学者研究的对象，并逐渐衍生出众多学说，这为肌电图学的建立与应用、肌电信号检测与分析以及肌电控制假肢在医学、生物学等各个领域的广泛应用奠定了理论基础。20 世纪中期以来，肌电信号检测技术随着电子技术的发展和微机的问世有了很大的提高，加之复杂信号处理与分析技术的提出使得肌电信号得到定量分析与应用。

1. 肌电信号产生的电生理基础

EMG 是众多肌纤维中运动单元动作电位（motor unit action potential，MUAP）在时间和空间上的叠加。其发源于中枢神经系统中脊髓的运动神经元，经神经元胞体轴突伸展到肌纤维处，由终板区与肌纤维耦合。在中枢神经的控制下运动神经元激发电脉冲，神经末梢分支的电脉冲往往很小，如此微小的电流不足以使肌纤维产生相应的兴奋。但是，可通过神经肌肉接头处的终板放大作用（通过释放一些乙酰胆碱（Ach）增加膜对离子的通透性来实现）来促使动作电位沿着肌纤维传播，该电脉冲沿轴突传导到肌纤维后引起肌纤维收缩并产生肌张力，随之产生相应动作。电脉冲传播的同时，在人体软组织中生成电流场，并在检测电极间表现出电位差。

肌电信号的产生机理如图 6-16 所示。

图 6-16　肌电信号产生机理

表面肌电信号（surface electromyographic signal，sEMG）是由肌肉表面记录的神经肌肉生物电信号，是浅层肌肉电信号和神经干上电活动在皮肤表面的综合效应，能在不同程度上反映神经肌肉活动和功能状态。相对于针电极 EMG，sEMG 检测技术是非侵入式的，具有无创伤、安全方便、操作简单等优点。sEMG 在临床医学、人机工效学、康复医学以及体育科学等众多领域均有重要的实用价值。

2. 肌电信号的检测方法与仪器

EMG 的检测方法主要分为两大类。一类是将针电极或线电极等比较细小的电极直接插入肌肉组织内采集信号，这种方法得到的信号也称为插入式肌电信号（indwelling EMG，IEMG）。另一类是将特制的表面电极紧密贴合在皮肤表面采集信号，这种方法得到的信号通常称为表面肌电信号。两种方法对比，IEMG 电极与肌肉纤维直接接触，肌电信号强度高，且 MUAP 相互叠加程度较低，可以容易地识别出不同种类运动单元产生的 MUAP 序列。但 IEMG 检测将电极插入肌肉组织过程中会给测试者带来极大的痛苦。相比而言，sEMG 检测一般只需要将电极贴在皮肤表面，无损伤无痛苦，测试者甚至可以进行跑步等剧烈运动。sEMG 可以满足绝大多数实验的需求，所以下面只对 sEMG 检测作进一步介绍。

常用的 sEMG 检测系统主要分为电极、放大电路、滤波器和 A/D 转换器等单元。可作为 sEMG 信号采集的电极有金属线电极、银-氯化银电极、柔性电极和弹簧探针电极等。放大器选择方面，由于肌电信号源内阻很高，通常选取高增益、高共模抑制比、高输入阻抗的放大器。一般有用的肌电信号频率分布在 0～500Hz，其中主要能量集中在 50～150Hz，适当的滤波电路能提高信号采集效率。由于采样频率不是特别高，所以大多数 A/D 芯片都能够满足要求。

目前用于基础医学研究、临床诊断、康复工程等领域的肌电检测仪器很多，常见的有芬兰 MEGA 公司生产的 ME6000 肌电仪并配套有 MegaWin 信号处理软件。该系列肌电仪放大器带宽 8～500Hz，信号灵敏度为 1μV，采样频率为 1000Hz。瑞士 MYON 的 MYON320 无线表面肌电仪增强了实用性，优化了设计，并提高了信号质量，配有 proEMG 肌电信号处理报告软件。美国 MoitonLabs 公司的 MA-300 型表面肌电仪可提供 6、8、10、16 通道的肌电信号和多达 12 路的扩展信号通道，系统还另外配置了无线传输模块，极大地方便了用户的使用。国内主要有合肥旭宁科技有限公司的 8 通道肌电仪，配有数据分析软件包，仪器分辨率为 12 位，前置放大器增益 2000，共模抑制比大于 100dB。

6.3.2　心电信号检测

心电信号是反映人体生理机能的重要生物电信号，利用心电图机从体表记录心脏周期性生理搏动时心肌细胞放电活动信号变化情况的技术称为心电图（electrocardiogram，ECG）。ECG 是人体心脏电信号的实时反映，具有较直观的规律性，ECG 分析技术也大力促进了医学领域的发展。ECG 在一定程度上反映了心脏活动和功能状态，其对心脏基本功能和病理研究具有重大的参考价值。ECG 在临床上广泛应用于心室心房肥大、心肌梗死、心律失常、心肌缺血等病症的检测。本节主要介绍心电信号的产生机理以及现代临床应用中心电信号的检测方法和仪器。

1. 心电信号产生的电生理基础

ECG 是心脏周期性搏动时组成心脏的所有心肌细胞放电活动的综合反映，ECG 的产生与心肌细胞的去极和复极过程紧密相关。心肌细胞在静息状态时，膜外排列着一定数量带正电荷的阳离子，膜内排列着相同数量的带负电荷的阴离子，膜内电位低于膜外电位，此时的状态称为极化状态，该状态下膜内外电位差称为静息电位。静息电位相对恒定，此时用电流仪表检测描绘的体表电位为平直线，即为体表心电图的等电位线；当心脏搏动时，心肌细胞受到一定强度的刺激，细胞膜对钠、钾、钙、氯等离子的通透性就会发生改变，大量阳离子短时间内涌入膜内，使得膜电位由"内负外正"变为"内正外负"，这个过程称为去极化。对于心脏整体来说，心肌细胞从心内膜向心外膜顺序去极化过程中的电位变化，用电流仪表检测描绘的电位曲线称为去极波，对应体表心电图上心房的 P 波和心室的 QRS 波；心肌细胞去极化完成后，细胞膜又会将大量阳离子排出，使得膜电位由"内正外负"变为"内负外正"，恢复到原来的极化状态，该过程由心外膜向心内膜顺序进行，称为复极化，同样心肌细胞在复极化过程中的电位变化，用电流仪表检测描绘的电位曲线称为复极波，心室的复极波对应体表心电图上的 T 波；整个心脏的心肌细胞全部复极化后，再次恢复到开始的极化状态，膜内外电位回归到静息电位，体表心电图记录到等电位线。以上描述的过程就是心肌细胞的生物电产生过程，即心电信号的产生过程。通常，ECG 记录心电信号的最小时间单位为一个心动周期，即两个 P 波之间的时程。在一个心动周期内，心电信号的表现有 P 波、QRS 波、T 波和 U 波。心脏有规律地收缩和舒张运动，由心肌冲动产生的 ECG 信号通过身体组织传遍全身，使身体各部位出现有规律的电生理活动变化。将测量电极放置在人体表面的特定部位记录心电信号描绘出曲线，就是目前比较常规的 ECG。正常 ECG 一个心动周期的心电信号如图 6-17 所示。

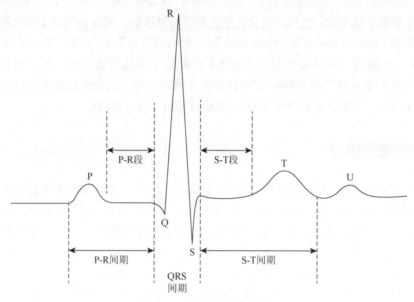

图 6-17　正常心电信号图解

2. 心电信号检测方法与仪器

ECG 检测方法大体上可以分为非接触式和接触式两类。非接触式指信号检测传感器不必与身体接触，其优点在于实施方便，但也存在一些缺点，如人体微小活动可能会对检测系统产生很大干扰使其信噪比变差。而接触式检测能保证检测电极与体表牢靠接触，所得 ECG 稳定可靠。故当今主流的 ECG 检测方法还是采用接触式电极，使之直接与体表接触并通过一定导联方式实施 ECG 检测。在心电图学中有三种基本导联方式：①常规 12 导联系统；②Frank 正交校正导联系统；③心电监测系统（典型的只分析一个或两个导联）。

这里仅以常规 12 导联系统为例介绍心电导联具体连线方式。国际公认的常规 12 导联是指标准导联Ⅰ、Ⅱ、Ⅲ，加压单极肢体导联 aVR、aVL、aVF 和单极胸壁导联 $V_1 \sim V_6$。其中标准导联连线方式为：Ⅰ导联（右上肢连接负极，左上肢连接正极）；Ⅱ导联（右上肢连接负极，左下肢连接正极）；Ⅲ导联（左上肢连接负极，左下肢连接正极）。加压单极肢体导联连线方式为：aVR 导联连接右手腕内侧；aVL 导联连接左手腕内侧；aVF 导联连接左下肢。单极胸壁导联连线方式为：V_1 连接胸骨右缘第 4 肋间；V_2 连接胸骨左缘第 4 肋间；V_3 连接 V_2 与 V_4 连线中点；V_4 连接左锁骨中线第 5 肋间；V_5 连接左腋前线与 V_4 处于同一水平；V_6 连接左腋中线与 V_4 处于同一水平。

在诸多 ECG 检测系统中，除了前级导联连接方式不同，其他大部分组成都相同，皆可按主要模块划分为前置放大、滤波部分、主体放大、抑制干扰、电平抬升等几部分。正常 ECG 信号的频率在 0.05～100Hz 范围内，大部分有用信号主要集中在 0.25～35Hz，幅值在 10μV～4mV 范围内。前置放大电路多选用低输入失调电压、低输入失调漂移的仪表放大器。主放大器主要通过调整反馈系数来调节整个 ECG 采集系统的总增益。电平抬升电路的主要作用在于将采集的原始信号从双极性信号转化为单极性信号，以使得 A/D 转换器可以采集量化。

目前，心电信号检测技术相对比较成熟，市面上应用比较广泛的心电图仪有秦皇岛市康泰医学系统有限公司的 TLC5000 动态心电图仪，主要技术指标：噪声电平≤30μV，共模抑制比≥60dB，采样频率不小于 1000 点/秒。南京飞扬医疗器械有限公司的 ECG-1103B 型数字式三道心电图机，主要技术指标：输入阻抗≥50MΩ，噪声电平≤15μV，共模抑制比≥100dB，时间常数＞3.2 秒。深圳迈瑞公司 MRC-9012 十二道自动分析数字式心电图机，主要技术指标：采集精度 18 位，共模抑制比＞89dB，噪声电平＜15μV，时间常数＞3.2 秒。日本铃谦 1210 心电图机，主要技术指标：时间常数＞3.2 秒，外部输入 10mm/0.5V±5%，输入阻抗≥100kΩ，信号输出 0.5V/1mV±5%，输出阻抗≤100Ω。除了医院用于疾病检测使用的心电图检测仪，现在市场上也有很多便携式心电监护仪，可以随时监测并记录使用者的心电情况，方便检测一些慢性的心脏疾病，使得心脏病诊断与预防变得更加便利。

6.3.3　眼电信号检测

眼睛是人体最重要的感觉器官之一，是接收外界信息的重要通道。由眼球运动产生的微弱生物电信号称为眼电信号，可用贴在眼球周边的电极检测出来。利用眼电信号可以探测到眼球的运动，这种方法可用于那些肢体有运动障碍但眼球仍可以自由活动的患者。通过眼电信号的分析处理可了解眼球的运动状态，帮助这些患者实现与外界的简单信息交互。该方法可行性比较高，相对于其他外周神经电信号，眼电信号具有幅值相对较高、波形便于检测和处理等特点。本节将介绍眼电信号的产生机理以及目前主要使用的眼电信号检测方法与仪器。

1. 眼电信号产生的电生理基础

19 世纪 50 年代研究发现，人的眼球运动与眼睛周围皮肤表面的电势变化存在关系。后来医学研究表明，这一现象发生的原因在于人眼球壁外层角膜和内层视网膜之间存在一个电势差。该电势差的产生是由于角膜部位的新陈代谢率较小，而视网膜部位的新陈代谢率较大，角膜和视网膜新陈代谢速率差异引起的。

人的眼球结构如图 6-18 所示，由于角膜和视网膜新陈代谢速率不同而会产生电势差，其中角膜处于高电位，视网膜处于低电位。在电势差的作用下眼内液体离子由视网膜一侧流向角膜一侧，从而形成一个电场以平衡电势差作用。角膜和视网膜分别处于电场的正极和负极。电场势差大小一般为 0.4～10mV。当眼球运动时，会引起这个电场的空间相位变化，并可用贴在眼球周边的电极检测出来。假如电极贴置于右眼鼻侧和颞侧，当眼球向右转动时，颞侧电极接近于眼球角膜，电极性表现为阳极；鼻侧电极则接近于眼球视网膜，电极性表现为阴极。眼球向左转动时颞侧电极表现为阴极，鼻侧电极表现为阳极。这样，通过检测水平电极上的电位变化可以反映眼球在水平方向的运动变化。同理，如果在

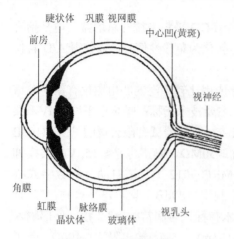

图 6-18 人的眼球结构

眼球上、下部位放置相应的电极，也可以通过检测垂直方向上的电位变化反映眼球在垂直方向的运动变化。这样，当眼球发生运动时，角膜与视网膜两电极之间的电势差会受到影响发生相应改变，这个电势差信号就是眼电信号。将检测所得眼电信号沿时间轴描绘出变化曲线，即称为眼电图（electrooculogram，EOG）。

2. 眼电信号的检测方法与仪器

通常选用 Ag/AgCl 电极贴置在眼球周边检测眼电信号，贴置方式有单极导联和双极导联两种。

目前，专用眼电检测仪器尚少见，眼电检测功能多集成于脑电等其他电生理仪器中。例如，有许多厂商提供的脑电采集系统，通过电极帽的多导联生物电信号采集就可以获得眼电信号。另外，也有一些专业检测眼视觉系统病变的眼电生理仪，可以同时检测视网膜电流图、视觉诱发电位、眼电图等。这类仪器主要有美国 LKC 科技公司的眼电生理仪，用于检查视网膜及视神经系统的生理功能。德国罗兰的眼电生理仪，用于眼科疾病的诊断和鉴别诊断，疾病预后、疗效评价、视觉功能评定、伤残鉴定等方面。国内的广东珠海益瑞科技有限公司、山东科健有限公司生产的眼电生理仪都可以实现眼电信号检测及眼科疾病诊断等。

6.3.4 皮电信号检测

人体的皮肤电阻、电导随皮肤汗腺机能的变化而改变，这些可以被测量到的皮肤电变化称为皮电活动。1879 年，Vigouroux 首先发现皮肤电现象，1890 年 Tarchanoff 发现了人的情感或感觉会诱发出皮肤电（简称皮电）。皮电主要应用于研究皮电活动与人的意向活动、情绪反应和唤醒水平等指标的联系，特别是与影响人心理活动和人体健康有关的情绪反应有直接关系。本节将介绍皮电信号的产生机理及目前主要使用的皮电检测方法与仪器。

1. 皮电信号产生的电生理基础

在人体皮肤不同两点贴上正负电极贴片，然后连接到高灵敏电表上，电表的指针即发生摆动，表现出皮肤电位差。实验发现，人体皮肤电反应信号会随着人的感官系统刺激和情绪变化。当被试受到不同感官刺激或是被试情绪改变时，被试的内分泌系统随之受到刺激，交感神经系统活动变化，血管舒张，皮肤汗腺分泌增加，导致皮肤电导加大；被试情绪稳定后，汗腺分泌逐渐减少，皮肤电导也随之下降。

影响皮肤电反应水平的主要有三个因素：觉醒水平、温度和活动。在觉醒水平方面，人体的手脚皮肤比其他部位在同样环境中更能体现出皮肤电导的变化。正常温度范围内，手掌和脚掌可以较清晰地反映觉醒水平，可通过检测手脚适宜部位的皮电反应进行研究。

温度主要影响身体的温度调节机制，气温升高时，皮肤排汗量增加，皮肤电水平升高；相反，气温降低时，皮肤电水平降低。活动影响方面，当人正在进行某项活动时，皮肤电水平升高，而进入休息状态时，皮肤电水平逐渐降低。

2. 皮电信号的检测方法与仪器

人体的皮电信号幅值范围在 $0.5\mu V \sim 0.2mV$，频率为 $1 \sim 100Hz$，阻抗在 $1k\Omega$ 到几十 $k\Omega$。皮电信号测量一般有恒压与恒流两种方法，恒流法起初比较流行，但实践中发现其测量结果易受皮肤部位汗腺分布疏密和活动情况的影响，使其精确性比恒压法差。现在大部分测量都采用恒压法，普遍采用指头电极检测皮电信号：将指头电极夹在两根手指上，测量皮肤电反应水平。

目前皮肤电测试仪、生理电导仪、多参数生物反馈仪、测谎仪、事件相关电位检测系统等均可用来测量皮肤电。医学研究与诊断和刑侦破案常用的皮电信号检测仪器有：北京中慧天诚科技有限公司生产的 U606 皮肤电测试仪，可以用来检测皮电水平，用以测评情绪、紧张和唤醒水平的强度；美国 Biopac 公司的 16 导生理记录仪可采集记录多种生物电信号（含皮电）；加拿大 Thought 公司的 BioNeuro 多参数生物反馈仪能够反馈包括肌肉紧张度、皮肤表面温度、脑电活动、皮肤导电性、血压和心率、呼吸速率和幅度等多种人体信息参数；加拿大 Limestone 多导心理测试仪配有皮肤电阻、血压、胸部呼吸、腹部呼吸、指压、心率（血容量）、皮温等多种传感器进行生理信号采集和分析。

6.3.5　胃电信号检测

胃病是一种很常见的多发疾病，并且一些临床检测方法，如光纤内窥镜、X 射线钡餐等都易对人体造成一定伤害。因此，许多学者试图以胃电作为生理信号检测指标来研究胃病发生机制和用于临床诊断。1922 年，Alvarez 首次发现将电极放在人的腹壁体表可以检测记录到人体的胃电活动，称为胃电图。20 世纪 50 年代，科学家证实胃部和其他脏器一样，可以通过体表记录到胃电波形。之后，美国、法国、英国等国生理学家和医生都投入到胃电图的研究应用中，收获了很多有关胃电的知识。

1. 胃电信号产生的电生理基础

与神经电生理现象类似，胃平滑肌静息电位也是由于细胞膜内外离子分布不同、通透性不同及离子泵的选择性差异而产生的。在静息状态下细胞膜外存在静息电位，用微电极皆可在纵行细胞内检测到大小不等的去极化波，波幅为 $5 \sim 15\mu V$，持续 $4 \sim 10s$，频率为 3 次/min。这种现象又称基本电节律，即慢波的产生可能与细胞膜上泵的周期性变化有关。当慢波电位超过一定的临界值时，可触发动作电位引起肌肉收缩，因此慢波是平滑肌的起步电位。一般而言，胃大弯上部的纵形肌是基本电节律的兴奋点，纵形肌受刺激后将紧张性扩散到环形肌，使环形肌去极化至阈电位触发动作电位，动作电位引起平滑肌一系列收缩。

至今，已检测到快波和慢波两种胃电信号，其中慢波是胃电的基本节律。胃电快波伴随着胃的收缩变化，进食后表现为稳定而不规律的电活动。胃电快波似乎与外在神经、内在性神经丛和一些激素存在关联，一般研究较少。胃电慢波是胃壁上周期性变化的电活动，人的平均胃电慢波频率为 3 次/分钟。对胃电慢波研究较多，可以通过胃电仪器记录下数据加以分析，其对常见胃病及胃功能疾病诊断有一定的应用价值。

2. 胃电信号的检测方法与仪器

目前胃电采集系统大多是根据心电检测系统衍生而来的，其结构和性能也是参考心电采集的需求而设计的。由于胃电信号有信号微弱、频率缓慢、噪声大的缺点，所以设计时要综合考虑频率、电压、电流的问题。常规胃电信号采集过程是胃电信号经检测电极采集并耦合进入前置放大器，再通过主放大器进一步放大，经滤波网络过滤后进入模数转换器，其输出数据由单片机读取后送到 RAM 中暂存，同时与 PC 进行通信，将外部存储的数据不断送入 PC 中。

如今胃电信号检测技术已经得到越来越广泛的应用，凭借其安全、无痛等优点，为肠胃疾病的检查提供了便利条件。如今市面上应用比较广泛的胃电图仪有弗安企业的智能双导胃肠电图仪（EGEG-2D6）。弗安企业生产的胃肠电多功能微机分析诊断仪可对功能性胃部疾病，如功能性消化不良、胃节律紊乱综合征、肠易激综合征等作出准确判断。上海天呈医流科技股份有限公司生产的智能胃电图仪与上述胃电图仪的原理相近，都是利用表面电极从人体腹壁体表记录胃电活动，作为胃功能活动的客观生物电学指标。根据胃电图参数，如波形平均幅值、平均频率、反应面积主功率比、正常慢波百分比、餐前/餐后功率比等参数的改变对胃病患者作出诊断。随着我国经济的迅速发展，对胃电检查要求越来越高，精准的诊断信息可以帮助医生准确、及时地发现患者症状和病因，促使胃电信号检测技术朝着更高级更智能的方向发展。

6.4　神经系统电信号多模式联合检测

大脑是人类神经系统的"司令部"，包含视觉、听觉、体感、运动等多个功能分区。通过大脑各功能分区神经电信号检测可以逐个了解人体分区功能状态，进而了解人体整个功能状态。然而，其并不能完全呈现人体神经组织活动的全部信息。事实上很多情况下，单独的神经电信号检测技术并不能满足我们的科学实验或临床需求。为了克服单独神经电信号检测技术的局限性，通过几种不同技术的结合，发挥各种技术优势的多模式联合检测正在逐步成为现代神经电信号检测技术领域新的研究热点。

脑电-肌电联合检测技术目前已被应用到运动疲劳、脑卒中康复和人机信息交互等研究中。运动性肌肉疲劳是外周和中枢神经系统机制共同作用引起的，因此在产生运动性肌肉疲劳过程中，主动肌、拮抗肌等肌肉的肌电信号与自发脑电之间必然存在某种交互影响和联系。通过观察对比运动过程中同步记录的肌电信号与脑电信号指标特征，可以研究运动过程中外周肌肉与中枢运动皮层之间的内在联系。脑卒中患者由于肌痉挛和肌萎缩等状况的存在，单靠肌电信号难以提取患者的自主运动意愿信息。虽然利用脑电运动想象信号可以控制电刺激帮助脊髓损伤患者完成某些动作，但是其对不同动作的区分准确率不高。然而很多研究报道，即使是严重的脑卒中患者，在其手部痉挛的情况下脑电-肌电的相干性也是存在的，因此可以利用脑电-肌电的相干性来提取脑卒中患者的自主意识，辅助脑卒中患者进行运动功能康复治疗。多模式人机信息交互装置从人体脑电和肌电信号表现形式的差异出发，通过不同的信号调理电路采集人体脑电和表面肌电微弱信号，以数字信号处理器作为信息处理的核心，经由不同算法分别实现脑电与肌电信号的特征量提取，进而形成差异化的控制指令，最终实现机器人对按钮和操纵杆等设备的相关操作。此外，对于脑电-肌电联合检测设备，为了更好地封装各个单独的脑电或肌电特征量形成的指令，可为装置增加固定词汇的语音识别功能。

脑电-心电联合检测多应用于临床心脑疾病诊断和治疗过程中的监测。单独的脑电和心电可以解释部分患者的病因，但是很多心血管疾病常引起颅内病变和脑循环障碍。如果将两者分开只能得出孤立的结论，对两者的关系无法分析，甚至可能给临床诊断和治疗造成困难。常见的脑电-心电联合检测疾病有新生儿癫痫、脑梗死以及一些由心脑问题导致的晕厥等。新生儿癫痫经常与心脏和呼吸速度有关，这导致新生儿癫痫检测系统的发展大多基于心电图。然而明显的心率变化可能会发出癫痫误诊的消息，最好使用脑电图再作进一步的调查，将心电和脑电联合起来研究新生儿癫痫会有更精准的结果。研究脑梗死时期的心电与脑电信号的变化情况，一般利用多生理参数记录仪同步采集脑梗死前后期的脑电与心电信号，通过对脑电非线性参数的计算来判断脑梗死程度，再对脑电和心电信号进行特征检测和处理，最后对脑电和心电信号特征变化的关联性进行研究。利用这种关联性找到隐藏在两种生理信号背后的机制信息和调控规律，为临床医务人员提供技术支持和诊断参考。脑电-心电联合检测可对青少年晕厥进行诊断，分析脑电图和心电图发现，在晕厥发作时动态脑电和动态心电显示广泛同步慢波化，间歇期正常，而癫痫发作时常出现痫性放电。所以动态脑电-动态心电联合检测对青少年晕厥患者具有很重要的诊断鉴别和治疗参考价值。

神经递质与脑电联合检测可以应用到癫痫的研究中。癫痫发作的临床表现主要由脑内神经元异常放电部位及扩散范围而定，所以发作的主要标志正是脑电的异常变化。神经递质在癫痫的发病机制中有抑制性氨基酸及其受体抑制癫痫的发作，以及局灶性癫痫与拮抗剂荷包牡丹碱致痫的双重作用。应用神经递质和脑电联合检测的方法，可以进一步研究痫性放电过程中脑内神经递质和调节因子的变化，对于阐明癫痫的发病机制、研究药物对癫痫的作用机制都具有非常重要的意义。

MEG 与视频脑电图（video electroencephalography，VEEG）结合可精确定位致痫灶。通过手术方法切除致痫灶已成为解决其药物难治性的有效治疗方法，然而手术成功的关键之一是致痫灶的准确定位。VEEG 可连续记录发作期及发作间期的 EEG，但由于各种组织对电流的传导率不同，电流的方向可能会发生改变，导致定位不准确。MEG 探测的是神经元突触后电位产生的磁场变化，不受头皮、头骨等组织的影响，有很高的时间和空间分辨率，但在进行 MEG 检查时不能随意变换体位，不能进行长时间的检测，很难捕捉发作期放电。所以当两者联合时，能够解决这一系列问题，实现实时和准确的病灶定位。

6.5　本章小结

　　本章较为全面地介绍了各类神经电生理信号的检测技术，从微观的单神经细胞离子通道电信号，到神经细胞集群放电活动，再到宏观的大脑神经电信号；从中枢神经细胞电活动到周围神经细胞电活动；从神经电信号到磁信号均有涉及。微观的单个神经细胞电活动检测主要介绍了检测细胞膜离子通道电活动的膜片钳技术，以及检测神经细胞集群放电活动的微电极阵列技术；宏观大脑神经信号检测主要介绍了 EEG、ECoG 以及 MEG 技术；周围神经电活动检测主要介绍了对周围神经及受其支配的肌群细胞所产生电活动的检测技术，包括肌电信号、心电信号、眼电信号、皮电信号及胃电信号的检测。此外，本章还介绍了多种信号的联合检测技术，包括脑电-肌电联合检测、脑电-心电联合检测等。希望通过学习本章可以使读者对各类神经电生理信号的检测原理、设备和技术有较全面的了解。

思　考　题

1. 人体哪些生物电信号属于神经电生理信号？
2. 简述膜片钳技术检测细胞膜离子通道电生理活动的原理。
3. 膜片钳技术常用的记录模式有哪些？
4. 简述微电极阵列的分类及发展。
5. 简述脑电图机的检测原理。
6. 简述皮层脑电图的主要应用领域及局限性。
7. 简述心电信号产生的生理学基础与检测方法。
8. 简述肌电信号产生的生理学基础与检测方法。

参　考　文　献

曹建斌. 2009. 膜片钳技术的发展及其应用. 运城学院学报, 27(2): 53-55.

陈军. 2001. 膜片钳实验技术. 北京: 科学出版社.

陈鎏, 张海南, 王登科. 2007. 基于 DSP 的心电信号检测系统. 电子测量技术, 30(8): 99-102.

陈卫东, 李昕, 刘俊, 等. 2011. 基于数学形态学的眼电信号识别及其应用. 浙江大学学报(工学版), 45(4): 644-649.

冯毅刚, 王慧. 2002. 脑磁图对致病灶定位的临床应用价值. 临床神经电生理学杂志, 11(4): 198-202.

韩旭东, 王益民, 刘彦强, 等. 2011. 膜片钳技术原理及在中药研究中的应用. 实验室科学, 14(4): 107-109, 112.

何乐生, 倪海燕, 宋爱国. 2006. 一种便携式肌电信号(EMG)提取方法及其电路实现. 电子测量与仪器学报, 20(2): 70-74.

林瑶, 王俊红, 唐一源, 等. 2006. 应用皮电检测新技术探索人体应激时的皮电响应. 现代生物医学进展, 6(10): 64-67.

刘振伟. 2006. 实用膜片钳技术. 北京: 军事医学科学出版社.

沈燕, 史慧妍, 杨沙, 等. 2012. 膜片钳技术在高血压研究中的应用. 中西医结合心脑血管病杂志, 10(1): 87-89.

石密, 于萍, 李新旺. 2008. 皮层脑电图在药物成瘾中的应用. 首都师范大学学报(自然科学版), 29(3): 51-55.

田晶. 2008. 膜片钳技术的应用进展. 吉林医药学院学报, 29(4): 227-229.

王兆云, 吴小培. 2009. 采集眼电图(EOG)的导联方式. 计算机技术与发展, 19(6): 145-147, 151.

杨东升, 刘晓莉, 乔德才. 2012. 大鼠运动性疲劳形成和恢复过程 ECoG 的动态研究. 体育科学, 32(4): 53-59.

张飞. 2010. 基于 ARM 的心电信号检测. 电子测量技术, 33(9): 52-55, 72.

张佑春, 徐涛, 任远林. 2011. 基于 DSP 的心电信号采集存储系统设计. 河南科技学院学报(自然科学版), 39(3): 72-77.

周展鹏, 孔万增, 王奕直, 等. 2014. 基于心电和脑电的驾驶疲劳检测研究. 杭州电子科技大学学报, 34(3): 25-28.

Bosma I, Stam C J, Douw L, et al. 2008. The influence of low-grade glioma on resting state oscillatory brain activity: A magnetoencephalography study. Journal of Neuro-Oncology, 88: 77-85.

de Jongh A, Baayen J C, de Munck J C, et al. 2003. The influence of brain tumor treatment on pathological delta activity in MEG. NeuroImage, 20: 2291-2301.

Dimitriadis G, Fransen A M M, Maris E. 2014. Sensory and cognitive neurophysiology in rats, Part 1: Controlled tactile stimulation and micro-ECoG recordings in freely moving animals. Journal of Neuroscience Methods, 232: 63-73.

Flamary R, Rakotomamonjy A. 2012. Decoding finger movements from ECoG signals using switching linear models. Frontiers in Neuroscience, 6: 9.

Greene B R, Boylan G B, Reilly R B, et al. 2007. Combination of EEG and ECG for improved automatic neonatal seizure detection. Clinical Neurophysiology, 118: 1348-1359.

Gunduz A, Brunner P, Daitch A, et al. 2012. Decoding covert spatial attention using electrocorticographic (ECoG) signals in humans. NeuroImage, 60: 2285-2293.

Inoue T, Fujimura M, Kumabe T, et al. 2004. Combined three-dimensional anisotropy contrast imaging and magnetoencephalography guidance to preserve visual function in a patient with an occipital lobe tumor. Minimally Invasive Neurosurgery, 47: 249-252.

Jannin P, Morandi X, Fleig O J, et al. 2002. Integration of sulcal and functional information for multimodal neuronavigation. Journal of Neurosurgery, 96: 713-723.

Kamada K, Houkin K, Takeuchi F, et al. 2003. Visualization of the eloquent motor system by integration of MEG, functional and anisotropic diffusion-weighted MRI in functional neuronavigation. Surgical Neurology, 59: 352-361.

Kamada K, Todo T, Masutani Y, et al. 2005. Combined use of tractography-integrated functional neuronavigation and direct fiber stimulation. Journal of Neurosurgery, 102: 664-672.

Kiremire B B E, Marwala T. 2008. Nonstationarity detection: The use of the cross correlation integral in ECG and EEG profile analysis. Image and Signal Processing, CISP'08. Congress on. IEEE, 5: 373-378.

Lanfer B, Roer C, Scherg M, et al. 2013. Influence of a silastic ECoG grid on EEG/ECoG based source analysis. Brain Topography, 26: 212-228.

Molleman A. 2003. Patch Clamping: An Introductory Guide to Patch Alamp Electrophysiology. New York: Wiley.

Sternickel K, Braginski A I. 2006. Biomagnetism using SQUIDs: Status and perspectives. Superconductor Science & Technology, 19: S160-S171.

Tronstad C, Gjein G E, Grimnes S, et al. 2008. Electrical measurement of sweat activity. Physiological Measurement, 29: S407-S415.

第7章 神经电信号分析基础

本章的神经电信号主要指大脑中枢神经系统活动所产生的电生理信号。对神经电信号的深入研究是监测人体生理动态、诊断并治疗神经系统疾病的重要途径。由于神经电信号的特殊性，对其分析处理亦需根据信号特征选取合适的方法，以提高其信噪比，进而获得其因果性、溯源信息等。也可以根据不同应用目的选取相应分析手段来提取神经电信号的时域、频域或时频域特征用于分类识别或统计分析。

7.1 神经电信号

按照大脑中枢神经系统电生理活动的产生机制，可以将神经电信号分为自发脑电、诱发脑电（事件相关电位和稳态诱发电位等）、诱发节律、动作电位和局部场电位等。下面对这些神经电信号进行简单的介绍。

7.1.1 自发脑电

对于健康人来说，脑电信号与人体的生理状态（如睡眠或清醒）和年龄等都有关。根据 EEG 的节律不同，可以按其频率由低到高分为 5 种主要的特征波形，依次是 δ 波、θ 波、α 波、β 波和 γ 波。这五种 EEG 节律波分别具有如下特点。

δ 波（频率范围是 0.5～4Hz，幅度为 20～200μV）主要与深度睡眠相关；当人在婴幼儿期、智力发育欠成熟或成年处于深度睡眠、极度疲劳或麻醉状态时，常在额颞叶和顶叶部出现，而正常清醒成人 EEG 中很少见。

θ 波（频率范围是 4～8Hz，幅度为 5～20μV）在人困倦或有睡意、浅睡眠时出现，在颞叶和顶叶较明显，为 10～17 岁青少年的 EEG 中主要成分；θ 波的出现通常会伴随其他频率波段的 EEG 信号，与大脑唤醒水平有关，且多与沉思状态和创作灵感等密切相关。抑郁症等心理精神病患者 EEG 中 θ 波显著。

α 波（频率范围是 8～13Hz，幅度为 20～100μV）在初睡或初醒时出现，此时身体处于放松状态，并有自警觉意识，可见于全部头皮导联，但以枕区、顶区最为明显；α 波是正常人 EEG 中频率较稳定、节律性最明显的基本成分；当人处于清醒、安静闭目时 EEG 中可出现较强 α 波，幅度呈梭形起伏规律性调制变化；当睁眼、思考或受到外部刺激时，α 波便会消失同时出现 γ 快波，称为 α 波阻断；当人再次进入安静闭目状态时，α 波会重新出现，根据这一特性，可实现基于 α 波的多种脑电应用。

β 波（频率范围是 14～30Hz，幅度为 100～150μV）在清醒时出现，此时大脑格外兴奋、全身处于集中注意力、密切关注外部世界或集中精力解决问题的状态，而当人处于精神紧张和情绪激动或惊慌亢奋（如从噩梦中惊醒）状态时，也可能产生明显的 β 波；节律性 β 波主要见于大脑的前额、中央及颞部区域，中央区的 β 波与中央-中颞区的 α 节律相关，并且可由运动或者外部体感刺激产生阻断。

γ 波（频率范围是 30～80Hz）又称为快波，其波幅通常较低且不常出现，但是 γ 波的检测可以用于一些疾病的诊断；另外，γ 波与运动相关的事件相关同步和去同步联系密切，因此，在想象动作电位的分类识别中也可能会用到 γ 波的特征。

7.1.2 诱发电位

诱发电位（evoked potential，EP）通常具有明确的外部物理因子（声、光、电等）刺激和内部感觉通道（视、听、体等）反应，且有较为稳定的潜伏期。EP 根据刺激类型还可分为视觉诱发电位（visual evoked potential，VEP）、听觉诱发电位（auditory evoked potential，AEP）和体感诱发电位（somatosensory evoked potential，SEP）。按照刺激呈现的方式还可以将诱发电位信号分为事件相关电位和稳态诱发电位。

事件相关电位（event-related potential，ERP）与大脑对特定发生事件的处理过程密切相关。它的幅值信息包含在相对幅值较大的背景脑电中，通常需要对特定事件所诱发的信号进行多次叠加平均而得到。叠加平均后的 ERP 由一系列正负电位信号组成，称为事件相关成分。事件相关系列正/负成分将随着刺激事件类型、频率和大脑对刺激事件认知过程的不同而变化。

其中，在事件发生后 150ms 内所得到的事件相关电位通常反映了初级感觉系统对刺激事件的响应。它们的波形、幅值与头皮分布都与刺激事件的类型密切相关。这类成分称为外源性或早期成分，按照电位极性与出现时间可分为 P1、N1 和 P2 成分。而反映大脑对刺激事件的信息处理过程即认知过程有关的成分称为内源性成分或晚期成分，如 N2 和 P3 成分等。

早期（外源性）成分与晚期（内源性）成分都可以由视觉、听觉、体感刺激等事件诱发而得。其中基于 P300（又称为 P3）成分的 BCI 系统在众多关于 ERP 的研究中最为广泛。P300 是在特定刺激发生后所记录的正向电位成分，早期被认为发生在刺激后 300ms 左右，其潜伏期在 250～750ms 范围内变化。小概率目标事件发生后，潜伏期会随着决策时间变化而改变。通常认为在头皮顶叶检测出的 P300 信号强度最大。

稳态诱发电位（steady-state evoked potential，SSEP）的产生过程通常需要受试者接受相应稳定频率的模式刺激，由此形成稳态视觉诱发电位（steady-state visual evoked potential，SSVEP）、稳态听觉诱发电位（steady-state auditory evoked potential，SSAEP）以及稳态体感诱发电位（steady-state somatosensory evoked potential，SSSEP）。

SSVEP 是一种由快速重复的视觉刺激诱发的周期性电位，其频率范围通常高于 6Hz。SSAEP 的诱发方式是通过调制声作为刺激声，由调制频率对载波频率进行调制生成，其反应相位与刺激相位具有稳定关系。SSSEP 为机械振动触觉刺激传递到无毛发的皮肤（如手指）引起的大脑中的正弦电生理反应，它受到空间选择注意的调制。

7.1.3　诱发节律

人体实际的肢体动作或者仅是大脑的想象动作均可引起脑电信号内某些特征频段成分（如 α 波、β 波等）的功率谱强弱变化，其中功率谱比率下降的现象称为事件相关去同步（event related desynchronization，ERD）现象，而功率谱比率上升称为事件相关同步（event related synchronization，ERS）现象。不同肢体部位动作诱发的 ERD/ERS 现象在发生频段上具有明显的差异，如手部动作诱发的 ERD 现象较为显著，多发生于 10～12Hz 和 20～24Hz 频段；而舌部动作的 ERS 现象较为显著，多发生在 10～11Hz，足部动作则多诱发在 7～8Hz 和 20～24Hz 频段的 ERD 现象。另外，不同肢体部位动作诱发的 ERD/ERS 现象具有不同的皮层区域分布，由于人体大脑皮层感觉运动区神经冲动的传导方式具有左右交叉、上下颠倒的特征，所以皮层区域分布表现出对侧占优的特点。例如，当进行左手的想象动作时，右侧皮层初级感觉运动区表现出更强的 ERD 现象。

7.1.4　动作电位

神经元未受到外界刺激时细胞膜两侧稳定的电位差即静息电位。当神经元受到一定强度（超过阈电位）的刺激时，膜电位迅速上升至某一峰值点，而后迅速下降，最终逐渐恢复至静息状态，这个波动过程称为动作电位，它是细胞兴奋的标志。动作电位在传导过程中无衰减，具有"全"或"无"的特性。其原因在于动作电位传导时，实际上是去极化区域的移动和动作电位的逐次产生，每次产生的动作电位幅度都接近于钠离子的平衡电位，故其传导距离与幅度不相关，因此动作电位幅度不会因传导距离的增加而发生变化。

神经纤维的动作电位一般在 0.5～2.0ms 内完成，表现为一个短促而尖锐的脉冲变化，这部分脉冲变化称为峰电位。峰电位下降至最后恢复到静息电位水平前，膜两侧电位还要经历一些微小而较缓慢的波动，称为后电位。峰电位是动作电位的主要组成部分，通常二者的概念可以互换，但动作电位主要指细胞内的电位变化，而峰电位则指细胞外的电位变化。

细胞外检测到的峰电位可以看作细胞内动作电位的衍生信号。动作电位和峰电位的形状都与细胞的一系列特性相关，如细胞外形、细胞大小以及细胞膜上离子通道的分布等。除此之外，峰电位还会受到周围其他神经元放电的干扰，以及记录系统本身可能带来的噪声。从而胞外记录到的神经元峰电位可以看作一个确定性波形与随机噪声的叠加。

后电位又包括一段 5～30ms 的负向后电位（去极化后电位）和一段持续时间更长的正向后电位（超极化后电位）。

7.1.5　局部场电位

局部场电位（local field potential，LFP）通常是指大脑内记录到的细胞外电压信号的低频部分（低于 500Hz），主要反映了记录电极附近神经元集群的突触活动，是记录电极附近神经元兴奋性或者抑制性突触激活后所有跨膜电流的总和,因此可用于大脑局部网络动力学的研究。局部场电位的采集是一种侵入方式,需要将电极植入大脑组织中,可以在麻醉的人脑或动物脑中以及离体培养的完整脑组织或者大脑切片中进行。局部场电位现已广泛应用于包括感觉处理、运动规划以及其他更高级的认知活动,如注意力、记忆和感知等神经网络机制以及侵入式脑-机接口技术研究中。此外,局部场电位在多种中枢神经系统疾病,如阿尔茨海默病、慢性脑缺血、注意力缺陷/多动症等的神经网络机制研究中也有着广泛的应用。

一般认为 LFP 与 EEG 类似,包含 δ(0.5～4Hz)、θ(4～8Hz)、α(8～13Hz)、β(14～30Hz)和 γ(>30Hz)等五个频率带,但是对于不同深度脑区采集到的 LFP 频率划分略有差异。例如,在啮齿类动物海马脑区,LFP 主要分为 θ(4～12Hz)、γ(25～100Hz)和尖波-ripple 节律复合成分(110～250Hz 的 ripple 节律叠加在 0.01～3Hz 的尖波上)三种频率带。

基于局部场电位的产生机制和现有的信号采集方法,目前实验中记录到的 LFP 信号的特点如下。

(1)信号微弱。由于 LFP 是记录电极附近多个神经元放电的总和,故其信号极其微弱,幅值仅在几十微伏到几百微伏之间。

(2)易受噪声干扰。除了 LFP 信号本身比较微弱的原因外,其采集方式也使之易受到噪声干扰。由于植入的电极上部一般会暴露在空气中,所以更容易受到外界复杂电磁环境的干扰。此外,由于电极植入在大脑中,所以当实验中动物因呼吸或其他原因导致头部位置发生偏移时,会对信号采集造成干扰,严重时会导致电极位置发生变化,使采集数据出现误差。

(3)非平稳性强。LFP 和脑电信号一样,都是非平稳信号,自发 LFP 的非平稳性更为明显,进而为后续的数据分析增加了难度。

7.2　神经电信号处理算法基础

7.2.1　叠加平均与自适应滤波

1. 叠加平均

一般来说,我们采集到的神经电信号(如 ERP)的能量弱于背景信号,其幅值量级通常在 1μV～1mV,属于微弱信号,难以直接从强噪声背景中检测提取。由于事件相关电位与事件发生时刻有较好的锁时相关性,所以可以在时域采用叠加平均的方法提高其信噪比后再对其进行检测。

叠加平均是从随机噪声背景中有效地提取锁时性重复出现的有用信号。其原理是:以有用信号重复出现的时刻为起点,将实验记录的原始数据信号分段对准并进行多次叠加平均,背景噪声因其随机性而在平均过程中逐次削弱,有用信号则因其锁时性重复出现而在平均过程中逐次增强,最后突显于削弱的随机噪声背景之上而易于被提取出来。该方法即从受随机噪声严重干扰的原始记录数据中检测出周期性重复出现的有用信号。而信号重复性可以是神经电信号本身的性质，如心电信号；也可以是人为控制产生的周期性，如通过预设实验范式诱发的特定信号响应——EEG 中的诱发电位。

叠加平均利用多次时域坐标对齐叠加再平均的原理，叠加 N 次平均后可获得 $\sqrt{N}$ 倍的信噪比增益。设各次测量所得信号为 $x_i(t)$，其中含有用信号为 $s_i(t)$、背景噪声为 $n_i(t)$，三者关系表述如下

$$x_i(t) = s_i(t) + n_i(t), \quad i = 1, 2, \cdots, N \tag{7-1}$$

设各次测量记录有用信号 $s_i(t)$ 的时间起点皆取施加刺激的瞬间，其经 N 次叠加平均后可获得周期性重复出现的均值有用信号 $s(t)$，而背景噪声是各次独立的非平稳随机过程，即 $\frac{1}{N}\sum_{i=1}^{N} n_i(t) = 0$，经过 N 次叠加平均后

$$\bar{x}(t) = \frac{1}{N}\sum_{i=1}^{N} x_i(t) = s(t) + \frac{1}{N}\sum_{i=1}^{N} n_i(t) = s(t) \tag{7-2}$$

叠加平均后，其均值和方差分别为

$$E\left(\frac{1}{N}\sum_{i=1}^{N} n_i(t)\right) = 0, \quad \mathrm{var}\left(\frac{1}{N}\sum_{i=1}^{N} n_i(t)\right) = \frac{\sigma^2}{N} \tag{7-3}$$

由式（7-3）可知，经 N 次累加平均后，平均响应的功率信噪比可为单次响应功率信噪比的 N 倍。

通常在实际神经电信号处理过程中，采集记录所得电生理信号多数已处理为离散的数字信号。因此，基于叠加平均分析衍生出时域均值数字滤波器，它是典型的线性滤波算法，其原理同上述叠加平均算法基本一致，具体还可细化为加权平均滤波、周期平均滤波和叠加平均滤波等方法。

2. 自适应滤波

由于多数待分析神经电信号是时变的，为了应对时变的工作环境或符合信号自身时变的特征，自适应方法应运而生，其工作原理是在神经信号的处理和分析过程中，根据输入/输出信号特征自动调整处理方法、顺序、参数、边界条件或约束条件，使最终输出信号与原始信号的统计分布特征、结构特征相适应，以取得最佳的处理效果。利用该方法设计的数字滤波器是能够根据输入信号的统计分布结构特征自动调整滤波器性能参数并进行数字信号处理的自适应滤波器。

图 7-1 所示为自适应滤波器系统，设连续信号 $x(t)$ 的离散采样值 $x(n)$ 中含有用信号 $s(n)$，其与数字滤波估计信号 $\hat{s}(n)$ 的差值为误差信号 $e(n)$

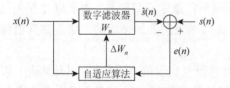

图 7-1　自适应滤波器系统框图

（图片来源：Wolpaw J，Wolpaw E W. 2012. Brain-computer interfaces: Principles and practice. OUP USA）

$$e(n) = \hat{s}(n) - s(n) \tag{7-4}$$

输入离散信号 $x(n)$ 经过数字滤波器后得到估计信号 $\hat{s}(n)$

$$\hat{s}(n) = W_n \cdot x(n) \tag{7-5}$$

其中，W_n 为自适应滤波系数，其按下式进行修正

$$W_{n+1} = W_n + \Delta W_n \tag{7-6}$$

其中，ΔW_n 是滤波器系数的校正因子（由自适应算法根据输入信号与误差信号生成），自适应的过程涉及将代价函数用于确定如何更改滤波器系数从而减小下一次迭代过程成本的算法。代价函数是滤波器最佳性能的判断准则。自适应滤波的优化准则是反复修正滤波系数 W_n，以使滤波所得估计信号 $\hat{s}(n)$ 与有用信号 $s(n)$ 误差 $e(n)$ 的均方根值最小，即自适应滤波过程是一个根据优化准则不断逼近最佳滤波输出目标的过程。基于均方误差最小优化准则的自适应滤波算法称为最小均方误差算法（least mean square，LMS）。其应用前提是对滤波输出目标——有用信号 $s(n)$ 的统计分布结构特征有所了解，而在实际神经电信号处理过程中往往难以满足。为此又提出了自适应滤波的递推（归）最小二乘算法（recursive least square，RLS），它是最小二乘法的一类快速算法。RLS 算法处理过程中无须对输入序列统计特性作出假定，而是由算法决定最优准则问题，其相对于 LMS 自适应横向滤波器具有更好的性能。其他还有由 LMS 和 RLS 算法衍生的各种自适应算法，都是基于某种优化准则推出的相应滤波算法。

7.2.2 傅里叶分析

傅里叶分析（Fourier analysis）又称调和分析，是研究函数傅里叶变换及其性质的重要数学工具，而傅里叶变换（Fourier transform）在信号处理中的典型用途是将时域信号分解成与其频率对应、可反映能量分布的幅值谱。这样将信号的时域特征与其频域特征有机地联系起来，不仅便于深刻理解构成信号函数的内在机制，而且为表达信号特征性质方法提供了最佳选择。例如，一般的时域信号均可表达成一系列不同频率和相位的正弦波叠加的时间序列，但若其各组分波在时域变化规律表现不明显时，则可利用傅里叶分析的方法将其变换到频域进行观察，或许能较容易地发现某些突出的频域变化特征。图 7-2 给出了采用傅里叶分析方法分别模拟时域尖峰脉冲（神经元动作电位）和双极性方脉冲信号的过程。图中最上面一行为这两种脉冲的连续原始信号，第二行表示采用单个正弦信号分别逼近两种脉冲的效果，第三行表示采用 4 个频率间隔均匀的正弦波叠加的逼近结果，最后一行为采用 32 个正弦波叠加逼近效果。可以看到，

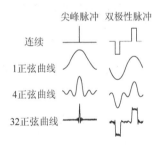

图 7-2 用傅里叶分析法
模拟连续信号

采用更多的正弦波叠加可以更好地模拟原始信号。实际上，任何时域连续信号都可以通过傅里叶分析被精确地表示为一些或无穷多个特定频率、幅值随时间变化的正弦波之和。

如上所述，为了傅里叶分析能准确模拟时域连续信号，需要对傅里叶变换的每个频率正弦波分量相位和幅值进行调整。对任意连续信号 $x(t)$，其傅里叶变换所含每个频率 $\omega(\omega = 2\pi f)$ 分量正弦波的幅值和相位可表示为

$$\begin{aligned} X(\omega) &= \int_{-\infty}^{\infty} x(t)[\cos(\omega t) + j\sin(\omega t)]\mathrm{d}t \\ &= \int_{-\infty}^{\infty} x(t)\cos(\omega t)\mathrm{d}t + j\int_{-\infty}^{\infty} x(t)\sin(\omega t)\mathrm{d}t \\ &= a(\omega) + jb(\omega) \end{aligned} \tag{7-7}$$

其中，每个正弦成分的幅值和相位计算方法如下。

幅值

$$|X(\omega)| = \sqrt{a^2(\omega) + b^2(\omega)} \tag{7-8}$$

相位

$$\theta = \arg(X(\omega)) = \arctan \frac{b(\omega)}{a(\omega)} \tag{7-9}$$

傅里叶正变换描述了信号从时域到频域的表达转换，其频域中幅值和相位皆能以实数值表达，可利用这些数值绘图以更加直观地分析信号的频率成分特征。傅里叶逆变换则利用信号的频域成分幅值和相位信息重构时域中的原始信号，其表达式为

$$x(t) = \int_{-\infty}^{\infty} |X(\omega)| \cos(\omega t + \theta(\omega)) \mathrm{d}\omega \tag{7-10}$$

由于在实际控制系统中能够得到的多是连续时域信号 $x(t)$ 的离散采样值 $x(n)$，即数字信号，所以其傅里叶分析中的傅里叶变换也需相应地采用离散傅里叶变换。最为熟知且常用的算法是快速傅里叶变换（fast Fourier transform，FFT），FFT 是离散傅里叶变换的快速算法。对于被分析信号而言，其每个离散的时域波形成分均以特定频率分量的幅度或功率（振幅的平方）与相位以离散形式在频域表达。FFT 后产生复数值，可以转化为幅值和相位。类似于连续傅里叶变换，离散傅里叶变换也有正变换和反变换形式，分别定义如下。

正离散傅里叶变换

$$X(k) = \sum_{n=0}^{N-1} x(n) \cdot \mathrm{e}^{-\mathrm{i}2\pi kn/N} \tag{7-11}$$

反离散傅里叶变换

$$x(n) = \frac{1}{N} \sum_{n=0}^{N-1} X(k) \cdot \mathrm{e}^{\mathrm{i}2\pi kn/N} \tag{7-12}$$

其中，n 表示 FFT 采样点数；N 表示信号长度。$x(n) \to X(k)$ 的变换是从时域到频域空间的信号变换。

FFT 的频率分辨率定义为 $\dfrac{\text{采样率}}{\text{FFT点数}}$，它可以用来描述数字信号的频谱。设信号样本长度为 N，经过 FFT 后会产生 $\pm \dfrac{\text{采样率}}{2}$ 频率范围内均匀分布的 N 个频率样本，因此，FFT 不会导致信息丢失。真实信号的 FFT 频谱具有对称性，故通常选取范围为 $0 \sim \dfrac{\text{采样率}}{2}$ 的频率区域。为了实现更高的频率采样，可以在 N 个信号点的基础上添加 M 个 0 来扩充频率区间，从而在 $0 \sim \dfrac{\text{采样率}}{2}$ 范围内产生 $\dfrac{M+N}{2}$ 个频率区，也就是所谓的补零的扩充频率区间效用。由于没有在计算中引入额外的信息，所以单纯时域补零不会真正增加频谱的分辨率。

由于信号功率与其幅值平方成正比，FFT 运算后得到的每个区间幅度谱都对应着相应区间信号频率的正弦波幅值，因此在实际应用中，通常会使用功率谱而非幅度谱。如果信号功率有限（$0 < P < \infty$），则称该信号为功率有限信号或功率信号（如阶跃信号、

周期信号等）。功率有限信号的功率谱函数与自相关函数是一个傅里叶变换对。由于随机信号不能用确定的频谱表示，但利用其自相关函数可以估计求得其功率谱，这样就可以用功率谱来描述随机信号的频域特性。一种功率谱的简单估计方法是对 FFT 幅度谱进行平方。若想得到更准确的功率谱估计，可以通过多种改进的周期图法来实现。经典功率谱估计以傅里叶变换为基础，辅以平滑和统计平均方法来估算随机信号的功率谱。其中平滑用以消除在采样时引入的高频成分，而平均则用来消除信号中的随机成分，提取确定性成分。

7.2.3　时频分析

时频分析（time-frequency analysis），又称时频域分析（time-frequency domain analysis），是一种分析时变非平稳信号的处理方法。时频分析提供了信号的时域与频域联合分布信息，可描述信号频率随时间变化的关系。其基本思想是：构造时频联合分布函数，用以描述信号能量（密度）以及相位信息在时频域的分布，即利用这种时频分布可得到特定时刻和特定频率对应的信号功率或者相位关系等特征，并可用于时频滤波与时变信号研究等。

神经电信号作为一种典型的时变非平稳信号，在很多场合都要用到时频分析。以脑电信号为例，时频分析可以用于研究神经振荡（neural oscillations）的具体作用机制，尤其是研究某种认知功能的神经响应过程。另外，以事件相关电位为代表的脑电时域分析仅反映了脑电所包含信息的一部分，而时频分析则为挖掘其余脑电信息提供了补充。

常用于神经信号的时频分析方法有短时傅里叶变换（short-time Fourier transform，STFT）、多窗法（multitapers）、小波（wavelets）分析等。

1. 短时傅里叶变换

短时傅里叶变换是基于傅里叶变换、用以确定时变信号局部时域的正弦波频率与相位的特定变换形式，可在一定程度上克服传统傅里叶变换难以分析信号频域信息随时间变化的不足，同时对信号在时间域上的平稳性要求有所降低，可用于对时变非平稳信号进行时频分析。

对于连续时间信号 $x(t)$，其 STFT 的数学表达式如下

$$\mathrm{STFT}\{x(t)\}(\tau,\omega) \equiv X(\tau,\omega) = \int_{-\infty}^{\infty} x(t)w(t-\tau)\mathrm{e}^{-\mathrm{j}\omega t}\mathrm{d}t \qquad (7\text{-}13)$$

其中，$w(t)$ 为窗函数；τ 为时间窗的中心时刻。

对于离散时间信号 $x(n)$ 有

$$\mathrm{STFT}\{x(n)\}(m,\omega) \equiv X(m,\omega) = \sum_{-\infty}^{\infty} x(n)w(n-m)\mathrm{e}^{-\mathrm{j}\omega n} \qquad (7\text{-}14)$$

其中，$w(n)$ 为窗函数。

短时傅里叶变换的基本思想是：将较长时程且非平稳的时间信号分解为若干长度相等且保持相对"平稳"的短时程信号组合，再分别进行傅里叶变换（图 7-3）。

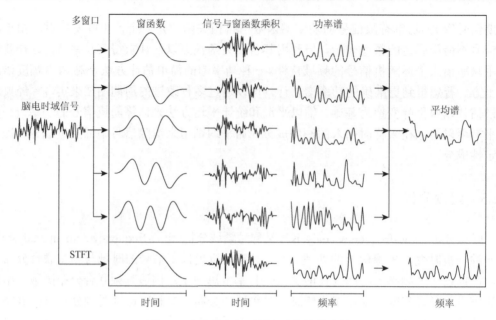

图 7-3　多窗法与短时傅里叶变换的比较

（图片来源：Cohen M X. 2014. Analyzing Neural time Series Data：Theory and Practice. Cambridge：MIT Press）

2. 多窗法

多窗法亦称多窗口法（multitaper method，MTM）或多窗谱分析（multi-taper spectral analysis），可视为短时傅里叶变换的扩展，常用于信噪比较低情况下的信号处理，如脑电信号中高频部分或者单试次脑电的功率谱估计。

图 7-3 是多窗法与短时傅里叶变换的比较，最左侧为原始时间序列数据；第二列是多种窗函数，可以看到多窗法使用多种在时域上略有差异的窗函数，而短时傅里叶变换仅使用一种窗函数（在这里是汉宁窗）；第三列为原始数据与各种窗函数相乘后的时域波形，即多种窗函数处理结果，可以看到 STFT 处理结果更接近于少数（仅用 1～2 种）窗函数效果；第四列为脑电处理结果的傅里叶变换所得功率谱；第五列将多个功率谱进行平均作为多窗法的最终结果，可以看出，多窗法与短时傅里叶变换处理所得最终功率谱有所不同。

在脑电信号时频分析中，多窗法适用的条件包括：信号噪声较大或试次数目较少，单试次时频分析（特别是 30Hz 以上），高频功率分析（特别是 60Hz 以上）等。

其他用于神经电信号时频分析的方法还有希尔伯特-黄变换、自回归模型等，但相对应用较少，因篇幅所限，这里不作介绍。

3. 小波分析

小波或小波变换（wavelet transform，WT）是由法国工程师 Morlet 于 1974 年提出的一种信号变换分析方法，在图像处理、信号分析以及工程技术等领域已得到广泛应用。与传统傅里叶变换相比，它克服了窗口大小不随频率变化等缺点，可提供一个随频率改变的时间-频率窗口，能够对信号的时间（空间）频率进行局部化细致分析，即通过伸缩平移运算对信号（函数）逐步进行多尺度细化，达到高频处时间细分和低频处频率细分的效果，最终可聚焦到信号的任意细节。

　　神经信号作为非平稳信号，在大多数情况下，小波分析具有传统傅里叶变换所不具备的优点，即可以呈现非平稳信号频率特征随时间的变化。常用的小波函数有 Haar、Coiflets、Meyer、Morlet 小波等。而小波变换则是信号与小波函数的卷积。

　　一个基本的 Morlet 小波可由正弦函数和高斯函数相乘得到。具体来说，常见的 Morlet 小波为复频域 Morlet 小波（complex morlet wavelet，以下简称 cmw），其表达式为

$$\text{cmw} = A e^{-t^2/(2s^2)} e^{i2\pi ft} \tag{7-15}$$

$$A = \frac{1}{(s\sqrt{\pi})^{1/2}} \tag{7-16}$$

其中，第一个复数部（$A e^{-t^2/(2s^2)}$）为高斯函数，第二个复数部（$e^{i2\pi ft}$）表示正弦函数，s 为标准差，t 为时间，f 为频率，i 为虚数符号。

　　图 7-4 所示为复频域 Morlet 小波的示意图。图中显示了复频域 Morlet 小波函数与高斯函数及正余弦函数的关系。小波变换便是将傅里叶变换所用的无限长三角函数基换成了有限长的会衰减的小波基。

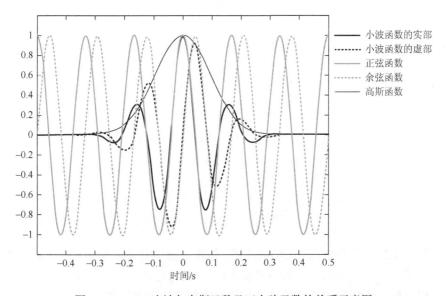

图 7-4　Morlet 小波与高斯函数及正余弦函数的关系示意图

（图片来源：Cohen M X. 2014. Analyzing Neural Time Series Data: Theory and Practice. Cambridge: MIT Press）

7.2.4　相干分析

　　相干性（coherence）源自波动理论中两个波相遇时因其波动参数（频率、波幅、相位

等）存在相关性或相似性及差异性（如相位差异）而产生相互振动增强或削弱作用的干涉现象，反映了两个波彼此之间的关联性。引入信号处理领域的相干性是两个信号在时频域相关性程度的重要表征形式。神经电信号的相干性分析有助于了解中枢神经系统内部或其与外周神经及肌肉各功能单元之间的关联性和因果机制。

以脑电-肌电相干性为例，这方面的研究有助于人们理解大脑如何控制肌肉运动以及各种肌肉运动性疾病的生理病理特征。这也是脑电-肌电相干性分析被广泛应用于探讨人类大脑活动与骨骼肌肉功能性联系的直接原因。

目前相干分析主要有频谱相干和相位相干两种。其中，频谱相干用来评价两个信号在频域的关联程度，以计算相干函数为基础；相位相干则重点关注两个信号变化的同步特性，主要计算其相位差值。

（1）频谱相干：采用相干函数（相干系数）表达两个信号的频域关联性，定义为两个信号互谱的平方与各自自谱乘积的比值。

设有时域信号 $c_1(t)$ 和 $c_2(t)$，表征其频域关联性的相干系数 $\mathrm{Coh}_{c1,c2}(f)$ 按如下方法计算。

首先将两个信号分成等长的 N 段信号，每段信号表示为 $c_{1i}(t)$ 和 $c_{2i}(t)$，其中 $i=1,2,\cdots,N$。再分别计算两个信号的互功率谱 $P_{c1,c2}(f)$ 和自功率谱 $P_{c1}(f)$ 与 $P_{c2}(f)$

$$P_{c1,c2}(f)=\frac{1}{N}\sum_{i=1}^{N}C_{1i}(f)C_{2i}^{*}(f) \tag{7-17}$$

$$P_{c1}(f)=\frac{1}{N}\sum_{i=1}^{N}C_{1i}(f)C_{1i}^{*}(f) \tag{7-18}$$

$$P_{c2}(f)=\frac{1}{N}\sum_{i=1}^{N}C_{2i}(f)C_{2i}^{*}(f) \tag{7-19}$$

其中，$C_{1i}(f)$ 是时域信号 $c_1(t)$ 中第 i 段信号 $c_{1i}(t)$ 的傅里叶变换；$C_{2i}(f)$ 是时域信号 $c_2(t)$ 中第 i 段信号 $c_{2i}(t)$ 的傅里叶变换。则相干系数 $\mathrm{Coh}_{c1,c2}(f)$ 为

$$\mathrm{Coh}_{c1,c2}(f)=\frac{\left|P_{c1,c2}(f)\right|^{2}}{\left|P_{c1}(f)\right|\times\left|P_{c2}(f)\right|} \tag{7-20}$$

由于神经电信号是非平稳的，如前所述，计算其傅里叶变换时必须引入短时傅里叶变换（在传统傅里叶变换基础上加入短时窗函数），再进行相关计算处理。

在时频域的互谱和自谱计算基础上演化出时频域相干系数的计算方法

$$\mathrm{Coh}_{c1,c2}(t,f)=\frac{\left|P_{c1,c2}(t,f)\right|^{2}}{\left|P_{c1}(t,f)\right|\times\left|P_{c2}(t,f)\right|} \tag{7-21}$$

其中，$P_{c1,c2}(t,f)$ 是信号 $c_1(t)$ 和 $c_2(t)$ 在时间 t 和频率 f 处的互谱；$P_{c1}(t,f)$ 和 $P_{c2}(t,f)$ 分别是信号 $c_1(t)$ 和 $c_2(t)$ 在时间 t 和频率 f 处的功率谱。

（2）相位相干：又称为相位同步，采用相位差值表征两个信号变化的同步特性。两个神经电信号的相位相干性通常能反映有关神经元振荡活动或肌肉激活的同步性。文献中常用的相位提取方法主要有 Hilbert 变换和小波变换两种。其中，Hilbert 变换为全频带的处理方法，变换前需先经过窄带滤波，确定关注的频率范围。相位相干按如下方法计算。

对时域信号 $x(t)$ 和 $y(t)$，经过 Hilbert 变换或小波变换后，得到某一频率或频带内信号的相位 $\varphi_x(t)$ 和 $\varphi_y(t)$。两个信号的相位相干 PC 计算公式为

$$PC = \left\langle \exp[i(\varphi_x(t) - \varphi_y(t))] \right\rangle \tag{7-22}$$

其中，算子 $\langle\ \rangle$ 指时间平均。

7.2.5　非线性动力学参数

一般而言，随时间而变化的物理、化学、生命，甚至天体、地质、工程系统都可称为动力（态）系统，若其变化必须用非线性方程（含常微、偏微、代数等方程）描述，则称为非线性动力（态）系统；非线性动力学（nonlinear mechanics）即研究非线性动态系统中各类运动状态定性和定量变化规律，尤其是系统运动模式演化行为的复杂性科学。

对有限维系统而言，非线性动力学主要内容包括混沌、分叉和分形。混沌（chaos）是一种由确定性动力学系统产生、对系统初值极为敏感且有内禀随机性和长期不可预测性的准周期运动，其虽普遍存在于自然界却长期为人们视而不见，混沌的发现为我们提供了观察世界与考虑问题的新视角，对运用更为精确科学的方法研究复杂生命现象有重要启发作用；分叉（bifurcation）指非线性动态系统参数发生变化时引发其平衡状态稳定性发生质变（称为分叉现象），不仅是一种有重要意义的非线性数学现象，而且在自然界中也有多种表现，对复杂生命现象研究有极大帮助；分形（fractals）是没有特征尺度而又具有部分与整体以某种方式自相似性的几何结构，用于描述破碎、不规则的复杂几何形体，进而延伸用于研究世界复杂事物的自相似演化规律与模型。混沌和分形都是复杂现象，但侧重点不同。混沌是动力学概念，说明时间过程的非周期性和随机性，其运动性态难以进行长期预测。分形是几何学概念，说明空间形体的不规则性和破碎性，其几何形态难以用单一的尺度描述。相空间的引入建立了它们之间的联系，主要表现在非线性动力学的混沌吸引子一般是分形。

1. 脑电信号的混沌特性

脑电信号是否为混沌时间序列一直是关于脑电性质讨论的主要话题，通过对脑电信号的多个时域和频域参数以及动力学参数的计算结果来看，脑电信号应该是混沌信号，这一观点也被学术界广泛接受。关于如何证明与识别脑电信号的混沌特性，目前有多种方法，常见的有散点图（scatterplot）、功率谱（power spectrum）、主成分分析（principal component analysis，PCA）、Poincare 截面法（Poincare surface of section）、Lyapunov 指数法（Lyapunov exponents）、局部可变权值神经网络法（local variable weight neural network）、指数衰减法（exponential attenuation method）、频闪法（stroboscope method）和代替数据法（surrogate data method）等多种方法。散点图法将大批因变量随自变量变化的数据点描绘在直角坐标系平面上，以观察分析数据点分布模式并可选择合适的函数对数据点进行拟合以判断两个变量之间是否存在某种内在关联或相互作用机制，是用来识别信号是否具有混沌特性的常见方法。功率谱法利用离散傅里叶变换将信号从时域转换至频域，以便于观察与发现信号的混沌特征；混沌信号的时间序列波形多杂乱无序，难以判断识别，其功率谱却可能呈现出规则性，因而功率谱法也是识别混沌的简便方法。图 7-5 所示为一样本脑电时间序列的散点图与功率谱图。从散点图来看，数据点具有明显的吸引子聚集分布模式，表明纵横两个变量之间存在某种内在关联或准周期的混沌作用；从功率谱图来看，谱曲线无明显单个或几个峰值，而是峰值连成一片，这也说明该脑电信号具有混沌特性。

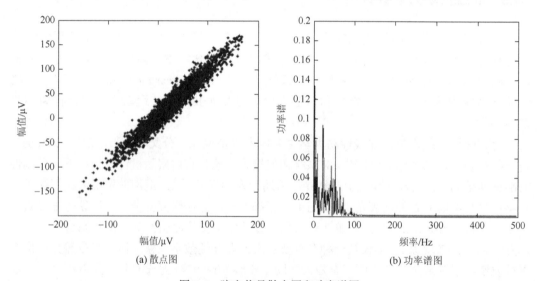

(a) 散点图　　　　　　　　　　　　　　　　(b) 功率谱图

图 7-5　脑电信号散点图和功率谱图

2. 分形维数

将脑电视为混沌信号，主要通过刻画其中诸如分形维数、李雅普诺夫指数等吸引子参数来研究其混沌特性，最常用的是分形维数或分数维值（fractal dimension），简称分维。分维一般都用相关维数（correlation dimension）来表示，它是奇异吸引子自相似和尺度不变特性的不变测度，是用来描述混沌自由度信息的参数。一旦按时间序列建立吸引子，就可以得到包括相关维数在内的所有维数。

原始脑电信号为一维时间序列，在计算其分维时必须首先对其吸引子重构以重现其高维信息。设 $\{x_k \mid k = 1, 2, \cdots, N\}$ 是观测得到的原始一维脑电时间序列，N 为数据长度。根据相空间重构理论，将其嵌入到 m 维欧氏空间 R_m 中可得到点集 J_m（或向量），其元素记作

$$(X_{1+(n-1)J}, X_{1+(n-1)J+L}, \cdots, X_{1+(n-1)J+(m-1)L}) \tag{7-23}$$

其中，$n = 1, 2, \cdots, N_m$，N_m 是重构向量的维数；J 为采样间隔；L 为时间延迟。N_m 值可由下式计算

$$N_m = \left[\frac{(N-1) - (m-1)L}{J} + 1 \right] \tag{7-24}$$

一般情况下取 $J=1$，则有 $N_m = N - (m-1) \cdot L$。从状态空间中 N_m 个点任意选定一个参考点 X_i，则其余 $N_m - 1$ 个点到 X_i 的距离 r_{ij} 定义如下

$$r_{ij} = d(X_i, X_j) = \left[\sum_{k=0}^{m-1} (x_{i+k \cdot L} - x_{j+k \cdot L})^2 \right]^{1/2} \quad i \neq j \tag{7-25}$$

对所有 $X_i = (1, 2, \cdots, N_m)$ 重复上述过程，即得到相关积分函数 $C_m(r)$

$$C_m(r) = \frac{1}{N_m(N_m - 1)} \sum_{i=1}^{N_m} \sum_{j=1}^{N_m} \theta(r - r_{ij}) \tag{7-26}$$

其中，变量 r 的取值范围是 $[(r_{ij})_{\min}, (r_{ij})_{\max}]$，$r$ 可以等间距或不等间距地变化，其取值方法一般有两种，即均匀取值或按对数取值；θ 为 Heaviside 函数，定义如下

$$\theta(x) = \begin{cases} 1, & x > 0 \\ 0, & x \leqslant 0 \end{cases} \tag{7-27}$$

由于 $N_m \gg 1$，故式（7-26）求和前系数可化简为

$$C_m(r) = \frac{1}{N_m^2} \sum_{i=1}^{N_m} \sum_{j=1}^{N_m} \theta(r - r_{ij}) \tag{7-28}$$

对于充分小的 r，有相应的积分逼近公式

$$\ln C_m(r) = \ln C + D(m) \ln R \tag{7-29}$$

因此，得到重构空间 R_m 中子集 J_m 的相关维数 $D(m)$

$$D(m) = \lim_{r \to 0} \frac{\partial \ln C_m(r)}{\partial \ln(r)} \tag{7-30}$$

在实际分形维数计算中可以利用 $\ln C_m(r) \sim \ln(r)$ 曲线通过线性回归来求得。图 7-6 所示为典型 $\ln C_m(r) \sim \ln(r)$ 曲线，其斜率即是相关维数 $D(m)$。求曲线斜率的方法很多，可以先求曲线前后两段的斜率，然后取平均；也近似用前段或后段的斜率作为相关维数；还可以求曲线的拟合斜率。例如，求曲线中段的拟合斜率，计算中需要确定 m、L 的值；对一个混沌时间序列，可以先写出其自相关函数，然后绘出自相关函数关于时间 t 的函数图像。根据数值试验结果，当自相关函数下降到初始值的 $1 \sim 1/e$ 时，该时间 t 即为重构相空间的延迟时间 L。

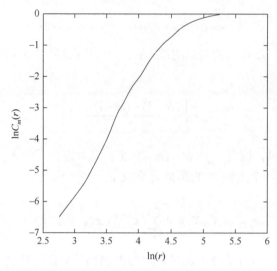

图 7-6　　$\ln C_m(r) \sim \ln(r)$ 曲线示意图

3. 复杂性测度

　　一般而言，事物复杂性可以用描写该事物所需计算机语言的长度来衡量。信号的复杂度（complexity）是一种定量评价信号复杂性的指标，计算过程中主要涉及两个参数的选择：一个是序列的长度，另一个是复杂度的阶次，这两个参数都将影响复杂度的计算结果。与非线性动力学的其他参数相比，信号复杂度的相对算法简单，计算时只需要较少的数据，具有较强的抗干扰能力；计算结果可以直接从信号波形得到解释，对随机性和确定性信号都适合，特别适用于生理信号分析。

　　最初的复杂度定义由 Kolmogorov 于 1965 年提出，表征为能够产生某（0, 1）序列所需最短计算机程序的比特数，后来由 Lempel 和 Ziv 等于 1976 年给出了基于该复杂度定义的具体算法，称为 Kolmogorov 复杂度（KC）或算法复杂度（本书记为 C_k），其大小体现了信号时间序列所含信息量。KC 基本算法是先将原始信号时间序列的各时间点数据值进行（0, 1）字符粗粒化，即以长度为 n 的时间序列均值为参考，时间点数据值大于均值时取 1，小于均值时取 0，重构出新的相同数据长度的（0, 1）字符串序列。

　　复杂度概念认为事物的复杂性可用描写该事物所用最短计算机语言的长度来衡量；可以证明几乎所有（0, 1）字符串序列的复杂度 $C(n)$ 都趋向定值 $b(n)$

$$\lim_{n \to \infty} C(n) = b(n) = \frac{\log_2 n}{n} \tag{7-31}$$

　　因此，可定义复杂度 C_k 为

$$C_k = \frac{C(n)}{b(n)} \tag{7-32}$$

用以描述事物随机性的复杂度。C_k 是一个与序列长度 n 有关的物理量，可以看出完全随机信号序列的 C_k 趋近于 1，而规律性或周期性信号序列的 C_k 趋近于 0，其余信号序列的 C_k 则介于 0 和 1 之间。

在复杂度 C_k 的基础上又可分别定义复杂度 C_1 和复杂度 C_2 来反映事物在相空间运动结构的随机性与限制性复杂度。

复杂度 C_1：设有动力学系统的时间符号（0，1）序列 $\{S_i\}_{i=1}^N$，其 N 足够大，则 n 字节 $(s_1, s_2, \cdots, s_n)$ 的可能排列有 2^n 个；令 $N_s(n)$ 是长度为 n 字节 $(s_1, s_2, \cdots, s_n)$ 在符号序列 $\{S_i\}_{i=1}^N$ 中允许出现的序列数，定义复杂度 C_1 为

$$C_1 = \lim_{n\to\infty}\left(\frac{\log_2 N_s(n)}{n}\right) \tag{7-33}$$

复杂度 C_2：在上述动力学系统的时间符号（0，1）序列 $\{S_i\}_{i=1}^N$ 中，令 $N_{s-1}(n)$ 是长度为 $n-1$ 字节 $(s_1, s_2, \cdots, s_{n-1})$ 在符号（0，1）序列 $\{S_i\}_{i=1}^N$ 中出现，但不出现 n 字节 $(s_1, s_2, \cdots, s_n)$ 的禁止序列数，定义复杂度 C_2 为

$$C_2 = \lim_{n\to\infty}\left(\frac{\log_2 N_{s-1}(n)}{n}\right) \tag{7-34}$$

上述复杂度 C_1 反映了时间序列在相空间运动轨道的随机性结构复杂度；而复杂度 C_2 则反映了时间序列在相空间运动轨道的限制性结构复杂度。脑电信号复杂度分析实践表明：复杂度 C_1 的变化趋势大致与复杂度 C_k 相似，而复杂度 C_2 的变化趋势则与 C_1 和 C_k 有所不同。说明三种复杂度从不同方面刻画了 EEG 信号的变化特点；复杂度 C_1、C_2 的引入可比单独使用 C_k 更为全面地反映 EEG 变化的随机性和结构性。

需要注意的是，将原始信号时间序列数据值进行（0，1）字符粗粒化的过程会丢失原序列中所含部分低幅波信息，使得在计算复杂度时高幅波信息起主要作用，即忽略了其中细微幅值变化信息。为弥补这一缺陷，又引入了高阶复杂度的概念，以使复杂度计算更为准确。其改进方法是通过原序列信号幅度绝对值与该序列均值的差值来重构新的序列。如原序列为 $\{x_i\}$，则重构的新时间序列为

$$y_i = |x_i| - \frac{1}{N}\sum_{j=1}^N x_j, \quad i = 1, 2, \cdots, N \tag{7-35}$$

然后将新序列 y_i 作字符粗粒化，计算所得复杂度称为原序列 $\{x_i\}$ 的二阶复杂度。如此经多次序列重构，即可计算得到原序列的任意高阶复杂度，能更好地突出原始信号中细微变化信息。

总之，复杂度分析的物理意义明确，计算速度较快，是应用非线性动力学探索大脑功能和诊断疾病的有力手段。

7.2.6　因果性分析

因果性分析即为查找与确定引起某种事物或现象发生、发展及变化、消失原因所做的调查研究。本节重点关注大脑神经电生理活动的因果性关系与分析。人脑是自然界最复杂的系统之一，大脑中数以亿万计的神经元相互连接形成了一个高度复杂的脑网络结构。在此复杂的网络中，各个神经元相互作用共同完成大脑的信息处理和认知功能。为此，脑网络中各功能区内外神经元之间必须有不同类型的连接方式，如结构连接、功能连接和因果连接，以发挥不同的连接作用，同时相互合作、共同完成大脑交付的使命。其中结构连接

和功能连接是通过信号之间统计关系建立的一种非定向连接，不能反映两个节点之间的因果关系。故只有专门建立两个网络节点活动之间的因果连接才能够探究其间的因果关系。

从统计的角度来看，两个事件的因果关系需通过事件发生概率大小或其随时间因素分布函数变化关系才能体现出来：在宇宙中所有其他事件的发生情况固定不变的条件下，如果事件 A 的发生与不发生对事件 B 的发生概率有影响，并且这两个事件在时间上有先后顺序（A 前 B 后），则可以说 A 是 B 的原因。而在信号处理分析当中，也可以用预期信号发生概率或预测误差来研究两个信号之间的相互作用及分析其间的因果关系。这类分析方法已被广泛应用于脑电和磁共振成像数据处理当中，用以探索不同脑区之间神经活动的因果性连接与潜在因果关系。

因果性连接一般要通过因果分析方法来建立，最重要的一个因果分析思想即由诺贝尔经济学奖得主 Granger 所提出的格兰杰因果性（Granger causality，GC）思想。格兰杰因果性最初产生于计量经济学，是描述多元变量动态关系的一个有力工具，近年来被应用于神经科学领域。对于两个时间序列 X、Y，若 X 的过去值对 X 的当前值预测所产生的预测误差的方差，大于 X、Y 的过去值对 X 的当前值预测所产生的误差的方差，则认为 Y 对 X 有格兰杰因果影响。

设时间序列 $X = \{x(1), x(2), \cdots, x(N)\}$，$Y = \{y(1), y(2), \cdots, y(N)\}$，$Y$ 的 p 阶自回归（autoregression，AR）模型拟合为

$$y(n) = \sum_{i=1}^{p} c_i y(n-i) + e(n) \tag{7-36}$$

那么 $y(n)$ 的预测误差 $e(n)$ 仅依赖于 $y(n)$ 的过去值。AR 模型的拟合质量可以用预测方差的无偏方差来表示

$$\sum Y \mid Y^- = \frac{1}{N-p} \sum_{n=1}^{N} (e(n))^2 \tag{7-37}$$

格兰杰提出的模型是用双变量 p 阶 AR 模型来拟合 Y

$$y(n) = \sum_{i=1}^{p} c_{1i} y(n-i) + \sum_{i=1}^{p} c_{2i} x(n-i) + \omega(n) \tag{7-38}$$

此时 Y 的预测误差 $\omega(n)$ 取决于 X、Y 两者的过去值。拟合质量为

$$\sum Y \mid X^-, Y^- = \frac{1}{N-p} \sum_{n=1}^{N} (\omega(n))^2 \tag{7-39}$$

格兰杰因果性可以定义为

$$\text{LGC}_{X \to Y} = \ln \frac{\sum Y \mid Y^-}{\sum Y \mid X^-, Y^-} \tag{7-40}$$

$\text{LGC}_{X \to Y} > 0$ 表明 X 有对 Y 的线性因果性，反之，则没有。

偏定向相干（partial directed coherence，PDC）和定向传递函数（directed transfer function，DTF）是在格兰杰因果思想基础上发展而来的一种频域因果分析方法。该方法通过对多通道脑电信号进行多变量自回归模型建立，再将模型参数变换到频域从而得到不同导联信号之间的因果关系。该方法假设多维时间序列的耦合是线性的，实际上大部分生态系统状态

变量之间的耦合是非线性的，这也是频域格兰杰因果分析方法存在的局限性之一。这里以脑电信号为例诠释格兰杰因果思想。假设原始脑电信号是一个 M 通道的矩阵

$$Y(n) = [y_1(n), \cdots, y_M(n)]^T \qquad (7\text{-}41)$$

其中，M 代表导联数目；每个向量代表了对应导联的脑电数据序列。$Y(n)$ 可以用一个多通道的 P 阶 AR 模型来表示

$$Y(n) = \sum_{r=1}^{p} A_r Y(n-r) + E(n) \qquad (7\text{-}42)$$

其中，A_r 是计算出的系数矩阵；$E(n)$ 是当前值与预测值之间的误差。为了在频域表示，将系数矩阵进行傅里叶变换，即

$$A(f) = I - \sum_{r=1}^{p} A_r e^{-i2\pi fr} \qquad (7\text{-}43)$$

其中，I 是一个 M 维的单位矩阵。则从导联 j 到导联 i 的 PDC 值定义为

$$\text{PDC}_{j \to i}(f) = \left| A_{ij}(f) \right| / \sqrt{\sum_{k} \left| A_{kj}(f) \right|^2} \qquad (7\text{-}44)$$

从导联 j 到导联 i 的 DFT 值定义为

$$\text{DFT}_{j \to i}(f) = \left| H_{ij}(f) \right| / \sqrt{\sum_{k} \left| H_{kj}(f) \right|^2} \qquad (7\text{-}45)$$

其中，$\text{PDC}_{j \to i}$ 表示从 j 流向 i 的信息占所有从 j 流出的信息的比值；$\text{DFT}_{j \to i}$ 表示从 j 流向 i 的信息占所有流入 i 的信息的比值。PDC 和 DFT 皆为归一化值，取值在[0, 1]区间，数值越大表明两个通道的连接性越强。

7.2.7 溯源分析

通常检测所得神经电生理信号，如头皮自发脑电或诱发电位皆是大脑皮层中数以亿万计的神经元集群放电活动信息经颅脑内组织容积导电效应向颅外传导并穿过颅骨感应至头皮形成相应电位分布的综合效果。至于头皮检测所得 EEG 或 EP 信号来自皮层深处何方、其神经元放电源头何在，则难以直接判定。因此，产生如何由头皮脑电数据反向推算出其在皮层内部神经元放电活动源头信息的逆问题，此即溯源分析。自然，若确定或设想皮层深处有已知模式的神经元集群放电源，由此也可以推算出其在头皮可能产生的电位分布（头皮脑电数据），是为脑电分析的正问题。

1. 脑电正问题

脑电正问题的求解可大致按以下步骤进行。

（1）确定头模型。头模型的界定包括确定颅脑的几何形状、不同脑组织体结构及其电导率参数和神经电生理活动信号源的分布模式三个主要方面。通常可以使用磁共振成像获得真实头模型或使用标准仿真头模型（如 Colin27、ICBM152），以及更加精确的脑模型（"纽约脑"）。而不同脑组织体结构及其电导率参数和神经电生理信号源分布模式也应依据研究需要选择。

（2）确定信号源。通常将大脑皮层内部神经元集群放电活动源头产生的初级电磁场（如细胞动作电位、局部场电位）效应综合简化建模为单个或多个振荡电偶极子（具有变化的电偶极矩）或环形电流偶极子（可视为两个正交电偶极子的叠加），偶极子指向垂直于皮层表面，偶极子强度取决于其振荡电流或环形电流密度。总之，脑电正问题求解的信号源一般用电流偶极子来表示。

（3）确定电磁场传播过程。由大量细胞构成的生物组织可视为具有复杂电磁性质的容积导体（volume conductor），也有相应的产生与传播电磁场性能；其中电磁场的传播遵循 Maxwell 方程组，通常神经电生理活动情况下脑组织内电磁场传播特性满足准静态 Maxwell 方程。一般而言，生物容积导体中电磁场传播有以下特征：①正常神经电生理活动情况下所产生低强度电磁场传播过程中可以忽略其负面生物效应；②一般情况下可以忽略不计电磁场传播过程中所产生的微弱电感和电容效应，整个容积导体仅呈现阻性；③在头皮和空气的边界处，空气一侧电场的垂直分量可视为 0 值。

根据上述特征，将头部脑组织划分为多个分布均匀容积导体的组合，即可以建立以神经电生理活动所产生电偶极子为源头、描绘其电磁场向头皮外传播的 Maxwell 方程组，进而推导求解出头皮电位分布（脑电）解。

（4）求解。在确定头模型后，脑电正问题可用下列线性公式表示

$$e = Lj + c1 \tag{7-46}$$

其中，e 表示欲求解的脑电信号头皮电位分布；j 是所设定的偶极子源电流密度；L 是求解电偶极子源所产生电磁场传播使用的导程矩阵（leadfield），其包含了头模型及脑内电磁场传播特性参数的所有信息；c 是参考电位；1 为元素全是 1 的单位向量。

这里需对相关符号作一些规定：式（7-48）中 $e \in \mathbb{R}^{N \times 1}$，为 N 个导联在某一时刻的采样点；$j = [j_1^T, j_2^T, \cdots, j_Q^T]^T \in \mathbb{R}^{3Q \times 1}, j_q = [j_q^x, j_q^y, j_q^z]^T \in \mathbb{R}^{3 \times 1}$，$j$ 是总的电流密度，j_q 是三维度单个偶极子电流密度向量（当偶极子方向固定时，j_q 退化为标量），Q 是偶极子的个数；$c1 \in \mathbb{R}^{N \times 1}$，$c$ 为常数，1 为元素全是 1 的单位向量；$L \in \mathbb{R}^{N \times 3Q}$。使估计值 $\hat{j}$ 和实际 j 之间的均方误差最小，可得

$$\min_{j,c} \| e - Lj - c1 \|_2^2 \tag{7-47}$$

当固定 j 求解 c 使上式最小时，可得

$$c = \frac{1^T}{1^T 1}(e - Lj) \tag{7-48}$$

将式（7-48）代入式（7-46），可化简式（7-46）为

$$He = HLj, \quad H = I - \frac{11^T}{1^T 1} \tag{7-49}$$

式（7-49）中的 H 与共平均参考变换相同。由上述分析可知，任何带参考问题在脑电问题求解中均可以变形为对共平均参考的求解，而无须关注实际参考电位的大小，式（7-46）因此可变形为

$$\tilde{e} = \tilde{L}j \tag{7-50}$$

其中，$\tilde{e}$、$\tilde{L}$ 是在共平均参考模式下的脑电和导程矩阵。

2. 脑电逆问题

脑电逆问题是脑电正问题的反算过程，通过测量得到的头皮 EEG 信号（e）对脑内的源信号（j）进行定位，即寻找传递矩阵（transfer matrix）G 使得

$$\hat{j} = Ge \tag{7-51}$$

上述矩阵方程在数学上显然无定解，这不仅因为有诸多脑内电偶极子组合的源信号（j）可产生几乎相同的头皮 EEG 信号（e），而且 e 的改变会导致 j 产生很大的变化。因此，为获得确定解，必须引入先验假设信息以约束求解过程。后面将专门介绍脑电逆问题求解方法。

3. 脑电逆问题求解方法

如前所述，脑电逆问题高度无定解，唯有引入先验约束条件才能获得定解。先验条件的引入通常有正则化方法和贝叶斯概率方法。下面介绍三种基于正则化的脑电逆问题求解方法。出于简便考虑，以下推导均默认偶极子的方向固定，仅其强度可变。

1）最小范数估计

脑电逆问题的经典求解法是 1994 年 Hamalainen 和 Ilmoniemi 提出的最小范数估计（minimum norm estimates，MNE）方法。MNE 采用吉洪诺夫正则化缩小解空间的范围，确定最优 $\hat{j}$，有

$$\min_{j} \| \tilde{e} - \tilde{L}j \|_2^2 + \alpha^2 \| j \|_2^2 \tag{7-52}$$

依据上式求解脑电逆问题的 MNE 方法实际上是采用了所有可能的源信号中，真实的源信号应当具有最小能量的先验假设，其中 α 为预先规定的正则项，是对均方误差和先验假设的平衡。求解式（7-52）可得

$$\hat{j} = (\tilde{L}^T \tilde{L} + \alpha^2 I_Q)^{\dagger} \tilde{L}^T \tilde{e} = \tilde{L}^T (\tilde{L}\tilde{L}^T + \alpha^2 I_N)^{\dagger} \tilde{e} \tag{7-53}$$

其中，$(\cdot)^{\dagger}$ 算子是 Moore-Penrose 伪逆。上述公式显示了 MNE 的两种等价形式。考虑到伪逆数值计算的复杂性，第一种形式适用于 $N \gg Q$ 的情况，第二种形式适用于 $Q \gg N$ 的情况。一般选择第二种形式作为实际使用的表达式。实际计算时，式（7-53）还可以在 $\tilde{L}$ 奇异值分解的基础上继续化简，避免重复计算伪逆。

MNE 的问题在于其对深处源信号的估计能力不足。这是因为较深处的源信号常有较强的电流偶极子，正则化处理倾向于将强偶极子推向表面以减小其能量，如此使其深处源的定位误差较大，因此是一种有误差的估计。

2）加权最小范数估计

加权最小范数估计（weighted minimum norm estimates，WMNE）是为解决 MNE 对深度源信号估计偏差提出的一种改进方法。其在 MNE 的基础上采用如下求解形式

$$\min_{j} \left\| \tilde{e} - \tilde{L}j \right\|_2^2 + \alpha^2 \left\| Wj \right\|_2^2 \tag{7-54}$$

其中，$W \in \mathbb{R}^{Q \times Q}$ 为加权矩阵，式（7-54）的解为

$$\hat{j} = (\tilde{L}^T \tilde{L} + \alpha^2 W^T W)^{\dagger} \tilde{L}^T \tilde{e} \tag{7-55}$$

加权矩阵 W 有不同的表达形式，最简单的是用 $\tilde{L}$ 每一列向量的范数作为相应的对角元素。加权矩阵 W 除了补偿 MNE 给深度源定位带来的偏差外，还暗含了源信号应当具有光滑的空间分布。

3）标准低分辨率脑电磁成像

标准低分辨率脑电磁成像（standardized low resolution brain electromagnetic tomography analysis，sLORETA）是 Pascual-Marqui 在 2002 年提出的零定位误差脑电逆问题解法。sLORETA 考虑了测量噪声（假设为白噪声），并对 MNE 的结果进行了加权。sLORETA 要求实际源信号的协方差矩阵为单位矩阵，即

$$\text{cov}(j) = I_Q, \quad \text{cov}(\tilde{e}_{\text{noise}}) = \alpha^2 I_N \tag{7-56}$$

则测量得到的 $\tilde{e}$ 的协方差矩阵为

$$\text{cov}(\tilde{e}) = \tilde{L}\text{cov}(j)\tilde{L}^T + \text{cov}(\tilde{e}_{\text{noise}}) = \tilde{L}\tilde{L}^T + \alpha^2 I_N \tag{7-57}$$

由此可推得 $\hat{j}$ 的协方差矩阵为

$$\text{cov}(\tilde{e}) = \tilde{L}^T(\tilde{L}\tilde{L}^T + \alpha^2 I_N)^\dagger \tilde{L} = G\tilde{L} \tag{7-58}$$

对 MNE 的求解结果用 $\hat{j}$ 的协方差矩阵加权即可得到 sLORETA 的结果

$$\tilde{\gamma}_q = \hat{j}_q^T([G\tilde{L}]_q)^\dagger \hat{j}_q \tag{7-59}$$

4. 正则化参数的确定

脑电源定位的精度除了受到头模型准确度及不同方法带来的影响外，还受到正则化参数 α 的调控。通常正则化参数的确定有 L-curve 和广义交叉验证两种方法。L-curve 方法是对正则项 $\|Wj\|_2^2$ 和残差项 $\|\tilde{e} - \tilde{L}j\|_2^2$ 作图，选择合适的正则化参数的思路是使这两项都较小。可以证明，得到的图形呈 L 形状，最优的点位于 L 曲线的拐点。广义交叉验证则是每次将 $\tilde{e}$ 移除一个导联 $\tilde{e}_i$，用余下的导联作估计，目的是使 N 次逆问题求解的均方误差和最小。两种方法都可以作为正则化参数的选择方法，实践中两种方法得到的正则化参数值比较接近。

7.2.8 主成分分析

主成分分析（principal component analysis，PCA）旨在考察信号原始数据中众多变量间的相关信息与内部结构，通过多元统计分析方法研究这些变量间的相关性，从中选取一组相互正交（无相关）的主要变量，使之具有最大协方差（这样才能保留原有数据变量所含的绝大部分信息）而舍去其余存在相关性的次要变量，以消除数据中的冗余噪声并使信号降维，简化结构。所选取的该组正交变量称为信号的主成分。

设为研究某一神经工程学课题（如基于多生理参数的情绪识别）需采集人体多种神经电生理信号（如心电、脑电、血压等）数据并拟定 P 个评价参数指标，记为 $X = \{x_i\} = x_1, x_2, \cdots, x_i, \cdots, x_P$，组成一个 P 维随机向量 X。可以预想到这些评价指标并非相互独立而多有相互影响且可能含有冗余信息或受累于噪声难以充分发挥评价作用。为此，还需根据

实验测量数据情况从中筛选出起主要作用的评价指标并重新组成评价体系。假设拟选取 m 个新指标，$F = \{F_j\} = F_1, F_2, \cdots, F_j, \cdots, F_m (m < P)$。新指标优选原则是：指标数尽可能减少，还需能充分反映并保留原指标评价信息，且要相互独立以消除原指标可能含有的冗余信息与噪声干扰，提高评价效率。如何对原指标进行筛选？首先考察原指标的线性组合

$$
\begin{aligned}
F_1 &= a_{11}X_1 + a_{21}X_2 + \cdots + a_{P1}X_P \\
F_2 &= a_{12}X_1 + a_{22}X_2 + \cdots + a_{P2}X_P \\
&\vdots \\
F_P &= a_{1P}X_1 + a_{2P}X_2 + \cdots + a_{PP}X_P
\end{aligned}
\tag{7-60}
$$

根据新指标优选原则，要求满足以下三个条件。

（1）所有新指标系数的平方和为 1，即 $a_{11}^2 + a_{21}^2 + \cdots + a_{P1}^2 = 1$。

（2）新主成分相互独立，无重叠冗余信息，$\mathrm{Cov}(F_i, F_j) = 0, i \neq j; i, j = 1, 2, \cdots, P$。

（3）新主成分的方差依次递减（重要性减弱），即 $\mathrm{Var}(F_1) \geqslant \mathrm{Var}(F_2) \geqslant \cdots \geqslant \mathrm{Var}(F_P)$，$F_1$ 称为新指标的第一主成分，F_2 称为新指标的第二主成分，以此类推。

然后求解出 m 个新评价指标 $F = \{F_j\} = F_1, F_2, \cdots, F_j, \cdots, F_m$，步骤如下。

①将原始观测数据评价指标 $X = \{x_i\} = x_1, x_2, \cdots, x_i, \cdots, x_P$ 列为矩阵形式

$$
X = \begin{bmatrix}
x_{11} & x_{12} & \cdots & x_{1N} \\
x_{21} & x_{22} & \cdots & x_{2N} \\
\vdots & \vdots & & \vdots \\
x_{P1} & x_{P2} & \cdots & x_{PN}
\end{bmatrix}
= \begin{bmatrix}
X_1 \\
X_2 \\
\vdots \\
X_P
\end{bmatrix}
$$

求指标样本的均值 $\bar{X} = (\bar{X}_1, \bar{X}_2, \cdots, \bar{X}_P)'$ 与指标样本的协方差矩阵（covariance matrix，Cov）

$$
C = (C_{ij})_{P \times P} = \begin{bmatrix}
C_{11} & C_{12} & \cdots & C_{1P} \\
C_{21} & C_{22} & \cdots & C_{2P} \\
\vdots & \vdots & & \vdots \\
C_{P1} & C_{P2} & \cdots & C_{PP}
\end{bmatrix}
$$

其中，$C_{ij} = \mathrm{Cov}(\bar{X}_i, \bar{X}_j), i, j = 1, 2, \cdots, P$。

②求解特征方程 $|C - \lambda I| = 0$，其中 I 为单位矩阵，解得 P 个特征根 $\lambda_1, \lambda_2, \cdots, \lambda_k, \cdots, \lambda_P$（$\lambda_1 \geqslant \lambda_2 \geqslant \cdots \geqslant \lambda_k \geqslant \cdots \geqslant \lambda_P$）。

③求特征根 λ_k 所对应的单位特征向量 $\alpha_k (k = 1, 2, \cdots, P)$，解得 $\alpha_k = (\alpha_{1k}, \alpha_{2k}, \cdots, \alpha_{Pk})'$。

④列出新主成分表达式

$$
F_k = a_{1k}(X_1 - \bar{X}_1) + a_{2k}(X_2 - \bar{X}_2) + \cdots + a_{Pk}(X_P - \bar{X}_P)
$$

⑤根据新主成分贡献大小选择前 m 个主要成分构成新的评价体系，选取原则为

$$
\frac{\sum\limits_{i=1}^{m-1} \lambda_i}{\sum\limits_{i=1}^{P} \lambda_i} < 80\% \sim 85\%, \qquad \frac{\sum\limits_{i=1}^{m} \lambda_i}{\sum\limits_{i=1}^{P} \lambda_i} \geqslant 80\% \sim 85\%
$$

至此，即完成了一般的主成分分析。优选所得 m 个主成分不仅数量少而且贡献大，能显著提高评价效率。实际使用时还可视情况适当提高主成分的优选阈值（如 90%～95%），但需兼顾计算量与评价效率。

另一个需要考虑的问题是，通常各种评价参数指标多有不同量纲（如上述心电、脑电与血压量纲不同）。这可能影响主成分筛选时消除冗余信息与噪声干扰的效果及算法的普适性。为此，提出了在筛选主成分之前先将原始数据标准化的预处理方案，即对原始观测数据 $X = (x_i) = x_1, x_2, \cdots, x_i, \cdots, x_P$，令 $E(X_k) = \mu_k$，$\mathrm{Var}(X_k) = \sigma_{kk}$，则标准化变量为 $X_k^* = \dfrac{X_k - \mu_k}{\sqrt{\sigma_{kk}}}$，$k = 1 \sim P$。此后再根据标准化变量按前述②（求出完全相同的协方差矩阵）、③（求相关矩阵特征值和计算累计贡献率及对应特征向量）、④（确定主成分）、⑤（构成新评价体系）步骤进行新指标优选主成分即可。

7.2.9　独立分量分析

独立分量分析（independent component analysis，ICA）是由盲信源分解技术发展而来的多导信号处理方法，将信号分解成若干相互独立的分量并对各分量进行分析。ICA 以原始信号之间的独立性为前提，基于信号高阶统计特性的分析，旨在分离相互混叠的独立信号。在神经电生理信号（如脑电等）处理方面，ICA 一般用于去噪和特征提取。其基本思想是：假设采集的多个通道信号由多个相互独立的信号源共同作用产生，希望经过 ICA 处理后能将分属各个信源的子信号分别提取出来并分离出独立信源，从而可进一步了解信源特征及信号产生机制。通常情况下，单个导联观测数据不能达到这个目的，必须依据同步观测的多导数据。对于湮没在 EEG 背景中，并混有眼动、工频等干扰的 ERP 信号，也有可能利用 ICA 方法将其与各种干扰信源分离并单独提取出来。

设有相互独立的一组源信号 $S = \{s_i(t)\} = [s_1(t), s_2(t), \cdots, s_m(t)]^T$，下标 m 为信源个数，经过线性系统 A 混合在一起，得到观测信号 $X = \{x_i(t)\} = [x_1(t), x_2(t), \cdots, x_n(t)]^T$，下标 n 为观测时间序列的通道数。其中源信号 $\{s_i(t)\}$ 和混合系统 A 都是未知的，只有混合后的信号 $X = \{x_i(t)\}$ 可以观测到。信号的瞬时线性混合模型为 $X = \{x_i(t)\} = AS = A\{s_j(t)\}$。信号分离的目的是在 $S(t)$ 和 A 均未知的情况下，利用一定的算法 W（解混矩阵），使输出 Y 再现 S，即 $Y = \{y_j(t)\} = WX^T = W\{x_i(t)\}^T$。可以证明在 $n \geqslant m$ 的条件下，如果 S 不含一个以上的高斯过程，就有可能通过解混矩阵 W 取得 $Y(t) = WX^T(t)$，使 Y 逼近 S，且 Y 的各分量尽可能独立。因此，采用 ICA 方法可以分解出检测所得混源信号中的各独立成分，以便提取未被混源污染、具有独立信源特性的纯净信号。这对于神经电生理信号检测、获取真正生理意义的神经活动信息尤其重要。ICA 处理过程的实质是优化问题，它主要包括两个方面：优化判据和优化算法。

优化判据即选取适当的目标函数，从不同角度提出衡量各分量独立性的判据。由于最基本的独立性判据应由概率密度函数（probability density function，pdf）导出，而实际条件下 pdf 一般是未知的，估计它比较困难。因此，通常采用变通方法。常用的有两类：①把 pdf 作级数展开，从而把概率估计转化为高阶统计量估算；②在解混矩阵 W 输出端引入非线性环节建立优化判据用来修正 Y，使之逼近 S，实际上也隐含地引入了高阶统计量。目前，有关研究者已从不同角度提出了多种判据。其中以互信息极小（minimization of mutual information，MMI）判据和信息或熵极大判据（informax or maximization of entropy，ME）应用最广。优化算法一般可采用牛顿迭代法、基于神经网络的自适应算法、随机梯度法、自然梯度法等。

经 ICA 分解所得成分的独立性可以通过描述独立性的指标来评估。假设多通道信号为 $y(n)$，其信号成分为 $y_i(n)$，则 $y_i(n)$ 独立所需条件为

$$p_Y(y(n)) = \prod_{i=1}^{m} p_y(y_i(n)), \quad \forall n \tag{7-61}$$

其中，$p_Y(y(n))$ 为联合密度分布；$p_y(y_i(n))$ 为边缘分布；m 为独立成分的数量；n 为离散时间序列的采样点。

7.2.10 模式识别

模式识别（pattern recognition）是指对表征事物或现象的各种形式信息进行处理和分析，以对事物或现象进行描述、辨认、分类和解释的过程，是信息科学和人工智能的重要组成部分。模式识别分为有监督模式识别（supervised pattern recognition）和无监督模式识别（unsupervised pattern recognition）。前者需要一个可用的训练数据集，通过挖掘先验已知信息来设计分类器；后者则不需要已知类别标签的训练数据。二者的主要差别在于，各实验样本所属的类别是否预先已知。在神经工程领域，模式识别主要应用于神经电信号的分类处理，本节将列举在神经电生理信号处理中常用的几种模式识别分类算法。

1. 线性判别分析

线性判别分析（linear discriminant analysis，LDA）是一种线性分类器。其基本思想是：在样本空间中判别分析查找将所有样本投影能使 Fisher 准则函数取最大值的方向，沿此方向投影可达到理想的样本分类效果。如图 7-7 所示，按图 7-7（a）方向投影时两类样本有重叠，不能完全区分；而按图 7-7（b）方向的投影可以完全区分两类样本，显然比图 7-7（a）方向取得了更理想的分类效果。

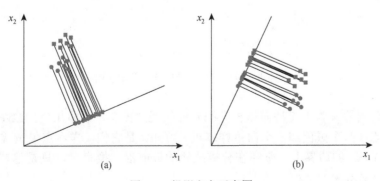

图 7-7 投影方向示意图

Fisher 准则函数同时考虑到两类样本的均值和方差参数，使得投影之后，样本的类间离散度最大，类内离散度最小，从而实现了最有效的分类。Fisher 准则函数如下

$$J(\omega) = \frac{\left| \tilde{\mu}_1 - \tilde{\mu}_2 \right|^2}{\tilde{s}_1^2 + \tilde{s}_2^2} \tag{7-62}$$

其中，$\tilde{\mu}_i$ 表示投影后两类数据的均值；$\tilde{s}_i$ 表示两类的离散度度量；找到 $J(\omega)$ 取最大值时的 ω 即为投影方向。线性判别分析具有操作简单、计算量小且识别效果好等优点，在神经信号的模式识别方面获得了非常广泛的应用。

2. 支持向量机

支持向量机（support vector mechine，SVM）是 20 世纪 90 年代中期发展起来的基于统计学习理论的机器学习方法，通过使分类间距最大化来寻求最优分类面，从而具有更好的泛化能力；SVM 通过寻求结构化风险最小来提高学习泛化能力，实现经验风险和置信范围的最小化，从而达到在统计样本量较少的情况下亦能获得良好的分类效果。

下面介绍有关支持向量机的几个参数概念。以样本线性二分类为例，若样本空间仅为一个平面，则分类器简化为一条直线，如图 7-8 所示，样本平面上分布有●、。两类数据点。设分类器函数为 $f(x) = W^{\mathrm{T}}x + b$，其中，$x$ 为样本数据变量，b 为截距，W 为样本分类权重矩阵。用 Y 表示分类器函数 $f(x)$ 输出分类标签值，则 Y 仅可取 ±1 二值（对应两类 x 数据点），可分别以 $Y = \pm1$ 二值作两条细虚线（对应两类 x 数据点最近邻边界，相当于分类时要求 $f(x) < 0$ 的点归类于 $Y = -1$ 类，而 $f(x) > 0$ 的点归类于 $Y = +1$ 类）；再以 $f(x) = 0$ 作一条直线，即分类器划定的边界线（图中实线对应于 $Y = 0$）。

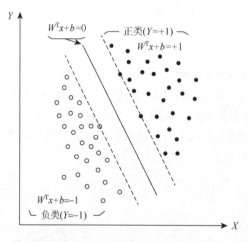

图 7-8　线性二分类最优分类器示意图

那么，为何要称为"支持向量机"呢？仔细观察图 7-8 中那几个少数距分类超平面最近的样本点（两个黑色和一个白色样本点）可知，是它们（样本点矢量 X 的代表）站在 $y(W^{\mathrm{T}}x + b) = \pm1$ 的边界上，坚守在分类战线的最前沿。换言之，只是这些向量机在支撑（support）着分类器工作。

前面已经了解到 SVM 处理线性可分数据的情况，当原始数据为非线性时，SVM 必须选择一个核（kernel）函数将原始数据映射到高维空间使之转化为线性可分样本分布，如图 7-9 所示。这样，在原始低维空间中线性不可分的复杂数据问题转化为高维空间的简单样本线性可分问题。原始数据空间需要复杂结构分类曲面（如图 7-9 所示低维空间中圆或椭圆柱面），则在高维映射空间中简化为超平面（如图 7-9 所示高维空间中直线或平面），从而化解线性不可分难题。这里核函数选择特别关键，借助性能良好的核，既能顺利将数据进行非线性扩展，增强线性分类器能力，使其分类操作更具灵活性和可操作性，又可以节省计算工作量。值得注意的是，核函数选择与 SVM 的分类性能直接相关。常见的核函数有线性核、多项式核、高斯核、拉普拉斯核和 Sigmoid 核等。

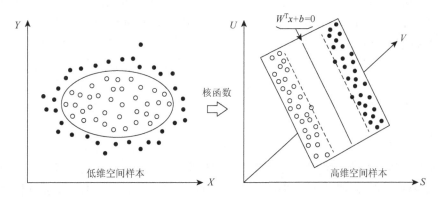

图 7-9　SVM 利用核函数将低维复杂线性不可分样本投影至高维简单线性可分样本空间

前面提到，SVM 通过寻求结构化风险最小来提高学习泛化能力，实现经验风险和置信范围最小化，以达到统计样本量较少情况下亦能获得良好分类的效果。我们知道，SVM 是一种监督式学习的分类器，监督学习有两种策略选择分类模型：经验风险最小化和结构风险最小化（structural risk minimization）。此处需先引入用以评价优化分类模型的风险函数概念：分类模型可用分类器函数 $f(x)$ 及其预测输出 Y 来表示，模型预测的好坏用损失函数 $L(Y,f(x))$ 来度量。常用的损失函数有 0-1 损失函数、平方损失函数、绝对损失函数、对数损失函数等。例如，0-1 损失函数定义为

$$L(Y,f(x)) = \begin{cases} 1, & Y \neq f(x) \\ 0, & Y = f(x) \end{cases}$$

其中，Y 为真实分类值；平方损失函数定义为 $L(Y,f(x)) = (Y - f(x))^2$；绝对损失函数定义为 $L(Y,f(x)) = |Y - f(x)|$。分类模型 $f(x)$ 关于训练数据集的平均损失称为经验风险，定义为

$$R_{\text{emp}}(f) = \frac{1}{N}\sum_{i=1}^{N} L(Y_i, f(x_i)) \tag{7-63}$$

经验风险最小即求解优化问题

$$\min_{f \in F} \frac{1}{N}\sum_{i=1}^{N} L(Y_i, f(x_i))$$

结构风险是在经验风险基础上增加分类模型的正则化项或惩罚项，定义为

$$R_{\mathrm{srm}}(f) = \frac{1}{N}\sum_{i=1}^{N}L(Y_i, f(x_i)) + \lambda J(f) \tag{7-64}$$

其中，$J(f)$ 表征分类模型复杂度（模型 $f(x)$ 越复杂，$J(f)$ 取值越大，即加大惩罚；$\lambda \geqslant 0$ 为调整系数）。

结构化风险最小即求解优化问题

$$\min_{f\in F}\left\{\frac{1}{N}\sum_{i=1}^{N}L(Y_i, f(x_i)) + \lambda J(f)\right\}$$

其中，调整系数 λ 可以权衡模型复杂度和经验风险，防止过度经验拟合，即能在参照已有分类经验的情况下使分类模型结构达到最优，取得最理想的分类结果。支持向量机即在这种监督学习理念下进行数据分类识别。因此，SVM 在样本量较少的情况下仍然可以取得很好的分类结果，SVM 分类器在非线性、小样本和高维识别问题中具有比较明显的优势。在非线性问题中，SVM 也可以通过核函数将原始样本映射到高维空间中，再寻找最优分类面。故支持向量机已成为较普遍使用的数据分类识别工具，深受用户欢迎。但在样本量很大的情况下则要注意可能出现过拟合的问题，效果并非十分理想。

3. 聚类算法

中国有句俗语：物以类聚，人以群分。可见聚类（cluster）是人类日常生活中常用的事物分类识别方法。所谓类即相似模式特征事物的集合。聚类算法则是挖掘分析事物之间的相似模式特征并进行归类判别。聚类是模式识别的一种方式，可分为有监督识别与无监督识别。一般初次聚类时多无先验分类信息，故聚类算法通常采用"无监督学习"方式。

聚类算法的选择取决于数据的类型和聚类的目的。主要的聚类算法分为如下几类：划分方法、层次方法、基于密度的方法、基于网格的方法以及基于模型的方法等。每一类中都存在着应用广泛的典型算法，例如，划分方法中的 K 均值（K-means）聚类算法、层次方法中的凝聚型层次聚类算法、基于模型方法中的神经网络聚类算法等。目前，聚类问题的研究不仅仅局限于上述硬聚类，即每一个数据只能被归为一类，模糊聚类也是聚类分析中研究较为广泛的一个分支，如著名的模糊 C 均值（fuzzy C-means，FCM）算法等。

下面简要介绍 K 均值聚类算法。

K 均值聚类是典型的基于数据空间中样本点间距离均值进行聚类的算法，类似于查找各类样本点的质心（centroid），以其周围样本点至质心的平均距离作为相似聚集特性的评价指标。其算法利用函数求极值建立迭代运算调整规则，依据误差平方和准则作为评判聚类优劣的标准，采用多次反复迭代运算达到最终聚类结果。K 均值聚类过程步骤如下：①初设预计数据集可能聚类数 K 值；②从数据集中随机选择 K 个样本点作为初始聚类质心；③计算数据集中每个样本点到相近初始质心的距离，并依据最小距离重新设置聚类质心；④若新旧质心距离小于预设阈值则表明新聚类结果符合要求，可停止迭代运算；⑤反之，若新旧质心距离大于阈值则继续选择新聚类质心，直至新旧质心距离小于阈值，聚类质心查找结果趋于稳定，可停止迭代，输出聚类结果。图 7-10 为 K 均值聚类算法实际应用示例，由图不难看出数据集的样本点存在三个聚类质心，因而可以分为三类。

　　K 均值聚类算法的优点是简便、快捷，适用于大规模数据集聚类分析且有较高效率；但 K 值与初始聚类质心的人为选定对聚类结果有较大影响，使之难以估计；而多次反复迭代运算的耗时也不利于算法的实际应用。可尝试采用随机选取样本数据的方法来提高算法收敛速度，改善聚类效果。

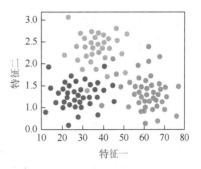

图 7-10　K 均值聚类算法实际应用示例

　　总之，聚类算法具有简单、直观的优点，但分析结果可能难以解读，异常值和特殊变量对聚类结果有较大影响。故聚类分析多用于探索性研究，以便提供多个可能结果，供后续模式分类识别借鉴参考。

4. 人工神经网络

　　人工神经网络（artificial neural network，ANN），也常简称神经网络或类神经网络，是模仿与抽象人脑神经元网络结构及信息处理功能而人工建立的由大量处理单元互连组成的非线性、自适应信息处理系统。如图 7-11 所示，ANN 中网络节点的处理单元分输入（input，接收外部信号与数据）、输出（output，给出处理结果）和隐含（hidden，网络外部不能直接观察）三类，皆可表示不同信息处理对象（如字母、概念、特征或抽象模式）及其输出函数（又称激励函数，activation function）；神经元间以一定加权值（又称权重）相连接反映其连接强度（类似网络记忆信息），而 ANN 通常都是模仿或近似某种算法、函数，也可以表达一种逻辑策略。ANN 本质上是通过人工网络变换和动力学行为在不同程度和层次上获得类似人脑的并行分布式信息

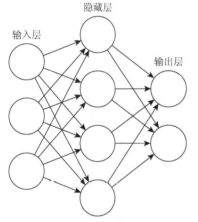

图 7-11　人工神经网络结构示意图

处理功能，其应用领域涉及神经科学、思维科学、人工智能、计算机科学等多个领域的交叉学科。

　　ANN 的首要特长是模式匹配，常用于求解回归和分类问题。它的基本原理是：通过学习来调整单元连接权重，从而预测输入单元数据的正确分类标号。ANN 是机器学习的一个庞大分支，拥有几百种不同的算法。重要的 ANN 算法包括：感知器神经网络（perceptron neural network，PNN）、误差反向传递（back propagation，BP）、Hopfield 网络、自组织映射（self-organizing map，SOM）和学习矢量量化（learning vector quantization，LVQ）等。ANN 的优势还体现在其对噪声数据的高承受能力，以及对毫无先验知识的数据进行模式分类的能力，并可使用并行技术来加快计算过程。其缺点在于需要大量数据进行训练，容易陷入局部最优，可解释性差，以及元参数（metaparameter）与网络拓扑选择困难。

　　ANN 的一个重要分支是深度学习（deep learning），短短几年时间里其在语音识别、图像分类、文本理解等众多领域获得了广泛应用。典型的深层 ANN 含多个隐层构成多层

感知器，具有极优的深度学习能力。深度学习通过组合低层特征形成更为抽象的高层属性类别或特征，以发现数据的分布式特征表现。深度学习之所以被称为"深度"，是相对支持向量机、提升方法（boosting）、最大熵方法等"浅层"学习方法而言的，深度学习所学得的模型中，非线性操作的层级数更多。浅层学习依靠人工经验抽取样本特征，网络模型学习后仅能获得无层次结构的单层特征；而深度学习通过对原始信号进行逐层特征变换，将样本在原空间的特征表示变换到新的特征空间，自动学习获得层次化特征，从而更有利于分类或特征的可视化。在进行预测的时候，使用深度学习要比其他机器学习技术更快更有效，能构建更精确的模型；并且能减少建模所需的时间。但是它仍然存在模型过于复杂、难以解释，并需要大量计算的缺点。

总之，近些年来随着人工神经网络研究工作的不断深入，ANN 与小波分析、混沌、分形理论等新技术进一步融合，已创新发展出诸如小波神经网络、混沌神经网络、分形神经网络等新品种，在模式识别、自动控制、信号处理、辅助决策、人工智能等众多研究领域取得了广泛的成功。目前人工神经网络正向模拟人类认知的道路上更加深入地发展，与模糊系统、遗传算法、进化机制等结合，形成计算智能，成为人工智能的一个重要方向，将为人工神经网络的理论研究开辟新途径并在实际应用中取得新业绩。

7.3　事件相关脑电信号分析

与事件相关的脑电信号主要包括事件相关电位、诱发节律及稳态诱发电位。本节以这些信号为例分别介绍不同事件相关脑电信号常用的分析处理方法。

7.3.1　事件相关电位分析

对事件相关电位的分析主要包括预处理、特征提取与分类识别。其中预处理主要是滤除噪声以提高信噪比；特征提取与分析主要是针对事件相关电位的时域、空域及时频分布特性进行；分类识别主要是对目标刺激与非目标刺激进行分类处理。

1. 预处理

采集所得脑电原始数据频带较宽且容易受到各种噪声的影响，具有幅值低、频率低、噪声干扰强等特点。预处理应利用合适的方法最大限度地消除混入数据的干扰信号，以保证数据具有较高的信噪比，以便更好地分析数据特性、研究大脑响应机制及各种应用。

ERP 信号预处理方法主要包括降采样、数字滤波、ICA 算法（以滤除眼动及其他干扰信号）、基线校正（如以每个单次刺激前 150ms 到刺激开始时刻的数据作为基线数据对每次刺激所对应的脑电数据进行校正）等。

2. 时空分布特性

事件相关电位的各种成分主要由其时域特征和相应的空间域幅值分布所决定。待分析数据是一个具有时空特性的数据阵列 $X^{(k)} \in \mathbb{R}^{M \times T}$，其中 k 是指定刺激呈现序列编号，M 为导联个数，T 为采样点个数。在神经电信号的分类过程中，特征矩阵通常是一维列矩阵。为了实现这一单维特性分类，需要将 $X^{(k)}$ 的所有列转换成 $x \in \mathbb{R}^{M \times T}$。

用 $x_C^{(k)}(t)$ 来表示第 k 个刺激在导联 C、时间点 t 处的头皮电位。由于接下来的分析过程对任何刺激都适用，在这里可先忽略上标 k。假设在特征提取时选定的导联集合 $C = \{c_1, \cdots, c_M\}$，则可用 $x_C(t) = [x_{c_1}(t), \cdots, x_{c_M}(t)]^{\mathrm{T}}$ 来表示时间 t 处选定导联的幅值矩阵。将该次刺激呈现的所有时刻 $t_1, \cdots, t_T$ 的所有幅值矩阵串联起来便能得到该刺激下的时空特征 $X(C) = [x_C(t_1), \cdots, x_C(t_T)]$。

为减小分类计算量，在分类过程中应当尽量减少特征维度。可以将几个特定时间间隔内的特征进行叠加平均，并以均值来代表选取时间段内的特征值，从而可以达到减少特征维度的作用。

选择特定时间间隔时可以是等分时间段（相当于降采样），或者选择包含某些事件相关电位成分的时间段。设定用"$T_1, \cdots, T_I$"来表示 I 个时间段（每个 T_i 各代表一个时间间隔）。给定选择的导联组 C 和时间间隔 $T = \langle T_i \rangle_{i=1,\cdots,I}$，可以定义时空特性为

$$X(C, T) = \left[\mathrm{mean}\langle x_C(t)\rangle_{t \in T_1}, \cdots, \mathrm{mean}\langle x_C(t)\rangle_{t \in T_I} \right] \tag{7-65}$$

如果脑电的分类特征中只有一个时间间隔（$I=1$），那么时空特征就变成了纯粹的空间特征。特征的维度就是导联的个数。一个刺激呈现所得到的特征就是所选特征时间间隔内的平均脑电信号在头皮或者所选导联处的幅值分布。相反，若脑电的分类特征中只选择单一导联（$M=1$），则脑电的时空特征就变成了（在此导联处的）时域特征。这种情况下，该刺激呈现所得到的分类特征便是在给定导联处 $T_1, \cdots, T_I$ 时间段的幅值信息，即表征了波形的特点。

为了讨论事件相关电位的特征分布，可以假设下面这种简单的模型。假设某次刺激呈现所得到的幅值序列 $x^{(k)}(t)$ 是由一个与事件相关的锁相源 $S(t)$（即 ERP）与一个非锁相的噪声信号 $n^{(k)}(t)$ 所组成的（在这里假设为背景脑电）。且假设在给定时间 t 的幅值序列满足高斯分布 $\mathcal{N}(0, \Sigma_n)$

$$x^{(k)}(t) = s(t) + n^{(k)}(t), \quad k = 1, \cdots, K \tag{7-66}$$

在这种假设条件下，t_0 时刻的空间特征服从 $\mathcal{N}(s(t_0), \Sigma_n)$ 的高斯分布。即幅值序列的特征服从高斯分布，均值为锁相的 ERP 信号，而方差为噪声信号的方差。

显然 ERP 本身信号在每个刺激呈现阶段不可能都是一致的。它的幅值和潜伏期等均与很多因素有关，如本次刺激与上一个目标刺激的时间间隔以及被试者注意的状态等。这使得每一刺激呈现都诱发不同的 ERP 信号。由于 ERP 信号受本身这些不确定性因素的影响要远远小于强大的背景脑电所带来的影响，所以我们可以假设 ERP 信号在固定刺激范式下是固定的。

通常可以用可分性矩阵来描述事件相关电位的时空域信号目标刺激与非目标刺激的可分性。可分性矩阵通过对每一对导联及每一时刻的两类数据计算可分性指数。其中一个可分性指数的计算方法为带符号的 r^2 算法（signed-r^2-value）。相关系数 $r(x)$ 表示为

$$r(x):=\frac{\sqrt{N_1\cdot N_2}}{N_1+N_2}\frac{\text{mean}\{x_i\mid y_i=1\}-\text{mean}\{x_i\mid y_i=2\}}{\text{std}\{x_i\}} \tag{7-67}$$

带符号的 r^2 定义为 $\text{sgn}\,r^2(x):=\text{sig}n(x)\cdot r(x)^2$。

除此之外，可分性还可以用 Fisher 系数、史蒂特氏 t 统计量（Student's t-statistic）等来表示。

通过对各导联各时刻 r^2 的计算可以得到可分性矩阵，如图 7-12 所示。图 7-12（a）给出了三个关键导联位置目标刺激和非目标刺激的波形图，图 7-12（b）则得到 r^2 可分性矩阵。

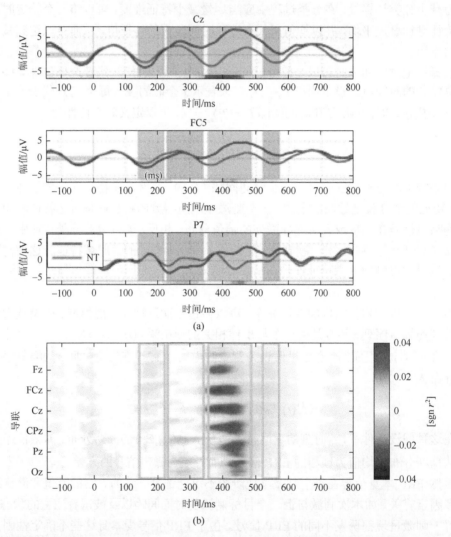

图 7-12　视听联合刺激时空特性举例。（a）显示了三个导联的事件相关电位波形。其中 T 代表目标刺激的 ERP，NT 代表非目标刺激的 ERP；（b）显示了不同导联在不同时刻的可分性分布

3. 时频域特性

试次间相干性（inter-trial coherence，ITC）又称为试次间相位相干性（intertrial phase coherence，ITPC），反映了不同试次间脑电信号在特定频段相位同一位置的一致程度或者相干性。需要强调的是，ITC 指单个导联处脑电信号在不同试次（trial）间的相位相干性，与之相近的概念是导联间相位相干性（intersite phase coherence，ISPC），在这里我们主要讨论 ITC。

通过短时傅里叶变换或者小波分析等方法分解出脑电信号的相位信息后，就可以分析 ITC。具体来说，ITC 的数学表达式如下

$$\text{ITC}_{tf} = \left| n^{-1} \sum_{r=1}^{n} \text{e}^{ik_{tfr}} \right| \tag{7-68}$$

其中，n 为所分析试次的个数；$\text{e}^{ik_{tfr}}$ 代表第 r 个试次在 tf 时间频率点上的相位。最小值为 0，表示试次间同步性最弱；最大值为 1，表示试次间的同步性最强，即具有非常稳定的相位变化规律。

在实际应用过程中，特别是与认知相关的研究中，相位值会受到试次间不同行为反应（例如，不同试次间反应时间不同等）以及实验条件（如刺激的亮度等）等因素影响，这在某些条件下会造成 ITC 的结果没有意义。所以，根据具体的分析要求，ITC 又常与反应时间、刺激亮度、瞳孔反应等参数加权相乘，得到 WITC（weighted inter-trial coherence），其表达式如下

$$\text{WITC}_{tf} = \left| n^{-1} \sum_{r=1}^{n} b_r \text{e}^{ik_{tfr}} \right| \tag{7-69}$$

其中，b_r 指特定试次（r 试次）中的加权参数值。

事件相关谱扰动（event related spectral perturbation，ERSP）用来测量在事件相关电位分析中无法观察到、由实验事件引起的脑电频谱变化。具体来说，在 ERP 分析中，脑电信号在时域内进行多试次叠加平均，消除实验事件引起的噪声，提高了信噪比，保留了事件相关的锁时或者锁相信息。但是，与此同时，非锁时或非锁相的频谱成分也会随之丢失，而这些频谱成分可能反映了大脑活动变化。ERSP 分析研究的正是这些非锁时或非锁相频谱成分的幅度变化，其计算方法如下。

假设 EEG 信号 $x_i(t,i)$ 的谱估计为 $F_i(f,t)$，其中 f 为频率，则 N 个 EEG 试次的 ERSP 计算式为

$$\text{ERSP}(f,t) = \frac{1}{N} \sum_{i=1}^{k} |F_i(f,t)| \tag{7-70}$$

ERSP 体现了脑电能量在事件发生后相对于事件发生前的功率谱变化情况，所以通常需要在式（7-70）的基础上减去事件发生前基线的能量。

7.3.2 诱发节律分析

1. 预处理

在运动想象模式下，出现 ERD/ERS 现象的特征频段主要为 μ 节律（8～14Hz）和 β 节律（14～30Hz），并且运动肢体部位与初级感觉运动皮层有严格对应的空间投影关系。

然而脑电信号极其微弱，信噪比低，由于空间容积导体效应导致空间分辨率低。故在ERD/ERS 特征分析前，脑电信号需要经过预处理。常用的预处理方法包括带通滤波、空间滤波。

常见带通滤波器包括巴特沃斯滤波器、切比雪夫滤波器等。滤波通带常设置为8～30Hz。

常用的空间滤波器包括共平均参考（common average reference，CAR）、独立分量分析（independent component analysis，ICA）和表面 Laplacian 方法。

共平均参考相当于空间高通滤波，经滤除大部分电极中共有的空间低频成分，可以在空间分布上突出相对高度集中的脑电成分。共平均参考算法得到原始信号减去所有电极信号的均值，其公式如下

$$V_i^{CAR} = V_i - \frac{1}{n}\sum_{j=1}^{n} V_i \tag{7-71}$$

这里用到的电极总数为 n，采集到的原始脑电信号幅值为 V_i，V_i^{CAR} 则是共平均参考滤波后的脑电信号。

ICA 方法可从多维信号中提取出一系列相互独立的信号源成分，通过一定的判断准则去除伪迹干扰和任务无关脑电信号，然后经过逆运算还原成与运动想象相关的脑电信号，也属于一种空间滤波方法。在运动想象诱发电位的分析中，该方法常用于去眼电或者去除与运动无关的脑电信号，以增强与运动相关脑电信号的特征。

表面 Laplacian 方法是一种空间带通滤波方法，通过滤除由容积导体效应导致的共有空间分布特征，增强脑电信号在空间上的特异性。如式（7-72）、式（7-73）所示，表面Laplacian 算法得到的是所求导联的原始信号与该电极邻域内导联组的线性组合值的差值，其公式如下

$$V_s^{Lap} = \frac{\sum_{i=1}^{n} \dfrac{V_s(t) - V_i(t)}{r_{si}}}{\sum_{i=1}^{n} \dfrac{1}{r_{si}}} = V_s(t) - \sum_{i=1}^{n} w_i V_i(t) \tag{7-72}$$

$$w_i = \left(\frac{1}{r_{si}}\right) \Bigg/ \sum_{i=1}^{n}\left(\frac{1}{r_{si}}\right) \tag{7-73}$$

其中，V_s^{Lap} 为 Laplacian 滤波后第 s 个导联上的脑电信号；$V_s(t)$ 是第 s 个导联上采集到的脑电信号，其余 n 个导联的脑电信号为 $V_i(t) \sim V_n(t)$，它们与 s 点的距离依次为 $r_{s1} \sim r_{sn}$，由式（7-73）可见距离 s 点越远，导联的权重越小，因此，经过 Laplacian 空间滤波算法处理之后抑制了远处导联电位产生的影响，相当于高通滤波。

2. 经典时频分析

ERD/ERS 反映了特殊频带神经元集群振荡同步性的减弱/增强，是一种锁时非锁相的特征。因此，通常使用时频分析的方法进行特征分析。脑电信号经预处理后，经过时频

变换得到时频特征。然后计算 ERD 值，公式如下

$$ERD=(A-R)/R \tag{7-74}$$

其中，A 为运动想象任务期间的能量值；R 为任务开始前的能量值。该公式反映了运动想象任务期间能量较基线（或称为参考）的变化情况。

想象不同肢体部位动作所产生 ERD/ERS 信号的特征频段和所激发的大脑感觉运动皮层区域均不相同。手部动作诱发 ERD 现象的特征频段大多分布在 10～11Hz 及 20～24Hz，而脚部动作诱发 ERD 现象大多出现在 7～8Hz 及 20～24Hz。然而也有研究发现，7～8Hz 的脚部 ERD 现象不仅出现在所对应的感觉运动皮层功能区上，而且在手部运动皮层区域也有出现。基于左、右手和脚部的 ERD 现象已有不少文献报道，因而比较典型。图 7-13 为想象左、右手运动任务 μ 节律 ERD 模式的脑地形图。

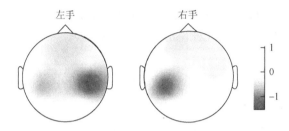

图 7-13　想象左、右手 μ 节律 ERD 模式的脑地形图（深色区域表示 ERD 出现的脑区）

大脑皮层在组织协调身体动作时，一个重要的特征就是对感觉和运动的对侧控制。然而，许多研究（包括图 7-13 左手运动想象）的时频分析却得到了同侧激活的结果。结果显示，大部分同侧 ERD 现象发生于 μ 节律，鲜有发生于 β 节律的。如前所述，ERD/ERS 是一种神经元集群振荡行为。低频的神经元集群振荡模式倾向于发生在更广阔皮层区域（如 μ 节律），而高频的神经元集群振荡模式则更多地发生在具体的某个空间皮层区域（如 β 节律、γ 节律）。因此，在低频带，ERD 现象经常发生于整个感觉运动区（对于肢体映射脑区的目标区和非目标区同时激活），而在高频带，ERD 通常在空间上更加离散（对肢体映射脑区的目标区激活）。这可能是 ERD 现象发生于同侧的原因，但仅仅是推测，该问题仍需要进一步验证。

部分研究结果发现，脚和舌部的 ERD 信号出现于中央脑区，同时会增强手对应运动脑区 μ 节律的幅值，产生 ERS 现象。这种 ERD 和 ERS 同时发生的 MI 模式称为"focal ERD/surround ERS"，其特征有助于 MI 检测与模式识别。

此外，近些年来，许多学者开始研究 MI 的动力学（握力等）及运动学（速度、空间位置）参数对于 ERD/ERS 的调制现象，以期进一步解码运动意图，从而为新型更符合人类运动的高自由度 MI-BCI 提供理论依据和技术支持。

3. 共空间模式算法

在 1990 年，Koles 等将共空间模式（common spatial pattern，CSP）算法引入脑电信号分析中，并在随后的几年利用该方法来区分正常和异常脑电。在 1999 年，MuÈller-

Gerking 等首次将该算法应用于运动想象脑电信号的特征提取。至今，CSP 已成为目前多导联脑电信号处理的主流方法，在不同运动想象任务识别中占据重要地位。共空间模式最初是一种对二分类数据进行多导联空间滤波的技术。该算法的目的是设计空间滤波器，原始脑电信号在滤波处理之后产生新的时间序列，使其方差能够最优区分与想象动作相关的两类脑电信号

$$X_{\mathrm{csp}} = W^{\mathrm{T}} X \tag{7-75}$$

其中，X_{csp} 为原始脑电信号 X 经过滤波之后得到的信号；W 为所求滤波器矩阵，其中每一个列向量 $w_j \in W^{N \times N}(j = 1, \cdots, N)$ 都是一个滤波器。$A = (W^{-1})^{\mathrm{T}}$ 为空间模式矩阵，其中每一列向量 $a_j \in A^{N \times N}(j = 1, \cdots, N)$ 都是一个空间模式。

下面介绍三种共空间模式算法，分别为原始 CSP、通过正则化改进后的 sTRCSP，以及多频率成分空间滤波的 CSP（filter bank CSP，FBCSP）。

1）原始 CSP

CSP 的目的是设计空间滤波器，使得两类脑电信号的方差差异最大化，即利用滤波器最大化下式

$$R(W) = \frac{W^{\mathrm{T}} \Sigma_A W}{W^{\mathrm{T}} \Sigma_B W} \tag{7-76}$$

其中，Σ_A 和 Σ_B 分别为 A、B 两类想象动作模式脑电信号协方差矩阵的均值。那么最大化 $R(W)$ 就等同于在 $W^{\mathrm{T}} \Sigma_B W = 1$ 约束条件下，最大化 $W^{\mathrm{T}} \Sigma_A W$。利用拉格朗日算子，这个约束优化问题相当于最大化下式

$$L(\lambda, W) = W^{\mathrm{T}} \Sigma_A W - \lambda (W^{\mathrm{T}} \Sigma_B W - 1) \tag{7-77}$$

所求滤波器 W 要使得 L 最大，那么 L 对 W 的导数为 0，即

$$\frac{\partial L}{\partial W} = 2W^{\mathrm{T}} \Sigma_A - 2\lambda W^{\mathrm{T}} \Sigma_B = 0 \tag{7-78}$$

$$\Sigma_A W = \lambda \Sigma_B W \tag{7-79}$$

这是一个广义特征值求解问题，转化为标准特征值分解，那么 W 中的每一列滤波器都是 $\Sigma_B^{-1} \Sigma_A$ 的特征向量，其最大特征值对应的特征向量为最大化 A 类想象动作信号方差的最优滤波器。同理 $\Sigma_A^{-1} \Sigma_B$ 最大特征值对应的特征向量为最大化 B 类想象动作信号方差的最优滤波器。

2）平稳 Tikhonov 正则化共空间模式 sTRCSP

尽管 CSP 算法已被广泛使用且具有一定的高效性，但该算法对噪声高度敏感，并且对于小样本训练集有严重过拟合的缺点。为了克服上述问题，需要通过正则化方法对经典 CSP 算法进行调整。可从目标函数的层面入手，在分母项中添加惩罚项 $P(W) = W^{\mathrm{T}} K W$，即

$$R(W) = \frac{W^{\mathrm{T}} \Sigma_A W}{W^{\mathrm{T}} (\Sigma_A + \Sigma_B) W + \alpha P(W)} \qquad (7\text{-}80)$$

其中，α 是一个自定义的正则化参数（$\alpha \geq 0$，α 越大，越满足先验知识）。利用这个正则化方法，尤其在处理有限训练样本集或者含噪训练数据的时候，优化结果将得到更好的空间滤波器。

3）多频率成分空间滤波的 CSP

2008 年，Ang 等提出了 FBCSP 算法，并应用于 MI-BCI 中，算法流程图如图 7-14 所示。该算法的具体步骤包括：①设计多个频带的带通滤波器，对原始脑电信号进行滤波；②利用 CSP 算法对每个子频带脑电成分进行空间滤波；③采用特征筛选算法对由第②步获得的 CSP 特征进行筛选，保留特异性强的特征；④特征融合，模式识别。该算法的关键在于在大量特征中准确提取有效特征，对此 Ang 等提出了一系列基于互信息理论的特征筛选算法，降低了模式识别计算的复杂性。

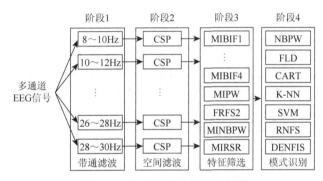

图 7-14 FBCSP 特征提取流程图

（图片来源：Ang K K，Chin Z Y，Zhang H，et al. 2008. Filter bank common spatial pattern（FBCSP）in brain-computer interface. IEEE International Joint Conference on Neural Networks：2390-2397）

7.3.3 稳态诱发电位分析

稳态诱发电位包括稳态视觉诱发电位（SSVEP）、稳态听觉诱发电位（SSAEP）以及稳态体感诱发电位（SSSEP）。这里以稳态视觉诱发电位为例介绍相关的分析方法。稳态视觉诱发电位是大脑对按预定方式闪烁或刺激的响应，因其具有稳定的频谱和高信噪比，能够反映大脑节律活动中潜在的神经元处理过程，在认知神经科学和临床神经科学领域都有着广泛的应用。对稳态视觉诱发电位的分析主要是从频域分析提取它的频谱特性。

1. 稳态视觉诱发电位的经典分析方法

作为一种由固定频率诱发的快速重复的周期性电位，稳态视觉诱发电位可通过快速傅里叶变换以及功率谱密度的计算观察其频谱特征，因而频谱分析成为稳态视觉诱发电位最为经典、特点呈现最为鲜明的分析方法。图 7-15 为分别注视闪烁频率为 10Hz 和 11Hz 的视觉刺激时，相应电位的功率谱分析结果，稳态视觉诱发电位信号响应集中在目标刺激频率以及更高的谐频处。

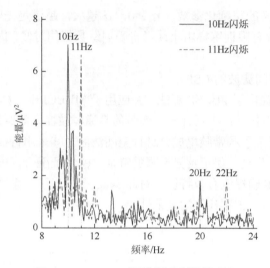

图 7-15　　SSVEP 对固定频率刺激的响应

（图片来源：Lim J H, Hwang H J, Han C H, et al. 2013. Classification of binary intentions for individuals with impaired oculomotor function: 'Eyes-closed' SSVEP-based brain-computer interface(BCI). Journal of Neural Engineering, 10(2): 026021）

由图 7-15 可以十分清晰地区分两种频率刺激诱发的脑电信号，因此选取频率特征进行分类识别可以得到较好的分类结果，实现不同目标刺激的判别以及对应指令的输出。

2. 典型相关分析

典型相关分析（canonical correlation analysis，CCA）是利用综合变量对之间的相关关系来反映两组指标之间的整体相关性的多元统计分析方法。它的基本原理是：为了从总体上把握两组指标之间的相关关系，分别从两组变量中提取有代表性的两个综合变量 U_1 和 V_1（分别为两个变量组中各变量的线性组合），利用这两个综合变量之间的相关关系来反映两组指标之间的整体相关性。

简单相关系数描述两组变量的相关关系的缺点：只是孤立地考虑单个 X 与单个 Y 间的相关，没有考虑 X、Y 变量组内部各变量间的相关。两组间有许多简单相关系数，使问题显得复杂，难以从整体上进行描述。典型相关是简单相关、多重相关的推广。典型相关分析的前提是假设两个变量之间的相关系数基于线性关系，是测度两组变量之间相关程度的一种多元统计方法，也是一种降维技术。该方法的实质就是从所分析的两组变量中选择有代表性的综合指标，通过对这些指标的相关关系的计算结果来表示这两组变量的相关关系。

典型相关分析是衡量两个多维变量之间的线性相关关系的统计分析方法。其数学描述为，给定维度为 p_1 的向量 x_1 和维度为 p_2 的向量 x_2，且 $p_1 \leqslant p_2$。公式表示如下

$$x = \begin{bmatrix} x_1 \\ x_2 \end{bmatrix} E[x] = \begin{bmatrix} \mu_1 \\ \mu_2 \end{bmatrix} \Sigma = \text{Var}(x) = \begin{bmatrix} \Sigma_{11} & \Sigma_{12} \\ \Sigma_{21} & \Sigma_{22} \end{bmatrix} \tag{7-81}$$

其中，Σ 是 x 的协方差矩阵，Σ_{11} 是 x_1 自己的协方差矩阵，Σ_{22} 是 x_2 自己的协方差矩阵，$\Sigma_{12} = \Sigma'_{21}$ 是 x_1 和 x_2 的协方差矩阵。

从 x_1 和 x_2 的整体入手，定义

$$u = a^{\mathrm{T}} x_1, \quad v = b^{\mathrm{T}} x_2 \tag{7-82}$$

计算 u 和 v 的方差和协方差

$$\mathrm{Var}(u) = a^{\mathrm{T}} \Sigma_{11} a, \quad \mathrm{Var}(v) = b^{\mathrm{T}} \Sigma_{22} b, \quad \mathrm{Cov}(u,v) = a^{\mathrm{T}} \Sigma_{12} b \tag{7-83}$$

计算 u 和 v 的相关系数

$$\rho_{u,v} = \mathrm{Corr}(u,v) = \frac{a^{\mathrm{T}} \Sigma_{12} b}{\sqrt{a^{\mathrm{T}} \Sigma_{11} a} \sqrt{b^{\mathrm{T}} \Sigma_{22} b}} \tag{7-84}$$

区别于在线性回归中利用直线来拟合样本点，CCA 是将多维特征向量看作一个整体，利用数学方法寻求一组最优解，使得两个整体之间有最大关联的权重，即使式（7-84）计算得到的数值最大，这就是典型相关分析的目的。

为了使式（7-84）得到的数值最大，对该公式进行优化，即固定分母为 1，求解分子 $a^{\mathrm{T}} \Sigma_{12} b$，求解方法是构造 Lagrangian 等式，找出最大的 λ 就是 $\mathrm{Corr}(u,v)$，将方程写成矩阵形式为

$$\begin{bmatrix} \Sigma_{11}^{-1} & 0 \\ 0 & \Sigma_{22}^{-1} \end{bmatrix} \begin{bmatrix} 0 & \Sigma_{12} \\ \Sigma_{21} & 0 \end{bmatrix} \begin{bmatrix} a \\ b \end{bmatrix} = \lambda \begin{bmatrix} a \\ b \end{bmatrix} \tag{7-85}$$

令

$$B = \begin{bmatrix} \Sigma_{11} & 0 \\ 0 & \Sigma_{22} \end{bmatrix}, \quad A = \begin{bmatrix} 0 & \Sigma_{12} \\ \Sigma_{21} & 0 \end{bmatrix}, \quad w = \begin{bmatrix} a \\ b \end{bmatrix} \tag{7-86}$$

那么上式可以写成

$$B^{-1} A w = \lambda w \tag{7-87}$$

显然，只要求得 $B^{-1}A$ 的最大特征值 $\lambda_{\max}$，那么 $\mathrm{Corr}(u,v)$ 中的 a 和 b 就都可以求出了。

2006 年，清华大学团队首次将典型相关分析算法引入 SSVEP-BCI 系统的算法计算中。引入 CCA 算法的原因是，由于 SSVEP 信号具有频率特征，所以构造相应频率及其谐波的正余弦信号作为参考信号，如图 7-16 所示，$x_1, x_2, \cdots, x_8$ 是不同通道记录的 EEG 信号，视为 X，$y_1, y_2, \cdots, y_8$ 是某一频率下傅里叶展开的周期信号，视为 Y，通过计算 X 和 Y 的 CCA 系数 ρ 即可提取二者的相关性。

假设实验中有 6 个刺激频率不同的指令（instructs），因此设计 6 个对应频率的参考信号，理论上频率相同的信号利用 CCA 计算得到的数值将会最大，进而可以比较得出所选取的某段脑电特征信号由哪一个指令诱发。具体数学表达如下

$$\mathrm{Ins}(i,t) = \max_m \mathrm{Corr}(s_m(i,t), x_m(i,t)) \tag{7-88}$$

其中，$\mathrm{Ins}(i,t)$ 表示对第 i 个指令截取时间长度为 t 的脑电数据信号计算得到的分类结果；$m = \{1,2,3,4,5,6\}$；$s_m(i,t)$ 是对第 i 个指令构造的参考信号；$x_m(i,t)$ 是截取的脑电信号，对第 i 个字符可以求得 6 个相关值，6 个值中的最大值所对应的指令即 $x_m(i,t)$ 该段脑电信号指向的指令。

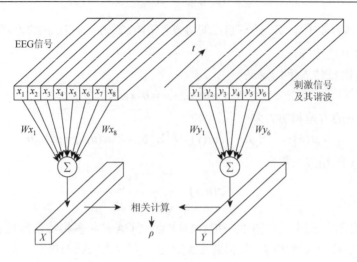

图 7-16　CCA 在 EEG 信号处理中应用示意图

（图片来源：Lin Z，Zhang C，Wu W，et al. 2007. Frequency recognition based on canonical correlation analysis for SSVEP-based BCIs. IEEE Transactions on Biomedical Engineering，54（6）：1172-1176）

3. 基于训练样本的典型相关分析（training data-based canonical correlation analysis，TCCA）

2014 年，在传统 CCA 算法基础之上，研究者将受试者个人信息引入算法之中形成了改进 CCA 算法。除了传统构造正余弦信号作为参考信号之外，改进 CCA 算法将受试者的训练集作为参考信号，将典型变量的矩阵作为空间滤波器（spatial filtering）对测试集进行滤波，利用集成的方法集成多个相关系数的信息并采用了模板匹配的方式来进行判断。应用该算法使得 BCI 系统的信息传输速率达到（172.37±28.67）bit/min。

如图 7-17 所示，以两个指令为例，即 $k=1,2$，除了图中所示的 X 和 Y 以外，改进 CCA 算法中将受试者的训练集作为 $\hat{X}$，因此，模板信号存在两种情况：①由标准正余弦信号及其谐波成分构成的参考信号 Y_f；②受试者训练集信号构成的模板信号 $\hat{X}$，模板匹配方法是将受试者自身训练信号依据不同的编码方式进行划分，经过叠加平均后作为多个参考模板，再将测试信号与不同模板进行匹配，找到匹配程度最大的模板所代表的编码策略，由此解码后定位到具体指令。解码方法是利用典型相关分析方法衡量测试信号与不同模板之间的匹配程度，即计算二者的相关系数。之后利用线性判别分析法对相关系数矩阵进行特征优化，最后输出分类结果。

CCA 是衡量两个多维变量之间的线性相关关系的统计分析方法。将多维特征向量（多导脑电特征）看作一个整体测试信号 X，根据式（7-89）计算 X 和 Y 两个整体之间的相关系数，用来衡量二者的相关关系。$U_{X,Y}$ 和 $V_{X,Y}$ 作为典型相关矩阵，经过 $x=X^\mathrm{T}U_{X,Y}$ 和 $y=Y^\mathrm{T}V_{X,Y}$ 计算可将多维特征 X、Y 转换为一维向量 x、y，再计算 x、y 之间的相关系数，相关系数越大代表测试信号与该模板的匹配程度越高，反之，相关系数越小代表匹配程度越低，具体计算公式为

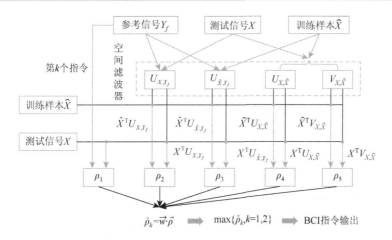

图 7-17 改进 CCA 算法示意

$$\mathrm{CCA}(X,Y) = \frac{\mathrm{Cov}(X,Y)}{\sqrt{D(X)}\sqrt{D(Y)}} = \frac{E[U_{X,Y}^{\mathrm{T}}XY^{\mathrm{T}}V_{X,Y}]}{\sqrt{E[U_{X,Y}^{\mathrm{T}}XX^{\mathrm{T}}V_{X,Y}]E[V_{X,Y}^{\mathrm{T}}YY^{\mathrm{T}}U_{X,Y}]}} \tag{7-89}$$

其中，X 为测试信号；Y 包含 $Y = Y_f$ 和 $Y = \hat{X}$ 两种情况，公式表示为

$$Y_f = \begin{bmatrix} \sin(2\pi \cdot fn) \\ \cos(2\pi \cdot fn) \\ \vdots \\ \sin(2\pi \cdot N_h fn) \\ \cos(2\pi \cdot N_h fn) \end{bmatrix}, \quad n = \frac{1}{f_s} \tag{7-90}$$

$$\hat{X} = \frac{1}{N}\sum_i^N X_i \tag{7-91}$$

其中，f 是基频，大小由刺激出现间隔决定，例如，若在同侧 1s 内出现 15 次刺激，则将基频定为 15Hz；f_s 为采样率；N_h 为谐波次数；X_i 为训练集信号；N 为训练集信号个数。

式（7-89）中 $U_{X,Y}$ 和 $V_{X,Y}$ 为 X 和 Y 计算得到的典型相关矩阵，对 X、Y、$\hat{X}$ 三者分别进行典型相关分析的计算后，可以得到 U_{X,Y_f}、$U_{\hat{X},Y_f}$、$U_{X,\hat{X}}$ 和 $V_{X,\hat{X}}$ 四个典型相关矩阵作为空间滤波器，如图 7-17 所示。将脑电信号与典型相关矩阵相乘，即使多维脑电信号经过空间滤波器滤波后变成一维矩阵，再计算相应的相关系数即可，第 k 个指令的相关系数矩阵表示为

$$\begin{bmatrix} \rho_{k,1} \\ \rho_{k,2} \\ \rho_{k,3} \\ \rho_{k,4} \\ \rho_{k,5} \end{bmatrix} = \begin{bmatrix} \mathrm{CCA}(X,Y_f) \\ \rho(X^{\mathrm{T}}U_{X,Y_f}, \hat{X}^{\mathrm{T}}U_{X,Y_f}) \\ \rho(X^{\mathrm{T}}U_{\hat{X},Y_f}, \hat{X}^{\mathrm{T}}U_{\hat{X},Y_f}) \\ \rho(X^{\mathrm{T}}U_{X,\hat{X}}, \hat{X}^{\mathrm{T}}U_{X,\hat{X}}) \\ \rho(X^{\mathrm{T}}V_{X,\hat{X}}, \hat{X}^{\mathrm{T}}V_{X,\hat{X}}) \end{bmatrix}, \quad k = 1,2 \tag{7-92}$$

令 w 为相关系数的权重，ρ_k 可表示为

$$\rho_k = w \cdot \begin{bmatrix} \rho_{k,1} \\ \rho_{k,2} \\ \rho_{k,3} \\ \rho_{k,4} \\ \rho_{k,5} \end{bmatrix}, \quad k = 1,2 \tag{7-93}$$

最终求得 ρ_k 的最大值，将分类结果转化为 BCI 指令输出。

4. 基于滤波器组的典型相关分析

2015 年，清华大学研究团队在传统 CCA 算法的基础之上，提出了基于滤波器组的典型相关分析（filter bank canonical correlation analysis，FBCCA）。与传统 CCA 算法的区别是，滤波器组可以将信号划分为不同频带，再依次与参考信号进行典型相关分析，因此可以更有效地获取脑电信号的谐波成分。

如图 7-18 所示，使用 FBCCA 对信号进行分类识别时，针对第 k 个指令，测试信号 X 首先通过多个由不同带通滤波器组成的滤波器组，被分解为多个子频带信号；不同子频带信号分别与由正余弦组成的参考信号进行典型相关分析，得到相应的相关系数 $(\rho_{k\cdot1}, \rho_{k\cdot2}, \cdots, \rho_{k\cdot N})$；各频带对应的相关系数平方并进一步加权求和得到第 k 个指令的特征系数 $\tilde{\rho}_k$，其最大值对应频率即为目标刺激频率。

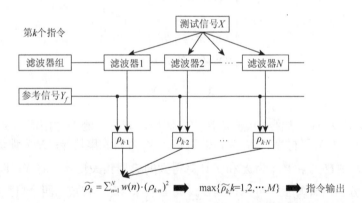

图 7-18　基于 FBCCA 的频率识别流程示意图

计算特征系数 $\tilde{\rho}_k$ 时，考虑到 SSVEP 的谐波成分能量随频率的升高而降低，其权重系数 $w(n)$ 定义为

$$w(n) = n^{-a} + b, \quad n \in [1, N] \tag{7-94}$$

其中，n 表示第 n 个滤波器；a 和 b 为常数，是基于离线数据采用网格搜索方法寻求最优识别率来确定的。

除以上几种识别算法之外，匹配滤波器检测（matched filter detector，MFD）、最大能量组合（minimum energy combination，MEC）、主成分分析等其他算法同样被应用于基于 SSVEP 的 BCI 系统识别，在此不再一一介绍。

7.4 峰电位处理

本书第 2 章已经介绍过，神经系统通过神经元峰电位的发放来发布和传递消息，因而峰电位是研究神经系统工作机制的重要依据。第 6 章介绍了峰电位的采集方法，即采用微电极阵列以及峰电位产生的编码机制和其检测的应用。而对于如何从电极阵列中记录到的多个神经元无规律性发放的电信号和背景噪声中提取出有价值的信息未作详细阐述。峰电位分类的两个关键步骤是峰电位检测（spike detection）和峰电位识别（spike classification）。

7.4.1 峰电位检测

峰电位识别之前，首先要将峰电位脉冲从噪声中提取出来。峰电位检测即从一系列无序电信号中寻找峰电位发放时刻的过程。峰电位的形态特点，即较高的幅值或尖锐的波峰等，都是峰电位检测的生理依据。下面介绍两种检测方法。

1. 阈值法

阈值法也就是设定一个阈值，如果信号电压超过阈值，就认为是峰电位，否则作为噪声。

常用方法是将数据标准差的 3～5 倍作为阈值

$$\text{threshold} = b \cdot \sqrt{E\{[x - E(x)]^2\}} \tag{7-95}$$

其中，x 为记录信号；threshold 为阈值；$b=3\sim5$ 为阈值系数。

由于该方法受峰电位发放率的影响较大，所以可采用基于中值的阈值设定

$$\text{threshold} = b \cdot \frac{\text{median}(|x - E(x)|)}{0.6745} \tag{7-96}$$

其中，阈值系数 $b=4\sim8$。

考虑到正负峰情况，可用包含正、负阈值的双电压阈值法同时将不同形态的峰电位检测出来。但当信号被某种干扰叠加而产生"漂移"时，阈值提取不能得到正确的结果。

2. 窗口法

窗口法分为传统窗口法和改进窗口法。传统窗口法解决了阈值检测法遇到基线漂移时易造成较高漏检率和误报率的问题。若滑动窗口内峰-峰值大于阈值，则认为该窗口内的最大峰值点为峰电位发放时间点。

但是当窗口边界处于峰电位接近于峰值点的上升沿或下降沿时，会产生同一个峰电位被重复检测的问题，从而导致偏高的误报率。针对窗口边界重复检测的问题，进行以下两点改进：一是改变阈值的选取方法，以所有窗口峰-峰值标准差的若干倍作为阈值；二是记录相邻两个窗口峰电位时刻，若它们的差值小于一个典型峰电位的持续时间 T，则说明两个峰电位实际属于同一个峰电位脉冲，则取两个时刻点中幅值较大的作为峰电位发放时间点。

改进窗口法基于传统窗口法，不但继承了传统窗口法处理基线漂移数据的优势，而且通过对相邻窗口极值点的时间差作阈值判断，有效地解决了传统窗口检测法的重复检测问题，降低了误检率，同时明显提高了运行速度。

7.4.2　峰电位识别

无论单电极还是多电极，记录到的神经信号包含多个神经元产生的峰电位脉冲。峰电位识别即要辨别出不同神经元所产生的峰电位信号。

1. 基于主成分分析的分类法

主成分分析方法是处理峰电位脉冲识别中比较常用的特征提取方法。它通过对原始样本进行正交变换，获得每一维样本点的贡献值，取其中主要成分作为新样本，这样不但减小了样本的维数，并且尽可能地保留了原始样本的信息。

N 个峰电位波形组成矩阵 x，$x = [x_1, x_2, \cdots, x_N]^T$，其中，$x_i$ 表示第 i 个峰电位，T 表示矩阵的转置。PCA 的目的是寻找一个正交变换矩阵 W，对随机向量 x 进行正交变换，使输出随机向量 $y = Wx$ 中各随机变量之间彼此互不相关，即 y 的协方差矩阵为对角矩阵

$$C_y = E\{yy^T\} = \mathrm{diag}(\lambda_1, \cdots, \lambda_N) \tag{7-97}$$

PCA 通过对协方差矩阵 C_x 进行特征值分解而获得正交变换矩阵 W。通常协方差矩阵 C_x 是实对称矩阵，由矩阵分析理论 C_x 可分解为

$$C_x = U \Lambda U^T \tag{7-98}$$

其中，$U = (u_1, u_2, \cdots, u_N)$，$\Lambda = \mathrm{diag}(\lambda_1, \cdots, \lambda_N)$，$u_i$ 为协方差矩阵 C_x 的特征向量，各特征向量彼此相互正交，即 $E\{u_i^T u_j\} = 0$；$i \neq j \in 1, 2, \cdots, N$，$\lambda_i$ 为相应的特征值。正交变换矩阵 $W = U^T$，$y_i = u_i^T x$，$i = 1, 2, \cdots, N$ 称为主分量。

PCA 变换之后得到按照贡献率从大到小排列的主成分，前 k 个特征值的累积贡献率为

$$\varphi(k) = \frac{\sum\limits_{i=1}^{k} \lambda_i}{\sum\limits_{i=1}^{N} \lambda_i} \tag{7-99}$$

通常选择前几个主分量，其特征值之和大于或等于所有特征值之和的 85% 即可，这就大大降低了特征空间维度。

提取特征之后即可利用合适的模式识别方法进行峰电位脉冲的识别分类。

2. 基于小波变换的分类法

基于小波变换的峰电位识别方法核心在于根据由峰电位信号高频特征（如锐边和陡沿）和低频特征（如持续时间和去极化相位）决定的峰电位波形差异来实现分类。首先根据检测到的峰电位信号波形选择合适的小波基函数，接着对这些峰电位信号作离散小波变

换，得到小波系数，实现在时域和频域对峰电位信号的刻画，然后合理地选择小波系数作为特征，最后选用合适的分类方法进行峰电位识别。

具体步骤如下。

（1）N 个峰电位波形组成矩阵 x，$x=[x_1,x_2,\cdots,x_N]^{\mathrm{T}}$，对这 N 个行向量作离散小波变换，则经 J 层分解之后，每个行向量对应得到一个低频概貌向量 A_{-J} 和高频细节向量 $\{D_{-J},D_{-(J-1)},\cdots,D_{-1}\}$，整合这些向量将得到长度为 L 的由小波系数构成的行向量，L 的值由峰电位长度和选定的小波基函数共同决定。这样 N 个峰电位经小波变换后将最终得到一个 $N\cdot L$ 的系数矩阵

$$Q=[q_1,q_2,\cdots,q_N]^{\mathrm{T}} \tag{7-100}$$

其中，$q_i=[A_{-J},D_{-J},D_{-(J-1)},\cdots,D_{-1}]$, $i=1,2,\cdots,N$。

（2）计算系数矩阵中每个列向量的方差，得到 L 个方差 S，并从大到小排序。

（3）计算前 l 个方差之和占所有方差和的百分比

$$r(l)=\frac{\displaystyle\sum_{i=1}^{l}s_i}{\displaystyle\sum_{i=1}^{L}s_i} \tag{7-101}$$

（4）选出比例和大于 90%的前 $l(l<L)$ 个方差对应的小波系数矩阵 Q 中的 l 个列向量构成特征向量，从而得到一个 $N\cdot l$ 的特征矩阵 $y=[y_1,y_2,\cdots,y_N]^{\mathrm{T}}$，其中 y_j 是第 j 个峰电位的特征 $y_j=[y_{j1},y_{j2},\cdots,y_{jl}]$。

（5）依据特征矩阵 y，选用合适的分类方法以所选系数为特征进行识别，实现峰电位基于离散小波变换的分类。

7.5　局部场电位分析

对局部场电位的分析可以分为一维局部场电位分析和二维局部场电位分析。一维局部场电位分析针对单一导联信号进行分析，主要研究的是某一导联信号中特定频率本身的特征，如能量、复杂度等；二维局部场电位分析针对两个导联信号以及某一导联信号中两个频率间的关系进行分析，一般最为普遍和公认的指标是交叉谱、一致性（coherence）、同步性（synchronization）、交叉节律耦合（cross-frequency coupling）等，分别研究两个导联信号相同节律成分之间的关系和两个导联以及某一导联信号不同节律成分之间的关系，这里我们主要介绍同步性、交叉节律耦合。下面将分别从一维局部场电位分析、局部场电位特定节律同步性及方向耦合分析、局部场电位交叉节律耦合分析三方面详细介绍局部场电位常见的分析方法。

7.5.1　一维局部场电位分析

对于一维局部场电位，通常从频域分析和时域分析两方面进行分析，下面就针对这两方面进行简要介绍，其中时域分析重点介绍具有非线性特性的生理信号的分析方法。

1. 局部场电位功率谱分析

功率谱是分析脑电信号频域信息的常用方法，它通过傅里叶变换将脑电信号从时域转换到频域上，能够直接观察到脑电信号的能量随频率变化的情况。同样，可以将功率谱估计应用于分析局部场电位的功率谱。傅里叶变换是一种常用的时域和频域间的转换方法，以连续时间信号 $x(t)$ 为例，其傅里叶变换（Fourier transform）公式为

$$F(\omega) = \int x(t)\mathrm{e}^{-\mathrm{j}\omega t}\mathrm{d}t \tag{7-102}$$

其中，积分范围为$-\infty$到$+\infty$；ω 表示角频率。

在功率谱分析中，功率谱密度是一个非常重要的概念。若已知一个随机信号 $x(n)$ 的自相关函数为 $r(k)$，则 $x(n)$ 的功率谱密度函数定义如下

$$P(\omega) = \sum_{k=-\infty}^{+\infty} r(k)\mathrm{e}^{-\mathrm{j}\omega k} \tag{7-103}$$

其中，$r(k) = E[x(n)x^*(n+k)]$，其中 E 表示数学期望，*表示复共轭。

此外，功率谱密度函数还有另外一种定义，即

$$P(\omega) = \lim_{N\to\infty} E\left[\frac{1}{N}\left| \sum_{n=1}^{N} x(n)\mathrm{e}^{-\mathrm{j}\omega n} \right|^2 \right] \tag{7-104}$$

当自相关函数满足条件 $\lim_{N\to\infty}\dfrac{1}{N}\sum_{k=-\infty}^{+\infty}|k||r(k)|=0$ 时，上述两式等价。

基于式（7-103）和式（7-104），进一步发展出了非参数化谱估计法。采用非参数谱估计法进行功率谱分析的优点是容易实现，对信号适应性强，但是其分辨率与数据长度成正比，而且存在估计方差与分辨率的矛盾。非参数化谱估计法中的周期图及其改进方法是脑电信号功率谱分析中比较常用的方法，适用于对脑电信号的平均谱特性作静态分析。由于篇幅有限，此处仅以周期图改进方法之一的韦尔奇（Welch）法为例，对局部场电位进行功率谱分析。

韦尔奇法是 Welch 对平均周期图方法加以改进提出的分析算法，改进一是允许分段数据段重叠，二是每个分段数据采用加窗运算。根据韦尔奇算法，总长度为 N 的数据分为 K 段（可重叠），每段长度为 L，则其功率谱估计为

$$\hat{P}(\omega) = \frac{1}{K}\sum_{i=1}^{K}\left(\frac{1}{LV}\left| \sum_{n=1}^{L} \omega(n)x_i(n)\mathrm{e}^{-\mathrm{j}\omega n} \right|^2 \right) \tag{7-105}$$

其中，V 表示窗口 $w(n)$ 的功率，且

$$V = \frac{1}{L}\sum_{n=1}^{L}|w(n)|^2$$

P 值越大表示信号的能量越高。

2. 局部场电位复杂度分析

众所周知，由于局部场电位信号的成因比较复杂，如跨膜电流导致的电位差，以及电突触和化学突触的多种影响等，局部场电位具有很强的非线性特性。但是通过功率谱分析

难以提取并分析局部场电位信号中这些非线性特征,此时就需要采用非线性分析方法对信号进行分析。与传统的频域分析方法不同,非线性分析方法往往更加侧重于关注信号随时间变化的特征(动力学特征),并且对所分析的信号的稳定性要求较低。此处仅以样本熵(sample entropy,SampEn)为例简单介绍对局部场电位复杂度的分析。样本熵是 Richman 等于 2000 年提出的一种近似熵(approximate entropy,ApEn)的改进算法,不仅具备了近似熵的优点,而且避免了近似熵中统计量的偏差和不一致性。样本熵是表征时间序列有序程度的一种非线性特征,样本熵的值越大,表明系统越随机无序。目前,样本熵已广泛应用于度量生物医学信号的有序性。样本熵的核心思想是计算两个时间序列在有 m 点相似的情况下,第 $m+1$ 点也相似的概率。样本熵有三个输入参数 (m,r,N),其中 m 表示嵌入维数,r 表示相似容限,N 表示数据长度。假设待处理的时间序列 $X = \{x(1),x(2),\cdots,x(N)\}$,则其样本熵的具体算法如下。

(1)按照待处理时间序列的连续顺序重构一组 m 维矢量

$$X(i) = \{x(i),x(i+1),\cdots,x(i+m-1)\}, \quad i = 1,2,\cdots,N-m+1 \tag{7-106}$$

(2)定义两个任意重构矢量 $X(i)$ 和 $X(j)$ 间的距离 $d_{X(i),X(j)}$ 为两个重构矢量中对应元素差值较大的一个

$$d_{X(i),X(j)} = \max|x(i+k)-x(j+k)|, \quad k = 0,1,\cdots,m-1 \tag{7-107}$$

(3)对于每一个 i 值,统计 $d_{X(i),X(j)}$ 小于相似容限 r 的个数(模板匹配数),然后计算该数值与距离总数的比值,即 $d_{X(i),X(j)}$ 小于 r 的概率,用 $B_i^m(r)$ 表示

$$B_i^m(r) = \frac{\mathrm{num}(d_{X(i),X(j)}) < r}{N-m+1}, \quad j = 1,2,\cdots,N-m+1 \tag{7-108}$$

(4)求它对所有 i 值的平均值

$$B^m(r) = \sum_{i=1}^{N-m+1} B_i^m(r) / (N-m+1) \tag{7-109}$$

(5)按照 X 的连续顺序组成重构一组 $m+1$ 维矢量,然后按照(2)、(3)的过程求出 $B_i^{m+1}(r)$ 和 $B^{m+1}(r)$。

(6)SampEn 计算公式如下

$$\mathrm{SampEn}(m,r,N) = -\ln[B^{m+1}(r) / B^m(r)] \tag{7-110}$$

样本熵越大,说明分析的信号越随机无序,复杂度越高;反之,样本熵的值越小,说明分析的信号越规律。

7.5.2　局部场电位特定节律同步性及方向耦合分析

能量特征和非线性特征仅能反映某一脑区局部场电位信号自身的特性,无法反映出不同脑区间或者同一脑区内局部场电位信号间的相互作用关系,因此除了研究单一局部场电位信号的频域和时域特征外,还需要定量地分析不同脑区间或者同一脑区内多导局部场电位信号在时频空间中的同步性及方向性耦合关系。不同的同步性及方向性耦合分析方法分析的信号特征不同,分别为针对信号幅值信号特征的分析方法、针对信号相位

特征的分析方法以及针对全信号特征的分析方法，下面仅以针对信号相位特征的相位锁定值和针对全信号特征的广义局部方向一致性方法为例，简要介绍局部场电位在特定节律上的同步性算法及方向性耦合分析方法。

1. 相位锁定值

相位锁定值（phase locking value，PLV）是一种通过计算两个时间序列间的相位差复指数的平均值来分析两个时间序列间相位同步情况的算法。目前，PLV 算法被广泛用于分析不同脑区之间的场电位信号在某个特定节律上的相位同步强弱程度。假设两个脑区局部场电位的某一相同节律的相位分别是 ϕ_a 和 ϕ_b，则 PLV 算法如下

$$PLV = \left| \frac{1}{N} \sum_{j=1}^{N} \exp(i[\phi_a(j\Delta t) - \phi_b(j\Delta t)]) \right| \tag{7-111}$$

其中，N 表示数据长度；$\frac{1}{\Delta t}$ 表示采样频率。PLV 的值为 $0 \sim 1$，当 PLV=1 时，在该特定节律上，两个脑区中的场电位信号表现为相位完全同步；当 PLV=0 时，表示两个脑区间相同节律的相位完全不同步。因此，实际计算出的 PLV 的值越接近 1，则表明同步性越高；PLV 的值越接近 0，表明同步性越低，通常认为当 PLV 的值大于 0.5 时，认为在此频率上两个脑区间存在较强的相位同步性；当 PLV 的值小于 0.5 时，认为在此频率上两个脑区间存在较弱的相位同步性。

2. 广义局部方向一致性算法

在神经网络中，下游脑区的信号通常会受到上游脑区信号的影响，从而在上下游脑区的信号间形成了某种驱动关系，这种驱动关系可以通过方向性的耦合算法来度量。因此，两个脑区间局部场电位信号的耦合或者同步情况不仅仅有强度的不同，还有驱动关系方向性的不同。可以采用广义局部方向一致性方法（generalized partial directed coherence，gPDC）考量两个脑区间某一相同节律的方向驱动关系。gPDC 算法是一种基于统计学的多元向量自回归模型（multivariate vector autoregressive model，MVAR）的频域上的格兰杰因果算法。gPDC 算法被广泛应用于衡量不同脑区间脑电信号的方向驱动关系和耦合强度。除了可以分析方向驱动关系外，gPDC 算法与上述 PLV 算法还有一个重要的区别，那就是 gPDC 算法分析的对象是两个时间信号的全信号特征，而 PLV 算法分析的对象是两个时间信号的相位特征，因此这两种算法是从不同角度分析不同脑区间脑电信号的耦合强度。

在此以二维 MVAR 为例介绍 gPDC 算法的计算过程。

假设有两个时间信号，$X_t = [X_1, X_2, \cdots, X_N]$，$Y_t = [Y_1, Y_2, \cdots, Y_N]$，则其 p 阶 MVAR 为

$$\begin{bmatrix} X_t \\ Y_t \end{bmatrix} = \sum_{r=1}^{p} \begin{bmatrix} a_r^{11} & a_r^{12} \\ a_r^{21} & a_r^{22} \end{bmatrix} \begin{bmatrix} X_{t-r} \\ Y_{t-r} \end{bmatrix} + \begin{bmatrix} \varepsilon_t^X \\ \varepsilon_t^Y \end{bmatrix} \tag{7-112}$$

其中，阶数 p 通过赤池信息准则（Akaike information criterion）确定，系数由最小二乘法估计得到。

然后对式（7-112）进行傅里叶变换

$$A(f) = \sum_{r=1}^{p} \begin{bmatrix} a_r^{11} & a_r^{12} \\ a_r^{21} & a_r^{22} \end{bmatrix} \cdot \exp(-\mathrm{i}2\pi fr) \cdot A(f) + \varepsilon(f) \tag{7-113}$$

接下来需要计算单位矩阵与 $A(f)$ 的差异矩阵 $\overline{A}(f)$

$$\overline{A}(f) = \begin{bmatrix} 1 & 0 \\ 0 & 1 \end{bmatrix} - \sum_{r=1}^{p} \begin{bmatrix} a_r^{11} & a_r^{12} \\ a_r^{21} & a_r^{22} \end{bmatrix} \cdot \exp(-\mathrm{i}2\pi fr)$$
$$= \begin{bmatrix} b_{11}(f) & b_{12}(f) \\ b_{21}(f) & b_{22}(f) \end{bmatrix} \tag{7-114}$$

则时间信号 Y_t 到时间信号 X_t 的 gPDC 指数为

$$\mathrm{gPDC}_{Y \to X}(f) = \frac{b_{11}(f)\dfrac{1}{\sigma_1}}{b_{12}(f)\dfrac{1}{\sigma_1} + b_{12}(f)\dfrac{1}{\sigma_2}} \tag{7-115}$$

其中，σ_1 和 σ_2 表示 MVAR 在频域上的残差的标准差。

同理，时间信号 X_t 到时间信号 Y_t 的 gPDC 指数为

$$\mathrm{gPDC}_{X \to Y}(f) = \frac{b_{21}(f)\dfrac{1}{\sigma_1}}{b_{22}(f)\dfrac{1}{\sigma_1} + b_{22}(f)\dfrac{1}{\sigma_2}} \tag{7-116}$$

将上述两个 gPDC 指数进行整合，可以得到时间信号 X_t 与时间信号 Y_t 之间的双向指数

$$D = \frac{\mathrm{gPDC}_{Y \to X}(f) - \mathrm{gPDC}_{X \to Y}(f)}{\mathrm{gPDC}_{Y \to X}(f) + \mathrm{gPDC}_{X \to Y}(f)} \tag{7-117}$$

当双向指数 D 大于 0 时，表明时间信号 Y_t 更强地驱动时间信号 X_t；反之，则表明时间信号 X_t 更强地驱动时间信号 Y_t；当 $D=0$ 时，表明两个时间信号之间没有明显的信息流动或者是在两个方向上的信息流动强度差距不大。

7.5.3　局部场电位交叉节律耦合分析

不同脑区间的局部场电位信号除了相同节律间的同步作用外，还存在着不同节律间的交叉节律耦合作用。大量研究表明，这种不同节律间的交叉节律耦合作用在大脑执行多种认知功能过程中起着十分重要的作用，如低频的 θ 节律与高频的 γ 节律之间的交叉耦合。因此，在研究不同脑区间的局部场电位信号同步性的同时，还需要对这些信号在交叉节律间的耦合关系加以分析。本节主要介绍交叉节律耦合作用中常见的两种耦合形式：相位-相位耦合（phase-phase coupling，PPC）和相位-幅值耦合（phase-amplitude coupling，PAC）的分析方法。其中关于 PPC 的计算主要简单介绍经典的 $n : m$ 相位锁定值法；而 PAC 的计算主要介绍"调制指数（modulation index，MI）"、"相位-幅值耦合：相位锁定值"和"相位-幅值耦合：条件互信息"三种方法，其中第一种算法是直接研究低频相位和高频幅

值间的耦合关系，而后两种分析方法研究低频相位和高频幅值的相位间的耦合关系，因此是从两个不同的角度分析 PAC。下面分别介绍这几种算法的具体过程。

1. 相位-相位耦合

$n:m$ 相位锁定值法是一种常用的分析两个节律间 PPC 情况的算法，其特点是结果仅与信号的相位有关而与幅值无关。$n:m$ PLV 算法指的是，对于两个不同的节律 f_1 和 f_2，如果两个节律间存在相位-相位耦合情况，则两个节律间的相位以 $n:m$ 的形式锁定，即 n 个 f_1 节律的周期中嵌套了 m 个 f_2 节律的周期。假设两个脑区局部场电位的不同节律的相位分别是 ϕ_a 和 ϕ_b，按照比例 $n:m=1:1,1:2,\cdots,1:20$ 来计算 $n:m$ PLV，则算法公式如下

$$n:m\,\mathrm{PLV} = \left| \frac{1}{N} \sum_{t=1}^{N} e^{\mathrm{i}[m\cdot\varnothing_{\mathrm{theta}}(t)-n\cdot\varnothing_{\mathrm{gamma}}(t)]} \right| \tag{7-118}$$

与相同节律的 PLV 取值类似，$n:m$ PLV 的取值范围也是[0, 1]。

之后对每个时间点上的相位差进行雷氏检验（Rayleigh test），若在 $1:1,1:2,\cdots,1:20$ 比例上是非均匀分布，则表明相位差在某些比例上恒定，即两个节律间在这些比例上存在相位-相位耦合。

2. 相位-幅值耦合：调制指数

调制指数（modulation index，MI）是 Canolty 于 2006 年提出的一种度量交叉节律 PAC 现象的算法。MI 算法的核心思想是提取低频节律的相位序列和高频节律的幅值序列，通过低频节律相位和高频节律幅值重新构造一个新的复合信号。假设现有低频节律 f_1 和高频节律 f_2，通过希尔伯特变换分别提取出低频节律 f_1 的相位序列 $\phi_{\mathrm{fph}}(t)$ 和高频节律 f_2 的幅值序列 $A_{\mathrm{fam}}(t)$，则新的复合信号 $Z_{\mathrm{fph,fam}}(t)$ 为

$$Z_{\mathrm{fph,fam}}(t) = A_{\mathrm{fam}}(t) \cdot \exp(\mathrm{i}\cdot\phi_{\mathrm{fph}}(t)) \tag{7-119}$$

复合信号 $Z_{\mathrm{fph,fam}}(t)$ 在复平面上代表了一个联合概率密度函数，可以检测出特定的幅值与相位同时出现的情况。

定义 MI 的原始值为复合信号 $Z_{\mathrm{fph,fam}}(t)$ 的模长，即其绝对值

$$\mathrm{MI_{raw}} = \mathrm{abs}(\mathrm{mean}(Z_{\mathrm{fph,fam}}(t))) \tag{7-120}$$

MI 假阳性率较高，原始信号中存在虚假的 PAC，因此需要进一步采用替代数据法对 MI 的原始值进行归一化，剔除虚假的 PAC。实际应用中常采用的替代数据的方法为，引入时间延迟 τ 从而打乱高频节律的幅值序列，将原来的低频节律的相位序列与打乱后的高频节律的幅值序列重新构造复合信号

$$Z_{\mathrm{surr}}(t,\tau) = A_{\mathrm{fam}}(t+\tau) \cdot \exp(\mathrm{i}\cdot\phi_{\mathrm{fph}}(t)) \tag{7-121}$$

每次替代数据之后对新构建的复合信号 $Z_{\mathrm{surr}}(t,\tau)$ 计算 MI，最后计算所有替代数据的 MI 的均值 μ 和标准差 σ，则对 $\mathrm{MI_{raw}}$ 归一化后的最终 MI 的值为

$$\mathrm{MI_{Norm}} = (\mathrm{MI_{raw}} - \mu) / \sigma \tag{7-122}$$

得到的值越大，说明分析的信号的相位-幅值耦合强度越大。

3. 相位-幅值耦合：相位锁定值

前面介绍的 PLV 算法除了可以用来分析相同节律间的同步情况外，同样可以用来分析交叉节律间的 PAC 现象。为了区别于分析相同节律的 PLV 算法，下面用于分析交叉节律 PAC 现象的 PLV 算法用 PAC_PLV 来表示。与 MI 算法关注于低频节律的相位序列与高频节律的幅值序列之间的耦合情况不同，PAC_PLV 衡量的是低频节律相位序列与高频节律的幅值序列的相位间的同步情况，因此两种算法分析 PAC 的角度有所不同。

假设现有低频节律 f_1 和高频节律 f_2，通过希尔伯特变换分别提取出低频节律 f_1 的相位序列 $\phi_1(t)$ 和高频节律 f_2 的幅值序列 $A_2(t)$，再对幅值序列 $A_2(t)$ 进行二次希尔伯特变换提取其相位序列 $\phi_{A_2}(t)$，则有

$$PAC\_PLV = \left| \frac{1}{N} \sum_{j=1}^{N} \exp(i[\phi_1(j\Delta t) - \phi_{A_2}(j\Delta t)]) \right| \tag{7-123}$$

其中，N 表示数据长度；$\frac{1}{\Delta t}$ 表示采样频率。PAC_PLV 的值为 0～1，当 PAC_PLV=1 时，表示 $\phi_1(t)$ 和 $\phi_{A_2}(t)$ 完全同步；当 PAC_PLV=0 时，表示 $\phi_1(t)$ 和 $\phi_{A_2}(t)$ 完全不同步。因此，实际计算出的 PAC_PLV 的值越接近 1，表明同步性越好；PAC_PLV 的值越接近 0，表明同步性越差。

4. 相位-幅值耦合：条件互信息

和相同节律的相位同步具有方向驱动关系一样，交叉节律的 PAC 同样具有方向性。然而上述两种度量 PAC 的算法只是从两个不同的角度分析了 PAC 的强度，因此介绍一种可以度量 PAC 方向性的分析算法。

条件互信息（conditional mutual information，CMI）算法是 Palus 等于 2003 年提出的一种基于信息论的典型的用于衡量耦合方向性的算法。通常将两个随机时间序列 X 和 Y 间的互信息定义为

$$I(X;Y) = H(X) + H(Y) - H(X,Y) \tag{7-124}$$

则二者间的条件互信息定义为

$$I(X;Y|Z) = H(X|Z) + H(Y|Z) - H(X,Y|Z) \tag{7-125}$$

其中，Z 代表一个与 X 和 Y 相关的随机时间序列。在计算熵值 $H(X)$ 的过程中，需要估计变量 X 的概率分布。因此将 X 的值域平均划分为 q 个部分，然后通过统计每个部分中的数据个数来估计 X 的概率，即用每个部分中观察到的数据个数除以总的数据个数。同理，可以用同样的方法得到熵值 $H(Y)$。对于熵值 $H(X,Y|Z)$，根据贝叶斯公式可知，其联合概率密度在二维或者三维的网格中可以估计出来。

由于 CMI 算法既可应用于分析相同节律相位同步的方向性问题，又可用于研究交叉节律耦合的方向性问题，为了加以区分，此处将 CMI 算法用 PAC_CMI 来表示。假设现有低频节律 f_1 和高频节律 f_2，通过希尔伯特变换分别提取低频节律 f_1 的相位序列 $\phi_1(t)$ 和高频节律 f_2 的幅值序列 $A_2(t)$，再对幅值序列 $A_2(t)$ 进行二次希尔伯特变换提取其相位序列

$\phi_{A_2}(t)$ 后，采用 $I(\phi_2;\Delta_\tau\phi_1|\phi_1)$ 作为度量低频节律 f_1 和高频节律 f_2 的耦合方向的指标。于是这里将条件互信息定义为

$$
\begin{aligned}
i_1 &= I(\phi_{A_2};\Delta_\tau\phi_1|\phi_1)\\
&= H(\phi_{A_2}|\phi_1) + H(\Delta_\tau\phi_1|\phi_1) - H(\phi_{A_2},\Delta_\tau\phi_1|\phi_1)
\end{aligned}
\tag{7-126}
$$

$$
\begin{aligned}
i_2 &= I(\phi_1;\Delta_\tau\phi_{A_2}|\phi_{A_2})\\
&= H(\phi_1|\phi_{A_2}) + H(\Delta_\tau\phi_{A_2}|\phi_{A_2}) - H(\phi_1,\Delta_\tau\phi_{A_2}|\phi_{A_2})
\end{aligned}
\tag{7-127}
$$

将 i_1 和 i_2 进行整合，最后将 PAC_CMI 的耦合方向指标定义为

$$
D = \frac{i_2 - i_1}{i_2 + i_1}
\tag{7-128}
$$

其中，相位增量 $\Delta_\tau\phi_1$ 定义为 $\phi_1(t+\tau)-\phi_1(t)$；$\Delta_\tau\phi_{A_2}$ 定义为 $\phi_{A_2}(t+\tau)-\phi_{A_2}(t)$；$i_1$ 和 i_2 为单向耦合系数，i_1 表示 τ 时间后节律 f_1 包含于节律 f_2 的信息量，即从节律 f_2 流向节律 f_1 的信息量，也就是节律 f_2 驱动节律 f_1 的程度，i_1 的值越大，表明节律 f_2 驱动节律 f_1 的程度越大；反之亦然。那么 PAC_CMI 的耦合方向指标 D 的取值范围为 $[-1, 1]$，$D=1$ 或者 $D=-1$ 分别代表节律 f_1 到节律 f_2 或者节律 f_2 到节律 f_1 的单向耦合；当 $D=0$ 时，代表两个节律间存在对称的双向耦合；当 $-1<D<0$ 或者 $0<D<1$ 时，代表两个节律间的双向耦合是不对称的。

7.6　本 章 小 结

　　本章首先介绍了常见的神经电生理信号，以及比较经典的处理算法基础，使读者能够简单地了解神经电信号处理过程中可能涉及的分析方法。作为一种非线性的生理信号，神经信号处理不仅可以从传统的时、频域入手，非线性动力学参数以及不同区域信号间的因果关系也逐渐成为神经信号分析的重要手段。针对不同神经信号的特点，本章的后半部分着重介绍了几种典型的神经电信号相应的处理手段，从中可发现同样的分析手段也许适用于不同类型的神经信号，诸如时域相干分析、频谱分析等。神经电信号的处理是神经工程应用技术中不可或缺的技术手段。

思 考 题

1. 常见的神经电信号有哪些？
2. 写出离散傅里叶正/逆变换公式，并说明其物理意义。
3. 时频域分析的基本思想是什么？常用于神经信号的时频域分析方法有哪些？
4. 将相干分析应用于两种不同的信号（如脑电和肌电）中，会有哪些局限？
5. 非线性动力学参数分析中常用的方法有哪些？它们分别反映了信号的哪些特征？
6. 简述格兰杰因果分析的思想。
7. 溯源分析适用于什么样的场景？有哪些因素会影响溯源的精度？有哪些常用的溯源方法？
8. 比较主成分分析和独立成分分析在原理和应用方面的异同点。

9. 什么是模式识别？它包括哪些常用的方法？

10. 什么是支持向量机？简要介绍其原理。什么是人工神经网络？它有何特点？

11. 事件相关电位常用的分析方法有哪些？采用叠加平均方法从自发脑电背景中提取诱发电位信号的原理是什么？

12. 脑电诱发节律分析过程中通常提取哪些特征？

13. CSP 算法的基本思想是什么？

14. 简要说明 CCA、TCCA、FBCCA 的区别。

15. 局部场电位与峰电位脉冲的区别是什么？峰电位脉冲常用的分析方法有哪些？

参 考 文 献

董军, 胡上序. 1997. 混沌神经网络研究进展与展望. 信息与控制, 26: 360-368.

贺玲, 吴玲达, 蔡益朝. 2007. 数据挖掘中的聚类算法综述. 计算机应用研究, 24: 10-13.

季忠, 秦树人. 2007. 微弱生物医学信号特征提取的原理与实现. 北京: 科学出版社.

李颖洁, 邱意弘, 朱贻盛. 2009. 脑电信号分析方法及其应用. 北京: 科学出版社.

聂能. 2005. 生物医学信号数字处理技术及应用. 北京: 科学出版社.

孙志军, 薛磊, 许阳明, 等. 2012. 深度学习研究综述. 计算机应用研究, 29: 2806-2810.

杨福生, 高上凯. 1989. 生物医学信号处理. 北京: 高等教育出版社.

姚舜, 刘海龙, 陈传平, 等. 2005. 一种获取峰电位的峰值检测算法的改进方案. 生物医学工程研究, 24: 14-17.

Ang K K, Chin Z Y, Zhang H, et al. 2008. Filter bank common spatial pattern (FBCSP) in brain-computer interface// IEEE International Joint Conference on Neural Networks: 2390-2397.

Blankertz B, Lemm S, Treder M, et al. 2011. Single-trial analysis and classification of ERP components-A tutorial. NeuroImage, 56: 814-825.

Canolty R T, Edwards E, Dalal S S, et al. 2006. High gamma power is phase-locked to theta oscillations in human neocortex. Science, 313: 1626-1628.

Chen X, Wang Y, Gao S, et al. 2015. Filter bank canonical correlation analysis for implementing a high-speed SSVEP-based brain-computer interface. Journal of Neural Engineering, 12(4): 046008.

Cohen M X. 2014. Analyzing Neural Time Series Data: Theory and Practice. Cambridge: MIT Press.

Granger C W. 1969. Investigating causal relations by econometric models and cross-spectral methods. Econometrica: Journal of the Econometric Society, 37(3): 424-438.

Hämäläinen M S, Ilmoniemi R J. 1994. Interpreting magnetic fields of the brain: Minimum norm estimates. Medical and Biological Engineering and Computing, 32: 35-42.

Hansen P C, O'leary D P. 1993. The use of the L-curve in the regularization of discrete ill-posed problems. SIAM Journal on Scientific Computing, 14: 1487-1503.

Lin Z, Zhang C, Wu W, et al. 2007. Frequency recognition based on canonical correlation analysis for SSVEP-based BCIs. IEEE Transactions on Biomedical Engineering, 54: 1172-1176.

Nakanishi M, Wang Y, Wang Y T, et al. 2014. A high-speed brain speller using steady-state visual evoked potentials. International Journal of Neural Systems, 24: 1450019.

Omidvarnia A, Mesbah M, O'toole J M, et al. 2011. Analysis of the time-varying cortical neural connectivity in the newborn EEG: A time-frequency approach// Systems, Signal Processing and Their Applications (WOSSPA), 2011 7th International Workshop on. IEEE: 179-182.

Paluš M, Stefanovska A. 2003. Direction of coupling from phases of interacting oscillators: An information-theoretic approach. Physical Review E, 67: 055201.

Pascual-Marqui R D, Michel C M, Lehmann D. 1994. Low resolution electromagnetic tomography: A new method for localizing electrical activity in the brain. International Journal of Psychophysiology, 18: 49-65.

Penny W, Duzel E, Miller K, et al. 2008. Testing for nested oscillation. Journal of Neuroscience Methods, 174: 50-61.

Pfurtscheller G, Da Silva F L. 1999. Event-related EEG/MEG synchronization and desynchronization: Basic principles. Clinical Neurophysiology, 110: 1842-1857.

Samek W, Vidaurre C, Müller K R, et al. 2012. Stationary common spatial patterns for brain-computer interfacing. Journal of Neural Engineering, 9(2): 026013.

Sanei S, Chambers J A. 2013. EEG Signal Processing. Chichester: John Wiley & Sons.

Taxidis J, Coomber B, Mason R, et al. 2010. Assessing cortico-hippocampal functional connectivity under anesthesia and kainic acid using generalized partial directed coherence. Biological Cybernetics, 102: 327-340.

Wolpaw J, Wolpaw E W. 2012. Brain-computer interfaces: Principles and practice. OUP USA.

Zhan Y, Halliday D, Jiang P, et al. 2006. Detecting time-dependent coherence between non-stationary electrophysiological signals-A combined statistical and time-frequency approach. Journal of Neuroscience Methods, 156: 322-332.

Zhang C, Yu X, Yang Y, et al. 2014. Phase synchronization and spectral coherence analysis of EEG activity during mental fatigue. Clinical EEG and Neuroscience, 45: 249-256.

第8章　神经成像与图像处理

人体组织、器官在新陈代谢和执行功能时，都会伴随有神经生理活动信息的产生。通常采用体外信息检测方法来了解人体生理活动情况，但体外方法多难以直接观察到人体的内部信息。随着科学技术的进步，各种医学成像技术应运而生，并得到迅速发展。1895年伦琴发现了X射线，此后100多年中，医学影像技术有了巨大的飞跃，从早期X射线透视成像发展到近代计算机断层扫描成像、磁共振成像、光学神经成像等新技术。

现代医学影像技术不仅可以直接显示人体器官、组织的解剖结构，而且能揭示其生理作用和功能机制，在神经工程学领域有着非常重要的应用，包括对神经系统各种疾病的诊断和对人脑神经生理结构与认知功能规律的探索。神经成像泛指能够直接或间接对神经系统（主要是脑）的结构、功能和药理学特性进行成像观察结构、功能分析和药理仿真追迹的成像新技术。神经成像是近代医学、神经科学和心理学交叉、拓展的新兴成像领域。随着医学影像技术的发展，人类对神经系统的研究进入了一个新时代。借助神经影像技术能更直观地看到神经系统从功能区域到神经组织乃至细胞神经元与分子等各个层面的功能结构特征。医学神经影像及相应的图像处理技术能促进神经工程学更好地实践和服务于人类。近几年神经成像技术得到了飞速提高，已能通过影像方式和图像处理将器官、组织、细胞以及分子各个层面的生理结构与功能信息都直观地展示出来，主要技术包括计算机断层扫描成像、功能磁共振成像（尤其是扩散磁共振成像）以及光学神经成像技术等。

8.1　计算机断层扫描成像

计算机断层扫描成像（computed tomography，CT）是一种对被成像物内部某个横断层面从多个不同角度进行透视扫描测量再经计算机作数值组合处理后重建断面结构细节影像的图像重建数学模型与成像技术，能在无须切开破坏物体的情况下逐层仔细观察物体内部结构。20世纪70年代，英国电子工程师Hounsfield运用美国物理学家科马克（Cormack）于1963年发表的论文的图像重建数学模型，推出了第一台X射线计算机断层扫描成像（X-CT）装置，并1977年9月在英国Ackinson Morleg医院投入运行。1979年X-CT技术的发明者Hounsfield和创建CT数学模型的科学家Cormack共同获得了诺贝尔生理学或医学奖（也是首次绝无仅有的非生物医学专家斩获诺贝尔生理学或医学奖）。自CT问世以来，计算机断层扫描成像革新了传统X射线透视拍片手段，免去了临床开刀探查的手术痛苦，成为一种医学诊疗不可或缺的重要成像手段。CT技术主要用于预防医学的病灶显影，例如，直肠CT（CT colonography）能预测是否具有癌变高风险，全动态心脏扫描（full-motion heart scans）能判断是否有心脏病疾患。CT也是脑出血（cerebral hemorrhage）、外伤性脑损伤（traumatic brain injury）等脑部伤病的有效确诊手段。CT 对于内出血、钙化以及神经系统的脊髓、椎体病变有独特优势，而且成像速度快，是临床使用率最高的一类成像检查设备。

8.1.1　CT 成像的基本原理

1. X 射线

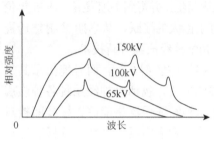

图 8-1　X 射线谱示意图

X 射线可视为一种波长很短（0.001~10nm，相当于 0.01~100Å）的电磁波，因其波长很短（介于紫外线与 γ 射线之间），故穿透物质的能力极强。X 射线的短波长部分称为硬 X 射线，长波长部分称为软 X 射线，表示其被物质吸收的难易程度。按其波长分布特征还可分为：连续 X 射线和特征 X 射线两种。图 8-1 示意了波长连续变化的 X 射线谱（连续射线谱）和在连续谱上叠加的一些突出尖峰谱（特征射线谱）。

X 射线透过均匀介质时，其强度衰减规律符合朗伯-比尔定律（Beer-Lambert law）

$$I = I_0 e^{-\mu l} \tag{8-1}$$

其中，I_0 是入射强度；I 是透过厚度为 l 的均匀介质后强度；μ 为介质的线性吸收系数，也称衰减系数。

当 X 射线透过非均匀介质时，可沿射线透过路径将介质均分成若干小体素（厚度为 x），每个体素内介质可近似视为均匀的，各有不同线性吸收系数 $\mu_1, \mu_2, \cdots, \mu_n$（图 8-2）。此时透过非均匀介质后的射线强度 I 与入射强度 I_0 的关系可表达为

$$I = I_0 e^{-\left(\sum_{i=1}^{n} \mu_i\right) x} \tag{8-2}$$

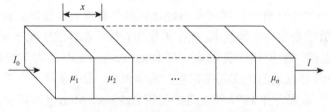

图 8-2　X 射线通过非均匀介质

若令 X 射线沿不同方向对受检体进行投照，那么会得到一系列强度投影值，从而获得若干线性方程。只要独立方程的数量足够多（等于或多于全部体素个数），则可从联立方程中求解出全部体素的吸收系数值，由此得到线性吸收系数 μ 值的二维分布，进一步利用这些值就可以重建介质吸收系数图像。

在 CT 成像技术中，若以水为参考元素（人体组织含水量占 80%以上），设其线性吸收系数 $\mu_{水}$ 为 1，比较各种物质的线性吸收系数，可得到软组织的 $\mu_{软}$ 也接近于 1，肌肉的 $\mu_{肌肉}$ 约为 1.05，脂肪的 $\mu_{脂肪}$ 约为 1.10，硬骨的 $\mu_{硬骨}$ 约为 2，但这种设置组织吸收系数相对值的方法在计算和实际使用中均不方便。因此，为便于 CT 成像的计算和使用，CT 技术发明人 Hounsfield 将组织线性衰减（吸收）系数划分为 2000 个单位，称为 CT 值，定义水的 CT 值为 0，最上界骨的 CT 值为 1000，最下界空气的 CT 值为−1000。如此定义 CT 值后，目前绝大多数的 CT 扫描机均具有 1000 或 2000 以上的 CT 值变化范围。CT 值反映了 CT 影像中每个像素物质对 X 射线的平均线性衰减量。CT 值通常以水的衰减系数 $\mu_{水}$ 为基准，若一种物质的衰减系数为 μ_x，则其对应的 CT 值为

$$CT \text{ 值}=\frac{\mu_x - \mu_{水}}{\mu_{水}} \times 1000 \qquad (8-3)$$

这里 CT 值以 Hounsfield 单位（HU）来计量，也是 CT 图像中各组织所对应的 X 射线衰减系数相当值。CT 值不是绝对的，它不仅与人体内在因素，如呼吸、血流等有关，而且与 X 射线管电压、CT 装置、室内温度等外界因素有关，应经常校正，否则将导致误诊。正常人体不同组织、器官的 CT 值见表 8-1，病变组织的 CT 值见表 8-2。

表 8-1　正常人体组织的 CT 值（单位：HU）

组织	平均 CT 值	组织	平均 CT 值
脑	25～45	肌肉	35～50
灰质	35～60	淋巴结	45±10
白质	25～38	脂肪	−80～−120
基底节	30～45	前列腺	30～75
脑室	0～12	骨头	150～1000
肺	−500～−900	椎间盘	50～110
甲状腺	100±10	子宫	40～80
肝	40～70	精囊	30～75
脾	50～70	水	0
胰腺	40～60	空气	−1000
肾	40～60	静脉血	55±5
主动脉	35～50	凝固血	80±10

表 8-2　病变人体组织的 CT 值（单位：HU）

病变	平均 CT 值	病变	平均 CT 值
结核灶	60	慢性血肿	20～40
渗出血（蛋白>30g）	>18±2	炎症包块	0～20
漏出血（蛋白<30g）	<18±2	囊肿	+15～−15
鲜血	>0	肺癌	40

2. CT 扫描方式

X-CT 自问世以来得到了飞速发展，其中扫描方式的改进最为显著。扫描是 X-CT 机进行断层成像不可或缺的数据采集过程，必须通过扫描装置来完成。扫描装置主要包括 X 射线管、扫描床、检测器和扫描架等。在扫描架上固定 X 射线管和检测器，以组成扫描机构。它们围绕扫描床与被成像物体进行同步扫描运动。该扫描运动形式称为扫描方式。不同类型扫描方式中使用的 X 射线束类型（如平行线束或有张角的扇形束）和检测器数量皆有所不同。目前 CT 扫描方式已从最初的平行线束短距离慢速平移＋小角度旋转间断扫描方式发展到扇形束快速平移＋螺旋式大角度旋转连续扫描的先进方式。螺旋 CT 扫描产生于 1989 年，是在滑环扫描技术的基础上发展而来的，属于旋转-旋转扫描方式的改革。螺旋 CT 采用散热效率高的大容量 X 射线管和高效率的检测器。其成像扫描方式是 X 射线管向同一个方向连续旋转扫描，同时沿检查床单方向移动，检测器也在此扫描过程中不停顿地采集成像数据方式。与传统扫描方式的区别在于：螺旋 CT 无须暂停扫描来兼顾成像数据采集，从而可极大地提高成像速度。

3. CT 图像重建

奥地利数学家 Radon 于 1917 年提出了投影重建图像理论，奠定了 CT 成像的理论基础。Radon 解决了从函数的线积分求解原函数的问题，即由物体横断面一组投影数据来重建其截面结构图像。图像重建运算即投影数据矩阵求解。若投影矩阵为 $N \times N$，则其应由 $N \times N$ 个线性独立方程构成，即可求解矩阵中的元素。其求解一般可采用联立方程法，即直接求解矩阵或迭代法，或称为逐次近似法等。早期 CT 成像装置多采用反投影重建算法，这是一种较为"直白"且高效的重建方法。所谓"反投影"（back projection），就是将某一方向的投影值均匀地反方向分配到投影路径的每个体元（像素）上，故又称直接反投影。

直接反投影或称总和法，其基本算法是：把每次测得的投影数据按投射"原路"反投影并均匀分配到路径的各个像素上。即指定投影线上所有各点的像素值就等于该方向投影量的平均值。但是直接反投影法所重建的图像会出现"星状"伪迹，即原图像中像素值为 0 的点，重建后图像中像素值不再为 0，由此导致重建图像边缘失锐。为消除这种"星状"失真影响，提高成像质量，在实际应用中常采用滤波反投影法。消除"星状"伪迹有两条途径：一是取投影数据后先作反投影重建，再对重建后的图像作二维滤波（使用滤波器 $\pi\rho$）即可得到消除了"星状"伪迹的高质量重建图像；二是取投影数据后先利用一维滤波器（为消除模糊因子 $1/r$ 的影响）去除"星状"伪迹，再作反投影重建也可得到消除"星状"伪迹的高质量重建效果。但第一种方法的二维滤波器较难实现，而第二种方法只需对投影数据作一维滤波（相对容易实现）。故通常采用先对投影数据滤波，再进行反投影重建的方法，即称为滤波反投影重建算法。此方法也是一种解析算法，将原本需作的二维傅里叶变换改为一维傅里叶变换，从而简化了运算，提高了速度。对投影数据滤波也可采用卷积处理方法，即设计一种滤波函数，用它对投影数据在空间域进行滤波而不需作傅里叶变换。这种滤波反投影重建图像方法即称卷积（滤波）反投影法。

卷积滤波反投影重建图像算法简称卷积反投影法（convolution back projection，CBP）

是当前 X-CT 成像系统中应用最广泛的方法。卷积反投影成像一般可分为三个步骤：①获取全部投影数据并作预处理；②将投影数据与卷积函数相乘，需考虑图像分辨率和噪声等因素选择合适的算法；③将滤波后的投影数据进行反投影成像。常用的卷积滤波函数有 R-L 滤波函数、S-L 滤波函数等。

在实际 CT 图像重建方法中还需根据投影所用 X 射线束是平行束还是扇形束来决定采用相应的反投影重建图像算法，其中扇形束扫描方式的算法更为复杂。其他还有代数迭代重建算法（在投影数据不全时有其长处）等 CT 图像重建方法。

8.1.2　CT 成像在神经系统疾病诊断的应用

常规 X 射线摄影是将三维物体内部结构压缩为二维平面影像，各像素灰度值是投影路径各体素物质对 X 射线吸收衰减效应的累加，故影像中模糊了被成像物的深度结构信息。由于脑部组织结构复杂，尤其脑外层包裹颅骨对 X 射线衰减作用较大，故采用传统 X 射线照相方式对脑部成像时，影像灰度主要来自于颅骨对 X 射线吸收衰减，大大掩盖了颅骨内脑皮层组织作用效应，使图像中脑皮层尤其是神经组织结构对比度较差，难以满足临床诊断要求。但常规 X 射线成像相对成本较低，因此在临床上仍广泛应用。而 X-CT 成像可以采用多种先进扫描方式和高性能快速图像重建方法并结合使用高原子序数造影剂以增强影像对比度，能很方便快捷地提供多个方位视角、多个深度层面的颅脑解剖清晰断层图像供临床诊断使用，成为重要的临床医学成像技术之一。下面简要介绍 X-CT 成像在神经系统疾病诊断中的主要应用。

1. 脑血管疾病

X-CT 成像技术能鉴别缺血性脑卒中和出血性脑卒中，显示脑组织受伤情况，从而可观察其病理演变过程，并给出定位、定量的诊断结论。CT 诊断缺血性脑卒中的准确率可达 85%以上，主要受检查时间和病灶大小影响。梗死后 12 小时以内通常不能发现病灶，24 小时以后，随着脑水肿情况的加重，低密度病灶逐渐出现，病后 7~8 天最明显，病后 2~3 周，因梗死灶周围侧支循环恢复，变成等密度，使病灶影像缩小，即出现"模糊效应"。此期注射造影剂，增强效应最明显。发病数月以后，梗死部位变成软化病灶，密度与脑脊液相同。一般来说，常规 CT 扫描的厚度为 10mm，当出现直径<5mm 的梗死灶时，部分容积效应使其图像显示不清。因此，观察脑干部位的小病灶宜用薄层摄影（层厚 1.5~3.0mm）。短暂性脑缺血发作（transient ischemic attack，TIA）一般难以借助 CT 扫描寻找病灶，但有 10%的患者，尤其是持续发作时间较长者，发病后 7~10 天可能发现相关的新发小病灶，应诊断为腔隙性脑梗死 TIA 型。脑动脉皮层支梗死，在相应的部位呈现楔形低密度灶；中央支梗死，在基底节、脑桥等处呈现圆形或椭圆形病灶，直径<2.0cm 者称为腔隙性脑梗死。发生于大脑前、中动脉交界区（前分水岭）和大脑中、后动脉交界区（后分水岭）的梗死称为分水岭梗死，呈长楔形低密度灶。出血性脑梗死是在大片脑梗死的低密度病灶中，出现密度较高、边界不清的片状影，易误诊为脑肿瘤。脑栓塞较易并发出血。

CT 诊断出血性脑卒中的准确率几乎是 100%。脑出血后 1 周内称为急性期或血肿形成期，血肿呈高密度，CT 值为 60～80HU（Hounsfield unit），周围有低密度（水肿）带，占位效应明显。用多田氏方程式计算血肿的大小可简化为 $1/2xyz$（xyz 为 CT 图像中相应的坐标）。少量血液进入侧脑室可沉积于枕角，大量积血则形成脑室"铸型"。脑出血后第 2 周～第 2 个月为血肿吸收期，高密度影像从周边开始逐渐变成低密度灶。2 个月以后，血肿完全消失，遗留低密度囊腔，即囊肿形成期，在 CT 片上不易与脑梗死遗留的软化灶相鉴别。脑实质内出血的部位可提示病因：基底节、脑干或小脑内血肿常伴有高血压，Willis 环附近的血肿常系浆果样动脉瘤破裂产生，脑叶出血可因动静脉畸形、出血素质或淀粉样血管病所致。

2. 颅内肿瘤

CT 检查可以显示颅内肿瘤的直接和间接征象，包括肿瘤的位置、大小、形态、数目，瘤体有否坏死、囊性变、出血、钙化、周围水肿、占位效应和骨质破坏等情况，借此可以推测肿瘤的性质，但准确地定性诊断尚有困难。胶质瘤可生长于脑内各个部位，恶性胶质瘤呈不均匀的低密度灶，边界不清楚，形态不规则，周围水肿带宽，占位效应显著，造影增强效应明显。因肿瘤中心坏死或囊性变，注射造影剂后出现厚壁的环状增强，是恶性胶质瘤的特点。良性胶质瘤一般比正常脑组织密度略低，边缘较清晰，周围水肿带较窄，占位效应也轻，造影增强效应不明显。髓母细胞瘤生于颅后窝中线上，呈境界清楚、匀质的高密度影，有均一的增强效应。室管膜瘤生于脑室壁或脑室内，呈高密度和均一性增强效应。少突胶质瘤密度高，易钙化，周围水肿带和造影增强效应均不明显。脑膜瘤靠近颅骨，多单发，呈圆形或分叶状高密度影，有均一增强效应，属良性肿瘤，但可恶性变。桥小脑角肿瘤多为脑外良性肿瘤向颅内生长，以听神经瘤最常见。2/3 的听神经瘤 CT 平扫为等密度影，但造影增强效应明显。垂体瘤只生长在鞍部，冠状扫描更能显示向上下扩展的情况。颅内转移癌常为多发，亦可单发。黑色素瘤、绒癌、结肠癌、骨肉瘤等呈高密度，肺癌、胃癌、淋巴癌等呈低密度。肿瘤细胞转移周围病灶的水肿区域较为广泛，都有造影增强效应。有人认为，自肿瘤边缘至低密度灶边缘的距离，相当于肿瘤直径，多为恶性胶质瘤；低密度范围超过肿瘤直径，甚至呈大片状，占据一侧大脑半球，多为脑转移癌。

3. 颅脑损伤

CT 检查能简便、安全、迅速地诊断颅脑外伤，使患者及时得到救治。CT 应用以后，脑外伤患者的病死率明显降低。头皮血肿的 CT 影像是局部软组织肿胀，但不能区分层次。颅骨线性骨折应结合头颅正侧位平片，以免漏诊。CT 可清楚地显示颅骨凹陷性骨折，并可测量碎骨片嵌入脑内的深度。颅底骨折不易直接显示，颅内积气提示有颅底骨折。硬膜外血肿来自颅骨骨折，为颅骨下、硬膜外的梭形高密度区，有占位效应。硬膜下血肿来自脑挫裂伤，呈新月形，凸侧向硬脑膜，表面光滑，凹侧是损伤的脑组织，不规整。陈旧性硬膜下血肿因有囊壁形成，呈梭形低密度影，且有占位效应。外伤性脑内血肿发生于直接或对冲性受力部位的脑实质内，同时有脑挫裂伤及周围脑水肿。CT 见血肿呈高密度灶，绕以环状低密度带。血肿吸收后残留软化灶，并有局部脑萎缩。因外伤引起动脉供血障碍时，也可出现外伤性脑梗死。

此外，近年来随着 CT 成像设备和技术的不断发展，具有功能性成像特色的 CT 灌注成像技术为脑梗死的早期诊断提供了一种新方法。所谓 CT 灌注成像是在静脉注射对比剂的同时对选定解剖层面进行连续多次 CT 扫描，以获得该层面影像内各像素的时间-密度曲线，运用该曲线由不同的数学模型计算出血流量、血容量、对比剂的平均通过时间、对比剂峰值时间等参数来评价组织器官的灌注状态。CT 灌注成像目前已经应用于早期显示脑缺血病灶、评价脑缺血病情程度、显示脑缺血半暗带等临床诊断中。CT 灌注成像作为一种功能性成像手段，必将成为评价超急性期缺血性脑血管病的首选检查方式，并为指导临床治疗特别是溶栓治疗提供有效依据。随着 CT 技术，特别是多层螺旋 CT 技术的发展，CT 灌注成像也将进一步发展，提供更为广泛的临床应用。

8.2　功能磁共振成像

功能磁共振成像（functional magnetic resonance imaging，fMRI）是用以获得神经系统功能信息的一项新兴神经影像学技术。它可以动态无损地探测大脑神经活动，并将活动信息与特定思维任务或知觉情感联系起来，为认识脑-保护脑-创造脑提供科学依据。fMRI通过动态影像方式将组织解剖结构和生理功能信息有机地紧密结合在一起，极大地提升了其医学研究与临床诊断的科技含量及应用水平。fMRI 可以显示由运动或感觉刺激和因认知或情绪而诱发的大脑局部区域神经功能激活；能帮助分析神经功能活动的中心组织；可检测由于局部脑区病变引起相应激活区的神经功能变化。加之这项技术有可重复扫描、较高空间分辨率、非侵入式无创伤性、无放射性、可对脑功能区准确定位等多项独特优势，其在脑神经科学研究与应用领域具有无限开阔诱人的前景。如今，fMRI 概念已从早期以血氧水平依赖（BOLD）-fMRI 为代表的狭义 fMRI 发展到包括弥散加权成像（diffusion-weighted imaging，DWI）、灌注加权成像（perfusion-weighted imaging，PWI）、磁共振波谱（magnetic resonance spectroscopy，MRS）成像在内的广义 fMRI，但一般常用的仍是 BOLD-fMRI。

8.2.1　BOLD-fMRI 成像原理

BOLD（blood oxygenation level dependent）-fMRI 全称为血氧水平依赖功能磁共振成像，其技术源自 20 世纪 90 年代初，Bell 实验室的 Ogawa 等关于脑活动区氧合血红蛋白表现特征与磁共振成像信号关系的实验研究成果。事实上，BOLD-fMRI 技术原理主要依赖于更早的两方面工作。首先是 Pauling 等发现血红蛋白在不同的氧合状态下表现出不同的磁性，即脱氧血红蛋白具有顺磁性，而氧合血红蛋白具有抗磁性。顺磁性会导致组织的血管内外磁场不均匀，从而加快质子失相位，表现在 MRI 的 T2*加权图像信号强度下降。其次是 Fox 等在正电子断层扫描成像研究基础上，提出大脑活动时血氧代谢的不匹配机制，认为大脑在任务激活状态下比静息态对氧的需求量更大，而实际上耗氧量并未显著增加（活动区局部脑组织对氧的利用率下降）。当人体受到某特定任务刺激后，脑功能开始活动，激活相应脑功能皮质区，动脉血液快速流入引起局部脑血流量和氧交换量增加，从而使得氧合血红蛋白（HbO_2）浓度增加，脱氧血红蛋白（$dHbO_2$）浓度降低。Ogawa 等有效地将上述两个理论结合起来形成 BOLD-fMRI 的基本神经生理学原理，即大脑皮层受到刺激后，局部脑区产生兴奋，从而造成脱氧血红蛋白下降，即顺磁性物质增多，由此在 fMRI 上表现为 T2*信号增强（在 1.5～3.0Tesla 主磁场下增强 2%～5%），通过图像处理可计算出脑活动区域的位置与范围。图 8-3 为 BOLD-fMRI 的功能成像原理示意说明。

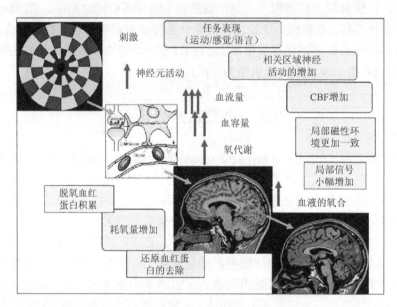

图 8-3　BOLD-fMRI 的功能成像原理示意说明

（图片来源：He J，Gong H，Luo Q. 2005. BDNF acutely modulates synaptic transmission and calcium signalling in developing cortical neurons. Cellular Physiology and Biochemistry，16：69-76）

由图 8-3 可见，大脑神经活动导致脑血氧水平改变，血氧水平增加意味着局部场不一致性的减弱，因而产生更长的 T2 或 T2*，并有更大的 MR 信号。频率-相位编码技术允许快速获取 K 空间数据，该数据通过傅里叶变换可以转换成原始图像空间。这些信号最多的是用体素-体素（voxel-voxel）方式来分析，统计图显示与受到外部刺激/任务或内部事件有明显一致性效果的区域。这些区域定义了激活神经元群体的位置。

8.2.2　fMRI 实验设计基础与原则

1. 静息态与任务态

fMRI 实验必须包括至少两个条件作为对照。任务（或刺激）条件对大脑有特殊的要求，使用者定义的控制条件可能是基础的任务或静息态。估计任务态和控制条件的信号差异，典型的是用体素-体素方式来定义在任务执行中需要的区域。应用比较广泛的 fMRI 实验设计有 block 设计或事件相关的条件改变。与早期正电子发射断层成像（positron emission tomography，PET）相比，block 设计包括任务和控制期间，来观察 BOLD 信号随高噪声对比度（contrast-to-noise ratio，CNR）的变化。事件相关设计关注于 BOLD 响应的平均信号轨迹。在这两种研究设计中，激活体素中的 BOLD 信号在一个条件到另一个条件的过程中是会发生变化的。这个变化使我们可以对任务或刺激的响应作局部分析。对于只有两种条件的实验，体素方面的统计多基于 T 检验或偏相关。

　　fMRI 包含两类数据：基于任务的 fMRI 技术和静息态 fMRI。静息态是指在外界没有任何刺激时，大脑处于休息状态。但其实大脑并没有休息，神经元活动仍在继续，并引起血流的增加、持续的血液循环和血氧消耗，即仍存在 BOLD 信号的波动。通过功能磁共振成像测量大脑中自发的功能活动时间序列，可以用来观测各个脑区之间的功能连接。在这些静息态实验中，受试者被要求放松，不去想些特别的东西，检测他们在整个实验期间自发的大脑活动。Biswal 和他的同事是第一个做出静息态 fMRI 演示的，他们发现在静息态初级运动网络的左右半球并不是没有活动的，在 BOLD-fMRI 的时间序列之间显示高相关性，表明这些区域在静息态时正在进行信息处理并且具有持续的功能连接。他们在研究中发现，静息态时在初级运动网络的左右半球存在低频振荡特性，运动网络中体素的时间序列与其他脑区体素时间序列相关，表明在这些区域自发的神经激活模式是高度相关的。已有几项研究发现，这种低频振荡不仅在左右半球的运动皮层之间表现出高水平的功能连通性，而且在其他已知的功能网络区域之间也存在功能连接，如初级视觉网络、听觉网络和高阶认知网络。这些研究表明，静息态期间大脑网络不是无所事事的，而是有大量的自发活动，而且在多个脑区之间高度相关。在该状态检测到的自发神经激活模式中的 BOLD 信号振荡频率<0.1Hz，得到的数据也包含生理噪声，如高频的心脏振荡和呼吸信号（>0.3Hz）以及环境噪声，但它们都是可以通过滤波去除的。总而言之，静息态 fMRI 实验的重点是通过测量大脑区域之间的功能磁共振成像的时间序列相关动态水平映射功能沟通渠道，反映自发神经活动。

　　基于任务的 fMRI 技术是指在执行特定任务时，研究在该任务激活脑区的活动或功能连接情况。任务态 fMRI 主要针对具有某种特定任务的研究，探究在该任务中功能连接情况或被激活的部分脑区。相比于传统 fMRI，在静息态 fMRI 中受试者更容易配合，操作简单，不用设计任何任务，并且具有很强的可重复性，一致性高，在大样本、多中心的研究中很方便，它更加关注于不同脑区之间的相互联系，探究大脑运行机制。静息态功能磁共振成像更易使认知任务标准化，促进人们对大脑机制的理解，现已被广泛应用。有研究表明，大脑静息态功能连接与人类认知之间是有联系的，且现在静息态功能磁共振成像的迅速发展在神经认知学及精神疾病方面越来越热门。到目前为止，静息态 fMRI 对脑网络的研究已经应用到许多神经认知学领域，如注意缺陷抖动障碍、阿尔茨海默病和多发性硬化，且已经得到了一些脑功能连接方面的结论，如相较于单一的区域，神经退行性疾病改变的是整个皮质的连接。

　　2. 组块设计

　　组块设计即以组块（block）的形式呈现刺激，且在每个组块内重复或连续呈现同一类型的刺激。整个实验过程中至少需要两种类型的刺激，通常可以分为任务刺激和对照刺激，通过两种状态的对比获得脑活动信息。一般来说，一个组块的长度为 20s~1min。典型的组块设计如图 8-4（a）所示。组块设计实验简单易行，每个组块内只需进行同一刺激的重复或连续呈现，这种重复同时导致信号强度大大增加。然而，实验刺激缺少随机性，容易引起被试期待反映和注意力改变。且无法选择性处理组块内单个刺激，缺乏单个刺激实验数据。

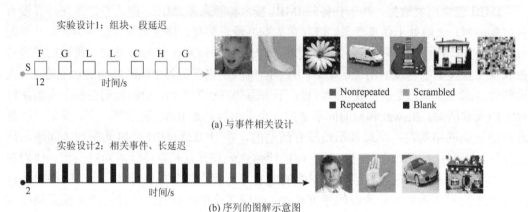

实验设计1：组块、段延迟

F G L L C H G
S 12 时间/s

■ Nonrepeated ■ Scrambled
■ Repeated ■ Blank

(a) 与事件相关设计

实验设计2：相关事件、长延迟

2 时间/s

(b) 序列的图解示意图

图 8-4　组块设计

（图片来源：Helmchen F, Fee M S, Tank D W, et al. 2001. A miniature head-mounted two-photon microscope: High-resolution brain imaging in freely moving animals. Neuron，31：903-912）

3. 事件相关

事件相关（event-related）是指正在进行的事件与历史事件相比较，以便确定这些事件之间是否相关。历史事件用于确定单独同时发生事件的时间统计概率。如果该概率低于一预定阈值将揭示事件不是独立的，而是有关的。有很好的预估能力，允许改变，可以灵活地进行分析。

事件相关设计用以检测与实验中随时都可以发生的事件相关性。图 8-4（b）为事件相关 fMRI 设计的图解示意图。事件相关 fMRI 设计的基本思想是通过独立刺激事件的简单呈现使感兴趣的过程发生瞬变。在这里，通过横坐标位置表示一系列刺激的相关时间。这里的设计是比较面部刺激的反应活性与物品刺激的反应活性。

事件相关设计方法可以有效地避免实验中被试者的期待、疲劳等因素干扰，因此获得了广泛的应用。但在刺激时间段中，大脑对这种设计类型的响应信号的幅度变化较小，而数据里又掺杂有随机噪声、基线漂移等成分，所以分析事件相关 fMRI 数据的方法需要有较高的灵敏度。图 8-5 展示了事件相关与组块设计实验下信号处理的对比。

8.2.3　fMRI 数据处理与分析

一般 fMRI 实验设计如下：通过射频天线产生脉冲磁场激发人体组织内氢核磁场进动旋转，产生特定的磁共振时空特征能量信号，射频天线接收这些能量信号用以重建大脑图片；同时磁场梯度线圈对不同位置空间信号给予不同的特性标识，进而提高成像数据空间分辨率；射频脉冲序列还能决定数据类型，即功能数据或结构数据。对于获得的一系列大脑数据，图 8-6 给出了一个基本的实验数据处理和分析流程图。

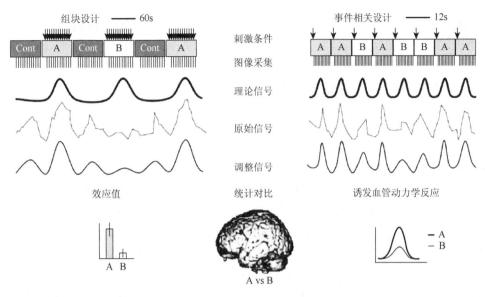

图 8-5　事件相关设计与组块设计的信号处理对比

（图片来源：Ji N，Freeman J，Smith S L. 2016. Technologies for imaging neural activity in large volumes. Nature Neuroscience，19（9）：1154-1164）

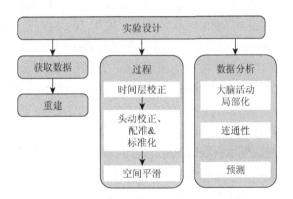

图 8-6　fMRI 实验数据处理和分析流程

（图片来源：Förster D，Dal Maschio M，Laurell E，et al. 2017. An optogenetic toolbox for unbiased discovery of functionally connected cells in neural circuits. Nature Communications，8：116）

1. 数据预处理

原始 fMRI 实验数据并不能直接用来进行分析，所有数据几乎都要进行时间层校正、头动校正、配准&标准化和空间平滑等预处理。

如前所述，fMRI 数据是对大脑进行分层扫描获得的，即导致每层信息采集存在时间差，数据预处理的第一步即时间层校正，就是用来消除每层之间的时间差，其对于事件相关任务实验设计尤为重要。通过时间层校正，可将感兴趣区的扫描层时间校正到每个重复时间的开始值。

在 fMRI 实验过程中，虽然可以采取各种物理方法限制被试头部运动，但还是难以完全消除。头部运动的副作用远不只使功能像与结构像叠加融合时失匹配，还会使激活体素位置变动而改变真实功能信号。一般可接受的正常人头动范围设定为：平动≤1.0mm，旋转≤1.0°。如果头动情况超出设定范围，那么该组数据必须被剔除。对于容许的头动范围内数据，仍然需要通过头动校正步骤使其接近理想状态。通常利用最小二乘法原理和含 6 个参数的空间配准，把一个实验序列中的每一帧图像都和这个序列的特定参考图像对齐，以校正头动。特定的参考图像可以由个人指定，一般选取该序列的第一帧图像。

将检测的功能激活区准确地映射到高分辨率的结构图上是 fMRI 可视化的关键，功能激活映射图根本不含任何结构信息，无法和结构图配准，但功能映射图和功能图像可共享同样的坐标系统，故可以先把功能图像与结构图像配准，将得到的变换应用于功能映射图与结构图像之间。把空间校正产生的平均图像或配准好的结构图像与标准结构空间的模板图像（template image）进行配准，配准算法包括一步线性配准、两步线性配准和非线性配准等。例如，一种基于大脑组织（灰质、白质和脑脊液）分割的非线性配准方式——微分同胚解剖配准（diffeomorphic anatomical registration through exponentiated lie algebra，DARTEL）方法就是一种效果较好的方法。这样就可以保证不同样本、不同模态的图像数据在相同的坐标系统进行评价。Talairach and Tournoux 系统是最经典的标准结构系统，数据来自于实体解剖结构，Talairach and Tournoux 系统和 Brodmann's 分区之间的对应关系现在已详知，文献资料十分丰富。加拿大麦吉尔大学蒙特利尔神经病学中心（Montreal Neurological Institute）建立的 MNI 标准脑体系，采用 305 例正常人的 MR 脑扫描，经过映射到 Talairach and Tournoux 空间获得。很多重要的 fMRI 分析工具包如 SPM（statistical parametric mapping）等，其标准模板均采用 MNI 系统。MNI 系统脑模较 Talairach and Tournoux 系统稍大，虽然有的使用者把二者对等使用，但最好采取一定的方法进行坐标变换。

对于硬件不稳及生理运动产生的干扰信号，可以通过平滑消除：空间平滑减小 MR 图像随机噪声，提高信噪比与功能激活数据的检测能力。通过将 fMRI 数据与一个三维高斯函数进行卷积积分形成滤波器，其平滑范围可用高斯核的全宽半高（full width half maximum，FWHM）来表示。理论上高斯核应该与反应区的尺度一样，但要保证高斯核一定大于一个体素的尺度，否则将造成数据再采样，使内在分辨率下降。信噪比较低时，采用较宽的滤波器，检测到的激活区覆盖较大的范围。多样本对比的样本间分析时，FWHM 也要大一些（一般为体素大小的 2~3 倍），以使各样本数据能够投射到共同的功能结构像上，减小样本间差异。滤波器虽然可以有效地滤掉特定频率的噪声，但也会牺牲一部分有用的 BOLD 信号。对于时间序列信号的低频漂移，可以采用与 BOLD 信号波形相似的滤波器，对每个体素的时间序列进行时间平滑。

除以上介绍的预处理外，根据不同的实验设计和要求还会对数据进行去线性漂移、低频滤波（如 0.01~0.1Hz）和去除协变量（头动参数、脑白质、脑脊液以及全脑信号）等处理。

2. 基于数据驱动的数据分析

数据驱动分析方法一般不需要先验知识，可直接挖掘实验数据进而提取有效信息。常用的有主成分分析法、独立成分分析法、模糊聚类分析法等。

　　主成分分析也称主分量分析，是统计学中常用的降维分析方法。其基本思想是把多指标转化为少数几个综合指标（主成分），其中每个主成分都能够反映原始变量的大部分信息，而所含信息又不会重复。这种方法在引进多个变量的同时将复杂因素归结为几个主成分，使问题简单化，同时得到更加科学有效的数据信息。在实际问题研究中，为了全面、系统地分析问题，我们必须考虑众多影响因素。这些涉及的因素一般称为指标，在多元统计分析中也称为变量。因为每个变量都在不同程度上反映了所研究问题的某些信息，并且彼此之间有一定的相关性，所以得到的统计数据反映的信息在一定程度上有重叠。主要的主成分提取方法有特征值分解、奇异值分解、非负矩阵分解等。

　　主成分分析法可视为一种数学变换，它把给定的一组相关变量通过线性变换转换成另一组不相关的变量。最经典的做法就是用选取的第一个线性组合，即第一个变量的方差来表达，即第一变量的方差越大，表示其包含的信息越多。因此，在所有的线性组合中选取的第一变量应该是方差最大的，并称其为第一主成分。如果第一主成分不足以代表原来数据的信息，再考虑选取第二主成分，即选第二个线性组合，为了有效地反映原来的信息，第一主成分已有的信息就不需要再出现在第二主成分中，用数学语言表达就是要求两个主成分的协方差为零。以此类推，可以构造出第三主成分、第四主成分……一般有多少变量就可以构造多少个主成分。

　　独立成分分析（independent component analysis，ICA）法是由盲源分离技术发展而来的一种数据分析方法，用高阶统计量刻画信号统计特性并抑制高斯噪声，从多变量统计数据中寻找未知病理或成分。将独立成分分析得出的成分进行分析，除了有呼吸、心跳等噪声，还可以发现大脑默认网络、注意网络、听觉和视觉等功能网络，可以对这些成分作进一步的研究。ICA 法与其他方法的区别在于，它可以在不需要任何有关时间的先验假设下，有效地分离出各种统计独立且非高斯的功能信号及各类噪声。

　　根据不同的分离标准，ICA 方法可以分为不动点（fixed-point）算法和信息极大化（informax）算法，两种方法都是最小化各成分间的相互信息，信息极大化算法的出发点是极大化信息熵，而不动点是基于负熵的方法。快速定点既能估计次高斯独立成分，又能估计超高斯独立成分，因为每一步迭代都要对输出去相关和单位方差标准化，所以其优化空间相对较小，但是相对于信息极大化算法有较高的时间和空间准确性。

　　根据分离出来的变量是空间独立还是时间独立，ICA 方法还可以分为空间 ICA（spatial ICA，sICA）和时间 ICA（temporal ICA，tICA）。Petersen 等对 sICA 和 tICA 进行了比较，分别运用两种算法来分离独立成分，结果发现 sICA 和 tICA 都能很好地找到任务时间序列相关的独立成分。一般来说，sICA 和 tICA 分别是在一定程度上用时间和空间的独立性换取空间和时间的独立性，相比之下，同步地获取时间和空间的独立性方法可能会提供一个更加真实的模型。

　　但是独立成分分析无法确定成分个数且分离出的各种成分排列不稳定，很难从包含各种噪声成分的独立成分中分离出与试验设计相关的功能信号，并且分离出的成分缺乏生理意义。为了解决成分的排列问题，Youssef 等学者以功能实验设计方案为先验信息，利用典型相关分析实现了对独立成分分析的排序。

　　传统的聚类把每个样本严格地划分到某一类。在模糊聚类中，每个样本不再仅属于某一类，而是以一定的隶属度属于某一类，通过模糊聚类分析（fuzzy clustering analysis，FCA）得到样本属于各个类别的不确定度，这样就能更准确地反映现实世界。

模糊聚类分析法应用最为广泛的是模糊 c 均值算法，它是基于目标函数的一种模糊聚类分析方法，即把问题转化为求解一个带约束的非线性规划问题，通过优化求解获得数据集的模糊划分和聚类。与独立成分分析法相类似，属于同一类的脑区则认为它们之间存在功能连接。

从以上分析方法可以看出，从大脑功能连接角度研究大脑功能整合还存在很多问题。基于种子点的分析，由于依赖于种子点的选择，并且是基于相关概念，信息量提取少，从涉及多个脑区的复杂脑功能连接的研究，以及探索整个大脑的功能连接来看，还有很多不足。而对于独立成分分析法和模糊聚类分析法来说，虽然对整个大脑进行了研究，但是缺乏生理意义，结果很难理解。为了解决这些问题，研究人员从大脑功能整合的另一个方面——有效连接入手展开了相关研究。

3. 基于模型驱动的数据分析

模型驱动分析法通常需要以先验知识为基础，通过假设模型挖掘实验数据的隐藏有效信息。常用的有相关分析、相干分析、一般线性模型、多元自回归模型等。

相关分析法是基于 fMRI 数据分析脑功能连接最简单的方法，于 1993 年由 Bandettini 及其同事提出，它用相关系数来衡量感兴趣区域和其他区域的功能连接，相关系数达到某一阈值时，就认为这两个脑区之间存在功能连接。其计算公式如下

$$c_i = \frac{\sum\limits_{n=1}^{m}(x(n)-\bar{x})(y_i(n)-\bar{y}_i)}{\sqrt{\sum\limits_{n=1}^{m}(x(n)-\bar{x})^2 \sum\limits_{n=1}^{m}(y_i(n)-\bar{y}_i)^2}} \tag{8-4}$$

相关分析法原理简单、计算方便，因此得到了广泛应用，随后要在大脑的每个体素中重复计算来形成明显的激活图。但是，相关分析法也存在一些缺点：相关系数的计算依赖于血液动力响应函数的形式，会受到噪声和心跳的影响，而且相关分析常用于平均值。

相干分析法和相关分析法在原理上相同，它是在频域上描述系统输入或输出两个信号相关程度的实值函数。同样，衡量两个脑区之间功能连接的量为相干系数。常用的一种相干分析法是傅里叶分析法，其相当于将相关分析作傅里叶变换，表达为一系列不同频率、幅值和相位的时间或空间变化的正弦波信号的总和，形成功率谱，成为频域表达原始信号的方式。

傅里叶分析其实就是指两个时间序列之间的交叉谱函数。有研究认为，傅里叶分析检测的是信号中不同频率成分对相关系数的贡献，傅里叶分析对两个信号的振幅和相位都比较敏感，而且使用傅里叶分析处理 fMRI 数据时，时间分辨率低是一个主要问题。

Friston 提出的统计参数映射（statistical parametric mapping，SPM）方法是目前国际上比较公认的一种数据分析方法，并于 1994 年推出第一个软件版本，它结合了一般线性模型和高斯场理论。一般线性模型（general linear model，GLM）研究的是变量之间的相

关性，它检测两个信号之间的线性关系，然后建立模型。如果观测的数据矩阵是 X，则其原理如图 8-7 所示。

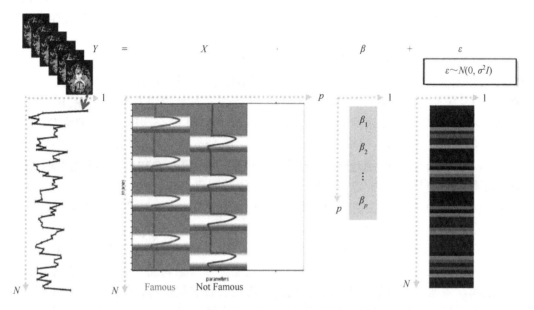

图 8-7　一般线性模型在 fMRI 中的基本原理

（图片来源：Ferrari M，Quaresima V. 2012. A brief review on the history of human functional near-infrared spectroscopy（fNIRS）development and fields of application. Neuroimage，63：921-935）

一般线性模型的作用是为矩阵 X 能与原始数据 Y 最好地匹配找到一系列实验参数。其中，$\varepsilon \sim N(0, \sigma^2 I)$。建立好模型后，对其中的参数进行估计，然后用 t 检验或 f 检验方法对模型进行检验，根据所设置阈值得到与阈值相对应的大脑激活图像，从而判定两个脑区之间是否存在功能连接。这种方法相对于相关分析法有较高的准确性，因此应用广泛。

针对 SEM 模型的缺点，Hrrison 提出用多变量自回归模型来计算 fMRI 数据，正如前面所说，多变量自回归模型（multivariate autoregressive model，MAR）是基于因果分析的。在神经科学中，MAR 模型主要用于 EEG 和 MEG 数据处理，在 fMRI 数据处理中的应用才刚刚起步。MAR 模型与因果分析原理基本相同，只不过将其思想推广到多元的时间序列，用 N 维变量表示 N 个分离的功能区，它用数据表示脑区之间的独立性，并通过预测来评定模型的优劣。MAR 模型描述如下

$$Y = XW + E \tag{8-5}$$

可以用最大似然估计来估计模型中的参数，Penny 等给出用贝叶斯方法估计模型参数及确定模型最佳阶数的方法，可以在贝叶斯方法中用最大似然估计值初始化参数。

8.2.4　fMRI 的典型应用

fMRI 是脑科学以及各国脑研究计划所使用的一种重要的技术手段。其无创地、高空

间分辨率地检测大脑功能活动，使得其在研究大脑功能活动相关的许多领域有着重要的应用价值。利用 fMRI 可以对海马活动进行分析来完成不同恢复机制的生理研究；研究儿童发展期或正常年龄的记忆恢复；研究阿尔茨海默病认知下降率的药物作用等。fMRI 还可以作为一种方法来研究试验后内部因素的变化，如注意力、学习、疾病过程以及生命特征或基因的改变。

fMRI 在视觉研究领域的应用是最早也是最广的。Kwong 和 Goodyear 等分别利用 fMRI 技术研究正常人在不同频率和亮度的视觉刺激下枕叶视皮层的变化时发现：人类视觉皮层的反应在刺激频率为 8~20Hz 时最强，并会随着频率的增大而减小。Kimmig 等设计的眼球追踪装置能记录眼球的快速扫视运动过程。fMRI 结合这种装置的研究发现，不同的眼球运动方式产生的 BOLD 信号完全不同。Tsubota 等对眨眼的处理过程进行 fMRI 研究，发现眨眼过程，特别是眨眼的频率主要由额眶回控制。fMRI 对脑视觉皮层和运动皮层功能区激活模式的研究已有大量报道。Kami 等利用 fMRI 研究序列运动学习对初级运动皮层的影响后发现，在初级的快速学习阶段，初级运动皮层的激活强度逐渐减弱，而在后期的慢速学习阶段，该皮层的激活强度逐渐增强。

大脑其他高级功能的 fMRI 研究主要集中在学习记忆、语言和思维的神经解剖机制。对于记忆的研究发现记忆是人脑的高级功能，分为编码加工、固化、存储和提取 4 个过程，主要有视觉记忆和听觉记忆两种形式。数字记忆时，枕叶视皮质和额叶皮质等多个区域被激活；简体汉字记忆时，激活的主要区域为前额叶皮质、颞叶海马、枕叶和小脑等。

fMRI 的临床应用也是一个研究热点，如神经外科手术中和术前脑功能的定位对手术方案的制定具有重要参考价值，各种重要疾病，如脑卒中、中老年性痴呆、癫痫、药物成瘾等的研究中均应用到了 fMRI 技术。其他如针灸的中枢神经系统机制、特殊人群（盲人和聋哑人等）大脑皮层功能区的功能重建等。以 fMRI 数据构建的脑网络在各种疾病的研究中也越发活跃。现在已有研究发现，阿尔茨海默病的默认模式网络、背侧注意网络、中央执行网络以及突显网络都有部分功能连接发生变化，这表明阿尔茨海默病是一种由于多个脑网络受损引起的神经退行性疾病，这对研究阿尔茨海默病具有重要的意义。精神分裂症是一种严重的精神疾病，特点是出现错觉、幻觉，情感和思维中断，大脑区域之间存在广泛的功能性失连接。到目前为止，fMRI 脑网络的研究已经应用到许多神经认知领域，如注意缺陷抖动障碍、多发性硬化、抑郁症和精神分裂症等，且得到了有用的结论。大多数功能连接改变集中在默认模式网络，而且在肌萎缩性脊髓侧索硬化中发现不仅在默认模式网络功能连接发生了变化，而且在其他的静息态网络也发生了一定的变化。

8.3　扩散磁共振成像

扩散磁共振成像（diffusional MRI，dMRI）技术发展相对较晚，1982 年曼斯菲尔德建议把脉冲扩散梯度实验与傅里叶变换结合起来，并证明了该方法在理论上的可行性。在实验中，Wesbey 等做出了实现扩散磁共振成像的开创性工作。在此之后，众多科研人员将扩散磁共振成像广泛应用于临床实验和科学研究，特别是在神经系统的疾病研究当中。扩散磁共振成像以生物组织中水分子的随机扩散运动为物理基础，通过研究水分子的扩散运动特征来获得局部组织微观环境的几何特征，然后将这些特征信息提取并重建，最终通过可视化的形式来展示微观结构。扩散磁共振成像能够做到非侵入地显示大脑不同部位的连接情况，开创了功能性神经影像领域的新时代，在过去十年，扩散磁共振成像的发展在神经科学与临床相结合的领域取得了重大突破。如今，扩散磁共振成像主要应用于神经科学以及与其相关的临床领域，如神经学、神经外科，甚至在精神病学中都具有比较重要的应用价值。

8.3.1　dMRI 的基本原理

1. 扩散现象的物理描述

扩散是一种常见的自然现象，它是质量传递的一种基本方式，任何分子都会进行扩散运动。分子的扩散是指微观分子的随机不规则热运动，也就是通常熟知的布朗运动。这是一种物理现象，其能量来源为分子所具有的内在热能。扩散现象是人体一种重要的生理活动，同时是体内的物质转运方式之一。在溶液中，影响分子扩散快慢的因素主要有分子的重量、黏滞性和温度。在经典的物理学中用于描述扩散现象的有费克（Fick）第一定律、费克第二定律和爱因斯坦方程等几个重要定律。

首先，介绍费克第一定律

$$j_n = -D\nabla n \tag{8-6}$$

在扩散物质的浓度不高时，扩散分子流（分子流是指单位时间内通过单位面积的分子数）与分子浓度 n 的梯度成正比，D 是扩散系数，负号表示从浓度高的部分指向浓度较低的部分。

其次，在经典物理学中较为重要的定律是费克第二定律。在实际应用中，通常采用式（8-7）的散度与连续性方程

$$\nabla \cdot j_n + \frac{\partial n}{\partial t} = 0 \tag{8-7}$$

并结合得到下面的扩散方程

$$\frac{\partial n}{\partial t} = -\nabla \cdot j_n = \nabla \cdot (D\nabla n) = D\nabla^2 n \tag{8-8}$$

式（8-8）称为费克第二定律。对于一维扩散的情况，一个常用的解形式为

$$n(x,t) = \frac{N}{2\sqrt{\pi Dt}} e^{-\frac{x^2}{4Dt}} \tag{8-9}$$

可以看到，上面所表示的扩散分子概率分布满足高斯分布的形式。

对于一个分子，这种随机扩散过程会随着时间的推移产生一个净位移，如果考虑有大量的分子存在，则产生的净位移呈现出随机分布的现象。在时间间隔 t 内一个分子移动距

离为 r 的概率可以计算出来。对于简单液体，它呈现为高斯分布，可以通过式（8-9）计算得到位移的平均值为 0，各个方向上的位移概率值是相等的。分子位移的均方根与扩散时间 t 成正比，下面的式子给出的就是著名的爱因斯坦方程。

一维自由扩散

$$\overline{x^2} = 2Dt \tag{8-10}$$

三维自由扩散

$$\overline{r^2} = 6Dt \tag{8-11}$$

其中，比例系数 D 是扩散系数，它反映的是分子的流动性特征；t 是扩散时间。爱因斯坦方程与费克定律是等价的，前者在磁共振成像上使用更为方便。爱因斯坦方程表示分子从原点开始的扩散位移会随着扩散时间平方根相应地增加，如图 8-8 所示。我们以水为例，水分子在 25℃时的扩散系数为 0.2μm/ms，这表明水分子在 100ms 的时间内的位移的标准偏差为 20μm，也就意味着，32%的水分子扩散产生大于 20μm 的位移，有 5%的水分子产生 40μm 甚至更大的位移。

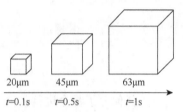

图 8-8　分子布朗运动扩散图，扩散体随着扩散时间而增大

2. 生物组织中的扩散现象

分子的扩散现象是生物组织中的分子携带部分热能而导致的随机平移运动的结果。在自由媒介中，在给定时间内分子的扩散概率分布服从三维正态分布，即分子在空间随机运动的轨迹长度可以用一个扩散系数表示。当介质中有妨碍分子自由穿越的分界面时，分子的扩散是受到限制的。当测量的时间很短时，大部分的分子没有足够的时间到达分界面，此时，大部分分子的行为可以认为是自由扩散。然而随着扩散时间的增加，越来越多的分子将会到达分界面，并被反射回介质中，其扩散距离就不再像自由扩散中那样表示了，这时测得的表观扩散系数会逐渐减小为 0。对于限制性扩散，由于组织结构不同，限制水分子扩散运动的阻碍物的排列和分布也不同，水分子的扩散在各方向受到的限制可能是对称的，也可能是不对称的。如果水分子在各方向的受限扩散是对称的，则称为各向同性扩散（isotropic diffusion）；如果水分子在各方向上的受限扩散是不对称的，则称为各向异性扩散（anisotropic diffusion）。各向异性扩散现象在人体组织中普遍存在，其中最典型的结构就是脑白质神经纤维束。水分子在神经纤维长轴方向上的扩散运动是相对比较自由的，而在垂直于神经纤维长轴的各方向上，水分子的扩散运动明显会受到细胞膜和髓鞘的阻挡，导致水分子的扩散运动受到不同程度的限制，图 8-9 显示了水分子自由扩散和受限扩散位移（图中用 x 表示）与扩散时间（time of diffusion，Td）的关系。

扩散运动是一个三维分布的运动体系。水分子的流动性在各个方向上不尽相同。各向异性的原因可能是介质微结构单元的物理排列或者有限制扩散的障碍存在。但是需要注意

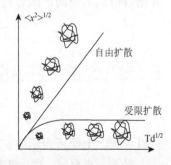

图 8-9　自由扩散与受限扩散

的是，各向异性并不包括受限扩散，在分子水平上各向异性扩散的结构在微观水平上是各向同性的。

8.3.2　dMRI 的数据采集

1. 扩散成像自旋回波序列

1965 年 Stejskal 和 Tanner 提出了脉冲梯度磁场自旋回波技术。之后，Bihan 等在 1986 年将扩散加权成像技术引入到临床应用中，使扩散加权成像技术渐渐成为神经影像学领域中最为重要的工具之一。目前，应用于磁共振扩散张量成像的脉冲序列很多，如梯度回波（gradient echo，GRE）脉冲序列、自旋回波（spin echo，SE）脉冲序列、快速自旋回波（fast spin-echo，FSE）、平面回波成像（echo planar imaging，EPI）脉冲序列以及它们的混合序列，如 SE-EPI 等。

SE 扩散脉冲序列如图 8-10 所示，它在传统的 SE 脉冲序列的基础上，在频率编码的 G_x 轴方向上插入两个附加的等同的梯度，这两个等同的具有短而强优点的脉冲梯度施加在重聚焦脉冲两侧，它们对扩散运动是十分敏感的，这两个脉冲梯度称为扩散敏感梯度，用 G_d 表示。δ 为扩散脉冲梯度持续的时间，Δ 表示两次扩散脉冲梯度的间隔时间。

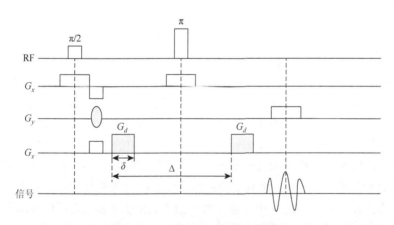

图 8-10　自旋回波扩散脉冲序列图

SE 扩散脉冲序列对水分子的微观运动更为敏感，同时对体运动诸如与心跳有关的脉动、不自主的抽动等也十分敏感。因此，此脉冲序列要求成像对象固定不动，同时要求成像系统必须非常稳定，否则会使得图像产生明显的伪影，影响图像质量。

EPI 是 Turner 于 1990 年提出的，它是通过一次射频脉冲激发采集所有成像需要的数据，通过读取轴上快速切换到梯度场的方向来完成相位编码。由于 EPI 扫描速度快，时间分辨率高，所以它能够很好地解决上述 SE 扩散脉冲序列所遇到的问题。图 8-11 为扩散加权 SE-EPI 序列。

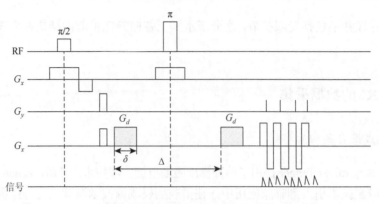

图 8-11　扩散加权 SE-EPI 序列图

2. 扩散敏感因子

扩散引起的磁共振信号的衰减量是依赖于扩散敏感因子 b 和扩散系数 D 的。在实际磁共振信号的采集过程中，扩散敏感因子 b 是由作为已知条件的扩散敏感梯度决定的因子。因此，想要精确地测量扩散系数 D，必须选择恰当的扩散敏感因子 b。

MR 各种成像序列对扩散运动的敏感程度是不同的，扩散敏感因子 b 是对扩散运动能力检测的一个有效指标。b 值与施加的扩散敏感梯度的场强、施加的梯度场持续的时间以及两个梯度场间隔的时间相关

$$b = \gamma^2 G^2 \delta^2 \left(\Delta - \frac{\delta}{3} \right) \tag{8-12}$$

其中，γ 是旋磁比；G 为梯度磁场强度；δ 是梯度磁场施加的时间，表示两个梯度磁场间隔的时间；b 的单位为 s/mm^2。b 值越高表示对水分子的随机扩散运动越敏感。b 值增高也伴随着一些不好的情况出现：组织信号衰减更为明显；增高的 b 值必然会延长 TE，从而会造成图像的信噪比降低等不良影响。较小的 b 值可得到较高质量的图像，但对水分子随机扩散运动的检测并不敏感。因此，b 值在磁共振成像中的选择十分重要，在临床上要根据设备条件、选用的序列和临床目的不同，适当调整 b 值的大小。小 b 值，水分子的扩散主要表现为高斯现象；大 b 值，水分子的扩散主要表现为非高斯现象。因此，在利用扩散磁共振技术对大脑进行成像时，小 b 值（通常指 b 值低于 800）灰质信号高于白质，当 b 值为 1000～2000 时，灰质、白质信号的对比情况是大致相同的，当 b 值大于 3000 时，图像信噪比有明显下降的趋势。

3. 扩散敏感梯度方向

单次扩散加权信号的采集具有一定的方向性，通过施加扩散敏感梯度方向 G_d，组织内水分子的运动在该方向上更为敏感。采集得到的信号反应的是水分子沿 G_d 方向的扩散特性，进而反应组织结构在 G_d 方向的信息。为了重建完整的生物组织的复杂结构，一般在同一个扩散敏感因子下进行多个方向的磁敏感梯度编码，且所有方向为均匀覆盖半球空间或者全空间的正 N 面体的重锤线。常用的方向数有 3、6、20、30、64、128，

甚至 256 等。图 8-12 所示为从两个方向采集得到的大脑图像，在胼胝体位置展现了较大的信号差异。这是由于胼胝体是一个各向异性结构较高的部位，内部神经纤维沿一个方向。所以在沿着神经纤维的方向，水分子的扩散受阻情况比垂直于神经纤维的方向更小。正是这种扩散敏感梯度方向的空间编码，才能够准确重建出组织内部复杂结构的方向信息。

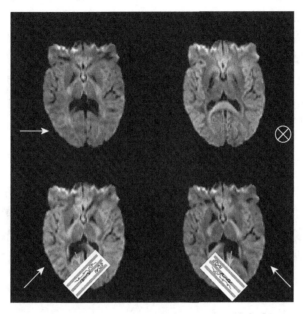

图 8-12　不同扩散敏感梯度方向下得到的扩散加权图像

4. 扩散加权成像

扩散加权成像（diffusion weighted imaging，DWI）是一种测量自旋质子的微观随机位移运动的新技术。目前在活体中主要是测量水分子的运动，其图像对比度主要依赖于水分子的位移运动，并不是溶液中的内容物。扩散加权成像是一种基于组织中水分子无序扩散运动快慢状态信息，将不同组织中水分子的扩散能力的差异转化为图像的灰度信号或者其他参数值的成像方式。值得注意的是，扩散加权成像的基础就是水分子所在的组织不同，即所处的微环境不同导致其扩散能力也会有所不同，例如，脑脊液中水分子的扩散能力比脑灰质的水分子扩散能力强很多。

进行扩散加权成像时，在常规 MRI 序列中加入两个巨大的对称的扩散梯度。在对称的梯度磁场中静止的自旋相位最终完全重聚，而运动的自旋都会产生失相位效应，无规律的扩散运动会造成体素内自旋质子间去相位，单个体素的磁化矢量减少，所产生的磁共振信号幅度相应减小。所以在较强的扩散梯度作用下，扩散系数越大的组织其信号越弱，随着扩散梯度的增加，不同组织的扩散信号变化越来越明显。最早用于 DWI 成像的序列是由 Stejskal 等于 1965 年提出的自旋回波成对梯度序列。由于 DWI 成像序列对微米级扩散现象比较敏感，对宏观运动也就更敏感，因此，要求所采用序列既要克服宏观运动的影响又要保留对微观运动的敏感性，尽量消除如呼吸、心跳等生理运动对成像的影响。目前最常用的 DWI 扫描序列是单次激发自旋回波序列 EPI（single shot SE EPI）。DWI 最早用于脑缺血的急性期及超急性期的诊断及对其他疾病的鉴别诊断，且显示出了明显的优势，后来逐步应用于其他疾病，如脑肿瘤性病变、肿瘤、感染及脱髓鞘性疾病，现已经可以诊断全身各系统的肿瘤性病变、肿瘤、感染疾病。该方法在肿瘤鉴别诊断及其范围确定方面明显优于传统方法，且为临床治疗提供了重要的参考信息。

在扩散加权成像中，扩散敏感因子 b 值是反映与散梯度的强度、时间和间隔相关的参数，具有较大扩散敏感因子 b 值的脉冲序列具有较强的扩散加权。

水分子的扩散运动特性可以用扩散敏感梯度方向上的表观扩散系数（apparent diffusion coefficient，ADC）表示，之所以加上"表观"二字是由于影响水分子随机运动和非随机运动的全部因素都被叠加成一个可以测量和观察的值。表观扩散系数可以由下式确定

$$ADC = \ln(S_2 / S_1)(b_1 - b_2) \tag{8-13}$$

其中，S_2 和 S_1 代表两个扩散加权成像的信号强度；b_1 和 b_2 代表两个扩散加权成像的扩散敏感因子。可以通过使用不同 b 值的序列，根据每个像素内对应的扩散加权信号强度计算出每个像素对应的扩散系数 D，以 D 为图像信号强度的图像称为扩散系数图像，扩散系数的计算需要至少两幅扩散加权图像。在扩散系数图上，组织的扩散系数 D 越大，其在图像上的信号越强。

8.3.3　dMRI 的高斯重建模型

1. 扩散张量成像

作为一种新兴的成像技术，磁共振扩散张量成像（diffusion tensor imaging，DTI）是通过反映大脑内部水分子的扩散特性来探究脑组织结构特点的医学成像技术手段，它是目前在医学成像领域唯一能够显示活体大脑神经纤维特性的技术。因此，扩散张量成像方式具有非常显著的应用前景，并且逐渐成为国内外研究学者关注的热点和焦点。当对不均匀的生物组织介质进行磁共振成像时，测得的 ADC 值依赖于组织微观动力学和微观结构以及梯度脉冲参数。在一些不均质的介质（如灰质）中，ADC 值与扩散敏感梯度的取向无关，扩散运动表现为各向同性。相反，在另外一些非均质介质，如脑白质中，ADC 值依赖于扩散敏感梯度的方向，因此扩散表现为各向异性。ADC 值依赖于纤维束轴的方向与附加扩散梯度之间的夹角大小。当扩散敏感梯度和纤维束方向平行时测得的 ADC 值最大，当扩散敏感梯度方向与纤维束的方向垂直时得到的 ADC 值最小。对各向异性介质，在普通的 ADC 图像中，由于 ADC 值比较接近，灰质与白质之间并不能形成明显对比，即灰质、白质不能被区分开来，因此要真正区分灰质、白质，直接评价各向异性扩散的影响，并利用由此所得的信息构建白质纤维走行方向的模式图或评价各向异性的程度，必须在超过三个方向上施加扩散敏感梯度以确定整体扩散张量，从中获

取数据计算各向异性的方向和程度，通过与正常脑组织扩散各向异性值相比较来得到病变组织损伤程度的信息。当然，扩散敏感梯度的方向越多，获取的成像数据就越准确，尤其在对那些纤维束交叉区域和其他非均质结构进行观察时就更是这样。考虑到在每个方向上数据的计算并没必要采用不同的 b 值，因此通常情况下选取两个 b 值，其一是用于消除图像中 T2 成分干扰的 $b_0=0$，其二是 $b=1000\sim1500$。以上所描述的成像方式就是磁共振扩散张量成像。

2. 扩散张量与扩散椭球

DTI 利用多个扩散敏感梯度从多个方向对水分子的扩散进行测量，其模型的假设前提是生物组织内水分子的扩散运动满足高斯分布。从数学的角度来讲，这种分布可以用二阶张量，即一个 3×3 的对称矩阵 D 来描述，且满足

$$S_k = S_0 \mathrm{e}^{-bg_k^{\mathrm{T}}Dg_k}, \quad k=1,2,\cdots,N \tag{8-14}$$

$$D = \begin{bmatrix} D_{xx} & D_{xy} & D_{xz} \\ D_{yx} & D_{yy} & D_{yz} \\ D_{zx} & D_{zy} & D_{zz} \end{bmatrix}$$

$$g = (g_x, g_y, g_z)^{\mathrm{T}} = \frac{G}{|G|}$$

其中，S_k 为施加扩散敏感梯度脉冲 g 后所对应的信号；S_0 为不施加扩散敏感梯度脉冲的用于参考的磁共振信号；N 为所加的扩散敏感梯度脉冲的数量；D 为扩散张量矩阵。D 存在 6 个独立元素，因此要获得扩散张量 D，至少需要六个非共面的梯度磁场编码方向，即 $N\geqslant6$。再加上一个不施加扩散敏感梯度脉冲的 MR 参考值 S_0，所以 DTI 数据采集至少需要 7 次扫描。DTI 模型的经典方程为

$$\ln(S_k) = \ln(S_0) - bg_k^{\mathrm{T}}Dg_k \text{ 或 } \ln(S_k) = \ln(S_0) - bD_{\mathrm{app}}, \quad k=1,2,\cdots,N \tag{8-15}$$

其中，D_{app} 为表观扩散系数，且

$$D_{\mathrm{app}} = g_k^{\mathrm{T}}Dg_k = Dg_k^2, \quad k=1,2,\cdots,N \tag{8-16}$$

得到扩散张量后，对张量 D 对角化，得到特征值和特征向量

$$D = (e_1, e_2, e_3) \begin{pmatrix} \lambda_1 & 0 & 0 \\ 0 & \lambda_2 & 0 \\ 0 & 0 & \lambda_3 \end{pmatrix} (e_1, e_2, e_3)^{\mathrm{T}} \tag{8-17}$$

其中，$e_i(i=l,2,3)$ 表示扩散张量矩阵 D 的特征值以及与扩散张量特征值相对应的特征向量。最大的特征值为扩散张量的主特征值，而与主特征值相对应的特征向量 e_1 称为扩散张量的主特征向量，也就是生物组织中水分子的主要扩散方向。扩散张量的扩散特性可通过椭球体来对其进行三维描述。椭球体的形状是由它的三个轴决定的，给定三个轴的大小与方向就可完全确定一个椭球。扩散张量的特征向量提供了椭球的三个轴的方向信息，而与特征向量相对应的特征值大小则提供椭球的轴长的信息。扩散椭球与扩散张量的关系如图 8-13 所示。

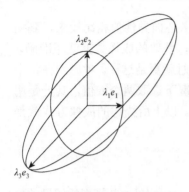

图 8-13　扩散椭球与其对应的扩散张量特征值、特征向量的关系

当 $\lambda_1 = \lambda_2 = \lambda_3$ 时，椭球变为球体，这表示各个方向扩散能力完全相同，脑脊液以及一些灰质内的水分子扩散一般属于这种情况。当 $\lambda_1 = \lambda_2 \gg \lambda_3$ 时，椭球变成圆饼状，这表示扩散主要集中在由 e_1 与 e_2 所张成的平面内，而垂直于该平面方向上的扩散能力很弱，在一些纤维交叉的区域的水分子扩散一般属于这种情况。当 $\lambda_1 \gg \lambda_2 = \lambda_3$ 时，椭球变为纺锤状，这表示扩散主要集中在 e_1 方向上，而在垂直于 e_1 的任意方向上只有很小部分的扩散存在，在那些纤维排列方向一致的白质区域内的水分子的扩散一般表现为这种情况。

3. 量化参数及生理意义

为了区分扩散的各向异性程度，科研人员曾经提出了一些各向异性参数，如在两个正交方向得到的两个 ADC 的比值等。但是这些参数都是非量化的，而且由于各向异性的程度会随着硬件梯度和所选取坐标系的改变而改变，结果会被过低估计。为避免这类偏差，需要使用不变量参数来提供一个客观的、内在的且具有旋转不变性的结构信息。这个不变量参数由对角化的扩散张量联合组成，也就是说，由特征值 λ_1、λ_2 和 λ_3 组成。最常用的不变量参数有平均扩散率（mean diffusivity，MD）、分数各向异性（fractional anisotropy，FA）、相对各向异性（relative anisotropy，RA）等，其定义式分别为

$$MD = \frac{\lambda_1 + \lambda_2 + \lambda_3}{3} \tag{8-18}$$

$$FA = \frac{\sqrt{3(\lambda_1 - \lambda_2)^2 + 3(\lambda_2 - \lambda_3)^2 + 3(\lambda_1 - \lambda_3)^2}}{\sqrt{2(\lambda_1^2 + \lambda_2^2 + \lambda_3^2)}} \tag{8-19}$$

$$RA = \frac{\sqrt{(\lambda_1 - \langle\lambda\rangle)^2 + (\lambda_2 - \langle\lambda\rangle)^2 + (\lambda_3 - \langle\lambda\rangle)^2}}{\langle\lambda\rangle} \tag{8-20}$$

其中，$\langle\lambda\rangle$ 是矩阵迹的 1/3。FA 测量的是由于各向异性所致的扩散张量的分量，RA 代表扩散张量的各向异性部分与各向同性部分的比值。FA 和 RA 的值都是标准化的，因此它们的值都为 0～1。如果某点的 FA 或 RA 值为 0，则意味着这个点是各向同性的，值越接近 1 则意味着这个点的各向异性程度越大。FA 图是 DTI 最常用的图，以 FA 值为图像信号强度可以得到 FA 图，直接反映各向异性的程度，间接反映组织水分子扩散的快慢。因此，扩散速率越快，FA 值越大，FA 图信号越强，灰度越高。在 FA 图中，脑白质各向异性最高为亮信号，而脑脊液各向异性最低为低信号。而在 ADC 图中，信号强度与 ADC 值正相关，如脑脊液为高信号，而脑白质为低信号，与 FA 图信号正好相反。临床上 ADC 图常与 FA 图联合使用。

另外，彩色编码的 FA 图像也是一种常用的图像显示方法。彩色编码 FA 图是在 FA 图的基础上，用特征向量的三个方向对图像进行彩色编码，其中特征向量的三个方向分量分别代表彩色图像的 R、G、B 三种元素，R 代表红色，G 代表绿色，B 代表蓝色，

如图 8-14 所示。这样，我们可以根据图像的色彩辨别出结构的方向。图 8-14 是人脑的 FA 图像和彩色编码的 FA 图像。

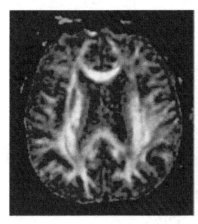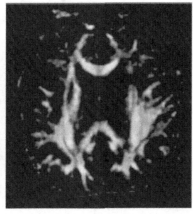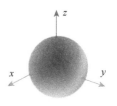

图 8-14　人脑 FA 图像和彩色编码 FA 图像

（图片来源：Johansen-Berg H，Behrens T E. 2013. Diffusion MRI：From Quantitative Measurement to in Vivo Neuroanatomy. Academic Press）

8.3.4　dMRI 的其他重建模型

虽然空间高密度的采集能获得高精度，然而这样做的效率太低，代价太大，没有实际操作的可行性。因此，以各种模型为基础的不同空间采集方式应运而生，实现了对空间扩散信号的完美重建。如图 8-15 所示，其中图 8-15（b）为 DTI 的基本采样方式，单壳低角度分辨率的采集；图 8-15（c）为单壳高角度分辨率的采集，及高角度分辨率扩散成像（high angular resolution diffusion imaging，HARDI）；图 8-15（d）是多壳低角度分辨率的采集，以扩散峭度成像（diffusion kurtosis imaging，DKI）为代表；图 8-15（e）是多壳高角度分辨率的采集，具有一定的空间编码排布方式，以扩散谱成像（diffusion spectrum imaging，DSI）为代表。

1. 高角度分辨率扩散成像

扩散张量成像这种成像手段在局部几何图形非常复杂的情况下成像能力较差，例如，对生物体中纤维的交叉与分叉，扩散张量成像就不能很清晰、准确地反映这类信息。高角分辨率扩散成像能够解决这一问题，而且已经有很多人都对 HARDI 作了不同方面的研究，Tuch 等在 1999 年就 HARDI 数据的获得与处理给出了初步的成果，在 2002 年，Frank 等利用 HARDI 数据的球形谐波展开对扩散率剖面图的局部几何特性进行了描述。

扩散张量成像中的数据模型是通过扩散张量建立的，扩散张量成像的表观扩散系数是一个包含张量的二次方程，扩散位移概率分布函数是一个高斯分布，伴随一个等同于逆向张量常数倍的协方差矩阵。与扩散张量成像不同的是，对高角度分辨率扩散成像的数据结构而言，我们既不模拟扩散率也不模拟位移概率分布函数，取而代之，我们模拟

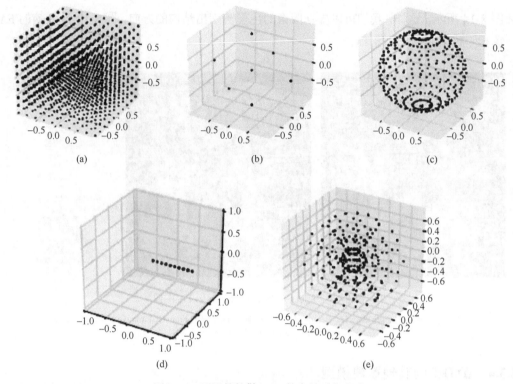

图 8-15　不同的扩散 MRI 的空间采集方式

（图片来源：Xu L，Wang B，Xu G，et al. 2017. Functional connectivity analysis using fNIRS in healthy subjects during prolonged simulated driving. Neuroscience Letters，640：21-28）

的是扩散方向分布函数。HARDI 的优势是其本身并不依赖于任何一种特定的扩散模型，相比于 DTI 采集方向比较少的临床采集方式，HARDI 通过多个空间采集方向来判断扩散是否为各向异性，充分发挥了磁共振成像空间分辨率高这一特点。HARDI 的缺点是它不能描述扩散的结构特性，此外，对个体差异反应比较敏感。

2. 扩散峰度成像

在扩散张量成像中，根据 Stejskal-Tanner 方程，信号被认为是单指数衰减的。近年来，大量的动物和人的磁共振实验数据表明,扩散张量的高斯扩散模型与组织中水分子扩散的实际情况并不完全相符。于是科研人员开始对组织中的扩散现象进行了更进一步的研究，一些非高斯扩散模型逐渐得到认可，其中，扩散峭度成像的非高斯扩散模型是最流行的模型之一。扩散峭度成像是在扩散张量成像的基础上发展而来的一种新兴的技术，扩散峭度可以对组织中水分子扩散偏离高斯扩散的程度进行量化。峭度是描述分布形态陡缓程度的一个数学参数，峭度的值为 0 时为正态分布；当峭度的值大于 0 时，分布形态比正态分布陡峭；峭度小于 0 时，分布形态比正态分布平坦。在没有阻碍的情况下，介质中水分子的扩散形式遵循高斯分布。然而，人体的复杂组织结构能够导致水分子扩散位移概率分布实际上偏离正态分布。而超值峭度（excess kurtosis）则正好能够量化这一偏离程度。超值峭

度（以下简称峭度）可视为衡量组织结构复杂性的一种度量。Jensen 等得到的扩散峭度的计算式为

$$S_{\text{exp}} = S_0 \exp\left(-bD_{\text{app}} + \frac{1}{6}b^2 D_{\text{app}}^2 K_{\text{app}}\right) \tag{8-21}$$

其中，D_{app} 是某个方向的表观扩散系数；K_{app} 是沿某个方向的表观扩散峭度；b 是扩散敏感因子。

扩散峭度成像以四阶峭度为模型基础，拟合组织中真实的水分子的扩散行为，相比于传统的以高斯分布为假设前提的扩散张量成像，利用扩散峭度成像模型能够解决纤维交叉等处的成像和病变分析等难题。目前，扩散峭度成像已经用于脑外损伤、肿瘤以及神经退行性疾病的研究中。图 8-16 展示了 40 岁创伤性脑损伤男性通过传统的采集方式和扩散峭度成像得到的参数图像对比，可以看到平均峭度（MK）图像能够更为敏感准确地定位脑损伤部位。

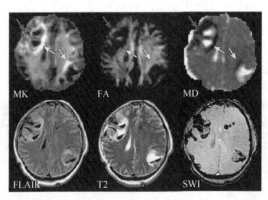

图 8-16　40 岁创伤性脑损伤男性传统的采集方式和扩散峭度成像得到的参数图像对比

3. 扩散谱成像

最近十多年间，DTI 被广泛应用于描绘心肌、骨骼肌的纤维和大脑中的白质纤维连接特征及分析生理功能的动力学特征等研究中。值得强调的就是在神经科学领域，DTI 成功揭示并描绘出白质纤维的走向和神经细胞间的结构、功能等连接关系。尽管取得了巨大的成功，但是基于水分子扩散高斯分布假设的扩散张量重建算法还存在明显的理论缺陷。DTI 假设每个体素内只有一个高斯扩散小房室，水分子扩散引起的信号衰减符合单指数衰减特征。由于 MRI 空间分辨力的限制，单一体素内可能存在纤维束交叉、弯曲或者缠绕等复杂情况，甚至可能存在不同的组织类型（如灰质和白质）混合在一起的情况，当然在某些体素内不可避免地也会产生部分容积效应。此时单个体素内由于有多种成分和多种纤维走向存在，各自的扩散方向和扩散系数大小是不一样的。因此，信号不再单一地遵循单指数衰减，式（8-21）不再适用于评价这样的体素。后来，Wedeen 等学者通过引入概率密度函数来描述每个体素内水分子的扩散行为，有效地弥补了运用扩散张量算法的不足。在给定扩散时间间隔 Δ 内，磁共振信号与体素内移相的平均值成正比，可以根据改进的 Stejskal-Tanner 公式获得回波信号强度的算法

$$S_\Delta = S_0 \langle e^{i\Phi} \rangle \tag{8-22}$$

在实际应用中，通过排除头动等人为因素引起的相位变化，将磁共振信号的模量进行傅里叶变换重建扩散谱，可以得到

$$p_\Delta(r) = S_0^{-1}(2\pi)^{-3} \int \left| S_\Delta(q) e^{-iq \cdot r} \right| d^3 q \tag{8-23}$$

通过施加不同方向和强度的扩散梯度，可以运用式（8-23）获得扩散谱较为精确的空间信息，从而获得组织微观环境的几何特征。以上就是扩散谱成像（diffusion spectrum magnetic resonance imaging，DSI）的基本原理。

与传统的扩散张量成像相比，DSI 具有更加精确的空间分辨能力。基于 DSI 的纤维跟踪技术成为中等尺度结构解析的重要工具，图 8-17 显示了运用扩散谱成像方式进行纤维跟踪的结果，它在微观尺度和宏观尺度之间架起了桥梁，为进一步探知和整合细胞水平以及亚细胞水平的多尺度分析研究提供了可能。扩散谱成像弥补了扩散张量成像的不足，为辨别局部复杂交错的纤维走向提供了精确合理的解决方案，但是扩散谱成像也有一定的限制，如需要高场强设备的硬件设施和较长的扫描时间。随着成像方法的逐渐进步和高场强设备在世界范围内的普及，可以预见，磁共振扩散成像涉及的领域无一例外地都将成为扩散谱成像大显身手的舞台。人类将从扩散谱成像的医疗实践中广泛受益，最终，扩散谱成像本身的价值和意义会得以实现。

图 8-17　扩散谱成像大脑的纤维跟踪

（图片来源：Foy H J，Runham P，Chapman P. 2016. Prefrontal cortex activation and young driver behaviour: A fNIRS study. PLoS One，11：e0156512）

4. 神经突方向色散和密度成像

神经突方向色散和密度成像（neurite orientation dispersion and density imaging，NODDI）方式是用实际的扩散磁共振成像技术评价体内树突和轴突的显微结构的复杂性的临床磁共振扫描方式。神经树突和轴突显微结构的某些参数能够提供更具体的脑组织信息，如神经突的微观结构与扩散张量成像相比得到的标准参数——分数各向异性（FA）。

依据扩散的快慢可分为快的和慢的，分别对应细胞内外扩散。由此需要把体素内的扩散分为多个隔室，分析隔室的扩散。通过多隔室或多组分的模型分析，可以获得如灌注水平、真实扩散，甚至反应突触密度等参数。这些参数指标的对应关系为全脑的临床磁共振扫描技术带来了新的机遇与发展前景，有助于人类更好地理解大脑发育与疾病诊断。

神经突方向色散和密度成像模型接受三种不同种类的微观组织环境，其中包括细胞内组织、细胞外组织以及脑脊液成分。在三个不同的微观环境中，水分子都有其独特的扩散方式并且产生一个独特的标准化的磁共振信号。完整的标准化信号 A 可以写成

$$A = (1 - V_{iso})(V_{ic} A_{ic} + (1 - V_{ic}) A_{ec}) + V_{iso} A_{iso} \tag{8-24}$$

其中，A_{ic} 和 V_{ic} 代表细胞内的标准化信号以及细胞内的容积百分比；A_{ec} 是细胞外标准化信号；A_{iso} 和 V_{iso} 代表脑脊液成分的标准化信号以及脑脊液成分的细胞内容积百分比。图 8-18 显示的是 RGB 编码后的主要色散方向 μ 的图像和 FA、方向色散系数 OD、细胞内的容积百分比、各向同性容积百分比 V_{iso} 的图像。

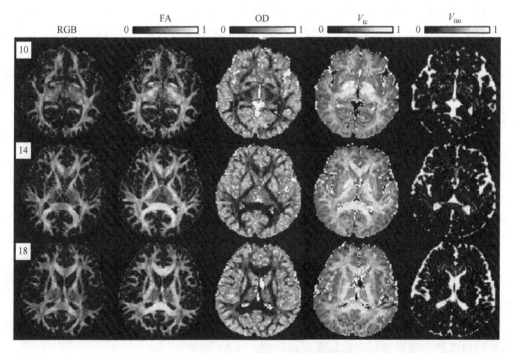

图 8-18　RGB 编码后的主要色散方向 μ 的图像和 FA、方向色散系数 OD、细胞内容积百分比、
各向同性容积百分比的图像

（图片来源：Zhang H，Schneider T，Wheeler-Kingshott C A，et al. 2012. NODDI：Practical in vivo neurite orientation dispersion and density imaging of the human brain. NeuroImage，61：1000-1016）

8.4　光学神经成像

神经成像包括结构成像和功能成像，前者用于探测神经结构信息，从而为一些脑疾病（如脑肿瘤、脑外伤、脑血栓等）的诊断提供帮助；而后者则用来展现脑在进行某种任务

（包括感觉、运动、认知等功能）时的代谢活动。通过神经成像可以了解神经元的功能状态、神经元间的传递关系、大脑在完成某些特定功能活动时神经簇的功能变化以及神经簇间的相互联系，故神经成像技术对时间、空间分辨率要求较高。而光学成像手段具有实时、高分辨率、无损、多参数检测等特点，在神经元（分子与细胞水平）、神经元网络、特定皮层功能构筑、系统与行为的神经功能分析等方面具有显著优势。目前主流的光学神经成像有光子激发荧光显微成像、内源光信号成像、激光散斑成像和近红外光成像原理，及其结合光学分子标记和微电极阵列技术等。

本节将阐述光学成像技术在神经元、神经元网络、特定脑皮层功能构筑以及系统与行为等不同层次的神经信息处理，为揭示神经信号传导、神经网络信息加工处理等提供重要的理论依据，促进脑科学研究的进一步发展。

8.4.1　神经元活动的光学成像

对于神经元活动研究，电生理技术是最为传统的方法，如膜片钳技术，可直接测量神经元的电活动过程，但该方法对神经元活动长时间观察存在局限，且易造成损伤。而多光子荧光显微（multi-photon fluorescence microscopy）成像技术可解决上述难题，它具有三个显著优势：空间分辨率高、穿透能力强、光毒性小。同时，该技术可对神经信号传导机制进行分子和细胞水平的研究。目前，多光子荧光显微镜已在生命科学领域及医学领域得到了广泛应用，如树突活动机制、突触间信息传导及神经元信息处理过程等研究。

多光子荧光显微成像原理是采用非线性光学效应中的多光子吸收现象，其中，以双光子荧光成像技术的应用最为广泛。早在 1931 年，Goeppert-Mayer（1963 年诺贝尔奖获得者）就已经预测到了多光子吸收现象，即多个光子同时被吸收，物质从基态跃迁到激发态，而仅仅经过虚设的中间状态。直至 30 年后激光器的诞生，Franken 等用实验的方式证实了双光子吸收现象，并将其应用到分子光谱的测量中。1990 年，美国研究人员 Denk 等首次将双光子激发荧光与显微成像技术相结合，开创了荧光显微镜的先河，多光子吸收也开始迈入生物医学领域。与传统的光学成像方法相比，多光子荧光显微成像具有如下优势。

（1）多光子荧光显微成像是一种非侵入式成像技术，无须任何荧光染料探针，仅利用生物组织的内源信号，降低了对生物组织机能的影响。

（2）利用红光或红外光的激发光源，光的散射程度小，深层成像的信噪比好，光毒性和光漂白度低，可对神经细胞实现无损监测。

（3）具有较高的空间分辨率，成像质量（亮度、对比度、清晰度等）高，可以对组织进行细胞和亚细胞级别的微型结构显示，使神经细胞在单分子水平的无损研究成为可能。

多光子荧光显微成像技术发展至今时间相对较短，但是其所取得的成果丰硕，集中体现在基础生命科学和临床诊断等研究领域。贝尔实验室的 Svoboda 等利用多光子荧光显微成像技术，通过研究活体大脑皮层神经元细胞内钙离子释放的动力学情形，成功地观察到发生在大脑细胞神经元间突触的活动，成像深度可达大脑表面下 240μm。国内的一些学者也通过多光子荧光显微镜和流式细胞仪定性及定量地验证了小鼠吞噬细胞的吞噬功能。

　　然而，多光子荧光显微镜在神经元活动成像研究中仍存在一些问题，其中，扫描速率难以达到对快事件检测的需求是其最大局限（多光子成像系统大多是利用机械振镜进行光束扫描的，随机扫描速率约为 1 毫秒/像素，难以记录快速神经活动）。若采用超声光栅扫描光束，扫描速率虽可提高到 10 微秒/像素以上，但是时间与空间色散问题明显。为解决该问题，可以针对感兴趣区域进行随机扫描，对其内部的神经元活动进行选择性记录，进而提高记录速度，同时灵活调节各区域内的驻留时间以提高信噪比（图 8-19（a））。Zeng 等利用单个棱镜实现了同时补偿时间与空间色散的飞秒激光二维扫描，建立了二维快速随机扫描多光子显微成像技术（图 8-19（b）），使得随机扫描速率达到 7 微秒/像素。而通过调谐多光子显微镜对活组织成像的色散特性，可提高成像的信噪比和测量深度。基于色散调谐的飞秒激光多光子显微镜，He 等研究了皮层神经突触传递中脑源性神经生长因子（brain-derived neurotrophic factor，BDNF）的急性调节作用，Zhou 等观测到新的神经胶质细胞结构。

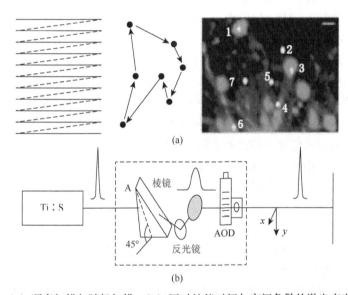

图 8-19　　（a）顺序扫描与随机扫描；（b）同时补偿时间与空间色散的激光声光扫描方法

（图片来源：Zeng S，Lv X，Zhan C，et al. 2006. Simultaneous compensation for spatial and temporal dispersion of acousto-optical deflectors for two-dimensional scanning with a single prism. Optics Letters，31：1091-1093）

　　基于多光子荧光显微系统目前大多体积庞大笨重，无法对自由运动状态下的活体成像，因而小型多光子显微镜内窥成像系统的研制是其重要发展方向。Denk 研究小组研制了仅重 75 克的头戴式多光子荧光显微镜，对非麻醉状态下大鼠脑组织中的钙离子信号传导过程进行了实时监测。随着多光子显微成像技术的发展，对开发有效的双光子吸收材料的依赖性越来越高，双光子荧光探针需要有较大的双光子吸收截面、较高的光稳定性、较好的水溶性以及对探测底物灵敏的响应能力，故而近几年对荧光探针的研究已成为光学成像领域的重要组成部分。此外，多光子荧光显微成像技术也面临着其他一些挑战：成像种类单一，只能对荧光进行成像；如果组织中包括能够吸收激发光的色团，如色素，那么样品可能受到热损伤等。因此，多光子荧光显微成像技术仍然需要进一步研究与改善。

8.4.2　神经元网络的光学成像

在神经科学领域，生物神经网络由一系列相互联系的神经元组成，被激活的神经元之间连接形成了可被检测到的线性通路。神经元与其相邻神经元之间的相互作用通常是通过各类突触结构相互关联形成的。神经传导电位具有可加性，如果输入到一个神经元的信号总和超过一定阈值，则神经元在轴突小丘上发送动作电位（action potential，AP），并沿着轴突发送该电信号。大量的神经元之间互相通信，构成了复杂的神经元网络。

很多神经生物学模型系统是相对透明的，使得光学成像检测优势更为显著，例如，透明幼虫斑马鱼的神经活动可以用光照成像技术拍摄。另有一部分神经组织模型，如哺乳动物的大脑，散射光现象很强，大多数成像方法在深层无法起到作用。对于图像散射组织，双光子激光扫描显微镜（two-photon laser scanning microscope，2PLSM）是一种可选技术手段，能够解析单个神经元及其数百微米深的神经组织。为检测基础动作电位活动，通常可以对荧光标记物进行成像。研究表明，钙染料可以增强光学信号，最佳的遗传编码指示剂（如 GCaMP68）在某些指标上与其相当，这些指标可用于推测具有高灵敏度的神经活动，也可用于检测神经网络的动作电位，但又受到非线性和信噪比的限制。荧光蛋白成像也可以记录遗传定义的细胞类型，还可以在几个月内对相同神经元进行慢性监测。

常规显微镜从单个平面收集数据，并不能在保证时间分辨率的前提下对神经网络功能进行成像。Jeremy 等提出了观察神经网络快速体积成像的新技术，主要从限制图像体积的光学系统惯性、限制成像速度和像差方面来完成。光学采样时间要求足够长，以确保高保真度测量，但可通过增加数据量和复杂度，引入新型体积成像数据计算策略，优化采样策略和点扩散功能可以在此约束时间内促进神经活动的快速体积成像，因此，光学计算的发展提供了更广泛的神经回路动力学视图信息，为阐明大脑区域如何协调工作提供关键支持。

基于神经生理学和可塑性的神经元光刺激法是一种研究分子机制的有效方法。笼状化合物的闪光光解会快速改变细胞内或细胞外生物活性分子（如神经递质）的浓度，在刺激调节神经元活性上具有独特的优势。其最重要的特征之一是无论小部分神经元网络还是单个神经元细胞，都可以实施有效刺激。图 8-20 为放置光纤后拍摄的用红色激光二极管获得的光点。

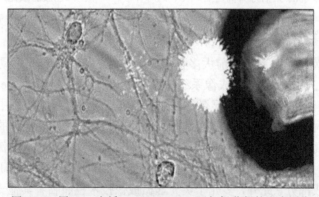

图 8-20　用 2μm 光纤、ORCAIICCD 照相机获得的光点图像

（图片来源：Zeng S，Lv X，Zhan C，et al. 2006. Simultaneous compensation for spatial and temporal dispersion of acousto-optical deflectors for two-dimensional scanning with a single prism. Optics Letters，31：1091-1093）

虽然光学成像方法彻底改变了监测神经网络动力学的传统技术，但是本身无法将神经元活动与其功能连接相关联。Förster 等提出了一个通用的遗传工具箱，称为 Optobow，使用这个工具箱，可以发现幼虫斑马鱼顶骨中特定细胞类型之间的相互关系，为神经元网络功能成像提供了全新的方法。

8.4.3 特定脑皮层功能构筑的光学成像

光学成像方法能够提供多种从不同的时间和空间尺度上研究脑功能的成像技术。在关于特定脑皮层功能构筑及其动态变化过程的研究中，光学成像方法的高时空分辨率是揭示特定脑皮层区信息处理机制的关键之一。基于脑皮层活动内源信号的光学成像技术（optical imaging of intrinsic signal）和激光散斑成像技术（laser speckle imaging），是研究脑皮层大范围内的功能构筑和动力学过程的主要光学功能成像方法。在实现脑皮层活动的高分辨率光学成像中，光学相干层析成像（optical coherent tomography）技术和光声层析成像（photoacoustic tomography）技术也发挥了重要作用。

1986 年，Grinvald 等首先利用大脑内源性光学信号的特点建立了光学成像方法，并且利用该方法记录到了大脑皮层的功能构筑。基于内源信号的光学成像技术的空间分辨率可以达到 100μm，它不使用有毒物质，适合作活体记录，作为研究脑皮层功能构筑和血流动力学特征的重要方法，在神经科学研究方面取得了众多突破性进展。引起内源性光信号变化的因素主要有三种：皮层功能活动引起的局部血流量的变化、局部氧合血红蛋白和还原血红蛋白浓度的变化。虽然基于脑皮层活动内源信号的光学成像技术原理和系统构成比较简单，但是在活体成像实验过程中，总会存在呼吸、心跳以及血管周期性搏动等噪声，这些噪声降低了成像的信噪比，如果想从这些噪声中提取到真正反映大脑功能的信息，需要进行复杂的图像信号处理。

内源信号光学成像技术主要研究神经元活动的神经-血管耦合和血液动力学响应、神经活动的光学响应和电活动之间的关系、不同脑皮层区功能和信息处理机制，以及一些与临床相关的病理学。在脑皮层功能活动方面，内源信号光学成像技术主要用于研究哺乳动物的视觉、听觉、躯体感觉和嗅觉皮层的功能构筑。在脑皮层病理方面，内源信号光学成像技术在癫痫、脑缺血和脑皮层扩散性抑制等疾病的动态变化检测方面也起到了重要作用。

激光散斑成像技术是通过分析运动颗粒对相干激光的散射特性来获得颗粒运动速度的技术，可以得到二维血流分布图像。该技术也是用于研究脑皮层血流速度分布的重要工具。广泛使用的脑皮层血流测量技术——激光多普勒血流仪，它的时间分辨率很高，但是只能对单个空间位置内总体血流变化在时域过程中进行评价。而激光散斑成像系统具有微米级的空间分辨率和数十毫秒的时间分辨率，因此，它在神经科学研究领域受到了人们的高度关注。激光散斑成像技术不需要对照明光束或者样品进行机械扫描，就可以得到高空间分辨率和高时间分辨率的二维血流速度分布，实现对大面积区域内血流速度变化的实时监测。

目前，激光散斑成像技术主要用于监测皮肤、视网膜眼底、肠系膜、脑皮层上的血流分布，可监测在药物、温度、脑皮层功能活动和病理状态下各种组织中的血流改变。Boas

等利用激光散斑成像系统监测脑血流在时间和空间上的变化，然后将测量结果与激光多普勒技术的测量结果相比较，证实了激光散斑血流监测技术的有效性。Li 等提出了在脑成像过程中抑制表面静态组织结构干扰的方法，使用激光散斑成像技术研究脑皮层功能活动，得到了坐骨神经刺激下脑血流变化的高分辨率时空动力学特征。激光散斑成像技术还能与光谱成像技术相结合，对脑皮层局部血流量、血氧、血流、氧代谢率和血管形态的多参数成像，可与神经电生理信号同步检测。

然而，内源信号光学成像技术和激光散斑成像技术也面临着一些共同的挑战：只能形成二维的高分辨率图像，并不具有深度方向的分辨能力，穿透脑皮层的深度也只有数百微米。所以在不断完善这两种脑功能光学成像技术的同时，如果将光学成像的方法与其他脑研究方法结合起来，将会对脑科学研究工作有很大帮助。

8.4.4　系统与行为层面的脑功能光学成像

大脑活动会伴随外部刺激、环境变化等引起的各种电生理和神经化学响应，这是神经元与非神经元细胞在大脑中相互作用的结果。局部神经元活动通常会有葡萄糖和氧气的消耗，导致通过毛细血管扩张引起的局部血流量和血容量增加，使得氧合血红蛋白进入该区域。在这种神经血管耦合期间，供氧量通常大于局部消耗的氧气，导致氧合血红蛋白显著增加，并且该区域的脱氧血红蛋白浓度降低。因此，血液动力学的反应通常被作为测量神经元活动的标记。

在过去几十年中，已经开发出许多非侵入式或微创方法来测量大脑中的神经元活动。脑磁图、脑电图等神经生理学技术提供测量脑神经集群电磁场变化的能力，具有毫秒级的时间分辨率，但空间分辨率有限。另外，诸如正电子发射断层扫描、功能磁共振成像的脑成像技术能够通过监测局部血液动力学和代谢变化间接测量神经元活动，这些技术具有优异的空间分辨率。

功能近红外光谱（functional near infrared spectroscopy，fNIRS）是一种新兴的光学成像技术，它使用近红外波长范围（700～900nm）的光来测量大脑中的血液动力学响应。fNIRS 系统由两个主要部件组成：光源，如发光二极管或激光器，其形成近红外光照射在被摄体头部表面；光电检测器，其功能是捕获在组织中被分散、反射和吸收之后返回头部表面的光子。如图 8-21 所示，离开光源的一些光子一般可以沿着组织中的环形路径到达光电检测器，但是剩余的光子或从光电检测器被分散，或被存在于组织中的发色团吸收，包括氧合血红蛋白、脱氧血红蛋白和细胞色素 c 氧化酶。一般测量两个波长的光吸收来评估目标区域中氧合血红蛋白和脱氧血红蛋白的相对变化。换句话说，血液动力学的局部变化可以通过使用 Beer-Lambert 定律的光强度来确定，为测量组织中这些发色团的绝对量，需要更复杂的光学计算方法。

与其他神经成像技术相比，fNIRS 具有明显的优势和局限性。该技术的时间分辨率优于 fMRI 和 PET，而空间分辨率优于 MEG 和 EEG，但低于 fMRI 和 PET，其主要限制在于成像深度浅，由于头皮、颅骨等对光强吸收存在区域分布差异。研究表明，成像深度受到诸如光波长和强度、组织光学性质（如皮肤颜色）以及光源和光电检测器之间的距离等

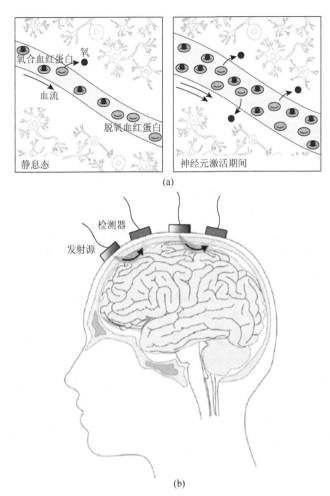

图 8-21　（a）静息和神经元激活期间氧合血红蛋白和脱氧血红蛋白的相对变化；（b）成像采集示意图

（图片来源：Kim H Y，Seo K，Jeon H J，et al. 2017. Application of functional near-infrared spectroscopy to the study of brain function in humans and animal models. Molecules and Cells，40：523）

因素的影响。理论上，光源和光电检测器之间的距离越短，光线就可以越深入组织，然而，受实际应用限制，光强应保持在远低于安全限度的范围内，以避免皮肤过热损伤，并且光源和光检测器之间的物理距离也受硬件设备所限。因此，在对人成像的情况下，fNIRS 的成像深度通常仅限于皮质表面。

当然，fNIRS 的优势也很明显，其使用安全、低能量的近红外光，可以连续和反复测量血液动力学反应；较小的运动伪迹使其适用于婴儿、患者神经活动检测。此外，紧凑性、便携式和无线设计，使 fNIRS 可用于自然和社交互动环境下更多的生理和临床研究。且 fNIRS 设备的成本远低于其他功能性神经影像学方法，兼容多类神经检测或刺激设备，包括 EEG 和经颅磁刺激器等。

多年来，fNIRS 技术作为补充其他标准成像技术的新方法，受到越来越多的关注，已成功应用于认知评估、运动功能和情感监测等研究，对于正常人或病患人群都适用。Xu 等探究了模拟驾驶期间受试者的血液动力学反应的影响。这些研究涉及认知和运动功能的许多脑区的激活，包括前额叶皮层（prefrontal cortex，PFC）、运动皮层、运动前皮质（premotor cortex，PMC）和辅助运动区（supplementary motor area，SMA）。

fNIRS 已成为检测脑卒中、帕金森综合征（Parkinson's disease，PD）等神经疾病主要病症的新技术。Al-Yahya 等的研究表明，当脑卒中或 PD 患者进行运动相关任务时，不对称血液动力学反应的显著增加发生在介导运动功能的多个区域中，包括感觉运动皮质（sensorimotor cortex，SMC）、SMA、PMC 和 PFC。fNIRS 还被用于研究婴儿和儿童的神经发育障碍，如注意缺陷多动症（attention deficit hyperactivity disorder，ADHD）和自闭症谱系症（autism spectrum disorder，ASD）。ADHD 的特征在于注意力不集中、多动和易冲动等，可通过 fNIRS 成像监测注意力水平相关的行为任务，结果表明，ADHD 相关症状与许多区域的脑皮层活动相关，包括 PFC、下前额叶回、中额叶前回等脑区。此外，Liu 等已经成功使用 fNIRS 神经反馈训练技术来改善 ASD 患者病症，fNIRS 成像也已用于精神分裂症和情感障碍（如抑郁症、恐慌症和创伤后应激障碍（post-traumatic stress disorder，PTSD））的诊断治疗中：据 Matsuo 等的研究，PTSD 患者表现出脑反应的复杂变化，当遇到与悲惨和创伤事件相关的物体时皮质活动显著增加，但当执行认知功能任务时却有所下降；重度抑郁症患者在认知任务期间显示出前额叶低激活，恐慌症患者现象与之类似；精神分裂症患者在各种认知任务中，主要在 PFC 和正面颞叶皮质中存在大脑异常响应。

总之，fNIRS 作为一种非侵入、安全、限制性较低、成本低廉的成像技术，支持检测健康人或神经疾病患者在多模生理条件下，执行各种行为任务时的大脑激活状态。目前，如何解决 fNIRS 成像的穿透深度问题，发展高时空分辨率、多参数和低成本的光学脑成像技术，仍是该领域发展的前沿课题，也为研究脑神经功能、探索大脑的运作机制提供重要技术支撑。

8.5 本 章 小 结

本章阐述了目前在神经工程领域普遍应用的几种神经成像技术的基本原理、方法以及最新的进展和临床应用，包括计算机断层扫描成像、磁共振成像、核医学成像和光学神经成像。这些影像技术能够更直观地深入到人体内部，获取人体组织细胞的生理信息。通过结合相应的图像处理技术，能够为临床科研以及神经工程学各个领域提供服务。神经成像技术的发展不仅能够促进神经工程学的发展，更重要的是，由于神经成像技术涉及许多神经科学以及神经工程学的内容，神经成像技术也属于神经工程学的范畴，共同服务于提升人类的生命生活质量。

近年来，有多种新兴的用于神经成像的影像技术，如荧光成像、分子影像等。例如，西门子医疗推出了全球首台 PET-MRI 实现同步采集的全身分子影像 MR 系统，它可以实现"共同编码的准确性，没有功能相关性，没有运动校正，双倍的采集时间"，是一台具备 PET 内核的全身 MR 成像系统。PET-MRI 的全称是正电子放射断层-磁共振成像（positron emission tomography-magnetic resonance imaging），是一种集成磁共振软组织形态成像和正电子放射断层成像功能代谢成像的混合成像技术。PET-MRI 一体机出现后，其应用范围将更大，除肿瘤性疾病外，在神经病学研究、脑梗死和新兴的干细胞治疗的研究中也有很大潜力。PET-MRI 一体机将是未来的重要发展方向。

　　本章仅介绍了与神经工程领域联系较为紧密的几项主要神经影像技术，神经影像主要是从空间（结构）信息、功能（代谢）信息等角度对神经系统进行测量和分析。由于受到成像速度的约束，其观测的时间分辨率一般很低，远远低于神经活动的正常频率范围。因而需要借助其他更高时间分辨率的检测手段。第 6 章神经生理信号检测就具有较高的时间分辨率，是目前神经工程领域普及程度最高，也是工程应用程度最高的一类神经检测信号。神经成像是获取信号的二维以及三维影像信息，虽然神经影像技术的神经工程领域的工程应用较少，但是随着信息化和大数据时代的到来，高维度的人体信息检测以及多维度信息的融合研究必将逐渐成为研究的热点。目前，随着多信息的离线融合分析到多影像以及多信息检测手段的融合检测等技术的高速发展，相信随着神经成像以及图像处理技术的发展，神经工程学的发展将越来越立体、越来越丰富。

思　考　题

1. 什么是像素/体素、灰阶？医学成像和图像处理各自的内容和目的是什么？

2. 神经成像的目的是什么？请举例说明正在研究开发的新型神经成像技术。

3. 什么是相干散射、光电效应、康普顿散射？

4. X 射线的性质有哪些？举例说明应用 X 射线作为照射源的医学影像设备有哪些。

5. 什么是 CT 值？CT 中的窗口技术是指什么？简述 CT 图像重建的方法；CT 的优点是什么？

6. CT 图像与 X 射线图像的特点与区别是什么？

7. MRI 信号产生的三个基本条件是什么？MRI 的基本原理是什么？MRI 装置的组成结构以及作用是什么？空间编码的原理和过程是什么？什么是 T1 加权图像？

8. 请解释横向/纵向弛豫、自由感应衰减、TR/TE、b 值、脑网络。

9. BOLD 效应的生理基础是什么？功能连接和效应连接分别是什么？

10. 什么是扩散张量？什么是纤维跟踪技术？

11. 功能网络与结构网络的定义各是什么？通过哪些神经成像或检测技术能够得到？有何区别？

12. 什么是核医学？简述伽马相机的原理，以及 PET 成像的原理和特点。

13. SPECT 的分类、原理、组成以及特点各是什么？

14. 光学神经成像技术的特点和优势有哪些？脑功能光学成像与脑电、脑功能磁共振成像相比，其优缺点是什么？

15. 结合本章内容及参考资料，简述光学相干层析成像技术和光声层析成像技术的基本原理以及应用举例。

16. 试比较四种神经成像技术的临床应用价值。

17. 举例说明神经成像技术及相应设备在临床诊断和治疗中的应用。

18. 结合实例简述神经成像在神经工程领域的应用实例，并进行前景展望。

参 考 文 献

Al-Yahya E, Johansen-Berg H, Kischka U, et al. 2016. Prefrontal cortex activation while walking under dual-task conditions in stroke: A multimodal imaging study. NeuroRehabilitation and Neural Repair, 30: 591-599.

Araki A, Ikegami M, Okayama A, et al. 2015. Improved prefrontal activity in AD/HD children treated with atomoxetine: A NIRS study. Brain and Development, 37: 76-87.

Assemlal H-E, Tschumperlé D, Brun L, et al. 2011. Recent advances in diffusion MRI modeling: Angular and radial reconstruction. Medical Image Analysis, 15: 369-396.

Boas D A, Elwell C E, Ferrari M, et al. 2014. Twenty years of functional near-infrared spectroscopy: Introduction for the special issue. NeuroImage, 85: 1-5.

Ferrari M, Quaresima V. 2012. A brief review on the history of human functional near-infrared spectroscopy (fNIRS) development and fields of application. NeuroImage, 63: 921-935.

Förster D, Dal Maschio M, Laurell E, et al. 2017. An optogenetic toolbox for unbiased discovery of functionally connected cells in neural circuits. Nature Communications, 8: 116.

Foy H J, Runham P, Chapman P. 2016. Prefrontal cortex activation and young driver behaviour: A fNIRS study. PLoS One, 11: e0156512.

Fu L. Progress in optical neuron imaging. Acta Biophysica Sinica, 23: 314-322.

Fujimoto H, Mihara M, Hattori N, et al. 2014. Cortical changes underlying balance recovery in patients with hemiplegic stroke. NeuroImage, 85: 547-554.

Grinvald A, Lieke E, Frostig R D, et al. 1986. Functional architecture of cortex revealed by optical imaging of intrinsic signals. Nature, 324: 361-364.

Hasan K M, Walimuni I S, Abid H, et al. 2011. A review of diffusion tensor magnetic resonance imaging computational methods and software tools. Computers in Biology and Medicine, 41: 1062-1072.

He J, Gong H, Luo Q. 2005. BDNF acutely modulates synaptic transmission and calcium signalling in developing cortical neurons. Cellular Physiology and Biochemistry, 16: 69-76.

Helmchen F, Fee M S, Tank D W, et al. 2001. A miniature head-mounted two-photon microscope: High-resolution brain imaging in freely moving animals. Neuron, 31: 903-912.

Jensen J H, Helpern J A. 2010. MRI quantification of non-Gaussian water diffusion by kurtosis analysis. NMR in Biomedicine, 23: 698-710.

Ji N, Freeman J, Smith S L. 2016. Technologies for imaging neural activity in large volumes. Nature Neuroscience, 19: 1154-1164.

Kim H Y, Seo K, Jeon H J, et al. 2017. Application of functional near-infrared spectroscopy to the study of brain function in humans and animal models. Molecules and Cells, 40: 523.

Liu N, Cliffer S, Pradhan A H, et al. 2017. Optical-imaging-based neurofeedback to enhance therapeutic intervention in adolescents with autism: Methodology and initial data. Neurophotonics, 4(1): 011003.

Masutani Y, Aoki S, Abe O, et al. 2003. MR diffusion tensor imaging: Recent advance and new techniques for diffusion tensor visualization. European Journal of Radiology, 46: 53-66.

Nakagawa M, Matsui M, Katagiri M, et al. 2015. Near infrared spectroscopic study of brain activity during cognitive conflicts on facial expressions. Research in Psychology and Behavioral Sciences, 3: 32-38.

Nieuwhof F, Reelick M F, Maidan I, et al. 2016. Measuring prefrontal cortical activity during dual task walking in patients with Parkinson's disease: Feasibility of using a new portable fNIRS device. Pilot and Feasibility Studies, 2: 59.

Poldrack R A, Mumford J A, Nichols T E. 2011. Handbook of Functional MRI Data Analysis. Cambridge: Cambridge University Press.

Villringer A, Chance B. 1997. Non-invasive optical spectroscopy and imaging of human brain function. Trends in Neurosciences, 20: 435-442.

Wedeen V J, Hagmann P, Tseng W Y I, et al. 2005. Mapping complex tissue architecture with diffusion spectrum magnetic resonance imaging. Magnetic Resonance in Medicine, 54: 1377-1386.

Xu L, Wang B, Xu G, et al. 2017. Functional connectivity analysis using fNIRS in healthy subjects during prolonged simulated driving. Neuroscience Letters, 640: 21-28.

Zeng S, Lv X, Zhan C, et al. 2006. Simultaneous compensation for spatial and temporal dispersion of acousto-optical deflectors for two-dimensional scanning with a single prism. Optics Letters, 31: 1091-1093.

Zhang H Y, Wang S J, Liu B, et al. 2010. Resting brain connectivity: Changes during the progress of Alzheimer disease. Radiology, 256: 598-606.

Zhang H, Schneider T, Wheeler-Kingshott C A, et al. 2012. NODDI: Practical in vivo neurite orientation dispersion and density imaging of the human brain. NeuroImage, 61: 1000-1016.